PETER M. SCHNEIDER

GOLDRAUSCH IM ALL

Silicon Valley, NewSpace und die Zukunft der Menschheit

PETER M. SCHNEIDER

GOLDRAUSCH IM ALL

Wie Elon Musk, Richard Branson und Jeff Bezos den Weltraum erobern

FBV

Bibliografische Information der Deutschen Nationalbibliothek:
Die Deutsche Nationalbibliothek verzeichnet diese Publikation in der Deutschen Nationalbibliografie.
Detaillierte bibliografische Daten sind im Internet über http://dnb.d-nb.de abrufbar.

Für Fragen und Anregungen:
info@finanzbuchverlag.de

1. Auflage 2018

Nymphenburger Straße 86
D-80636 München
Tel.: 089 651285-0
Fax: 089 652096

Redaktion: Diana Napolitano
Korrektorat: Hella Neukötter
Umschlaggestaltung: Marc Fischer
Umschlagabbildung: shutterstock, Vadim Sadovski
Satz: Röser MEDIA GmbH & Co. KG, Karlsruhe
Druck: GGP Media GmbH, Pößneck
Printed in Germany

ISBN Print 978-3-95972-085-4
ISBN E-Book (PDF) 978-3-96092-144-8
ISBN E-Book (EPUB, Mobi) 978-3-96092-145-5

Inhalt

Meinem Vater, Dr. Norbert Schneider,
1926-2010

EINLEITUNG

Die spektakulärste Weltraumschlacht findet im Twitter-Universum statt. Dort tragen die Gründer von Amazon und SpaceX, die Milliardäre Jeff Bezos und Elon Musk, ihren persönlichen Kampf ums All aus. »Welcome to the club«[1], zwitscherte Bezos Musk an, als dessen Raketenoberstufe bei der Rückkehr aus dem All landete und dabei nicht explodierte. Ein vergiftetes Kompliment, denn Bezos wusste genau, wie es Musk wurmte, dass der Amazon-Chef seine Rakete als Erster sicher gelandet hatte. Musk hatte bereits zuvor Bezos auf die Plätze verwiesen. »Space ist nicht Orbit«[2], womit er darauf hinwies, dass seine Raketen in den Orbit fliegen und nicht nur kurze Zeit an der Grenze zum Weltraum kratzen. Bisher konnte jeder der beiden Etappensiege feiern, keiner aber den anderen entscheidend aus dem Feld schlagen.

Nicht die gelungenen Landungen wiederverwendbarer Raketen und neue Raumschiff-Kapseln sind hier die eigentliche Sensation, sondern die Tatsache, dass diese Milliardärs-Battle überhaupt stattfindet. Denn Raumfahrt ist wieder sexy. Ihre Hauptdarsteller sind es, die Technik ist es, und die Ziele sind es auch. Während herkömmliche Milliardäre sich um Superyachten streiten (»Meine ist länger!«), machen die beiden Topstars unter den Silicon-Valley-Promis Schlagzeilen mit ihren Raketen. Diese Space-Gurus und sehr viel Wagniskapital leiten womöglich eine neue Epoche der Menschheit ein. Der Mensch greift wieder nach den Sternen. Ein Hotel im Orbit, ein Dorf auf dem Mond, eine Mission zum Mars – seit Ende der Mondlandung 1969 gab es keine so exaltierten Träume und Pläne mehr wie heute.

Tatsächlich lässt sich vom Beginn eines Booms im All sprechen, der nicht nur in den Köpfen von Träumern stattfindet, sondern in den Hightech-Werkstätten auf dem gesamten Globus. Seit 2000, dem Jahr des Dotcom-Crashs, der die Raumfahrt ebenfalls in Mitleidenschaft zog, wurden von privater Hand mehr als 20 Milliarden Dollar in Raumfahrt-Start-ups investiert,[3] mehr als die Hälfte davon in den vergangenen fünf Jahren und völlig unabhängig von staatlichen Mitteln! Und ein Ende des Geldstroms ist nicht in Sicht. Die aktuelle Entwicklung in der privat finanzierten Raumfahrt hat alles, was eine epische Geschichte ausmacht: ein großes Ziel, einen Kampf von Giganten, die Welt als Publikum und den größten aller Preise – ewiger Ruhm.

Den neuen Rush in den Weltraum, den Superreiche mit teilweise irren Plänen und Start-ups mit neuen Techniken und Geschäftsmodellen betreiben, nennt die Raumfahrt-Gemeinde NewSpace. Wie wir sehen werden, ist das ein regelrechter Wildwest-Begriff. Das passt zum einen, weil die Raumfahrt, von der in diesem Buch die Rede ist, zu einem großen Teil in den USA stattfindet. Und außerdem lässt sich das nicht anders bezeichnen, der Weltraum ist heute noch ähnlich gefährlich, unbekannt und unerschlossen wie der amerikanische Westen im 19. Jahrhundert. Die Unternehmungen sind auf gleiche Weise kühn und riskant, und ihr Ausgang ist so offen wie die Aussicht auf Reichtum groß. NewSpace hat bereits so viel Fahrt aufgenommen, dass es mehr ist als nur ein teures Milliardärs-Hobby. Vielmehr setzt die kommerzielle Raumfahrt eine kulturelle und wirtschaftliche Entwicklung in Gang, die unser Leben verändern könnte. Das machen die zahlreichen neuen Anwendungsmöglichkeiten deutlich, die ich im weiteren Verlauf dieses Buches im Einzelnen schildern werde: preiswerte Raketen, Weltraumtourismus, globale-Echtzeit-Überwachung, Rohstoffausbeutung und sogar Fabriken im All.

Die jungen Wilden im All profitieren von einer Reihe technologischer Neuerungen. So hat die Digitalisierung erst für die Grundlagen gesorgt, mit der der Weltraum auf vergleichsweise einfache Weise erschlossen werden kann. Starts, Landungen, Flugbahnberechnung, Kommunikation, Standortbestimmung, robotische Missionen: alles undenkbar ohne digitale Technologie. Und mit preiswerter Hardware von der Stange lassen sich Satelliten und andere Raumfahrzeuge deutlich billiger bauen als in der Vergangenheit.

Natürlich hat diese Entwicklung nicht wenige Kritiker, denn die Raumfahrt, wie sie bisher strukturiert war, hat eine lange Vorgeschichte, die sich nicht in Milliarden, sondern über die Jahrzehnte hinweg in Billionen berechnet – finanziert zum großen Teil von der Öffentlichkeit. Raumfahrt-Skeptiker würden das Abenteuer am liebsten ganz einstampfen und das Geld für Probleme auf der Erde im All verwenden, anstatt abstrakte Gelüste von Akademikern und Milliardären zu befriedigen. Doch das ist zu kurz gesprungen. Denn die Raumfahrt steht für eine Zukunft, die bereits begonnen hat und alle Menschen auf der Erde betrifft.

Eine Anmerkung: Dieses Buch versucht, nur Raumfahrzeuge zu beschreiben, die es schon gibt oder die konkret in der Entwicklung sind, wie Blue Origins New Glenn oder die bemannte Dragon-Kapsel. Daneben gibt es eine Unzahl exotischer, aber durchaus einleuchtender Konzepte, die als Blaupausen in der Branche und den Medien kursieren. Es ist unglaublich verführerisch, sie als baldige Zukunft zu präsentieren, gemäß dem Motto: »Seht her, so werden wir bald leben und durch Zeit und Raum reisen!« Dann läuft man schnell Gefahr, Science-Fiction im Stile eines Sachbuchs zu schreiben, die jedoch mit der Realität der Gegenwart und der nahen Zukunft nicht viel gemein hat. Eine Ausnahme sei hier explizit erwähnt: Die Marspläne von Elon Musk sind aus einem einfachen Grund Teil dieses Buches. Bisher hat er einen Großteil seiner Ankündigungen wahrgemacht und daher wollen wir wissen, wie er sich eine Marsmission vorstellt.

TEIL 1 – EGOS IM WELTRAUM – DIE BATTLE DER MILLIARDÄRE

1 Die Superreichen als Treibstoff für die Raumfahrt

»Ich möchte einfach an die Zukunft denken und dabei nicht traurig werden.«

Elon Musk auf die Frage, warum er die Raumfahrt und andere Zukunftstechnologien vorantreibt.

Tor für Elon Musk

Cape Canaveral, Florida, 22. Dezember 2015, 1:29 UTC. Eine Falcon 9 startet in den nächtlichen Himmel. Elon Musk verfolgt den Start von einem kleinen Kontrollraum aus, und der Zuschauer sieht, wie er besorgt jede Statusmeldung der Rakete aufsaugt.[4] Seine Nervosität ist echt. Kein Wunder, noch ein paar Raketenabstürze und sein Traum von den Sternen hat sich erledigt. Er rennt ins Freie, um zu sehen, was passiert. Schließlich trennt sich die erste Raketenstufe und fällt zur Erde zurück, die Oberstufe zündet und fliegt weiter ins All. Im Kontrollraum bricht Jubel aus, die Raketenbauer liegen sich in den Armen. Musk starrt in den schwarzen Himmel und fängt an zu zweifeln, ob die erste Stufe heil zurückkehrt. »This is bad!«, ruft er, obwohl er kaum wissen kann, ob irgendwas schlecht läuft – die fallende Stufe ist nichts weiter als ein kleiner fallender Lichtpunkt am Himmel. Dann zündet das Triebwerk, die Landebeine schwenken aus, und der untere Teil der Rakete landet ohrenbetäubend laut auf der Erde. »It's standing up!« Musk rennt jubelnd zurück in den Kontrollraum und klatscht seine Mitarbeiter ab. Ein kleiner Junge, der sich freut, dass er ein Tor geschossen hat. Und was für eins. Der Falcon-9-Flug-20[5] war kein normaler, denn das erste Mal in der Geschichte der Raumfahrt landete die erste Stufe einer Rakete nach dem Start wieder auf der Erde. Elon Musk hatte allen Grund, sich wie ein Kind zu freuen.

Selbst Milliardäre wie Musk, Galionsfigur der neuen Raumfahrt, verwandeln sich im Erfolg wie in der Niederlage schlagartig zu gewöhnlichen Menschen mit gewöhnlichen Gefühlen. Das ist einer der wesentlichen Unterschiede zur herkömmlichen Raumfahrt mit den betont sachlichen

Raumfahrt-Agenturen NASA und ESA sowie seriös gesichtslosen Riesenunternehmen wie Airbus[I] und Boeing, die die wahren Emotionen ihrer Erfolge und Misserfolge hinter einer undurchdringlichen Wand aus perfekter Public Relation verstecken.[II] Musk und eine Reihe weiterer sehr reicher Menschen sind daher der sichtbarste Teil einer Raumfahrt-Geschichte, wenn nicht sogar Menschheitsgeschichte, die gerade geschrieben wird. Sie rührt an den Emotionen der Zuschauer, weil hier echte Menschen agieren – und weil die Fallhöhe der Erfolgreichen und Superreichen besonders hoch ist. Und weil einige der *Space Billionaires,* wie sie in der englischsprachigen Welt genannt werden, öffentlichkeitswirksam fantastische Bilder über die Eroberung des Weltalls und sogar seine Besiedelung entwerfen.

Der erste Teil des Buches beschäftigt sich mit den Motiven und Zielen dieser Reichen. Wer sind diese Menschen, die wie absolute Monarchen der Neuzeit in ihren Unternehmensreichen herrschen? Ist es realistisch, dass wir ein Raumschiff von Elon Musk auf dem Mars landen sehen? Wird es normal sein, dass wir uns schon bald einen Kurztrip für das Touristen-Raumschiff von Richard Branson kaufen wie einen Hubschrauberrundflug übers Matterhorn? Sind Musk und Branson nur die bunten Attraktionen im Kosmos der Raumfahrt oder erschaffen sie nachhaltig eine neue Raumfahrt-Wirtschaft?

Fest steht, sie treiben die traditionelle Raumfahrt, wenn es denn so etwas gibt, vor sich her. Die stärksten Impulse in der Raumfahrt kommen derzeit nicht von den üblichen Verdächtigen, prominenten Astronauten und mächtigen Raumfahrt-Managern von NASA und ESA. Sondern von privaten Unternehmen, die ihr Geld außerhalb der Raumfahrt gemacht haben. Nicht weniger als 25 Dollar-Milliardäre investieren derzeit in mehr oder weniger starkem Maß in die Raumfahrt.[6] Es ist kein Zufall, wenn hier von Dollar-Milliardären die Rede ist. Im weiteren Verlauf des Buches sind zahlreiche Preisschilder in Dollar angegeben, wenn es darum geht, die Kos-

I Genauer: Airbus Defence and Space, der Unternehmensteil von Airbus, der für die Raumfahrt zuständig ist. Früher EADS.

II Oder kennt der Leser noch Felix Kracht? Der war in der 70ern einer der Gründungsväter und erster Produktionsdirektor von Airbus. Bekannter ist vermutlich Airbus' erster Aufsichtsratschef. Diesen Posten hatte bis zum seinem Tod 1988 der bayerische Ministerpräsident, CSU-Übervater und Luftfahrt-Fan Franz Joseph Strauß inne.

ten von Raketen und Starts zu bemessen.[I] Das hat einen simplen Grund: Die kommerzielle Raumfahrt findet im Wesentlichen in den USA statt. Es geht dabei nicht darum, die europäische, russische und asiatische Raumfahrt zu ignorieren oder kleiner zu machen, als sie ist. Doch Amerika ist nach wie vor mit Abstand die führende Raumfahrt-Nation der Welt – ungeachtet der Tatsache, dass die USA jahrelang nicht in der Lage waren, die eigenen Astronauten ins All zu befördern. Das Gleiche gilt für die Terminologie. Im Business spricht man nicht etwa von Starts, sondern von Launches.

So sind auch die drei bekanntesten Raumfahrt-Milliardäre in den Vereinigten Staaten aktiv: SpaceX- und Tesla-Chef Elon Musk, Amazon-Gründer Jeff Bezos und Richard Branson, Besitzer unzähliger Virgin-Unternehmen. Dazu kommt aber noch eine weitere Reihe von Männern, die bereits im Digitalgeschäft Superstars sind. Darunter sind Microsoft-Mitbegründer Paul Allen, Internet-Investmentguru Juri Milner, Facebook-Gründer Marc Zuckerberg, PayPal-Mitgründer Peter Thiel und die Google-Alphas Sergey Brin und Larry Page. Was sie in der Regel auszeichnet: Sie sind nicht nur erfolgreiche Unternehmer, sondern auch Nerds. Es sind Menschen, die ihre Produkte kennen, weil sie sie selbst entwickelt haben.

Dazu kommen Magnaten, die wir in Deutschland nicht kennen, in ihren Heimatländern jedoch Superstars sind. Einige Beispiele: Der 51-jährige Chinese Ma Huateng ist laut dem Wirtschaftsmagazin Forbes sagenhafte 49 Milliarden Dollar schwer (Stand Anfang 2018; ein Jahr zuvor waren es noch 16). Die Herkunft seines Reichtums: eine Palette breit gestreuter Internet-Unternehmungen. Ein Teil seines Geldes hat der Informatiker und bekennende Raumfahrt-Fan gleich in mehrere Space-Start-ups investiert, darunter in Moon Express[7], ein Unternehmen aus dem Silicon Valley, das nicht nur einen Rover auf dem Mond landen und einen lunaren Speditionsdienst anbieten, sondern dort später einmal Rohstoffe abbauen will. Der Mexikaner Ricardo Salinas ist mit gut neun Milliarden Dollar in der Top Five seines Landes[8] und macht sein Geld unter anderem mit Telekommunikation. Da er nicht alle Mexikaner per Kabel oder Sendemast erreichen kann[9], hat sein Unternehmen Grupo Salinas in OneWeb investiert. Dieser Satelliten-Betreiber möchte per Satelliten-Schwarm In-

---

I Die genannten Summen beziehen sich, wenn nicht anders angegeben, auf das Jahr 2017. Wer die Beträge in Euro umrechnen möchte, berücksichtige einen Kurs von etwa einem Dollar zu 0,85 Euro.

ternet in die entlegensten Weltgegenden bringen. Der Amerikaner Sheldon Adelson, ein mehr als 30 Milliarden Dollar schwerer Casino- und Hotel-Magnat aus Las Vegas, hat 16 Millionen Dollar in SpaceIL investiert, eine Non-Profit-Organisation aus Tel Aviv, die den ersten israelischen Roboter auf dem Mond landen möchte, das neue Ziel im All – mithilfe einer Falcon 9 von SpaceX.[10] Der Amerikaner Robert Bigelow, Besitzer der Hotelkette Budget Suites of America, hat es zwar nie auf die Forbes-Liste der 400 Reichsten geschafft. Wir dürfen ihn aber mit einem Vermögen von geschätzten 700 Millionen Dollar ohne schlechtes Gewissen zum Club der Superreichen zählen. Der Exzentriker aus Las Vegas hat angekündigt, etwa 500 Millionen Dollar – also einen Großteil seines Vermögens – in eine aufblasbare Raumstation zu investieren. Eine kleine Testversion hängt bereits an der Internationalen Raumstation ISS.

Und so geht es fort.

Raketenstarts: Entscheidend ist der Kilopreis

Wie für die Trauminsel Bali gilt auch für den Weltraum: Wäre die Reise dorthin billiger, würden wir öfter mal vorbeischauen. Da Jeff Bezos und Elon Musk vorhaben, den Transport drastisch zu verbilligen, wollen wir schauen, was dahintersteckt.

Das wirtschaftliche Qualitätsmerkmal einer Rakete ist nicht ihre Ladekapazität oder ihr Startpreis, sondern wie viel Geld es durchschnittlich kostet, ein Kilogramm Ladung in den Weltraum zu heben. Nehmen wir ein bekanntes Beispiel: das Spaceshuttle. Da das Programm bereits beendet ist, kennen wir seine Gesamtkosten recht genau. Berücksichtigen wir die Inflation, hat die NASA insgesamt über 200 Milliarden heutige Dollar dafür ausgegeben.[11] Ergibt bei 135 Launches einen Durchschnitt von knapp 1,5 Milliarden Dollar pro Mission! Teilt man diesen Betrag durch die 22.500 Kilogramm Nutzlast, die es in den niederen Orbit transportieren konnte, erhält man einen theoretischen Kilopreis von etwa 60.000 Dollar. Tatsächlich hat das Shuttle aber nur insgesamt 1.593.759 Kilogramm in den Orbit gebracht (der Orbiter selbst zählt hier nicht). Macht im Endeffekt also 125.000 Dollar pro Kilogramm. Fairerweise muss man sagen, dass das Shuttle zugleich Astronauten in den Weltraum und auf die ISS gebracht hat. Ein bemanntes, wiederverwertbares System ist viel teurer als eine unbemannte Rakete, die nicht auf die Erde zurückkehrt. Trotzdem, diese astronomische Summe war für die amerikanische Regierung der Grund, kommerzielle Startanbieter zu fördern.

Daher ist nun der Startpreis entscheidend – der Betrag, zu dem ein Anbieter einen Start verkauft. Für eine Falcon 9 ohne Extras berechnet Elon Musk 62 Millionen Dollar. Bei einer Transport-Kapazität von 22.800 Kilogramm in den erdnahen Orbit kostet ein Kilogramm im Schnitt also etwa 2.720 Dollar. Der Kilopreis der zwei großen US-Raketen Atlas V und Delta IV hingegen beträgt im kommerziellen Basispaket mindestens 9.500 beziehungsweise 14.000 Dollar (siehe Abbildung 1 »Kommerzielle Träger nach Ländern«, S. 20). Auch die erfolgreiche Ariane 5 kommt auf mehr als 8.000 Dollar. Es ist daher nicht verwunderlich, dass die Warteliste von SpaceX so lang ist.

Dazu sei gesagt: Die Zusammenhänge von Entwicklungs-, Bau- und Startkosten sind je nach Unternehmen sehr undurchsichtig. Das macht den direkten Kostenvergleich unterschiedlicher Raketen äußerst schwierig.

Land	Fahrzeug	Start-Anbieter (Launch Provider)	Geschätzter Preis pro Start (in Millionen)	Bereich der Nutzlast-Kapazität für erdnahen Orbit (in Kilogramm)	Kostenbereich pro Kilogramm (in Tausend)
China	Langer Marsch 2D	Chinesische Volksbefreiungsarmee / China Great Wall Industry Corporation	$30	3,500	8,571
	Langer Marsch 3A		$70	8,500	8,235
Europäische Union (3)	Vega	Arianespace	$37	1,963	18,849
	Ariane 5		$178	21,000	8,476
	Sojus*		$80	4,850	16,495
Indien	PSLV	Indische Raumfahrtbehörde (Indian Space Research Organisation, ISRO) / Antrix	$21-31	3,250	6,462-9,538
	GSLV		$47	5,000	9,400
Japan	Epsilon	Japanische Raumfahrtbehörde (JAXA) / Antrix	$39	700-1,200	55,714-32,500
	H-II A/B	Mitsubishi Heavy Industries Launch Services	$90-112.5	10,000-16,500	9,000-6,818
Russland	Proton M	VKS / Roscosmos / International Launch Services (ILS)	$65	23,000	2,826
	Rockot	VKS / Eurockot	$41.8	1,820-2,150	22,976-19,442
	Dnepr	ISC Kosmotros	$29	3,200	9,063
USA	Falcon 9	SpaceX	$61.2	22,800	2,684
	Atlas V	ULA / Lockheed Martin Commercial Launch Services	$137-179	8,123-18,814	16,866-9,514
	Delta IV Medium / Heavy	United Launch Alliance (ULA)	$164-$400	9,420-28,790	17,410-13,894
	Minotaur-C	Oribtal ATK	$40-$50	1,278-1,458	31,299-34,294
	Antares		$80-$85	6,200-6,600	12,903-12,879
	Pegasus XL		$40	450	88,889

Quelle: GAO / Bryce Space and Technology (früher Tauri Group) "The Annual Compendium of Commercial Space Transportation: 2017"

* Wird von der europäisch-russischen Unternehmen Starsem vermarktet

Abbildung 1: Die Nutzlast-Kapazitäten und Startpreise gegenwärtiger kommerzieller Raketen. Kaum verwunderlich: Die preiswertesten werden regelmäßig, die teuersten selten bis gar nicht gebucht. (Quelle: GAO)

Die Normalisierung der Träume

Die Milliardäre sind ein Glücksfall für die Raumfahrt. Sie sorgen mit ihren Raketen nicht nur für einen billigeren Zugang zum All, sondern bringen weltweit Bewegung in die private Raumfahrt. Sie sind zwar nicht allein dafür verantwortlich, dass die kommerzielle Raumfahrt einen Boom erlebt – das resultiert zugleich aus der Digitalisierung, die sich in einer Raumfahrt 2.0, einer neuen NewSpace-Welle äußert. Dennoch, ihre Milliardeninvestitionen befeuern zweifellos einen Wettbewerb unter den privaten Raumfahrt-Unternehmen, der Raumfahrt schneller, preiswerter und vielseitiger macht. Daher lässt sich ohne Zweifel von einem Wettrennen ins All sprechen, von einem Goldrausch. Denn wer in der Lage ist, zu günstigen Preisen Nutzlast ins All zu schießen, dem winkt das große Geld. Elon Musks Rakete Falcon 9 und die Rakete Antares des Unternehmens Orbital ATK haben es schon bewiesen, denn sie versorgen die Internationale Raumstation.

Das ist erst der Anfang, es stehen schon eine ganze Reihe anderer Unternehmer in den Startlöchern. »Es ist wirklich cool, so viele energische und erfolgreiche Leute zu haben, die die Industrie vorantreiben«, meint Andrew Rush, CEO von Made In Space, einem Unternehmen, das 3-D-Drucker für den Weltraum entwickelt.[12] »Sie sind in gewisser Weise auch Vorbild für uns, weil sie Leidenschaft besitzen und Vision.« Nicht nur das. Die Nerd-Milliardäre verschaffen der Raumfahrt wieder Gehör und verleihen ihren Fürsprechern – vor allem denen mit etwas weitgefassteren Zielen – wieder eine gewisse Glaubwürdigkeit. Nach 50 Jahren Raumfahrt, die nur selten über den erdnahen Orbit hinausging, haben wir uns daran gewöhnt, die Gedankenspiele aus den 60er-Jahren als Fantastereien abzutun. »Der Einfluss dieser Leute auf das (Raumfahrt-)Milieu ist erstaunlich!«, sagt Peter Stibrany, Chief Business Developer bei Deep Space Industries, einem Unternehmen im Silicon Valley mit besonders ambitionierten Plänen: Der Gewinnung von Wasser von Asteroiden. »Vor zehn Jahren durfte man nirgendwo erzählen, dass der Mensch eines Tages zum Mars reist oder im All leben wird. Man wäre ausgelacht und nie wieder eingeladen worden. Heute ist das anders. Ich kann mich an eine Präsentation von Elon Musk erinnern, in der er erzählte: ›Unser Plan ist es, dass irgendwann Tausende Menschen auf dem Mars leben‹ – und niemand lachte! Da dachte ich, okay, das ist der Wendpunkt! Die Tatsache, dass diese Leute Milliarden in die Raumfahrt investieren, bedeutet, dass diese Ziele für die Leute quasi ›normalisiert‹ werden.«[13]

Ihr Geld macht diese Menschen eigenständig, selbstbewusst und zu einem bestimmten Grad unabhängig. Leute wie Jeff Bezos, dem mehr Geld zur Verfügung steht als manchen Staaten, können selbst entscheiden, wie riskant es ist, einen ambitionierten Plan umzusetzen. CEOs großer Unternehmen mit allzu visionären Vorstellungen, die obendrein die Gewinne schrumpfen lassen, überleben selten die nächste Aufsichtsratssitzung, und ihre Pläne schon gar nicht.

Mit ihren überdurchschnittlichen Fähigkeiten und ihrer Begeisterungsfähigkeit sind sie in der Lage, ihr Ziel im Auge zu behalten und ihre Mitarbeiter auf eine durchaus ungewisse Reise mitzunehmen. Dank dieser Menschen ist die gegenwärtige Raumfahrt nicht nur mehr ein Zukunftsprojekt der Menschheit, sondern auch eine große Space-Show. Diese absoluten Fürsten der Neuzeit kennen die Wirkung ihres Erfolgs und die Strahlkraft ihres sagenhaften Reichtums auf die Öffentlichkeit genau und versuchen sie für ihre Ziele im All zu nutzen – sei es um Weltraumtickets zu verkaufen oder immense öffentliche Förderung zu rechtfertigen.

Nicht alle dieser Leute haben eigene Raumfahrt-Unternehmen gegründet, sondern stattdessen in bestehende investiert; die einen ein paar Millionen Dollar, andere ein paar Hundert Millionen Dollar. Obwohl auch diese enormen Investitionssummen als treibende Kraft für die Raumfahrt nicht zu unterschätzen sind, wollen wir uns auf diejenigen konzentrieren, die ein klares Ziel vor Augen haben und dafür ihre eigenen Unternehmen gegründet haben. Elon Musk, Jeff Bezos, Paul Allen, Richard Branson und Robert Bigelow. Es gibt zwar noch weitere äußerst wohlhabende Menschen mit faszinierenden Ideen, etwa der Internet-Investor Juri Milner, der 100 Millionen Dollar für die Suche nach außerirdischem Leben und der Erkundung des interstellaren Raums ausgeben möchte. Aber sie sind für die Entwicklung der Raumfahrt nicht im gleichen Maße von Bedeutung wie diese Big Five.

Wenn wir von einem Goldrausch im All oder einem neuen Wettlauf ins All sprechen, dann sind damit zahlreiche Aspekte der Raumfahrt gemeint: Der private Raumtransport, also Raketen und Raumgleiter; Bergbau auf Asteroiden und anderen Himmelskörpern; Business-Modelle mithilfe von erdbeobachtenden Satelliten-Schwärmen und nicht zuletzt das Rennen zum Mars. All diese Ziele sind zwar irgendwie verbunden und bedingen sich gegenseitig, aber ihre Protagonisten konkurrieren nicht notwendigerweise direkt miteinander, sondern versuchen zunächst auf ihrem Gebiet eine Vormachtstellung zu erlangen. Berührungspunkte ergeben sich womöglich erst zu einem späteren Zeitpunkt, wenn die Gewinner der Teilebenen beginnen, nach größeren Zielen zu greifen. Das haben wir in jüngster Zeit bereits im Falle der digitalen Superunternehmen erlebt. Zu Beginn war die Rollenverteilung ganz eindeutig. Bei eBay konnte man gebrauchtes Allerlei ersteigern, bei Amazon Bücher bestellen, mit Google gezielt ziellos das Web durchstöbern und bei Facebook schauen, was die Freunde am Vorabend angestellt haben. Heute sind all diese Unternehmen Konkurrenten auf demselben Markt der Daten-Aggregatoren. Ihr wichtigstes Produkt ist der Mensch selbst. Seine Vorlieben, sein Verhalten und sein Portemonnaie. So ähnlich könnte es auch laufen, wenn sich erst einmal eine größere und sich selbst erhaltende Raumfahrt-Wirtschaft etabliert hat.

Bis dahin beschränkt sich der Wettlauf ins All auf kleinere Duelle. Bezos und Musk bauen Großraketen und buhlen um schwere Nutzlasten. Paul Allen und Richard Branson bauen Flugzeuge, um davon kleine bis mittelgroße Raketen zu starten. Robert Bigelow baut – bisher ganz ohne Milliardärs-Konkurrenz – aufblasbare Raumstationen. Und die Paarung Branson und Bezos wetteifert, die ersten Touristen ins All zu fliegen.

Obwohl die Wege ganz unterschiedlich sind, ist das Ziel dasselbe: der Weltraum und mittendrin der Mensch. Auf die eine oder andere Art bauen diese Männer eine Infrastruktur im Weltraum auf, sodass der Mensch sich eines Tages einfacher als bisher darin bewegen kann. Mit anderen Worten: Sie bereiten dem Menschen einen Weg in den Weltraum und zu anderen Himmelskörpern, damit sie dort eines Tages leben und arbeiten.

Das ist keine Unterstellung, sondern ein Plan, den beispielsweise Jeff Bezos bei jeder sich bietenden Gelegenheit ausführlich skizziert. »Wenn man sich die Dynamik in der Raumfahrt anschaut, dann ist nicht viel passiert in den vergangenen 50 Jahren. Weltweit gibt es jährlich etwa 40 Raketenstarts, das ist weniger als in der Vergangenheit. Der Peak lag in den 70ern. Wenn ich das mit dem Internet vergleiche, meinem Tagesgeschäft, dann sehe ich da sehr viel Dynamik, es gibt Tausende Unternehmer«, erklärte Bezos beispielsweise den Zuhörern der Code-Konferenz im kalifornischen Rancho Palos Verdes. Zu dieser Konferenz kommen in der Regel die

Upper Ten der globalen Technologie-Elite (regulärer Eintrittspreis 6.500 Dollar, Premium 9.000 Dollar. Das darf aber nur bezahlen, wer eingeladen wird), Vortragsredner sind durchweg die CEOs und CTOs der globalen Silicon-Valley-Riesen. Allerdings ist die von Bezos genannte Zahl nicht ganz korrekt. In den vergangenen 25 Jahren lag die Zahl der Starts weltweit zwischen 60 und 90, mit einer Delle zwischen 2001 und 2005, in die zudem das Columbia-Unglück fiel (siehe Abbildung 2 »Zahl der weltweiten orbitalen Raketenstarts«, S. 24). Das sind etwa doppelt so viele, wie Bezos nennt. Tatsächlich starteten früher mehr Raketen in den Raum als heute. Allerdings lag der Peak nicht in der 70ern, sondern in den 60er-Jahren. Zwei Jahre vor der Mondlandung, 1967, starteten 141 Raketen, darunter eine bemannte Mission. 128 davon erreichten den Orbit, die restlichen waren auf die eine oder andere Art Fehlschläge. Seit 2005 ist ein leichter Aufwärtstrend zu erkennen, Bezos hat aber sicher recht damit, wenn er behauptet, dass zumindest an der Zahl der Raketenstarts kein Boom zu erkennen ist.

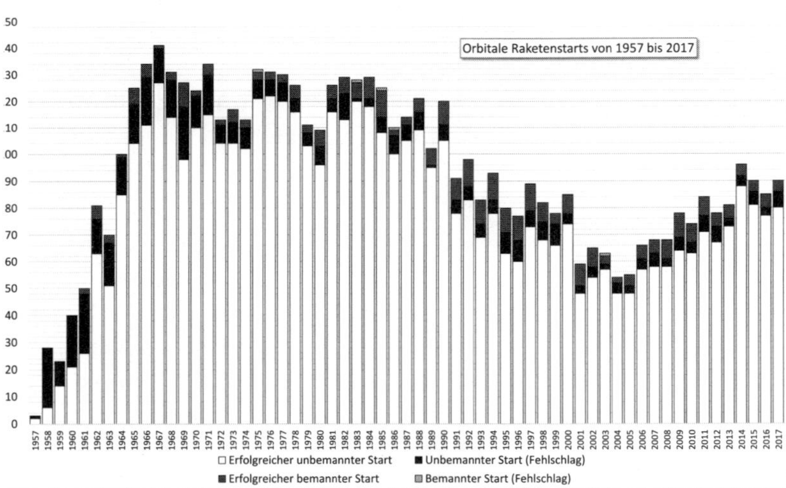

Abbildung 2: Am häufigsten sind Raketen bisher in den 1960er-Jahren in den Orbit gestartet. Seiher sank die Zahl der Launches beständig und fand in den Jahren nach der Jahrtausendwende einen Tiefststand. Dass die Zahl der Launches seitdem wieder leicht ansteigt, liegt nicht notwendigerweise an der Falcon 9 von Elon Musk. SpaceX hat unter anderem einen Teil der Aufgaben des Spaceshuttles übernommen, und außerdem der notleidenden russischen Raumfahrt-Industrie kommerzielle Aufträge abgenommen. Quelle: www.spacelaunchreport.com

Die Besucher eines solchen Treffens wissen genau, wovon Bezos spricht. »Als ich Amazon gegründet habe, gab es mich und noch ein paar andere. Ich habe selbst Pakete ausgefahren und gehofft, mir eines Tages einen Gabelstapler leisten zu können. 20 Jahre später bedienen wir fast 300 Millionen Kunden und haben mehr als 100 Milliarden Dollar Umsatz. Wir sind Teil von etwas Riesigem, das vor einigen Dekaden noch nicht einmal existierte. Das ist so ziemlich das Gegenteil dessen, was in der Raumfahrt passiert.« Zur Erinnerung: Amazon ist seit 1994 online, Google seit 1997, Facebook seit 2004 und WhatsApp seit 2009. Obwohl fast jeder mit einem Smartphone oder einem anderen Rechner täglich auf die eine oder andere Art mit diesen Unternehmen konfrontiert ist, können nur die jüngsten unter den Lesern sich eine Welt ohne soziale Netzwerke nicht vorstellen. Es gibt sie ja erst seit etwa 15 Jahren. Raketen fliegen hingegen schon seit mehr als 70 Jahren in den Raum[I], ohne dass es zu einem exponentiellen technologischen Quantensprung gekommen und bewusst in unser Leben eingedrungen wäre.

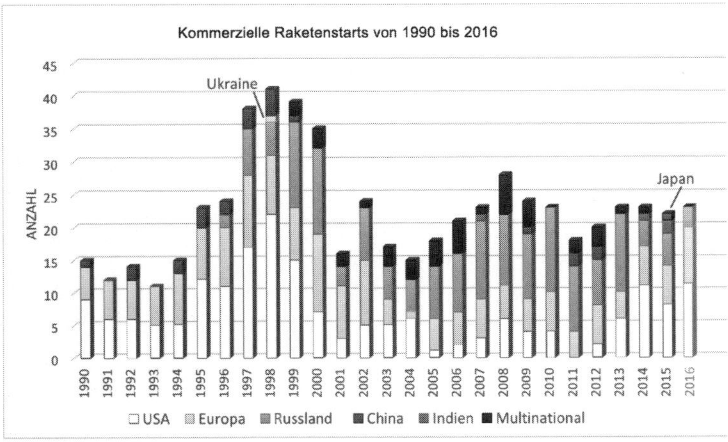

Abbildung 3: Starts von Raketen mit privatwirtschaftlichem Charakter, die also nicht von einer Regierung oder einer Behörde bezahlt worden sind. Quelle: Heise / FAA

I Die deutsche Rakete Aggregat 4 (A4) alias V2 war die erste Rakete, die den Weltraum erreichte. Sie erreichte 1944 bei einem Testflug 189 Kilometer Höhe, bevor sie zur Erde zurückfiel. Unglücklicherweise war ihr Verwendungszweck ein kriegerischer. Hitler ließe sie im Bombenkrieg zynischerweise als »Vergeltungswaffe« mit Sprengkopf auf bewohnte Orte niedergehen.

Jeff Bezos hat dafür eine simple Erklärung. »Wenn ich mir die Anfangszeiten von Amazon anschaue, da gab es schon all diese Infrastrukturen. Wir mussten nicht erst ein Bezahlsystem wie die Kreditkarte entwickeln. Die war schon viel früher entwickelt worden. Es gab schon viele Leute, die bereits eine Kreditkarte besaßen. Wir mussten auch kein Transportsystem der letzten Meile entwickeln, denn die Post und UPS waren ja nicht für den E-Commerce entwickelt worden. Wenn wir eine solche Logistik vor 20 Jahren erst hätten entwickeln müssen, hätte uns das Hunderte Milliarden Dollar gekostet. Das wäre für ein Unternehmen wie Amazon unmöglich gewesen. Das Gleiche gilt für Computer. Es stand schon einer auf jedem Tisch. Und warum wuchs das Internet so schnell? Weil die ganze Infrastruktur bereits da war, ebenfalls ursprünglich für einen anderen Zweck: nämlich für transkontinentale Telefongespräche. Was die Raumfahrt betrifft, sehe ich es als meine Aufgabe, eine Infrastruktur aufzubauen. Ich nutze meine Ressourcen, um eine Struktur zu schaffen, schwere Lasten ins All zu transportieren. Sodass zukünftige Generationen von Unternehmern ein Sonnensystem vorfinden, das dynamisch und interessant ist, so, wie wir das Internet heute vor uns sehen. Und um das zu erreichen, müssen wir den Zugang zum Weltraum drastisch verbilligen.«[14]

Was treibt die Milliardäre in den Weltraum?

Für diese supererfolgreichen Menschen ist der neue Wettlauf ins All *the next big thing*. Die wirtschaftlichen Vordenker unserer Zeit möchten auf keinen Fall den Zeitpunkt verpassen, wenn die Reviere der Zukunft abgesteckt werden. Sie begreifen sich als Menschen, die in der Lage sind, mit ihrem persönlichen Einsatz und ihrem Geld den Lauf der Welt zu verändern. Was aber ist das persönliche Motiv dieser Menschen? Der Wunsch nach Unsterblichkeit? Oder die Aussicht, der erste Billionär der Geschichte zu sein, also die schnöde Gier nach noch mehr Geld?

Für diese Menschen ist Reichtum zumindest kein Grund, die Füße hochzulegen. Wäre das von Anfang an ihr Antrieb gewesen, wären sie vermutlich kaum so weit gekommen. Das heißt nicht, dass sie ihren Wohlstand nicht genießen würden. Elon Musk kaufte sich einen sündhaft teuren F1-McLaren-Sportwagen, sobald er es sich leisten konnte. Und zerlegte ihn prompt kurze Zeit später ausgerechnet in der Sand Hill Road, der Straße im Silicon Valley, in der viele Risikokapital-Unternehmen ihren Sitz haben.[15] Sein sarkastischer Kommentar unmittelbar nach dem Crash: »Das Lustige daran ist, dass er nicht mal versichert ist.«[I] Paul Allen besitzt wie viele Superreiche eine Superyacht, 126 Meter lang, und Richard Branson steuert sein Firmenimperium von einer Hängematte auf Necker Island, seiner Privatinsel in der Karibik. Jedenfalls sagt er das.

Welchen Sinn hat das Leben also sonst, wenn ein Mensch Dutzende Milliarden Dollar angehäuft hat und alles erreicht hat, was jemand mit Ehrgeiz erreichen kann? Jeff Bezos hat die Frage schon ganz klar beantwortet. Auch Elon Musk sieht seinen Reichtum als Mittel zum Zweck, der Menschheit im All neuen Lebensraum zu erschließen.

»Ich möchte sagen, dass der Hauptgrund für mich, Vermögen anzuhäufen, der ist, das (eine Marsreise) zu finanzieren«, erklärte sich Musk bei einer Konferenz in Mexiko verschwurbelt, aber verblüffend direkt zu seinem sagenhaften Wohlstand. »Ich habe wirklich keine andere Motivation, persönliches Vermögen anzuhäufen, außer damit in der Lage zu sein, so viel wie möglich dazu beizutragen, Leben auf verschiedenen Planeten zu ermöglichen.«[16] Wie gesagt, Musk ist nicht unempfänglich für die angenehmen Seiten eines luxuriösen Lebens. Doch investiert SpaceX schon beträchtliche Summen in die Entwicklung von Ausrüstung für eine Marsmission. Und das ohne ein konkretes Geschäftsmodell, mit dem er eine solche Mission direkt refinanzieren könnte. Hätte er nur die Steigerung seines Unternehmenswerts im Kopf, würde er diese kapitalvernichtende Strategie sicher vermeiden.

Aus Angst, nicht mehr frei zu entscheiden und die Ausrichtung seines Unternehmens (zum Mars) bestimmen zu können, hat sich Musk zudem bisher geweigert, mit SpaceX an die Börse zu gehen. Das hätte zwar den Vorteil, dass er vermutlich mit einem Schlag über ungeheure Mittel verfügen würde, doch es ist zweifelhaft, ob seine Aktionäre das überhaupt zulassen würden. Schließlich sehen Aktionäre ihren Einsatz an der Börse gewöhnlich als Investition, um damit Geld zu verdienen. Es ist gar nicht

---

I Vor einigen Jahren legte sich Musk ein neues Spielzeug zu: den Lotus Esprit, mit dem James Bond in *Der Spion, der mich liebte* seinen Häschern entkommt, indem er den Wagen per Knopfdruck zum Unterwasser-Mobil transformiert. Musk ersteigerte den Wagen, der zuvor angeblich nur zufällig in einem Container wiederentdeckt worden war, für umgerechnet knapp eine Million Euro.

so unwahrscheinlich, dass eine Mehrheit sich mit den lukrativen Raketenstarts zufriedengibt und alle weiteren Ambitionen blockieren würde. Stattdessen »gewährt« er lediglich ausgewählten Investoren eine Runde. Darunter sind 20 Millionen Dollar vom Founders Fund von Peter Thiel, ausgerechnet zwei Tage vor dem dritten Fehlstart der Falcon 1 am 3. August 2008. Der größte Investor war bisher 2016 Google mit einer Milliarde Dollar.[17] Beim digitalen Hightech-Unternehmen schlechthin scheint er sich sicher zu sein, dass es seine langfristigen und zweifellos teuren Pläne unterstützt. Wie viel Musk von SpaceX noch selbst besitzt, sagt er nicht. Ende 2015 waren es laut der US-Bundesbehörde für Kommunikationsregulierung FCC zumindest noch 54 Prozent, wobei er allerdings 78 Prozent der Stimmrechte vertrat.[18]

Jeff Bezos hat einen anderen Weg gewählt, um seinen Traum zu verwirklichen, der aber nicht viel weniger ambitioniert ist. »Ich möchte Weltraumhotels bauen, Vergnügungsparks und Kolonien für zwei bis drei Millionen Menschen im Orbit. Die Idee ist, die Erde zu bewahren. Am Ende sollte man die Menschen umsiedeln können und aus dem Planeten einen Park machen.« Das hat ernsthaft der Gründer von Amazon gesagt. Wir müssen ihm zugutehalten, dass er gerade einmal 18 Jahre alt war, als er seine Visionen während eines Interviews mit der Tageszeitung Miami Herald zum Besten gab. Die Ironie der Geschichte ist natürlich, dass niemand wissen konnte, dass der vermeintlich so naive Teenager eines Tages Amazon und mit seinen Milliarden schließlich ein Raumfahrt-Unternehmen, Blue Origin, gründen würde. Seine Ziele von damals formuliert er heute nicht viel anders, er baut in seine Vorhaben lediglich die betriebswirtschaftliche Einschränkung ein, man müsse Starts deutlich billiger machen. »Wollen wir zum Mars?«, stellte er Reportern Ende 2015 eine rhetorische Frage und gab sogleich die Antwort. »Auf jeden Fall, aber wir wollen überallhin!«[19] Und dann fügt er seiner Aussage aus den 1980ern hinzu: »Die Vision für Blue Origin ist ganz einfach. Ich möchte, dass Millionen Menschen im All leben und arbeiten. Bis dahin wird viel Zeit vergehen, es ist jedenfalls ein lohnendes Ziel.« Sein Motiv mag nicht eindeutig sein, klar ist jedoch, dass er es ernst meint. Bezos selbst gibt an, jedes Jahr Amazon-Aktien für eine Milliarde Dollar zu verkaufen, um seine Raumfahrt-Aktivitäten zu finanzieren.[20]

Der Dritte im Pop-Triumvirat der Raumfahrt-Milliardäre, Richard Branson, gibt sich zumindest in dieser Hinsicht weniger altruistisch. Seine Weltraumaktivitäten haben einen deutlich kommerzielleren Charakter. Sein Vorzeigeprojekt, das SpaceShipTwo soll eines Tages Touristen ins All befördern, und zwar gegen viel Geld. Sein Motiv ist der unternehmerische Thrill, und das sagt er auch: »Seit meinem ersten unternehmerischen Versuch mit 16 Jahren, einer Schülerzeitung, bis heute mit etwas hochfliegenderen Unternehmen wie Virgin Galactic (...), hatte ich immer eine vorrangige Philosophie: Wenn ein Projekt oder ein Geschäftsmodell nicht meine unternehmerischen Säfte anregt, wenn es nicht etwas ist, bei dem ich denke, das ist was Neues und ich habe dabei Spaß!, dann lasse ich es lieber sein und suche mir was, das mich begeistert.«[21]

Diese Motive erklären vielleicht, warum sich diese Männer für die Raumfahrt interessieren, nicht aber, warum sie sich am Ende auf dieses Abenteuer einlassen. Gewöhnliche Menschen haben ja auch Träume und brechen nicht gleich zu unbekannten Ufern auf – vor allem wenn sie materiell bereits ausgesorgt haben. Warum also machen Musk, Bezos und Branson das?

»Wir haben hier Milliardäre, die alles erreicht haben, was es zu erreichen gibt, und immer noch den Drang haben, etwas Monumentales zu erzeugen«, meint Peter Platzer, CEO von Spire, einem jungen Satelliten-Betreiber aus San Francisco mit gutem Blick auf das nahegelegene Silicon Valley. »Weltraum ist etwas, was die Menschen fasziniert. Das ist genauso wie im 14. und 15. Jahrhundert, als die Spanier Christoph Columbus finanziert haben, um die Neue Welt zu finden. Die Menschen sind de facto Explorer. Die wollen immer das Unerforschte erkunden. Und der Weltraum ist eben der größte und unerforschte Bereich. Da sind zum ersten Mal privat Leute mit quasi unbeschränkten Mitteln, die sagen, wir wollen Raumfahrt machen.«[22]

2 Musk vs. Bezos: Duell der Raketenbauer

»Es ist wichtig, einen Unterschied zwischen Weltraum und Orbit zu machen.«

Elon Musks Kommentar auf die Twitter-Nachricht von Jeff Bezos, dessen Rakete New Shepard sei aus dem Weltraum zurückgekehrt und gelandet.

Zu nah für Freundschaft

»Blue Origin hat es bisher nicht geschafft, ein zuverlässiges, suborbitales Raumfahrzeug zu bauen, obwohl es mehr als zehn Jahre am Entwickeln ist. (...) Falls Blue Origin in den kommenden fünf Jahren mit einem Gefährt aufkreuzt, das die NASA-Standards für bemannte Missionen erfüllt und an die Raumstation andocken kann – und dafür ist Startplatz 39A gedacht –, dann werden wir gern Platz dafür machen. Um ehrlich zu sein, ich denke, wir werden eher tanzende Einhörner im Flammenschacht entdecken.«[23] In einer E-Mail an das Fachblatt SpaceNews machte Elon Musk seinem Ärger über den Streit um Cape Canaveral Luft.[24]

Ein Flammenschacht ist ein mit Beton verschalter Raum unter einem Raketenstartplatz. Wenn die Raketenmotoren zünden und ihre wahrhaft infernalischen Feuer ausspucken, hat der Flammenschacht die Aufgabe, die heißen Abgase aufzunehmen und zu einer Seite hin kontrolliert weiterzuleiten, damit ihnen nicht Rakete und Startturm zum Opfer fallen. Selbst ein mythisches Wesen wie ein Einhorn hätte es in einem Flammenschacht einer startenden Rakete schwer.[I] Musk hatte also recht deutlich gemacht, was er von den Ambitionen von Blue Origin hält. Das dürfte in der Redaktion für Entzücken gesorgt haben, denn so markige Worte geben Unternehmenschefs selten von sich. Aber Elon Musk ist eben

---

I Wer einen Eindruck von der Urgewalt eines Raketenstarts bekommen möchte, schaut sich auf YouTube am besten den Start einer Saturn V aus der Sicht einer unmittelbar neben den Triebwerken positionierten Kamera in Zeitlupe an. Titel des Videos: »Apollo 11 Saturn V Launch Camera E-8.«

kein normaler CEO – und 39A nicht irgendeine Rampe. Auf ihm hoben die Mondraketen und die Spaceshuttles ab. Hintergrund des Streits: 2013 wollten SpaceX und Blue Origin beide den historischen Ort pachten. Während SpaceX ihn für sich allein haben wollte, plante Blue Origin daraus eine Art kommerziellen Weltraumbahnhof zu machen, »offen für alle Startanbieter«. Um zu verhindern, dass die NASA Musk vorschnell den Vorzug geben würde, protestierte Bezos erst bei der NASA gegen Musks Angebot, und als die NASA ihn abblitzen ließ, beim US-Rechnungshof GAO[I]. Damit wurde der gesamte Vorgang auf Halt gesetzt, was vor allem Musk schadete. Bezos wollte beziehungsweise konnte ja erst Jahre später starten, Musk sobald wie möglich. Doch dafür musste der Platz erst hergerichtet werden. Und genau aus diesem Grund war er so sauer und nannte Bezos' Vorgehen eine »verlogene Blockadetaktik«. Am Ende wies der GAO Bezos' Einspruch ab, und schon im April 2014 verpachtete die NASA den historischen Ort für 20 Jahre an SpaceX für Starts der Falcon 9 und der Falcon Heavy. Runde 1 ging an Musk.

Wie schon festgestellt wird der neue Wettlauf ins All in zahlreichen Vorläufen mit unterschiedlichen Paarungen ausgetragen. Das Duell Musk und Bezos ist das härteste und direkteste. Es hat die größte Öffentlichkeit, und es ist das meiste Geld im Spiel.

Aber warum eigentlich? Bisher machte Musk als Weltraumspediteur und ISS-Versorger von sich reden, Bezos als Weltraumtouristik-Unternehmer. Doch dies sind nur die vordergründigen und kurzfristigen Ziele. In Wirklichkeit sind beide schon erbitterte Konkurrenten im Raumtransport, der langfristig darauf abzielt, Menschen in die Tiefen des Raums zu transportieren. Diese Ambitionen haben andere in dieser Intensität und auch in der Entwicklung der entsprechenden Technologie nicht erkennen lassen. Natürlich geht es erst einmal nicht um den Mars und die Weltraumkolonisierung, sondern um viel profanere Angelegenheiten: Verträge, Patente, die Gunst der NASA und persönliche Animositäten, wie wir eingangs gesehen haben. Wir wollen also sehen, wie die beiden Männer zur Raumfahrt gekommen sind, wie sie denken und was sie vorhaben – und mit welchem Erfolg. Und selbstverständlich: Welche Raketen und Raumfahrzeuge sie bauen, um die sie wie die Kinder zanken.

I Government Accountability Office.

Eigentlich dürfte es ja gar keinen Streit geben. Wenn die beiden auf den jeweils anderen angesprochen werden, geben sie sich meist friedlich und betonen sogar die Gemeinsamkeiten. »Große Industrien bestehen nie aus einem einzigen Unternehmen. Es gibt genug Platz im Weltraum für eine ganze Menge Champions«, antwortete Bezos auf die Frage nach seinem Konkurrenten.[25] Und dem einflussreichen Tech-Journalisten Walter Mossberg erklärte Musk bei der Code-Konferenz: »Ich denke, wir haben einige ähnliche Meinungen. Wir beide, Jeff und ich, glauben, dass es für die Zukunft wichtig sei, eine raumfahrende Zivilisation zu sein und am Ende zu den Sternen zu fahren.«[26]

Nur einen Tag zuvor hatte Jeff Bezos auf dem gleichen Stuhl gesessen und erklärt: »Wir haben sehr ähnliche Dinge im Sinn. Ich kenne ihn, wir sind in vielen Dingen gleich gesinnt.« Bezos schob sogleich eine Einschränkung hinterher. »Aber wir sind nicht konzeptuelle Zwillinge. Eines der Dinge, die ich machen möchte, ist, zum Mars zu reisen. Das ist für mich jedoch nur *ein* Ziel. Für ihn ist es eines seiner Hauptziele.« Und dann kam doch noch so etwas wie Kritik. »Außerdem, die Idee eines Plan B ist für mich nicht besonders motivierend. Es ist nicht falsch. Grundsätzlich finde ich es gut, dass es unterschiedliche Beweggründe (für die Raumfahrt) gibt. Doch ich möchte keinen Plan B für die Erde. Ich möchte einen Plan B, damit Plan A funktioniert. Ich glaube, er (Musk) reist in den Raum, um die Erde zu retten. Aber wir kennen das Sonnensystem, wir haben Sonden ins gesamte Sonnensystem geschickt. Seien Sie versichert, dies ist der beste Planet! Ich bin selten von etwas so überzeugt wie davon. Wir müssen ihn beschützen. Und dafür müssen wir in den Raum gehen.«[27] Damit hatte er Musk etwas unterstellt, was dieser am nächsten Tag vehement abstreiten würde. Der arme Walter Mossberg. Der Profi, der schon Interviews mit so schwierigen Charakteren wie Steve Jobs managte, wurde am Tag darauf zwischen den Feinheiten der Visionen und den Implikationen zweier zeitversetzter Interviews zerrieben, als er Musk zusammen mit seiner Kollegin Kara Swisher befragte.

Walter Mossberg: Glauben Sie, wir sollten die Erde irgendwann verlassen?
Musk: Nein, nein, ich denke, sie ist großartig, warum sollten wir die Erde verlassen, es ist wirklich schön hier!
Walter Mossberg: Aber Sie haben gesagt, dass wir möglicherweise die Erde verlassen müssen, daher sei es gut, einen Plan B zu haben.

Musk: Nein, das war ich nicht!
Kara Swisher: Nein, das war Bezos.
Musk: Das war, ... ich denke, das war vielleicht Jeff.
Ich weiß nicht, ich war es nicht.[I]

Mossberg hatte sich auf die Aussage von Bezos gestützt, ohne dies zu sagen. Doch anstatt nun auf Bezos zu verweisen, wechselte er das Thema. Schade, es wäre interessant gewesen, was Musk dazu gesagt hätte.

So absurd diese Episode sein mag, der Konflikt der beiden liegt sicher nicht in marginal unterschiedlichen Zukunftsvorstellungen und Zielen, oder dem Weg, der zu ihnen führen könnte. Dazu sind sie davon noch zu weit entfernt. Viel gravierender ist die konkrete wirtschaftliche Konkurrenz im Hier und Jetzt. Die Unternehmen beider Männer arbeiten an Raketen ähnlicher Größe und Technik. Musk hat mit SpaceX die Falcon-Reihe entwickelt: die kleine Falcon 1, die mittelschwere Falcon 9 und die Falcon Heavy, ein sogenannter *Heavy Lifter*, eine Schwerlastrakete. Und Bezos baut mit seinem Unternehmen Blue Origin an der einstufigen kleinen New Shepard[II] und der großen dreistufigen New Glenn[III], ebenfalls für schwere Lasten.

Das hat dazu geführt, dass sie ähnliche Fachkräfte für deren Entwicklung brauchen. Laut Musks Biografen Ashlee Vance beklagte sich Musk bereits, dass Bezos ihm wertvolle Leute abwerbe. Vance erzählt in seiner erstklassig geschriebenen Biografie: »Er schnappte sich Ray Miryekta, einen der weltweit besten Experten für Reibrührschweißen (eine besonders anspruchsvolle Technik, dünne Metalle zu verschweißen, Anm. des Autors), was zu einem größeren Streit mit Musk führte. ›Jeff hat Ray eingestellt und es dann tatsächlich gewagt, Patente für Arbeiten anzumelden,

---

I Im englischen Original macht Musk sogar noch ein Witz daraus: »I think that's maybe Jeff, I don't know, but it wasn't me. It Wasn't me, like Shaggy.« Shaggy ist ein Reggae-Sänger, der mit dem Song »It Wasn't Me« im Jahr 2000 einen weltweiten Nummer-eins-Hit landete.

II Benannt nach dem Astronauten Alan Shepard (1923–1998), der 1961 als erster Amerikaner mit der Mercury-Kapsel auf einer suborbitalen Bahn den Weltraum erreichte. Zehn Jahre später reiste er mit Apollo 14 zum Mond.

III Benannt nach John Glenn (1921–2016), der erste Amerikaner im Orbit. Während Alan Shepard lediglich auf einer ballistischen Bahn den Weltraum erreichte, umkreiste Glenn 1962 die Erde dreimal, bevor er zurückkehrte. 36 Jahre später reiste er als 77-Jähriger noch einmal in den Weltraum und hält seitdem den Rekord als ältester Raumfahrer.

die er bei SpaceX erledigt hat‹, sagt Musk. ›Blue Origin macht gern diese chirurgischen Schnitte, um spezialisierte Experten zu sich zu holen, und bietet ihnen etwa das doppelte Gehalt.‹« Musk habe indessen einen E-Mail-Filter installiert, der die Begriffe »Blue« und »Origin« aussiebe, berichtet Vance, um zu verhindern, dass noch mehr Leute abgeworben werden. [28]

Das Erstaunliche an dieser Auseinandersetzung ist vielleicht gar nicht, dass sie zwischen den Unternehmen Musk und Bezos stattfindet. Angesichts der ähnlichen Produkte musste es fast zwangsläufig zu einer unternehmerischen Rivalität kommen, ungeachtet aller gemeinsamen Träume. Überraschend ist eher, dass ein Mann wie Elon Musk daran beteiligt ist. Wie in einer alten Star-Trek-Episode schien er urplötzlich, quasi ohne Vorwarnung, aus den Tiefen des Raums auf den Bildschirmen der Raumfahrt-Gemeinde aufgetaucht zu sein – gleichsam einem klingonischen Überraschungsangriff. Doch tatsächlich hat Elon Musk wie jeder andere Mensch eine Geschichte, und die fand keineswegs im Verborgenen statt.

Erst Internet-Guy, dann Transport-Guy

Dieses Buch handelt von der privaten Raumfahrt und seinen Gesichtern. Musk ist dabei eine zentrale Figur, weil sein Handeln und seine Persönlichkeit in der gesamten Branche unmittelbar und omnipräsent spürbar sind. Und das nicht nur, weil sein kometenhafter Aufstieg in der Raumfahrt so faszinierend ist oder weil er als Celebrity die Klatschspalten der Regenbogenpresse bedient. Sondern weil die Art und Weise, wie er Unternehmen führt, stellvertretend ist für die gesamte Branche des sogenannten NewSpace: Musk betreibt eine Raumfahrt auf eigene Rechnung, er benutzt moderne Industrieprozesse, er hat dabei eine Vision, die über seine unmittelbaren unternehmerischen Ziele hinausgeht, und er gilt als ausgesprochener Technik-Nerd, der versteht, was seine Ingenieure machen.

Musks Karriere als Raketenbauer, als Chief-Designer von SpaceX, wie er sich häufig vorstellt, ist alles andere als vorhersehbar gewesen – jedenfalls für alle anderen, außer vielleicht für ihn selbst. Elon Musk, Jahrgang 1971, ist ursprünglich Südafrikaner und wanderte mit 17 Jahren nach Kanada aus, denn dort musste er nicht zur Armee. Nach kurzer Zeit zog er weiter in die USA und studierte an der *University of Pennsylvania* Wirtschaft und Physik. Der sichtbare Bruch in seiner Vita erfolgte, als er sein Promotions-Studium in Stanford, einer der angesehensten Technik-Universitäten der Welt und mitten im Silicon Valley gelegen, nach zwei Tagen abbrach, um ein Internet-Unternehmen zu gründen. Die meisten Eltern würden sich vermutlich die Haare raufen. Nicht so seine Mutter Maye. »Meine Kinder machen seltsame Sachen«, erzählte sie in einem Interview. »Ich war deswegen nie besonders besorgt. Elon wollte von der Uni runter, aber er hätte ja wieder zurückgehen können.«[29]

Indes: Im Digital-Business sind zahlreiche Studienabbrecher sehr reich geworden, darunter Bill Gates, Steve Jobs und Marc Zuckerberg. Noch häufiger kommt es vor, dass Stanford-Studenten zwar zu Ende studieren, aber mit einer guten Idee noch vor ihrem Abschluss ein Unternehmen gründen. Das Ungewöhnliche in Musks Fall ist, wie früh er entschied, seine Promotion hinzuschmeißen. Sein Ausbildungsgrad, ein Bachelor, ist auch in den USA nur die erste akademische Stufe und schon nach drei Jahren Studium zu haben. Offenbar hat Musk der fehlende akademische Feinschliff nicht geschadet. Es gelang ihm zusammen mit seinem Bruder Kim und einem dritten Partner, ein verheißungsvolles Start-up aufzubauen: Zip2. Das Unternehmen programmierte einen Online-City-Guide und verkaufte ihn an große Verlagshäuser. Die bauten sie dann in ihre Webseiten ein – Google Maps gab es ja noch nicht. Vier Jahre nach seiner Gründung 1999 konnten sie Zip2 für viel Geld verkaufen. Seinen Anteil – immerhin 22 Millionen Dollar – steckte der damals 28-Jährige komplett in ein neues waghalsiges Internet-Start-up mit ungewissem Ausgang (nun gibt es per se gar keine Start-ups, die nicht waghalsig und ungewiss sind).

Stellen Sie sich vor, Sie besäßen viele Millionen und ein Bankberater riete Ihnen, das Geld fast vollständig in eine Internet-Klitsche zu investieren: Würden Sie einem solchem Menschen vertrauen – oder ihn anzeigen? Pikanterweise war Musks neues Unternehmen selbst eine Art Bank, eine Online-Bank, aus dem später PayPal hervorging. Und wieder gelang ihm ein erfolgreicher Exit.[I] eBay kaufte PayPal 2002 für 1,5 Milliarden Dollar in Aktien. Musk, mit 11,7 Prozent größter Anteilseigner von PayPal, bekam ein Paket im Gegenwert von 165 Millionen Dollar – Grundlage für

---

I In der Start-up-Welt bedeutet das den Verkauf eines jungen Unternehmens für ein Vielfaches der zuvor getätigten Investitionen.

ein erneutes Unternehmen, dieses Mal noch größer und noch abenteuerlicher.[30]

Bereits vor dem finanziell gesehen glücklichen Ende bei PayPal – seine Zeit dort war keineswegs harmonisch verlaufen – hatte er begonnen, seine Fühler in die Raumfahrt-Community auszustrecken. Allerdings flog er damals noch unterhalb des Radars der meisten Journalisten und Raumfahrt-Manager; er plante beispielsweise – vergeblich –, ein kleines Pflanzen-Experiment zum Mars zu schicken. Worauf er in Wirklichkeit hinauswollte, wurde klar, als er wiederholt nach Moskau reiste, um sich in der Hauptstadt der untergegangenen Supermacht zu erkundigen, was eine ausgemusterte Interkontinentalrakete kosten würde. Ashlee Vance beschreibt sehr plastisch, wie Musk und seine Begleiter endlose Runden Smalltalk und Wodka über sich ergehen ließen, nur um festzustellen, dass die Russen ihn nicht ernst nahmen und Wucherpreise nannten. Vance lässt Musks Vertrauten Jim Cantrell über sein Erlebnis in Moskau berichten. »Sie schauten uns an, als wären wir keine glaubwürdigen Menschen«, sagt Cantrell. »Einer ihrer Chefkonstrukteure spuckte mich und Elon an, weil er dachte, wir würden ihm lauter Unsinn erzählen.«[31] Irgendwann brach Musk seine Verhandlungen mit den Russen frustriert ab, gründete Mitte 2002 SpaceX und begann, seine eigene Rakete zu bauen.

Aus dieser Zeit stammt ein Artikel von SpaceNews, einem US-Fachblatt für Raumfahrt. »Für mich muss ein Unternehmen drei Bedingungen erfüllen«, wurde Musk zitiert. »Als Erstes muss es wirtschaftlich lebensfähig sein. Zweitens soll es interessant sein und Spaß machen. Und drittens: Sollte es erfolgreich sein, muss es der Welt etwas geben können.«[32] Damit hatte er die Dreifaltigkeit seiner Motivation formuliert, die bis heute gilt. In dem Beitrag ist er auf einem Bild zu sehen, auf dem er sich auf einem alten Röhrenmonitor abstützt, auf dessen Bildschirm das Logo von PayPal leuchtet. Neben dem pausbäckigen Musk posiert ein ebenso nerdiger Peter Thiel, heute eine Größe im Silicon Valley und ebenfalls Milliardär. Offensichtlich gab es noch keine offiziellen SpaceX-Bilder mit Corporate Design, weshalb die SpaceNews-Redaktion auf diese alten Bilder zurückgreifen musste. Doch seine unternehmerischen Hörner hatte sich Musk schon längst abgestoßen. »Ich denke, es ist besser, einen Markt anzugreifen, wenn es ziemlich düster aussieht, als wenn alles hell leuchtet. Vermutlich habe ich etwas von einem Querdenker.« Von dieser

Strategie des Neuen in der Szene waren nicht alle überzeugt. Jeff Foust, damals Analyst für Raumfahrt-Wirtschaft bei Futron Corp. und heute ein bekannter Fachjournalist, kommentierte nicht ganz ironiefrei, falls Musk einen düsteren Markt finden wolle, dann suche er mit Sicherheit an der richtigen Stelle. Es gäbe nämlich viele Anbieter und wenige Kunden.[33]

Zunächst musste Musk allerdings erst einmal eine Rakete entwickeln und in den Orbit schießen. Die Entscheidung, sie selbst zu bauen, war – aus heutiger Sicht – eine weise Entscheidung, denn nach alter Raumfahrer-Weisheit ist die Rakete die Mutter aller Raumfahrt. Das erste Baby von SpaceX war die Falcon 1. Die Rakete, Namensgeber einer ganzen Reihe, ist nach dem Raumschiff Millennium Falcon von Filmfigur Han Solo benannt, einem Schmuggler und Outlaw in der ersten *Star-Wars*-Trilogie. Der war zwar schneller als die Sternenkreuzer des Imperiums, allerdings deutlich kleiner und weniger schlagkräftig.

Tatsächlich konnte auch die Falcon 1 weder mit besonderem Schub beeindrucken noch mit ihrer Startbilanz. Die ersten drei Raketen stürzten ab und fielen in den Pazifik, inklusive eines Satelliten der US-Streitkräfte (bei den anschließenden Starts vertrauten die Generäle den Weltraumdebütanten von SpaceX keine wertvollen Nutzlasten mehr an). Damals fungierte Musk als Chef-Ingenieur. »Der Grund dafür war nicht, weil ich es sein wollte. Sondern weil ich niemanden dafür anstellen konnte. Niemand wollte bei uns arbeiten. Ich bin das eher zufällig geworden«, sagt Musk heute.[34] Wie kommt es, dass er überhaupt dazu in der Lage war und ist? »Ich habe einen Hintergrund als Physiker, das ist schon mal nützlich«, sagt Musk. »Außerdem lese ich viel und unterhalte mich mit einem Haufen kluger Leute. Und ich habe ein gutes Team.«[35] Das ist für Musk offenbar ausreichend.

Als im September 2008 beim vierten Versuch die zweite Stufe der Falcon 1 mit einem Nutzlast-Dummy endlich den Orbit erreichte, hatte Musk bewiesen, dass Privatleute Raketen ins All schießen können.[36] Mit dem Erfolg wandelte sich auch die Wahrnehmung seiner Person. »Als ich anfing, nannten die Leute mich normalerweise den Internet-Typen. Jetzt bin ich der Transport-Typ«,[37] sagt Musk in Anspielung darauf, dass er mit seinem Hyperloop-Projekt auch auf der Erde den Transport revolutionieren möchte.

Die Falcon 1 flog noch einmal und dann nie wieder, weil es angeblich keine relevante wirtschaftliche Nachfrage gab – Musk hatte Aussicht auf Größeres: die Versorgung der ISS.

Orbit – eine Frage von Geschwindigkeit

Elon Musk wird nicht müde zu erklären: Der Orbit ist nicht eine Frage von Höhe, sondern von Geschwindigkeit. Ein Beispiel. Wir feuern eine Kanone ab. Ihre Kugel steigt auf und fällt wieder auf die Erde – angezogen von Gravitation und gebremst durch die Luft. Das nennt sich eine ballistische Flugbahn. Auf so einer Kurve fliegt zum Beispiel das SpaceShipTwo, wobei ihr Scheitelpunkt im All liegt.

Steigern wir die Abschussgeschwindigkeit, fliegt das Geschoss immer weiter. Irgendwann bewegt es sich genau der Erdkrümmung entlang. Dann fällt es zwar im physikalischen Sinne, erreicht jedoch nicht mehr den Boden. Bewegt es sich dazu in mehr als 100 Kilometern Höhe, ab der sogenannten Kármán-Linie, wo bereits das fast perfekte Vakuum des Weltraums herrscht, wird es auch nicht mehr abgebremst. Es fliegt dann ohne Antrieb in einer Endlosschleife um die Erde: Es ist im Orbit.

Wie erwähnt muss ein Raumschiff sehr schnell fliegen, deutlich schneller als eine Kanonenkugel. Das Geschoss des Kampfpanzers Leopard 2 verlässt das Kanonenrohr mit etwa 1.750 Metern pro Sekunde. Das sind immerhin 6.300 Stundenkilometer, etwa sieben Mal schneller als ein Passagierflugzeug. Doch um beispielsweise die ISS in 400 Kilometern Höhe anzufliegen, muss ein Raumschiff auf 7.770 Meter pro Sekunde beschleunigen, etwa 28.000 Stundenkilometer. Erst dann befindet es sich im Gleichgewicht aus Anziehungskraft, die es zum Boden zieht, und Zentrifugalkraft, die es ins All schleudern möchte. Übrigens: Das ist der Grund, weshalb Astronauten auf der ISS schwerelos sind. Orbit bedeutet im Grunde nichts anderes als ein unendlicher Parabelflug mit einem Flugzeug. Die Höhe spielt nicht die entscheidende Rolle: Stände ein 70 Kilogramm schwerer Astronaut auf einem 400 Kilometer hohen Turm, wöge er immer noch 63 Kilogramm.

Beschleunigt ein Raumschiff noch weiter, weitet sich die kreisrunde Bahn zu einer Ellipse und schließlich zu einer offenen Bahn: Es ist nun schnell genug, um das Schwerefeld der Erde zu verlassen und zum Mars zu fliegen.

Der Diamantenmacher

Musk hat während der Entwicklung und schließlich mit dem erfolgreichen Jungfernflug der Falcon 1 den Beweis erbracht, dass er imstande ist, Menschen mit seinem Einsatz und seiner Begeisterungsfähigkeit mitzureißen und zu überdurchschnittlichen Leistungen zu motivieren. Musk gilt als eiserner und pausenloser Arbeiter, der eigener Aussage zufolge 100 Stunden in der Woche arbeitet[38] und sich und seiner Familie feste Freizeit-Kontingente zuteilt, damit er sie und sich nicht vernachlässigt. Mitarbeiter fühlen sich zweifellos zu mehr Engagement verpflichtet und motiviert, wenn der Chef das vorlebt, was er einfordert.

»Diamanten entstehen unter Druck, und Elon Musk ist ein Diamantenmacher«, zitiert die Nachrichten-Webseite Business-Insider in einem Interview Dolly Singh, ein ehemaliger Talentscout für SpaceX.[39] In seinen Unternehmen gilt es daher als selbstverständlich, dass viele Mitarbeiter auch am Wochenende erscheinen.[40] Zwar ist hier die amerikanische Arbeitskultur und die Silicon-Valley-Herkunft seines Gründers zu berücksichtigen, die uns Europäern mit seinen harten Arbeitsbedingungen vergleichsweise rücksichtslos vorkommt, doch gilt SpaceX hinsichtlich seiner motivierten Mitarbeiter auch in den USA als außergewöhnlich.

Wie wichtig Konzentration auf ein Ziel und die Mitarbeiter-Motivation sind, wird vor allem in kritischen Momenten sichtbar, und davon gibt es bei SpaceX – wie bei allen Raumfahrt-Unternehmen – reichlich. In einem Blogbeitrag schildert Dolly Singh, wie Musk seine Leute wiederaufrichtete, als der dritte Versuch gescheitert war, die Falcon 1 ins All zu schießen. SpaceX schien damals am Ende, denn Musk hatte Jahre zuvor angekündigt, mehr als drei Fehlstarts könne er sich nicht leisten. 100 Millionen hatte er bis dahin in SpaceX investiert[41] und mehr war nicht drin; SpaceX und Tesla, seine andere große Unternehmung, hatten sein enormes Vermögen fast restlos aufgefressen. »Elon und sieben, acht Senior-Techniker hatten die Mission in einem Trailer hinter der Fabrik geleitet. Wir warteten alle ängstlich darauf, dass sich die Tür öffnen würde und uns jemand sagen würde, was passiert sei. In der Luft hing Verzweiflung. Man muss sich vorstellen, dass viele Leute 70 bis 80 Stunden in der Woche gearbeitet hatten, um mit Blut, Schweiß und Tränen all die technischen, finanziellen und politischen Hürden aus dem Weg zu räumen.« Singh führt weiter aus, wie erschöpft alle waren und wie katastrophal es sich für die innere Einstellung erwiesen hätte, wenn Musk etwas Falsches gesagt hätte. Stattdessen stellte sich Musk vor seine Leute und baute sie auf. Laut Singh sagte er sinngemäß: »Wir wussten, dass es hart sein würde, am Ende ist es Raketenwissenschaft!« Dutzende Länder wären schon daran gescheitert, auch nur eine erste Stufe ins All zu schießen, und immerhin sei das ja schon einmal gelungen. Zudem hätte er Mittel für zwei weitere Starts organisiert. Das Wichtigste kam zum Schluss. »Wir sollten uns aufrappeln und den Staub abschütteln, denn es gäbe eine Menge Arbeit, die auf uns wartete«, so Singh. »Dann sagte er mit einer Entschlossenheit, wie es nach 20 Stunden ohne Schlaf möglich ist: ›Was mich betrifft, werde ich nie aufgeben, und damit meine ich wirklich niemals!‹« Innerhalb weniger Sekunden habe sich die Stimmung im Haus von tiefster Niedergeschlagenheit in eine vibrierende Entschlossenheit verwandelt, so Singh. In einer kollektiven Wende hätten die Leute ihren Blick nach vorn gerichtet. »Es war eine unglaubliche Erfahrung.«[42]

Das gewonnene Know-how und die Hardware der Falcon 1 flossen in die Nachfolgerin Falcon 9, heute das Transportpferd von SpaceX. Beide Raketen fliegen beispielsweise mit dem gleichen Triebwerk mit dem Namen Merlin, von dem die Falcon 1 eines besaß und die Falcon 9 gleich neun, wie der Name schon sagt. Die ersten Falcon 9 torkelten zunächst mehr oder weniger ins All, doch immerhin stürzten sie nicht wie ihre Vorgängerinnen nach dem Abheben ins Meer. Beim ersten Start erreichte die zweite Stufe zwar eine niedrige Umlaufbahn, ein großer Erfolg, aber ihre Motoren ließen sich nicht wie geplant wieder zünden. Daraufhin ließ das Kontrollzentrum den restlichen Treibstoff ab, um zu verhindern, dass eine explodierende Stufe den Erdorbit in ein Trümmerfeld verwandelt. Das löste in Australien wiederum einen UFO-Alarm aus, weil die Treibstoff-Gase in der aufgehenden Sonne am Himmel mysteriöse Muster bildeten, laut einem Zeugen »lollipop-type swirls« (keine ungewöhnliche Erscheinung bei solchen Raketenmanövern)![43] Mittlerweile liegt die Falcon 9 auf Erfolgskurs: Bei 46 Startversuchen bis Ende 2017 hat die Falcon 45 Mal den Orbit erreicht.[44] Diese Erfolgsrate von 97,8 Prozent ist besser als die aller amerikanischen Raketen zusammen, die liegt nur bei 91 Prozent.[45] Allerdings explodierte 2016 zudem eine Falcon 9 bereits auf der Rampe, ganze drei Tage bevor sie abheben sollte. Wie es das Unglück wollte, war die Nutzlast, der Satellit Amos 6, bereits auf der Rakete montiert. Facebook hatte ihn bauen lassen, um Zentralafrika mit Internet zu versorgen. Marc Zuckerberg war nicht amused: »Ich bin tief enttäuscht zu hören, dass der misslungene SpaceX-Start unseren Satelliten zerstört hat …«[46] Zuckerberg hält an seinem Plan jedoch weiter fest und verfolgt nun unter anderem das Ziel, Afrika per unbemannter Drohne zu vernetzen.

Der nächste große Schritt war, die acht Tonnen schwere Versorgungskapsel Dragon V1 mit etwa zweieinhalb Tonnen Gepäck an die ISS anzudocken. Dieses Kunststück hatte bis dato noch nie ein Raumfahrt-Start-up versucht, das war bisher ausschließlich Sache der staatlichen Raumfahrt-Agenturen. SpaceX ist es schon 14 Mal gelungen (Stand 2017).[47] Doch nicht nur das: Die Dragon-Kapsel CRS-11 ist das erste Raumschiff, das seit den Shuttles wieder hergerichtet wurde und erneut in den Raum flog. Im Wesentlichen wurden lediglich der Hitzeschild und die Batterien ausgetauscht. Bisher endeten alle Kapseln entweder in der Erdatmosphäre oder im Museum. Auch der Name Dragon hat einen Bezug: Er ist nach einer Traumfigur in *Puff the magic Dragon* benannt, einem Lied von der amerikanischen 70er-Jahre-Kombo Peter, Paul & Mary. Es ist die Geschichte von einem kleinen Jungen mit einem imaginären Drachen, mit dessen Hilfe er alle Gefahren meistert und vor dem alle Welt vor Furcht in die Knie geht. Es ist nicht ganz klar, ob Musk die Analogie zu Ende gedacht hat, denn der Drache verschwindet, als sein Erschaffer größer wird und ihn nicht mehr braucht. Von der NASA gefördert entwickelt Musk nun die Dragon-2-Kapsel für sieben Astronauten. Dann kommen zu den NASA-Milliarden für die Proviant-Versorgung der ISS weitere für den Transport von Astronauten.

Die Nachfolgerin der Falcon 9, die Falcon Heavy, besteht quasi aus drei zusammengeschraubten Falcon-Hauptstufen, die für 90 Millionen Dollar Basispreis[48] 64 Tonnen Nutzlast in den niedrigen Erdorbit von etwa 400 Kilometer Höhe bringt – das ist etwa eine vollbetankte Boeing 737 mit 150 Passagieren. Das macht sie vorerst zur weltstärksten Rakete seit der Mondrakete Saturn V. Musks Raketen haben inzwischen außerdem einen Gutteil des kommerziellen Marktes für den Transport von Satelliten erobert. Mitte 2017 wurde SpaceX auf einen Wert von etwa 21 Milliarden US-Dollar geschätzt. Musk ist also alles andere als ein Outlaw in der Raumfahrt-Branche, im Gegenteil, er spielt bei den ganz Großen mit.

Lässt man die atemberaubende Geschwindigkeit der Erfolgsgeschichte von SpaceX Revue passieren, stellt sich die Frage, wie Elon Musk das alles gelingen konnte. Schließlich ist er ja nicht der Erste in diesem wahrhaft nicht einfachen Geschäft. »Space is hard!«, der Weltraum ist hart, hört man bei jeder Gelegenheit, wenn man mit Leuten aus der Raumfahrt spricht. Der Schlüssel zum Geheimnis von SpaceX liegt sicher in der Person Elon Musk, aber auch in einer Reihe anderer, technischer wie äußerer Umstände. Zum einen gelingt es Musk mit einer unerschütterlichen Zielstrebigkeit, seine Mitmenschen für seine Ideen zu gewinnen, sie mitzureißen und im Falle eines Misserfolgs wiederaufzurichten.

Zum anderen brachte Musk ein paar Voraussetzungen mit, die anderen Raketenbauern in der Vergangenheit fehlten. Ein echtes Pfund waren die 165 Millionen Dollar, die er in den Topf warf. Sie waren das Fundament, um die Falcon 1 kontinuierlich und konzentriert zu entwickeln. Das ist nicht selbstverständlich. Es gibt zahlreiche kleine Raumfahrt-Unternehmen mit einem fertigen Konzept einer Rakete in der Schublade, aber ohne finanzstarken Besitzer, die ihnen die Umsetzung des Plans bezahlen. Sie werkeln im wahrsten Sinne des Wortes jahrelang an ihren Plänen herum, immer in der Hoffnung, dass ein reicher Investor kommt und das Füllhorn über sie ausschüttet. So stockt die Entwicklung, bis das Konzept überholt und das Geld ausgegangen ist, und die Lichter ganz ausgehen.

Nicht so Elon Musk. Der setzte sich schon mal in seinen Privatjet, um persönlich wichtige und lange erwartete Teile abzuholen, damit es voranging. Musk ist bekannt dafür, derart ambitionierte Zeitpläne aufzustellen, von denen alle seine Mitarbeiter wissen, dass er sie nicht einhalten wird. Ihm ist das durchaus bewusst, und er kokettiert sogar damit. »Was Zeitpläne betrifft, bin ich nicht gerade der Beste«, sagte er, als er seine Marspläne in Mexiko vorstellte, und erntete lautes Gelächter. Die Falcon 1 sollte 2004 das erste Mal launchen, gleichwohl flog sie erst zwei Jahre später. Das Gleiche wiederholte sich mit der Falcon 9 und den Versorgungsflügen zur ISS. Doch Musk bekam Absolution von allerhöchster Stelle. »Die durchschnittliche Entwicklung eines neuen Raumfahrzeugs dauert 27 Monate länger als ursprünglich geplant«, sagte NASA-Manager Alan Lindenmoyer, quasi der Betreuer von SpaceX bei der amerikanischen Weltraumbehörde. Das sei genau die Verspätung, die auch SpaceX beim ersten Demonstrationsflug gehabt habe.[49] Das hat SpaceX aber keineswegs geschadet. Denn die NASA hatte zu diesem Zeitpunkt keine große Wahl. Das Spaceshuttle war ausrangiert und die NASA auf die Versorgung der ISS durch Russen, Japaner und Europäer angewiesen. Insgesamt waren amerikanische Raketen im internationalen Vergleich nicht schlechter, dafür geradezu unverschämt teuer. Elon Musk und seine neuen, preiswerten Raketen hätten zu keinem günstigeren Zeitpunkt bei der NASA anklopfen können. Seit dieser Zeit lässt Musk keine Gelegenheit aus, der NASA seine Dankbarkeit zu zeigen. Bisweilen trägt das schon devote Züge. »Ich möchte den Leuten bei der NASA danken, dass sie SpaceX die Chance geben, eine Crew zur ISS zu transportieren«, bedankte sich Musk höflich bei den Teilnehmern der ISS-Konferenz 2017. »Ich glaube, die Öffentlichkeit weiß gar nicht, wie cool die ISS ist.«[50] Um dann noch dicker aufzutragen. »Lange Zeit war mein Passwort ›I love Nasa‹!«[51] Man beißt eben nicht die Hand, die einen füttert. Eine alte, wahre Weisheit. Musk hatte aber auch allen Grund, dankbar zu sein, denn die NASA hatte ihn in die engere Auswahl gezogen, noch während die Falcon 1 unentwegt explodierte und er nicht einen einzigen erfolgreichen Start vorweisen konnte.

Im Nachhinein muss sich Jeff Bezos fragen, warum er Zeitpunkt und Gelegenheit verpasst hat, diese üppig sprudelnde Quelle anzuzapfen. Schließlich ist Blue Origin zwei Jahre älter als SpaceX und Bezos verfügt sogar über deutlich mehr Geld, um die Entwicklung nötigenfalls energisch voranzutreiben. Zwar konnte Blue Origin ebenfalls einige Fördergelder der NASA einstreichen, etwa 25 Millionen Dollar für die Entwicklung eines Rettungssystems und eines Kapsel-Designs. Doch das sind Peanuts, verglichen mit den Milliardenaufträgen für die Entwicklung der Dragon-Kapsel und die Versorgung der Raumstation.

Kampf mit dem alten Drachen

Geschicklichkeit beweist Musk nicht nur im Umgang mit der NASA, sondern auch mit der Politik. Und das ist für einen Unternehmer, der in den USA in den Raumtransport einsteigen möchte, dringend erforderlich. Denn die NASA erhält nur einen kleinen Teil des Raumfahrt-Kuchens, das größte Stück verteilt das amerikanische Verteidigungsministerium, indem es sehr viel Geld dafür zahlt, dass jemand so zuverlässig wie möglich seine teuren Spionage-Satelliten ins All bringt. Das ist der Grund, weshalb es ein Unternehmen wie United Launch Alliance (ULA), dem gemeinsamen Raumfahrt-Unternehmen von Boeing und Lockheed Martin, überhaupt noch gibt – obwohl es sich wegen seiner überteuren Preise vom kommerziellen Markt zurückgezogen hat. Die von ihr betriebenen großen Trägerraketen haben bis Ende 2017 eine fast makellose Bilanz: Die Atlas V startete 74 Mal in Folge ohne Panne.[52] Die Delta IV wies bei insgesamt 35 Launches lediglich einen Misserfolg auf, als ihre Oberstufe nicht die gewünschte Umlaufbahn erreichte – was nicht schwer wog, da es sich um einen Testflug für eine neue, schwere Variante der Rakete handelte. Soldaten mit ihrem innigen Verhältnis zu Ausrüstung finden, eine derartige Verlässlichkeit sei ihren Preis wert.

Musk hat also in den vergangenen Jahren weniger Bezos als vielmehr die ULA als Hauptkonkurrenten um lukrative Staatsaufträge ausgemacht. Vermutlich nicht zu Unrecht. Bei dem schon beschriebenen Streit um Startplatz 39A in Florida witterte er nicht nur böse Absicht bei Jeff Bezos, sondern zugleich bei der United Launch Alliance, denn die hatte Bezos ihre Unterstützung zugesagt. Die ULA wolle Blue Origin weiterhin mit »ihrer technischen Expertise auf dem Gebiet der Startinfrastruktur unterstützen, um es Blue Origin zu ermöglichen, die Anlagen in führender Stellung so zu managen, damit auch andere sie nutzen können, unter anderem die ULA.« Die Schützenhilfe der ULA für Bezos macht klar, dass es mehr als nur eine Konfliktlinie in der privaten Raumfahrt gibt.

Kein Jahr nach der Auseinandersetzung um Rampe 39A vergab die US Air Force einen gigantischen Auftrag über 36 Raketenstarts im Wert von elf Milliarden Dollar. Die ULA sollte 22 Starts zu einem Fixpreis erhalten, 14 davon sollten ausgeschrieben werden. Bei einer Anhörung vor dem Kongress am 5. März 2014 kam es zu einem direkten Schlagabtausch zwischen der neuen und alten Raumfahrt, zwischen Musk und dem damaligen ULA-Chef Michael Gass.[53] In den 90 Minuten, in denen sich die Abgeordneten darüber informieren wollten, wie die USA in Zukunft am günstigsten Raketen betreiben solle, machte Gass keine gute Figur. Er konnte lediglich auf eine fehlerfreie Startbilanz verweisen, wobei der Preis dafür jedoch horrend ausfiel. Pro Launch berechnete die ULA 380 Millionen Dollar – und das war nur ein Teil der Kosten. Dazu kam ein sagenumwobener Vertrag, welcher der ULA eine Milliarde Dollar pro Jahr für die Fixkosten und Bereithaltung der zwei Raketenlinien Atlas V und der Delta IV zugestand – selbst wenn sie gar nicht abhoben. Diese Kosten waren der Grund, weswegen die amerikanische Regierung 2011 begonnen hatte, mit der ULA ein Startpaket auszuhandeln, dessen Sinn Musk jetzt infrage stellte. Denn SpaceX wollte nur 90 Millionen Dollar berechnen. Darin war der Aufschlag für die besonderen Anforderungen der Air Force schon enthalten, den die ULA gewöhnlich als Erklärung für ihre Mondpreise angab.

»Im Gegensatz dazu beträgt der Preis von SpaceX 100 Millionen Dollar,« klagte Musk mit leicht stockender Stimme den Abgeordneten. »Das bedeutet eine Ersparnis von fast 300 Millionen Dollar pro Launch. Das würde in den meisten Fällen für den Start und den Satelliten reichen. Wenn Sie also beispielsweise einen GPS-Satelliten für ungefähr 140 Millionen nehmen, dann bekommen Sie mit dem Start quasi einen Satelliten umsonst.« Er machte aber noch zwei Punkte. Denn die ULA-Rakete Atlas V feuert aus russischen Triebwerken und Putins Russland war 2014 auch für die Amerikaner keine lupenreine Demokratie mehr. »Die Atlas V kann unserer Nation nicht notwendigerweise sicheren Zugang zum Weltraum gewährleisten, wenn die Lieferung ihrer Triebwerke auf der Erlaubnis von Präsident Putin beruht.« Auf Dauer, so Musk, würde es keinen Sinn machen, wenn die ULA zwei Raketen betreibe. Die Atlas V könne man getrost stilllegen, denn mit der Falcon gäbe es ja einen Ersatz. Außerdem so Musk: »Ehrlich gesagt: Wenn unsere Raketen für die NASA gut genug sind, warum sind die dann nicht gut genug für die Luftwaffe?« Bis dahin war die Falcon 9 weitgehend ohne Probleme gestartet. Lediglich beim vierten Flug war eine der neun Merlin-Motoren ausgefallen. Zwar konnte die Hauptlast, eine Dragon-Kapsel, an die ISS andocken[54], ein weiterer Satellit strandete aber im falschen Orbit und verglühte in der Atmosphäre.[55] Die zwei Totalverluste der Falcon 9 sollten erst später passieren, zum Zeitpunkt der Anhörung war Musks Bilanz noch fast makellos.

Trotz dieses starken Auftritts kam es für Musk noch schlimmer, denn nur Tage später kündigte das Verteidigungsministerium an, die Zahl der ausgeschriebenen Starts von 14 auf sieben verringern zu wollen. Musk zog vor Gericht. Das ULA-Paket müsse aufgeschnürt werden, so die Klageschrift, damit sich SpaceX wenigstens um die Satelliten-Starts bewerben konnte, für die seine Falcon 9 leistungsstark genug sei.[56] Allerdings war SpaceX bis dahin noch nicht einmal offiziell zertifiziert, solche Satelliten zu transportieren, was die Aussicht auf Erfolg vor Gericht nicht gerade vergrößerte. Zum Schluss kam es zu einem Vergleich. Im Januar 2015 ließ Musk seine Klage fallen. Im Gegenzug sollte die Air Force SpaceX schneller zertifizieren und außerdem mehr Launches öffentlich ausschreiben. Da der Air-Force-Kuchen groß und sahnig war und für die meisten Militärsatelliten nur die ULA und SpaceX infrage kamen, war das für Musk kein geringer Erfolg.[57] Im Mai erhielt SpaceX dann die ersehnte Zertifizierung, um die wertvollen Militärsatelliten zu starten. Seither transportiert SpaceX Satelliten und Raumfahrzeuge des Militärs, darunter so geheimnisumwitterte Objekte wie den unbemannten Raumgleiter X-37B. Der forsche und argumentativ schlüssig vorgetragene Auftritt in Washington hat sich also ausgezahlt.

Falcon 9: Marke Eigenbau

Eine weitere Erklärung für Musks Erfolg liegt in zahlreichen technischen Lösungen, die er für den Bau seiner Raketen gefunden hat. In der Raumfahrt-Industrie gibt es einen relativ überschaubaren Markt für elektronische Hardware, die für den Einsatz im Weltraum infrage kommt. Das hat seinen Preis, sogar einen sehr hohen. Doch es ist offenbar nicht nur das Geld, warum Musk lieber zahlreiche Teile selbst von seinen Ingenieuren entwickeln lässt, statt teure *space qualified* Hardware einzukaufen. »Es sind nicht die Kosten«, behauptete John Muratore in einem Interview.[58] »Unsere Absicht ist es, die bestmöglichen Teile zu verwenden. Wenn etwas also eine Menge kostet und wir brauchen es, dann besorgen wir es uns.« Muratore war bei SpaceX für die Teile-Zertifizierung verantwortlich und ist derzeit Startdirektor in Cape Canaveral.[59] »Entscheidend ist für uns, was die Teile können; wie viel Strom sie verbrauchen, wie viel Speicher sie haben, was für eine Taktrate und wie groß sie sind.« Dazu komme, dass SpaceX Linux als Betriebssystem verwende und seine Software in mit der sehr verbreiteten Programmiersprache C++ schreibe. So könne das Unternehmen auf einen riesigen Pool talentierter Programmierer zugreifen, das sei bei den speziellen Raumfahrt-Bauteilen nicht immer der Fall.

Eine Alternative zu den Weltraum-qualifizierten Bauteilen oder Eigenentwicklungen sind sogenannte COTS, *commercial off-the-shelf* (manchmal auch *components off-the-shelf*). Das ist quasi preiswerte Massenware aus dem Industrie-Supermarkt, die SpaceX ausgiebig auf ihre Belastbarkeit testet und dann selbst für ihren Einsatz im All qualifiziert (dazu später mehr im Kapitel »COTS – preiswert ins All«). Solche Teile lassen sich an bestimmten Stellen einsetzen, weil die Falcon-Raketen und unbemannten Dragon-Kapseln nur wenige Tage im niedrigen Erdorbit unterwegs sind. Sie bekommen daher im Vergleich mit einem Satelliten weit draußen im All nur relativ wenig Strahlung ab und überstehen ihre Missionsdauer in der Regel. Ein weiterer Trick: Statt weniger qualifizierter Computer setzt SpaceX gleich einen ganzen Reigen von Rechnern ein, die sich alle gegenseitig auf Fehler überprüfen und im Falle eines Ausfalls ersetzen. »Nicht die Teile sind Weltraum-qualifiziert, das System als Ganzes ist es«, sagt Muratore.

Zu dieser speziellen Beschaffung von Teilen kommt die serielle Fertigung der Raketen und ihrer Teile. Es ist beispielsweise kein Zufall, dass die erste Stufe der Falcon 9 gleich von neun Merlin-Triebwerken und die zweite Stufe von einem weiteren Merlin angetrieben wird. Sie sind Teil einer kostengünstigen Serienproduktion, die bei der Falcon zum Einsatz kommt. Ein Prinzip, das jedes Schulkind anhand von Fords Autoproduktion am Band lernt, was aber bei Raketen – bisher – wegen ihrer geringen Produktionszahl nur extrem eingeschränkt zum Einsatz kommt. Zum Vergleich: Die europäische Ariane 5 besitzt nur ein Triebwerk in der Hauptstufe, ebenso die amerikanischen Raketen Delta IV und Atlas V[I]. »Derzeit produzieren wir fast 300 Merlins im Jahr«, sagt Musk. »Wir wissen also, wie man große Mengen Raketenmotoren baut.«[60] SpaceX baut zudem derzeit mindestens 20 Raketen pro Jahr – und es werden mehr: Für 2018 sind fast 40 geplant.[61] Wenn es Musk so leicht von der Hand geht, preiswerte Raketen zu bauen, warum machen es ihm andere nicht einfach nach? »Manchmal ist eben das Althergekommene ein Problem. Ererbtes Know-how kann manchmal neue Entwicklungen hemmen«, meint Astronaut Thomas Reiter, der die weitgehend von großen Raumfahrt-Unternehmen dominierte Raumfahrt gut kennt, aber auch SpaceX in Hawthorne, einem Stadtteil von Los Angeles, wo ihm Gwynne Shotwell, Chief Operating Officer (COO, Chefin fürs operative, also tägliche Geschäft) bei SpaceX, das Werk zeigte. »Das ist aus meiner Sicht eine Antwort, warum Firmen wie Boeing und Lockheed Martin das nicht können. Die haben all ihr Know-how und ihre Produktionsstraßen schon für ihre Komponenten. Das jetzt über den Haufen zu schmeißen, ist ein enormer Aufwand. Einer, der neu ist und alles neu aufbaut, der schaut sich das an und sagt: ›Wie kann ich mit dem, was es heute gibt, die Komponenten billiger produzieren?‹«[62] Und setzt es dann wie Musk um.

I Das russische RD-180 der Atlas V ist ein Sonderfall, weil sich die zwei Düsen einige Teile des Triebwerks teilen, beispielsweise die Turbopumpe.

DER DESIGNER-DRACHE

Die Dragon-Kapseln sind neben Satelliten eine der Haupteinnahmequellen für SpaceX, denn die NASA zahlt allein für die 20 herkömmlichen und unbemannten Versorgungsflüge etwa 3,1 Milliarden Dollar, im Schnitt also gut 150 Millionen pro Flug.[63] Zwar sind es die Starts und die noch eindrucksvolleren Landungen der Falcons, die das Rampenlicht auf sich ziehen. Doch die Dragon-Kapseln sind die heimlichen Stars. Denn sie sind die Raumschiffe, in denen letztlich Menschen durch den Weltraum fahren, und die Grundlage für alle weiteren bemannten Pläne von Musk. Raketen sind nur dazu da, sie in den Orbit zu heben, nach zehn Minuten ist ihre Mission zu Ende, das Abenteuer der Dragons beginnt dann erst.

Der Nachfolger der ISS-Versorgungskapsel, die Dragon 2 ist SpaceX‹ Allzweckwaffe der kommenden Jahre. Sie soll eines Tages zahlende Passagiere in einer Rundreise zum Mond und Astronauten zur aufblasbaren Raumstation von Robert Bigelow transportieren. Theoretisch wäre auch eine Mission zum Mars möglich – allerdings mit Einschränkungen. »Ich würde aber niemandem raten, mit der Dragon zum Mars zu fliegen. Ihr Inneres hat die Ausmaße eines SUVs. Und sechs Monate in einem SUV können ganz schön lang werden – außerdem hat sie nicht die Fähigkeit, von dort zur Erde zurückzukehren.«[64] Also lieber nicht.

Ihre Hauptaufgabe ist vielmehr, Astronauten zur ISS und zurückzubringen. Und aus amerikanischer Sicht endlich wieder in einem Raumschiff *Made in the United States.* Noch besser, anstatt etwa 70 Millionen Dollar pro Nase, welche die Russen derzeit kassieren, soll das Ticket nur noch 20 Millionen kosten[65] – vorausgesetzt, die Kapsel ist voll besetzt. Denn es haben darin nicht nur drei Platz, wie in der engen russischen Sojus-Kapsel, sondern wie im ausgemusterten Spaceshuttle gleich sieben. Laut SpaceX ist sie bis zu zehn Mal wiederverwendbar und kann – weil sie als Rettungsschiff an die ISS angedockt wird – theoretisch etwa zwei Jahre im Weltraum aushalten.

Die alten Hasen unter den NASA-Astronauten, die mit der Dragon 2 fliegen, müssen allerdings in ihrem Selbstverständnis als Piloten einiges aushalten. Cremefarbene Alcantara-Polster, schwarze Kunststoffschalensitze, futuristische Touchscreen-Monitore über den Piloten und in einer Version eine dekorativ-geometrisch anmutende Wabenstruktur an den Wänden. In einem Tesla der neuesten Generation würde man sich über eine solche Innenausstattung nicht wundern. Fairerweise muss man sagen, dass auch die Kapseln der Konkurrenz, allen voran die SLT-100 »Starliner« von Boeing und die Orion der NASA, sich mittlerweile die bisher üblichen Unmengen an Schaltern und Knöpfen sparen. Selbst die neue russische Kapsel und Sojus-Nachfolger PTK PT »Federazija« verfügt über Touchscreens (auch wenn sie seltsamerweise immer noch einen schwer definierbaren sowjetischen, gräulichen nikotinblassgelben Charme versprüht).

Die Meisten von ihnen sind noch mit dem Spaceshuttle geflogen, deren Cockpit-Wände und Decken von geometrischen Legionen von Schaltern bedeckt waren, den kombinatorischen Intellekt eines Schachgenies erforderten und das Gedächtnis eines Suren-Rezitators. Nun ist nichts dagegen einzuwenden, dass die Einrichtung eines Raumschiffs sich nach den Anforderungen an Technik und Sicherheit richtet. Ein schickes Design kann ja ein Raumschiff im Notfall nicht retten, ein Schalter, der ein geöffnetes Ventil zum Weltraum schließt, schon.[I]

Doch ein ansprechendes Design und ein Cockpit, das den Gesetzen der Praktikabilität gehorcht, schließen sich einander nicht notwendigerweise aus. Mit den Worten von Steve Jobs: »Design is not just what it looks like and feels like. Design is how it works.« Design ist nicht nur, wie es aussieht und wie es sich anfühlt, Design ist, wie es funktioniert. Alle Besitzer eines iPhones wissen, was er damit meinte. Vermutlich kennt Musk diese Äußerung von Jobs, denn Musk wies auf die schlichte Funktionalität des Inneren hin, als er die Kapsel der Öffentlichkeit vorstellte – allerdings auch aufs konventionelle Back-up. »Wir haben es bei der Dragon 2 darauf angelegt, das Interface und die gesamte Ästhetik sehr aufgeräumt und einfach zu halten. Als Pilot ist man in der Lage, mit den Überkopf-Bildschirmen das Raumschiff zu steuern. Außerdem haben wir für alle kritischen Funktionen, die man im Notfall bedienen muss, auch manuelle Schalter.« Selbst den Astronautenanzügen hat Musk ein

---

I Das Beispiel hat einen tragischen Hintergrund. Die drei Astronauten der Sojus-11-Mission kamen bei der Rückkehr zur Erde ums Leben, weil sich ein fehlerhaftes Ventil geöffnet hatte und die Luft aus der Kapsel in den Weltraum entwichen war. Die Astronauten hätten es zwar mit der Hand schließen können, es war aber schwer zu erreichen. Es ist auch nicht klar, ob sie überhaupt wussten, was die Ursache des Druckverlustes war, und Zeit, um dies herauszufinden, hatten sie nicht. Nach etwa einer Minute waren sie bereits bewusstlos, nach etwa zwei Minuten tot.

Redesign verpasst. Die NASA-Veteranen unter den künftigen SpaceX-Astronauten werden sich womöglich fühlen wie die Hamburger Polizisten, die nach jahrzehntelanger Qual in unförmigem Grünbraun plötzlich in neuen blauen Uniformen italienische Eleganz erfuhren. »Das erste Bild des SpaceX-Raumanzugs. Er funktioniert tatsächlich«, schrieb Musk auf Instagram, wo er das erste Bild der Anzüge veröffentlichte. »Es sind keine Mockups (Attrappen). Bereits im Vakuum getestet. War unglaublich schwer, Ästhetik und Funktion in der Balance zu halten.«[66]

Den Hang, seinem Raumschiff Designer-Chic zu verpassen, teilt Musk übrigens mit den anderen Milliardären. Die New-Shepard-Raumkapsel von Jeff Bezos hat Fenster wie das Panoramarestaurant eines Fernsehturms. Das erstaunt nicht, denn wegen der Aussicht sollen seine Kunden den Flug in der Kapsel ja buchen. Die Fensterrahmen sind blau illuminiert, augenfälliges Blue-Origin-Corporate-Design, das Interieur verströmt asketische Eleganz. »Hier gibt es keine Bullaugen wie zu Zeiten von Alan Shepard«, kommentierte Ariane Cornell, Chefin der Unternehmensentwicklung, als Blue Origin die Kapsel 2017 vorstellte. »Das hier ist für Kunden gebaut!«[67] Da liegt sie ganz richtig. Shepard hat in der Mercury-Kapsel als Pionier für den ersten kurzen Blick eines Menschen aus dem Fenster in den Weltraum sein Leben riskiert. In Bezos' Kapsel sind es Touristen, die lediglich ein ausgeglichenes Bankkonto aufs Spiel setzen. Da die Kapsel völlig autonom steuert, braucht sie keine aufwendigen Instrumentenpulte.

Noch einen Schritt weiter ist Richard Branson gegangen. Der ließ den Innenraum des SpaceShipTwo und den Weltraumbahnhof gleich von Star-Designern wie Philippe Starck und dem Duo Dick Powell und Richard Seymour entwerfen.[68] Nun sind die Raumschiffe von Bezos und Branson reine Touristen-Fahrzeuge, das erklärt den Chic ihrer Inneneinrichtung. Die Dragon 2 gilt hingegen als Profi-Fahrzeug für echte Astronauten und Piloten, die darauf eher verzichten können. Es gibt ja auch keine Kampfpiloten, die sich weigern, in einen Jet zu steigen, weil dessen Cockpit so hässlich ist.

Das Besondere an der Dragon 2 ist nicht nur die Inneneinrichtung, sondern ihr Set von acht SuperDracos genannten Triebwerken. Sie sind so stark, dass sie die Kapsel im Notfall von einer explodierenden Rakete wegschießen könnten. Der Clou: Das Raumschiff könnte mit ihnen zudem so sanft landen wie ein Hubschrauber. Jedenfalls war das der Plan für die bemannten Dragon-Missionen von SpaceX. Daraus wird aber vorerst nichts, Musk stellt die Entwicklung dieser Technik ein. Wie alle amerikanischen Kapseln vor ihr macht das erste bemannte Raumschiff von SpaceX hilflos an einem Fallschirm baumelnd eine Bauchlandung im Wasser. Eine weitere Konsequenz: Der *Red Dragon*, der rote Drachen, das Raumschiff einer bereits geplanten unbemannten Mission zum Mars ist damit passé. Dort gibt es keine Meere für die Wasserung und die Atmosphäre ist zu dünn für einen erdähnlichen Abstieg am Fallschirm. Musk möchte die Idee zwar nicht aufgeben, »der Plan ist nach wie vor, kontrolliert auf dem Mars zu landen, aber mit einem deutlich größeren Raumschiff«.[69] Allerdings ist damit der erste Besuch auf dem Mars – bemannt oder unbemannt – für Musk eher in die Ferne gerückt.

»Technisch gesehen kann Dragon 2 immer noch allein landen«, sagte Musk bei der ISS-R&D-Konferenz 2017. »Doch wir müssten auf einem ziemlich weichen Landeplatz landen, weil wir die kleinen Landebeine eliminiert haben, die aus dem Hitzeschild ausklappen. Der Grund, warum wir das nicht weiterverfolgen, ist der, dass es einen immensen Aufwand bedeutet hätte, Dragon 2 hinsichtlich der Sicherheit für den bemannten Transport zu qualifizieren. Ich dachte eine Zeitlang, der beste Weg, auf dem Mars zu landen, wäre ein Hitzeschild und seitliche Schubdüsen. Mittlerweile bin ich ziemlich überzeugt, dass dies doch nicht der richtige Weg ist und dass es eine bessere Lösung gibt. (...) Könnte sein, dass wir das später machen, aber im Moment ist es unpassend, Ressourcen darauf zu verwenden.«[70] Das war ein harter Schlag für alle, die auf eine baldige Landung der Dragon auf dem Mars hofften. Die ersten im 3-D-Druck-Verfahren hergestellten Düsen[71] hatten die Raumfahrt-Gemeinde jahrelang träumen lassen. Mit ihnen hätte eine Kapsel wie die Dragon alle möglichen Himmelskörper im Sonnensystem besuchen und einige auch wieder verlassen können – ganz ohne superaufwendige Landetechnik, wie sie die NASA immer entwickelt, wenn sie den Mars, Asteroiden oder einen Planetenmond besucht. Musk wusste das, denn er berichtete von der Planänderung mit verhaltener Stimme und sprach von einer harten Entscheidung. Vor wenigen Jahren hatte er noch gespottet: »Hört sich vielleicht seltsam an, aber falls Aliens mit dem Fallschirm im Ozean landen, okay: Es gibt nichts zu befürchten.«[72]

Auf der anderen Seite geht Sicherheit in der Raumfahrt immer vor, und das steht durchaus im Einklang mit einer Bemerkung, die Musk mal gemacht hat. »Ich habe nichts dagegen, eines Tages auf dem Mars zu sterben. Allerdings nicht bei der Landung!«[73]

»Einer der besten Momente meines Lebens«

Elon Musk hat ein zweifellos ereignisreiches Leben mit den üblichen Tiefschlägen, sowohl privat als auch beruflich, jedoch gespickt mit noch mehr Höhepunkten. Wenn einer davon bei Musk Erwähnung findet, kann man davon ausgehen, dass er etwas Wichtiges in seinem Leben markiert. »Im Dezember 2015 hatte ich definitiv einen der besten Momente meines Lebens: Als die Raketenstufe zurückkam und in Cape Canaveral landete!« Diese Szene ist ja eingangs beschrieben, wie Musk kaum glauben kann, dass die Rückkehr der ersten Stufe der Falcon 9 aus dem Weltraum reibungslos verläuft und die Stufe fast auf den Punkt genau aufsetzt.

Dieses Ereignis ist nicht nur eines der wichtigsten für Musk und SpaceX, sondern für die neuere Raumfahrt überhaupt. Denn falls diese Technik sich durchsetzt – und das steht noch nicht endgültig fest –, dann könnte sie die Verhältnisse in der Raumfahrt entscheidend verändern. Das sieht natürlich vor allem Musk so. »Der Schlüssel zum niedrigen Erdorbit und dem Deep Space ist die schnelle und vollständige Wiederverwendbarkeit.«[74] Die erste Stufe einer Rakete mache nämlich etwa zwei Drittel der Gesamtkosten aus. Bei der Falcon 9 seien das etwa 30 bis 35 Millionen Dollar. Musk erzählt gern, wie er seine Ingenieure davon zu überzeugen versucht, an wiederverwendbare Raketen zu glauben. »Ich habe meinem Team gesagt: ›Stellt euch vor, da fällt eine Palette mit Bargeld durch die Atmosphäre und verbrennt? Würdet ihr versuchen, es zu retten?‹ Wahrscheinlich schon. Ich finde, das ist eine gute Idee.«[75]

Was sich recht einfach anhört, ist doch ein technisches Meisterstück. Denn die erste Stufe einer Falcon 9 ist über 40 Meter hoch, 3,66 Meter breit und wiegt – unbetankt – 22 Tonnen. Aerodynamisch gesehen ist eine Falcon-9-Stufe ein langes Stück fallendes Rohr mit einem schweren Ende, nicht notwendigerweise etwas, was zur sanften Landung taugt. Wer sich nach dem Launch einer Falcon 9 einen Kaffee holen geht und dabei trödelt, hat gute Chancen, die Landung der ersten Stufe zu verpassen. Der Start der Falcon und die Landung ihrer ersten Stufe findet innerhalb von zehn Minuten statt – und das, obwohl sie sich weit über der Erdoberfläche an der Grenze zum Weltraum von der zweiten Stufe trennt. SpaceX veröffentlicht einen Zeitplan für jede Mission, der sich natürlich auch live im Netz nachverfolgen lässt (der exakte zeitliche Ablauf ändert sich immer mal wieder). Nur 60 Minuten vor dem Start wird die Rakete mit dem Raketenkerosin RP-1 befüllt, 25 Minuten später folgt der eiskalte flüssige Sauersoff. Zwei Minuten vor T=0 gibt der Range Control Officer die Abschuss-Region frei, 45 Sekunden davor der Startdirektor die Rakete. Die letzten 60 Sekunden übernehmen die Computer, sie nehmen die letzten Checks vor und setzen die Tanks unter Druck. Minus drei Sekunden zünden die Motoren, der Turm schwenkt weg und – Liftoff! Nach schon einer Minute fliegt die Falcon mit Überschallgeschwindigkeit über 10.000 Meter hoch und erreicht den sogenannten Max Q[I], wenn die mechanischen Kräfte am stärksten an ihr rütteln – Momente der größten Angst für ihre Erbauer. Ist er überwunden, entspannen sich die Ingenieure für kurze Zeit; die Rakete beschleunigt zwar noch immer, aber die Luft wird rasch so dünn, dass sie sich nicht mehr an der Verkleidung staut.[II] Je nach Missionsziel stoppen nach knapp zweieinhalb Minuten in einer Höhe von etwa 70 Kilometern die Triebwerke der ersten Stufe. Die etwa 6.000 Stundenkilometer schnelle Rakete teilt sich, die zweite Stufe zündet und fliegt weiter in den Orbit. Wer den Flug mitverfolgt, hört nun ungezügelte Jubelschreie aus dem Off des Funkverkehrs, denn die Mission ist dann in der Regel über den Berg.

Während sich normalerweise alle Blicke an die zweite Stufe klammern, würde die fragile erste Stufe in einem großen Bogen trudelnd Richtung Erde fallen und dort von dichteren Luftmassen zur Gluthitze aufgeheizt in Stücke zerrissen und als Schrott ins Meer fallen. Das Schicksal aller ersten Stufen seit Raumfahrt-Gedenken.

I Q ist der sogenannte Staudruck, der auf die Oberfläche einer Rakete wirkt, wenn sie durch die Atmosphäre fliegt. Er ist abhängig von der Dichte der Luft und der Geschwindigkeit.

II Die Abdeckung der Rakete, die sogenannte Nutzlastverkleidung, wird später von der zweiten Stufe abgesprengt, weil sie nur noch als Ballast unnötig mitbeschleunigt und Treibstoff verschwenden würde.

DIE RÜCKKEHR

Und nun sind wir mitten im Zentrum einer neuen Raumfahrt, die sich in den nächsten zwei Jahrzehnten völlig neu aufstellen könnte. Wenn das Missionsziel und das Gewicht der Nutzlast noch einen guten Rest an Treibstoff in den Tanks übriglassen, hat die Falcon-9-Stufe gute Chancen, diesem Ende zu entkommen. In einem spektakulären Stunt dreht sie sich dann um die eigene Achse, bis ihr Hinterteil ins schwarze Nichts hinausschaut, in dem die Kamera mit ein bisschen Glück sogar noch die zweite Stufe einfängt, wie sie als kleiner Lichtpunkt ins All hinausschießt. Dann zünden erneut einige ihrer Motoren und bremst sie auf wenige Tausend Stundenkilometer ab, um nicht zu verglühen.

Falls die Falcon nur einen kleinen Satelliten in den niederen Erdorbit transportiert, fällt sie in einem Bogen wieder zurück zu ihrem Ausgangspunkt, entweder nach Florida nach Cape Canaveral oder nach Kalifornien nach Vandenberg, einem Stützpunkt der amerikanischen Luftwaffe (siehe Abbildung 4 »Die Flugbahn einer Falcon 9 ins All und zurück zur Erde«, S. 55). Sie fällt so schnell durch die obere Atmosphäre, dass sie noch einmal bremsen muss, um nicht zu heiß zu werden. Nur wenige Augenblicke vor dem Aufsetzen fallen ihre Landebeine aus, und sie setzt mit *zero velocity*, mit Geschwindigkeit null, auf, fast in der Mitte eines aufgemalten X in der Landing Zone 1 auf Cape Canaveral.[76] Und all das in nur wenigen Minuten.

Abbildung 4: Die Flugbahn einer wiederverwertbaren Falcon 9 ins All und zurück zur Erde. Dieser Fall tritt aber nur ein, wenn die Nutzlast so leicht ist, dass noch ausreichend Treibstoff in den Tanks verbleibt, um die Stufe abbremsen zu können. (Quelle: SpaceX).

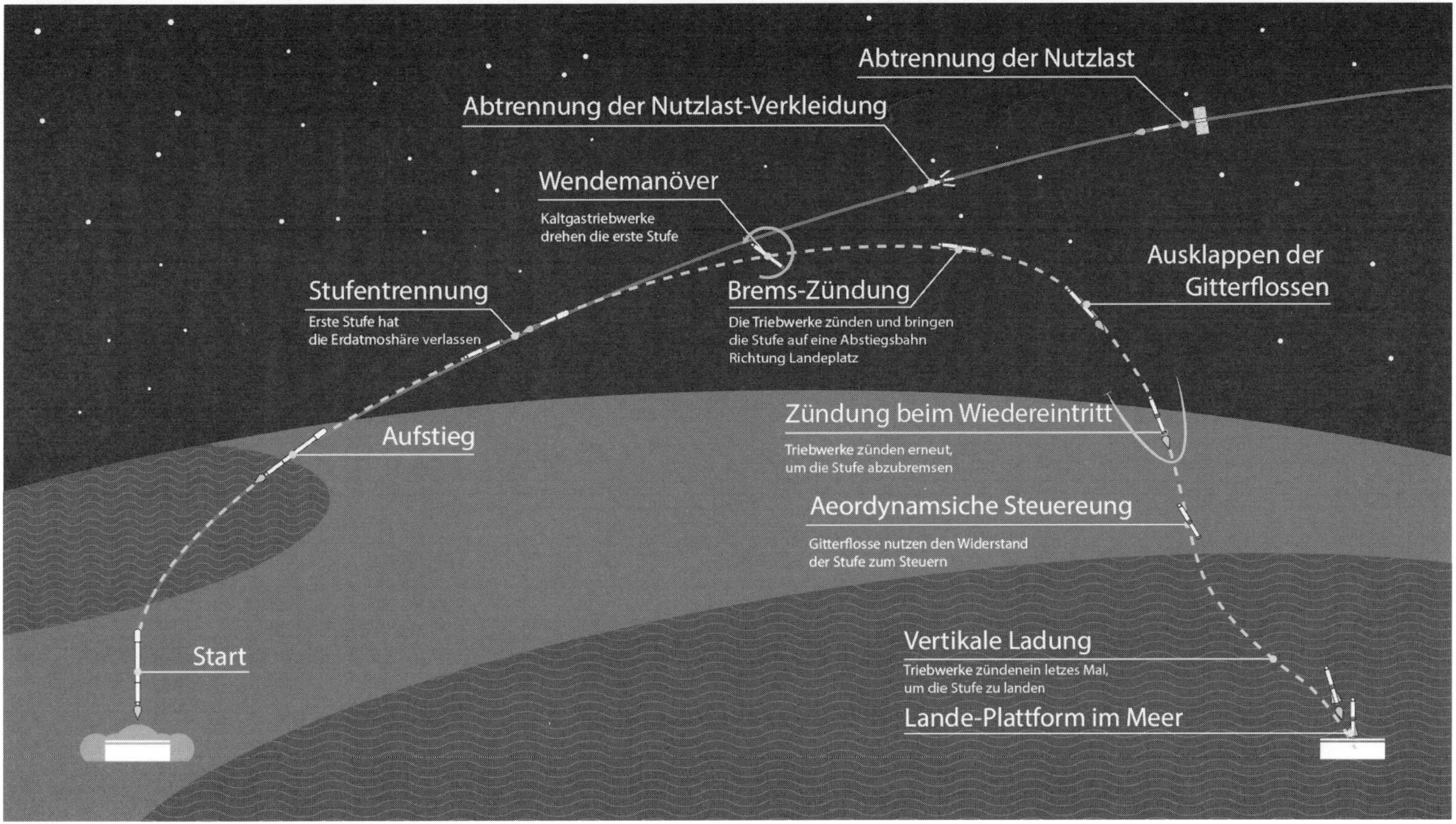

Abtrennung der Nutzlast
Abtrennung der Nutzlast-Verkleidung
Wendemanöver
Kaltgastriebwerke
drehen die erste Stufe
Ausklappen der
Gitterflossen
Stufentrennung
Erste Stufe hat
die Erdatmoshäre verlassen
Brems-Zündung
Die Triebwerke zünden und bringen
die Stufe auf eine Abstiegsbahn
Richtung Landeplatz
Zündung beim Wiedereintritt
Triebwerke zünden erneut,
um die Stufe abzubremsen
Aufstieg
Aeordynamsiche Steuereung
Gitterflosse nutzen den Widerstand
der Stufe zum Steuern
Start
Vertikale Ladung
Triebwerke zündenein letzes Mal,
um die Stufe zu landen
Lande-Plattform im Meer

Das sieht alles so faszinierend wie mühelos aus. Doch dahinter stecken Jahre Entwicklung, viel Geld – und einige schmerzvolle Crashs. »In den nächsten Monaten werden wir allmählich höher und schneller fliegen«, erzählte Musk im Herbst 2012 den Mitgliedern der ehrwürdigen Royal Aeronautical Society. »Ich denke, der Weg wird mit einigen Kratern gepflastert sein.« Es ging um den *Grasshopper*, einer riesigen Testrakete mit Landebeinen, mit der SpaceX in Texas das Landen üben wollte. Musk war nach London gereist, um dort einen Preis für seine Leistungen in der privaten Raumfahrt entgegenzunehmen. Es muss ein denkwürdiger Abend gewesen sein. Auf der einen Seite die Vertreter der ältesten aeronautischen Organisation der Welt, 1866 gegründet unter anderem vom achten Herzog von Argyll[77]. Auf der anderen ein immer noch jungenhafter und zu Nerd-Späßen geneigter Elon Musk, ein südafrikanischer Emigrant und Wahlamerikaner, der in den Vereinigten Staaten die Luft- und Raumfahrt, wie sie in den vergangenen 150 Jahren von ebendieser »Königlichen Luftfahrtgesellschaft« repräsentiert worden ist, auf den Kopf stellt. Doch offenbar war es Musk gelungen, auch diese Institution im Sturm zu erobern, in deren Führungsgremium sich zahlreiche von der Queen geadelte Generäle tummeln. Und das, obwohl Musk ihnen nicht nur von seinen Plänen einer Marskolonie erzählte, sondern obwohl schon seine Versuche, eine Rakete auf der Erde zu landen, von zahlreichen Unfällen begleitet würden.

Musk lag richtig damit, ein bisschen jedenfalls. Der *Grasshopper* nämlich startete und landete sehr erfolgreich und stieg während des achten und letzten Flugs 744 Meter auf. Beim dritten Flug saß sogar eine mannsgroße Cowboy-Puppe auf dem Landegeschirr, offensichtlich ein Spaß der texanischen Testmannschaft. Der Nachfolger des stillgelegten *Grasshopper*, das ungewöhnlich prosaisch benannte F9R Dev1 schlug zwar keinen Krater, explodierte aber am 22. August 2014 in der Luft. Bis dahin fühlte SpaceX sich jedoch so geübt, dass es auf ein drittes geplantes Testgerät verzichtete. Ohnehin hatte SpaceX bereits begonnen, Rückkehr und Landungen mit echten Weltraum-gehenden Falcons im Ozean zu testen. Allerdings ohne Plattform, sodass sie punktgenau auf dem Wasser landeten und dann – wie geplant – umkippten.

Mittlerweile hat SpaceX zwei Drohnenschiffe bauen lassen. Sie nehmen die Raketen in Empfang, die beim Launch in höhere Umlaufbahnen so viel Treibstoff benötigen, dass er nicht mehr reicht, um zum Startpunkt zurückzufliegen. Drohnenschiffe? Ein anderes Wort für fern- beziehungsweise selbstgesteuerte 90 mal 50 Meter große Plattformen, die sich GPS-navigiert mithilfe von vier drehbaren Propellern an jeder Ecke auf Position halten. Ein Schlepper zieht sie entlang der Flugbahn etwa 350 Kilometer vor die Küste und geht dann auf Distanz, während die Plattform menschenleer auf die zurückkehrenden Booster wartet. Wer will sich schon auf einem Schiff aufhalten, auf dem eine turmhohe Rakete niederkommt? Und wirklich, die Stufen explodierten bei den ersten Landungsversuchen. »Nahe dran, aber keine Zigarre«, twitterte Musk, als beim ersten Versuch das Hydrauliköl der Steuerflügel ausgegangen war, die Rakete umkippte und explodierte, statt aufrecht stehen zu bleiben. Immerhin: Das Schiff blieb unbeschädigt.[78] Bei YouTube kann man sich diese spektakuläre Landung anschauen.[I] Wer einmal vor einer Falcon-9-Stufe gestanden hat, fragt sich, wie so ein Ding überhaupt zielgenau irgendwo aufsetzen kann (siehe Bildteil). Entsprechend groß war die Häme. Warum sollte Musk etwas gelingen, was die NASA noch nicht einmal ernsthaft erwägt? Die Plattformen sind also gefährliche Orte. Und dennoch, es gelang eine so beeindruckende Reihe erfolgreicher Landungen, dass SpaceX sie inzwischen offiziell als Routine ausweist.

Das Drohnenschiff »Just Read the Instructions« (Lies einfach die Anleitung) fährt auf den Pazifik hinaus, die »Of Course I Still Love You« (Natürlich liebe ich dich noch) in den Atlantik, je nachdem, wo und in welche Richtung die Raketen starten. Namensgeber sind zwei Raumschiffe in einem Science-Fiction-Roman von Iain M. Banks, die von einer künstlichen Intelligenz gesteuert werden.[79] Man wäre gern einmal in einem SpaceX-Meeting, wenn es darum geht, irgendein neues Ding mit einem Namen zu versehen.

Zur Erinnerung: Der Schlüssel zu billigem Raumtransport ist laut Musk, die Raketen nicht nur wiederzuverwenden, sondern dies auch noch so schnell wie möglich hinzubekommen. »Wir glauben, dass wir vielleicht bis kommendes Jahr die Booster wieder innerhalb von 24 Stun-

I Und einige andere, die nicht gelungen sind. Unter dem Titel »How Not to Land an Orbital Rocket Booster« hat SpaceX ein Video eingestellt, in dem es alle seine Pleiten zusammengeschnitten hat, unterlegt mit zu den Explosionen passgenau abgestimmter Marschmusik. Es sind diese selbstironischen Selbstbetrachtungen, die ihm den Ruf einbrachten, das coolste Unternehmen der Welt zu sein.

den fliegen lassen können«, erzählte Musk in einem Interview 2017. »Dabei soll keine Hardware getauscht werden, noch nicht einmal die Farbe, das ist sehr wichtig.[80] Denn selbst bei Flugzeugen, so Musk, würde es den Ticketpreis verdoppeln, wenn man sie nach jeder Landung neu anstreichen würde. »Man muss in der Lage sein, einfach nachzutanken und wieder loszufliegen.«[81] Das ist ein ambitionierter Plan, den vor ihm andere schon ebenfalls gern ganz ähnlich umgesetzt hätten: Ein ursprüngliches Konzept sah das Spaceshuttle im Wochenturnus starten und landen. 2017 betrug der Zeitraum zwischen der Landung einer SpaceX-Stufe und ihrem erneuten Einsatz noch mehrere Monate.

Streit ums Hightech-Kochbuch

Nun ist es nicht schwieriger, eine Plattform im Meer zu treffen als das X der Landing Zone 1 an Land. Aber angesichts eines scheinbar endlosen Ozeans mit der winzigen und schwankenden Plattform darin ist die Landung einer Rakete auf ihr eine kaum fassbare Ungeheuerlichkeit von Exaktheit, eine Demonstration wissenschaftlicher und technologischer Möglichkeiten und ein weiterer Beweis der Vorherrschaft der digitalen Revolution über jeglichen technischen Fortschritt. Ganz unabhängig davon, ob SpaceX mit den wiederverwendbaren Falcons ein Geschäft macht oder nicht – oder ein anderer. Denn auch die Landung auf einer Plattform im Meer war schon Gegenstand eines Streits zwischen SpaceX und Blue Origin. Jeff Bezos plant ebenfalls, seine Raketen wieder landen zu lassen, und hat schon bewiesen, dass er dazu in der Lage ist, zumindest auf festem Boden. Offenbar hatte er schon lange vor, im Meer zu landen, denn bereits 2010 ging ein Antrag mit dem Titel »Landung von Raumfahrzeugen auf See und damit verbundene Systeme und Methoden« beim US-Patentamt ein. In der Zusammenfassung heißt es: »Nach dem Erlöschen der Triebwerke der ersten Stufe und der Stufentrennung tritt die Stufe mit der Unterseite zuerst wieder in die Erdatmosphäre ein. Nach dem erneuten Zünden der Triebwerke landet die Stufe vertikal an Deck einer vorpositionierten, See-gehenden Plattform.«[82] Das hätte ein Ingenieur von SpaceX nicht anders formuliert. Dazu kamen einzelne Techniken, auf die Blue Origin einen patentierten Anspruch erhob. Vier Jahre später, im März 2014, erhielt Blue Origin das Patent zugesprochen. Musk, der genau das schon probte, während Bezos noch nicht einmal eine Rakete gestartet hatte, war offenbar extrem wütend. Er ging rechtlich gegen das Patent vor und sagte seinem Biografen Vance: »Sein Patent ist vollkommen lächerlich. Landungen auf einer schwimmenden Plattform im Meer werden seit Jahrzehnten vorgeschlagen. Es ist absolut ausgeschlossen, dass dieses Patent bestätigt wird, denn es gibt fünf Jahrzehnte an früheren Arbeiten von Leuten, die das vorwärts und rückwärts durchgespielt haben, wissenschaftlich und in der Literatur. Man kann davon sogar in verdammten Kinderbüchern lesen. Das Problem besteht nur darin, es zu realisieren und tatsächlich eine Rakete zu entwickeln, mit der das möglich ist.«[83]

So ganz unrecht hatte er damit sicher nicht. Indes, Patentrecht hat schon so mancher Logik des gesunden Menschverstands ein Schnäppchen geschlagen. Und wirklich, am Ende bekam Musk nicht wegen seiner Argumente recht, sondern weil Bezos' Leute ihre Idee nicht klar genug formuliert hatten. In einem ersten Schiedsspruch bemängelte ein Gremium des Patentamts, das Patent sei in einigen Punkten so schwammig formuliert, dass es gar nicht über Musks Einspruch entscheiden könne. Bezos zog daraufhin sein Patent zurück und kündigte an, ein neues einzureichen. Ob Musk also wirklich einen Sieg errungen hat, wird sich noch zeigen.

Der Streit um das Patent auf Landungen im Meer hat noch einen weiteren Aspekt offenbar werden lassen, der SpaceX und seinen Schöpfer von anderen wie Bezos unterscheidet. Musk hat vor einigen Jahren entschieden, keine Patente für die Entwicklungen von SpaceX zu beantragen. Die Tech-Community feiert ihn dafür, aber es ist zweifelhaft, ob er das aus reiner Nächstenliebe macht. »Langfristig ist China unser wichtigster Wettbewerber. Es wäre absurd, wenn wir Patente publizieren würden. China würde sie einfach als Kochbuch nutzen.« Als Beispiel dient ihm das bereits erwähnte Schweißverfahren. Statt die einzigartigen Erfahrungen, die SpaceX damit hat, zu patentieren – und damit gleichzeitig öffentlich zu machen –, behält er sie für sich. Sie sind so speziell, so Musk, dass sie ohnehin keiner nachmachen kann, selbst wenn jeder weiß, dass er damit Raketen sehr preiswert herstellen kann.[84] Das Gleiche gilt für die Landungen auf einer schwimmenden Plattform. Das ist vermutlich auch der Grund, warum ihn Patente von Blue Origin so sehr ärgern, die von ehemaligen SpaceX-Mitarbeitern stammen.

Übrigens ist China nicht sein einziger zukünftiger nationaler Wettbewerber aus Asien. Schon jetzt transportieren die Raumfahrt-Behörden Indiens ISRO (für Indian Space Research Organisation) und Japans JAXA (Japan Aerospace Exploration Agency) mit mehreren Typen von Trägerraketen kommerzielle Lasten ins All. Und das südkoreanische Wissenschaftsministerium lässt eine dreistufige Rakete mit dem Namen Korea Space Launch Vehicle-2 (KSLV-2) entwickeln, die voraussichtlich ab 2021 etwa eineinhalb Tonnen schwere Satelliten in den Orbit tragen kann.[85]

Paradoxerweise ist Bezos persönlich offenbar gar kein Verfechter eines strengen Patentrechts. Sein Biograf Brad Stone berichtet, dass Bezos sogar eine Patentreform befürworte, damit Unternehmen sich nicht simpelste Techniken und Vorgänge schützen lassen können: »... aber er war fest entschlossen, sich den Status quo in jeder Hinsicht zunutze zu machen«, schreibt Stone in einer aufschlussreichen Biografie. SpaceX wäre nicht sein erstes Opfer geworden, hätte Bezos das Patent durchbekommen. Schon Jahre zuvor war Bezos erfolgreich gegen den Buchhandel-Giganten Barnes & Noble vorgegangen, weil der wie Amazon ein 1-Click-Kauf-Verfahren eingeführt hatte. Barnes & Noble musste zurückziehen und das Absonderliche tun: Das Unternehmen baute einen künstlichen und überflüssigen zusätzlichen Schritt beim Online-Kauf ein.[86]

Brad Stones Hinweis auf den Bezos'schen Patent-Opportunismus verdeckt im Grunde eine starke Gemeinsamkeit von Musk und Bezos: Eine starke gesellschaftsliberale und gleichzeitig libertäre Gesinnung, die auf die Entfaltung des freien Menschen setzt, und das in einer technisch fortschrittlichen Welt.[87] [88] »Sie möchten nicht in einer retrograden Welt leben. Sie möchten nicht auf einer Erde wohnen, wo Sie die Bevölkerungszahl einfrieren müssen, auf der man die Energienutzung einschränken muss. Wir alle genießen es, in einer außergewöhnlichen Zivilisation zu leben. Diese basiert aber auf Energie und Menschen«, sagte Bezos auf der Code-Konferenz. »Das ist der Grund, warum urbane Zentren so dynamisch sind. Wir wollen also, dass die Bevölkerung wächst. Wir wollen pro Kopf mehr Energie verbrauchen. Außerdem wäre es unfair, gerade jetzt den Energieverbrauch einzufrieren, wo die restlichen sieben Milliarden gerade beginnen, daran teilzuhaben. Sie wollen auch, was wir haben. Sie möchten ebenfalls zu dieser Konferenz fliegen – und dafür benötigt man Energie. Das heißt: Wir wollen weiterhin Energie verbrauchen.« Das steht im krassen Gegensatz zu den vorherrschenden Denkrichtungen ökologisch denkender Intellektueller. Bezos entgeht dem unweigerlichen Vorwurf, ein Erdzerstörer zu sein, indem er sich quasi aus dem Erdenstaub macht. »... Und Energie ist begrenzt auf der Erde. Was macht man da? Ich denke, wir müssen in den Raum hinausziehen. Und das wird in den nächsten paar 100 Jahren passieren.«

Angesichts der zahlreichen Zwiste ist es erstaunlich, wie viele Gemeinsamkeiten Jeff Bezos und Elon Musk teilen. Beide behaupten, dass ihr Reichtum kein Selbstzweck sei, sondern nur dem Erreichen eines übergeordneten Ziels diene. Und wie bei Musk ist dieser Zweck die Raumfahrt. Bezos folgt ihr wie einem roten Faden, langsam, aber stetig. Wie viele Jungs wollte auch Bezos Astronaut werden, nachdem er Apollo 11 erlebt hatte, und aus dem kleinen Jeff quollen offenbar ständig Star-Trek-Zitate. Brad Stone schreibt, dass die Abschlussrede, die Bezos an der Highschool hielt, mit folgenden Worten begann: »Der Weltraum, unendliche Weiten ...«[89]

Der Alles-Bezos

Was Bezos von den anderen Kindern unterschied, die ebenfalls gern Astronaut werden wollten, war seine überdurchschnittliche Intelligenz, seine Fähigkeit, sich zu konzentrieren und Probleme zu lösen, sowie ein überbordender Ehrgeiz. Sie ließen ihn einen landesweiten Jugend-Wissenschaftswettbewerb gewinnen, mit dem Thema über »die Auswirkungen der Schwerelosigkeit auf die gemeine Haus- und Stubenfliege«.[90] Seine offensichtlichen Begabungen, erkannt und gefördert von seinen Eltern, führten Bezos direkt auf die Weltklasse-Universität von Princeton, an der er Ende der 1980er-Jahre mit Bestnoten einen Bachelor in Elektrotechnik und Informatik erwarb. Dort hatte er zudem das erste Mal Kontakt mit dem Internet, bezeichnenderweise in einem Seminar über Astrophysik. Wie Musk ist Bezos also ein Gründer und CEO, der die technischen Zusammenhänge in seinen Unternehmen versteht oder zumindest in der Lage ist, sich schnell darin einzuarbeiten. Bevor Bezos Amazon gründete, verbrachte er einige Jahre an der Wall Street. Zuletzt arbeitete er als Vice President für D. E. Shaw & Co., ein Unternehmen, dass mithilfe besonders kluger Köpfe Computer-Algorithmen entwickelt, um auf dem elektronischen Börsenparkett Geld zu verdienen. Dort traf Bezos nicht nur seine künftige Ehefrau, sondern entwickelte die Idee eines

»everything store«, aus der kurze Zeit später Amazon hervorgehen würde. Er gab seinen lukrativen Posten auf und fuhr quer durchs Land nach Seattle, um dort aus eigener Tasche und tatsächlich in einer Garage einen Online-Handel zu gründen. Auch wenn er zunächst nur Bücher verkaufte – die hatte er als lukrativstes Online-Produkt ermittelt –, war ihm schon zu Beginn klar, dass er eines Tages alles übers Internet verkaufen werden würde. Im Grunde hat er damals nichts anderes gemacht, als das, was er heute mit Blue Origin wiederholt: Bezos hat den Raumtransport als das Produkt identifiziert, mit dem er als erstes realistisch Erfolg haben kann. Auf dieser Grundlage kann später der Rest folgen.

Seine Idee eines globalen Online-Buchhandels stieß nicht nur auf den Widerstand der etablierten Konkurrenz, sondern auf ständige Skepsis, ob ein kleines Start-up sich in einem so organisierten Markt überhaupt würde durchsetzen können. Brad Stone berichtet von einem Gespräch, das Bezos einmal mit Wirtschaftsstudenten führte. Zum Schluss rieten sie ihm, er solle Amazon besser an die Konkurrenz verkaufen, bevor diese ihn niedermachen würde und er mit leeren Händen dastände. Bezos antwortete: »Mag sein, dass Sie recht haben, aber ich fürchte, Sie unterschätzen das Maß, in dem das etablierte traditionelle Ladengeschäft oder überhaupt jede Firma, die gewohnt ist, etwas auf eine bestimmte Weise zu erledigen, sich schwer damit tut, flink zu reagieren oder sich auf einen neuen Kanal zu konzentrieren. Wir werden sehen.«[91] Man kann getrost davon ausgehen, eine sehr ähnliche Antwort zu erhalten, fragte man Bezos heute nach der deutlich größeren und erfahreneren Konkurrenz von Boeing und Airbus.

Interessanterweise verfolgte Bezos als Amazon-Chef von Anfang an eine Philosophie, mit der er auch Blue Origin hätte gründen können. In der ersten Stellenausschreibung, mit der Amazon nach Programmierern suchte, beschrieb er nicht nur die erwartbaren Anforderungen wie Erfahrungen in Systemarchitektur und exzellente Kommunikationsfähigkeit, sondern zitierte auch die amerikanische Programmier-Legende Alan Kay: »Es ist einfacher, die Zukunft zu erfinden, als sie vorauszusehen.«[I] [92]

I Das Zitat ist eine leichte Abwandlung eines Zitates von Dennis Gabor aus seinem Buch »Inventing the Future« von 1963: »The future cannot be predicted, but futures can be invented.«

Bezos' Rakete Super Royal

Während Bezos auf dem Wasser noch nicht mit Musk konkurrieren kann, sieht die Lage an Land ganz anders aus. Hier hat Bezos in den vergangenen Jahren klargemacht, dass mit ihm zu rechnen ist. Am 29. April 2015 zündete der Motor BE-3 für 110 Sekunden und schoss die 15 Meter hohe New Shepard 1 an die Grenze zum Weltraum, 93 Kilometer hoch.[I] Auf der Spitze der Trägerrakete saß eine Test-Kapsel für Astronauten, die sich erfolgreich trennte und am Fallschirm sicher auf der Erde landete. Der Wermutstropfen: In der Rakete versagte das hydraulische System, sodass sie nicht wie geplant sanft landete, sondern zerstört wurde. Ein gutes halbes Jahr später schon wurden die verletzten Ingenieurs-Seelen getröstet, als die Nachfolgerin der ersten Rakete nicht nur ganz offiziell den Weltraum erreichte, sondern nach einem Peak in 101 Kilometer Höhe sicher in der texanischen Wüste aufsetzte. Ein weiterer Unterschied zum ersten Flug: Von der erfolgreichen Landung der New-Shepard-Rakete gibt es ein Video. Beim ersten Flug zeigte der von Blue Origin veröffentlichte Kurzfilm nur die Landung der Kapsel, nicht aber den Crash der Rakete.

Was ist denn nun so großartig am Start einer einstufigen Rakete, die mit einem normalen Lastwagen transportiert werden kann, kurz im Weltraum vorbeischaut und dann wieder wie ein Stein zurück zur Erde fällt? Die Stippvisite im All an sich ist nicht das Bemerkenswerte, es ist die Hardware, mit der Bezos das erreicht hat. Das BE-3 ist ein Raketenmotor, der mit Wasserstoff und Sauerstoff befeuert wird. Diese Komponenten sind so eine Art Super Royal für Raketen, weil sie einen extrem hohen Schub erzeugen. Der Preis dafür ist eine aufwendige und teure Technik, die unter anderem in den stillgelegten Spaceshuttles und der Ariane 5 verwendet werden. Beide Elemente sind bei Raumtemperatur gasförmig. Um sie als Treibstoff zu verwenden, müssen sie heruntergekühlt werden, bis sie flüssig werden; Sauerstoff auf minus 183 Grad Celsius, Wasserstoff sogar auf minus 252 Grad Celsius (bei dieser Temperatur ist sogar Luft bereits flüssig). Und hier liegt der Kern des Problems. Während die Ingenieure flüssigen Sauerstoff noch ganz gut im Griff haben, ist flüssiger Wasserstoff eine unangenehme Substanz: Sie durchdringt Wände

---

I Das Kürzel steht offiziell nicht für BEzos, wie man meinen könnte, sondern für Blue Engine.

aller Art, auch Metall, und weicht sie quasi auf. Außerdem bildet Wasserstoff mit Luft ein extrem explosives Gemisch mit dem vielsagenden Namen Knallgas. Jeder erinnert sich an den monumentalen Flammenball beim Absturz des Spaceshuttles Challenger: Das war das Resultat der Explosion seines Wasserstoff-Tanks. Der Shuttle-Tank war zudem so riesig, weil Wasserstoff das Element mit der geringsten Dichte ist und daher viel Platz benötigt. Das Treibstoff-Gemisch Wasserstoff und Sauerstoff benötigt drei Mal so viel Volumen wie das konventionelle Gemisch Kerosin und Sauerstoff.

Wer also die extremen Temperatur-Unterschiede dieser Treibstoff-Kombi zur Umgebung und seine Tücken erfolgreich meistert, beweist, dass er in der Lage ist, eine Rakete zu bauen. Seither ist New Shepard noch weitere Male geflogen und hat dabei sogar eine echte Feuerprobe bestanden. Beim fünften Flug simulierten die Techniker einen Notfall und sprengten die Kapsel genau dann ab, als die Rakete gerade unter der höchsten aerodynamischen Belastung stand, also beim bereits erwähnten Max Q. Eigentlich hätte die Rakete das nicht überleben dürfen, denn für eine solche Schinderei war sie nicht gebaut worden. Doch auch das hielt sie aus und landete sanft.

Der Erfolg hatte – wie immer – eine Vorgeschichte, und die ist auch bei Blue Origin lang, teuer und nicht ohne Fehlschläge. Zunächst baute Blue Origin das sogenannte Goddard-Vehikel[I], eine etwas altmodisch anmutende kapselartige Rakete, die etwa 100 Meter hochstieg und dann wieder auf vier dünnen Beinchen landete. »Mein Job während des Starts war es, die Flasche Champagner zu öffnen«, kommentierte Bezos diesen Erfolg.[93] Bezos kommt regelmäßig zu den wichtigen Tests nach Texas und bringt seine Familie mit. Wenn man davon ausgeht, dass Bezos mit seiner Privatmaschine (einer Gulfstream G-650ER) direkt zum Testgelände fliegt, benötigt er trotzdem etwa vier Stunden dafür, macht mit Rückreise acht Stunden netto Flugzeit. Doch selbst wenn der unspektakulär verlaufende Hüpfer des Goddard kaum eine halbe Minute dauerte, hatte sich die stundenlange Reise für ihn sicher gelohnt. Er machte klar, dass seine Techniker das Prinzip einer raketengesteuerten Landung beherrschen und das zugleich mit der nächstgrößeren Version New Shepard hinkriegen wür-

I Benannt nach dem amerikanischen Ingenieur und Raketenpionier Robert Goddard.

den. Das ist alles andere als selbstverständlich, vor allem in der privat finanzierten Raketenentwicklung. Andere, wie der erfolgreiche Spiele-Entwickler John Carmack, der in dieser Zeit ebenfalls eine Rakete bauen ließ, scheiterten genau in dieser Phase und legten dabei krachende Fehlversuche hin. Es sollten aber nur einige Jahre vergehen, bis Bezos ebenfalls Mitglied im großen, nicht besonders beliebten »Club der unerwarteten Fluganomalien« wurde, eine Erfahrung, die noch bisher jeder Raketenbauer machen musste.

Am 3. September 2011 meldete das Wall Street Journal, dass Blue Origin bei einem Testflug zunächst den Kontakt, dann die ganze New-Shepard-ähnliche Testrakete verloren hat und dass Teile der Rakete nun eingesammelt und untersucht würden.[94] Sie war also abgestürzt. Viel mehr erfuhr niemand. Bezos persönlich schrieb auf der Webseite, dass »... wir bei Mach 1,2 ein Fahrzeug in 45.000 Fuß Höhe (etwa 13.700 Meter) verloren haben. (...) Das ist nicht das Ergebnis, was wir uns versprochen haben. Aber wir wussten, dass es hart werden würde, und das Blue-Origin-Team macht einen außerordentlichen Job. Wir arbeiten bereits am nächsten Testfahrzeug.«[I] Das war mehr Information als gewöhnlich, die nächstältere Information stammte vom 2. Januar 2007.[95] Die Nachricht zeigte außerdem, dass Bezos offensichtlich entschlossen war, sich durch einen teuren Crash nicht aufhalten zu lassen und dies nicht nur seinem Team, sondern der ganzen Welt zeigen wollte. Er konnte es sich offenbar leisten. Carmack nicht. Er machte sein Unternehmen Armadillo Aerospace dicht.

Eitle Scharmützel

Nun ist das alles Vergangenheit, seitdem New Shepard erfolgreich fliegt. Die Rakete stellte sogar schon einen Rekord auf. Sie ist nämlich die erste Rakete, die den Weltraum erreicht hat und wieder aufrecht stehend gelandet ist. »Das seltenste aller Ungeheuer – eine gebrauchte Rakete!«, meldete Bezos stolz auf Twitter. »Gratulation an Bezos und das BO-Team!«, antwortete Musk eine Stunde später zunächst recht freundlich. Nur eine Minute später folgte eine Salve Tweets, um Bezos auf seinen Platz zu

I https://www.blueorigin.com/news/blog/successful-short-hop-setback-and-next-vehicle

verweisen. »Wie auch immer, es ist wichtig, einen Unterschied zwischen Weltraum und Orbit zu machen!«, belehrte Musk und fügte noch – ganz *nerd by nature* – einen Link zu einer Erklärseite im Netz ein.[96] Fünf Minuten später die nächste Maßregelung. »Um in den Raum zu reisen, braucht es Mach 3 (ca. 3.600 Stundenkilometer), aber für den geostationären Orbit benötigt man etwa Mach 30 (ca. 36.000 Stundenkilometer), und die benötigte Energie beträgt das Quadrat, also neun Einheiten für den Weltraum und 900 für den Orbit.«

Bezos ist selbst Ingenieur, man kann davon ausgehen, dass er sich diese Kenntnisse als Raumfahrt-Unternehmer bereits vor Musks Belehrungen angeeignet hatte. Die Botschaft war natürlich nicht an Bezos gerichtet, sondern an den Rest der Welt: Dass sie bloß nicht vergesse, wer die wahre Nummer eins im Business ist! Und wem es immer noch nicht gedämmert hatte, dem machte es Musk mit dem nächsten Tweet ganze vier Stunden später klar. »@JeffBezos Nicht wirklich das ›seltenste‹. SpaceX' Grasshopper absolvierte 6 suborbitale Flüge & ist immer noch da.« In der darauffolgenden Stunde folgten noch zwei weitere Tweets, die wir uns sparen, denn sie waren im gleichen Stil verfasst. Bezos ließ sich auf Twitter nicht herab, auf diese Tirade zu antworten, dafür aber in einem Pressegespräch noch am selben Tag. Angesprochen auf die Bemühungen von SpaceX, ebenfalls eine Rakete zu landen, sprudelte es aus Bezos heraus. »Ich möchte drei Dinge kommentieren, die ich von SpaceX gehört habe. Erstens: SpaceX möchte nur die erste Stufe wiederverwenden, die aber nur suborbital fliegt. Also ist die erste Stufe auch suborbital. Zweitens: Die erste Stufe von SpaceX bremst im Weltraum ab, um den Wiedereintritt erträglicher zu machen. Also ist es womöglich die Blue-Origin-Stufe, an der wir gerade einen Test demonstriert haben, die eine härtere Umgebung beim Wiedereintritt durchfliegt. Und zum Schluss: Der schwierigste Teil einer vertikalen Landung und der Wiederverwendung ist der Abschnitt der Landung, und der ist für beide Stufen gleich.« Was Bezos damit sagen wollte: Blue Origin ist durchaus auf Augenhöhe mit SpaceX.[97]

Dieses Bewusstsein ließ Bezos dazu verleiten, leicht von oben herab – vielleicht auch nur naiv – Musk mit einem »Willkommen im Club«-Tweet[98] zu gratulieren, als dessen erste Stufe einen knappen Monat später wieder aus dem Weltraum zurückkehrte und auf der Erde landete. Allerdings erntete er weltweit Spott für seine Gratulation, denn Musk versorgte zu diesem Zeitpunkt die ISS seit Jahren mit einer Orbit-fähigen Rakete und einem echten Raumschiff, der Dragon-Kapsel. Es war für jeden ersichtlich, dass dieses gönnerhafte Gehabe nicht passte.

Das öffentliche Scharmützel wirft zudem ein Licht auf die beiden Menschen Bezos und Musk. Ihre Gemeinsamkeiten sind schon beschrieben worden. Neben handfesten wirtschaftlichen Konflikten sind es sicher auch die offensichtlichen Unterschiede ihrer Charaktere, die Zündstoff für Auseinandersetzungen liefern. Musk gibt sich als verspielter Nerd, der keine Gelegenheit auslässt, seinen Raketen, Kapseln und Gefährten aller Art Namen aus der Fantasy- und Pop-Kultur zu geben. Der Cameo-Auftritte in TV-Serien wie *The Big Bang Theory* hinlegt und damit kokettiert, 80 Prozent seiner Zeit in Ingenieurs-Meetings zu verbringen[99] und somit die technischen Details seiner Ingenieure beurteilen zu können. Das ist die Nerd-Seite von Elon Musk. Doch erst die andere führt zur Lichtgestalt. Da ist der scheinbar unzerstörbare Visionär, der Zukunftsideen aufgreift, die etablierte Technology-Unternehmen nur mit spitzen Fingern anfassen, und dazu Unternehmen gründet, um sie zu verwirklichen. Die Elektroautos von Tesla, die Hochgeschwindigkeitstunnel von Hyperloop- und Boring Company sowie die Solaranlagen von SolarCity – Teile und Stichworte seines Unternehmens- und Gedankenimperiums, von dem nicht wenige denken, dass es eines Tages in sich zusammenfallen könnte, wirtschaftlich wie ideell. Der emotionale Zwiespalt technischer Solidität und visionärem Drang spiegelt sich womöglich zugleich im Privaten wieder. Musk war bisher zweimal verheiratet. Das erste Mal acht Jahre lang mit der kanadischen Fantasy-Autorin Jennifer Justine Wilson, mit der er fünf Kinder hat, und das zweite Mal mit der amerikanischen Schauspielerin Talulah Riley. Ungewöhnlich an der letzten Ehe war, dass Musk und Riley eine On-/Off-Ehe führten, sich scheiden ließen, wieder heirateten, erneut ihre Trennung öffentlich bekanntgaben, sie zurückzogen – um sich nach vier Jahren dann doch scheiden zu lassen – endgültig. Musk hat keine Scheu, über seine Ziele zu plaudern, eher im Gegenteil. Er zögert nicht, Details seiner hochfliegenden Pläne preiszugeben, obwohl er weiß, dass er sehr wahrscheinlich kein Jahr später an derselben Stelle die Hälfte des Plans umschmeißen und neue Einzelheiten verkünden wird. Mag sein, dass er die Öffentlichkeit nutzt, um seinen Zielen näherzukommen, es ist aber nicht ganz unwahrscheinlich, dass er sie auch genießt und als Spiegel seiner vielseitigen Persönlichkeit betrachtet.

All das führt dazu, dass Journalisten ihn sogar schon mit der Figur Tony Stark aus dem Film *Iron Man* vergleichen, was jedoch seiner bodenständigen Fixierung auf das technisch Machbare nicht gerecht wird. Wie dem auch sei, Musk ist für Technik-Fans und ambitionierte Ingenieure zu einem halbgottähnlichen Wesen geworden, weil er der Welt eine verloren gegangene Technik-Gläubigkeit wiedergegeben hat.

Jeff Bezos lehnt diese Art öffentlicher Selbstinszenierung ganz offensichtlich ab. Zumindest ist er bemüht, mehr Kontrolle darüber zu behalten. Jeff und seine Frau Mackenzie sind seit 1993 verheiratet und haben den emotionalen Gemütszustand ihrer Ehe bisher noch nicht über Twitter veröffentlicht. Es finden sich auch keine YouTube-Videos eines halbstarken Bezos, der stolz über die Fähigkeiten seines neuen Supersportwagens schwadroniert. Wie bereits dargelegt, teilt Bezos zahlreiche Leidenschaften und Träume mit Musk. Wie sein Gegenspieler hatte auch der bekennende Trekkie Bezos schon einen Cameo-Auftritt, als Mitglied der Sternenflotten in »Star Trek Beyond«. Doch – und das ist sicher kein Zufall – derart maskiert, dass er nicht zu erkennen war.[100] [I] Allerdings vermeidet Bezos, seinen Raumfahrzeugen Namen aus der Sci-Fi-Szene zu geben. Sie sind bisher alle ganz patriotisch nach den Pionieren der amerikanischen Raumfahrt benannt. Eine Hommage hat Bezos sich allerdings im Eingangsbereich des knapp 30.000 Quadratmeter großen Blue-Origin-Hauptquartiers in Seattle erlaubt. Dort hängt eine Art-déco-Nachbildung von Jules Vernes Raumschiff aus »Von der Erde zum Mond«. Bezos ist ein Mann von tiefer Selbstgewissheit. In Interviews lässt er sich nicht leicht unterbrechen, weder von einem insistierenden Reporter noch von einer applaudierenden Menge. Er spricht einfach weiter, ganz egal, ob er noch verstanden wird oder nicht. Dabei verzieht er keine Miene, was er ohnehin selten tut, sondern lächelt routiniert, aber freundlich. Und gelegentlich entlädt sich ein Gedanke, den er amüsant findet, in einer dröhnenden Lachsalve.

I Laut Regisseur Justin Lin nahm sich Bezos einen ganzen Tag Zeit für seine Szenen. Allerdings war das offenbar nötig, »weil er jede Einstellung vermasselte ...«

Geheimnis im Nirgendwo

Wie schon angedeutet dosiert Bezos die Neuigkeiten und Nachrichten nur sparsam. Im Vergleich zu SpaceX und Elon Musk erfährt die Öffentlichkeit nur wenig über die konkreten Pläne von Jeff Bezos und die Fortschritte bei Blue Origin. Es war lange noch nicht einmal klar, dass Bezos überhaupt ein Raumfahrt-Unternehmen gegründet hatte. Dabei ist sein Unternehmen sogar älter als SpaceX. Bezos gründete Blue Origin 2000, Musk SpaceX erst 2002. Im Gegensatz zu Musk hielt er seine Unternehmung aber bis Mitte 2003 geheim. Etwa zu diesem Zeitpunkt erhielten texanische Farmer in der Nähe des kleinen Ortes Van Horn diskreten Besuch von Anwälten, die ihnen ihr Land abkaufen wollten, jedoch nicht verrieten, für wen sie arbeiteten. Das ist eine nicht unübliche Taktik, damit die potenziellen Verkäufer den Preis nicht in die Höhe treiben, wenn sie erst einmal erfahren, dass der Interessent sehr reich ist. Und in diesem Fall war er das ja auch, sogar unerhört reich. Zu Beginn lehnten die Farmer noch ab, aber bei jedem Besuch wurden die Angebote besser – und schließlich verkauften alle. Die anonymen Firmen, die jeweils als Käufer eingetragen wurden, trugen alle Namen von Erforschern, wie Mylene Mangalindan vom Wall Street Journal berichtet, James Cook L.P., Jolliet Holdings, Coronado Ventures, Cabot Enterprises, »und alle hatten dieselbe Adresse: c/o Zefram LLC«.[101]

2005 lüftete Bezos ganz offiziell das Geheimnis um den ominösen Kauf von 120.000 Hektar texanischer Einöde, nur 50 Kilometer von der Grenze zu Mexiko entfernt. Er tauchte unerwartet im Büro des Van Horn Advocate auf, der Wochenzeitung der 2.000-Seelen-Gemeinde (es werden jedes Jahr weniger), stellte sich mit »Hi, ich bin Jeff Bezos« vor und erzählte dem Redakteur und Besitzer Larry Simpson, dass er an einem riesigen Raketenkomplex arbeitet, von dem er eine wiederverwendbare suborbitale Rakete namens New Shepard mit drei Menschen an Bord in den Weltraum starten möchte. Und dass seine langfristige Idee die Besiedelung des Alls sei.

Da war es heraus: Der Amazon-Chef möchte nicht nur den Einzelhandel revolutionieren, sondern auch die Raumfahrt. Was zunächst nicht zueinander passt, ergibt mehr Sinn, wenn man versteht, wie Bezos selbst Amazon definiert: als Technologie-Unternehmen und nicht – wie viele Analysten und Kritiker – als schnöder Online-Einzelhändler (was Bezos übrigens sehr ärgert).[102] Genauso wie Bezos die Welt des Einkaufens auf technologische Weise verändern möchte, so will er es für die Raumfahrt erreichen. Als die Bombe geplatzt war, hängten sich die großen US-Medien an die Geschichte, aber kamen nicht weit. Bezos blieb stumm, sodass beispielsweise der landesweiten Nachrichtenagentur Associated Press (AP) nichts anderes übrig blieb, als sich die Geschichte von Simpson erzählen zu lassen.[103]

Diese Episode passt gut zu Bezos' Ruf, äußerst verschwiegen zu sein. Die Öffentlichkeitsabteilungen seiner Unternehmen halten sich ebenfalls äußerst bedeckt – wenn sie sich überhaupt äußern. Daran hat sich seit 2003 wenig geändert. Auch der Testflug von New Shepard von 2015 wurde nicht angekündigt. Lediglich ein redseliger Beamter der amerikanischen Bundesluftfahrtbehörde gab den Hinweis, Blue Origin würde innerhalb einiger Wochen eine Rakete launchen, man solle am besten die Nachrichten checken.[104]

Beim Van Horn Advocate, immerhin eine Art Hausblatt des Bezos'schen Weltraumbahnhofs fanden sich bis Ende 2017 keine 20 Beiträge über Bezos. Grund genug für einen Abonnenten aus New York (!), sich in einem Leserbrief darüber und über Bezos zu beschweren. »Wie konnte Herr Bezos mit einem Projekt dieser Größe vor 15 Jahren in diese Gegend kommen und sich immer noch nicht öffentlich engagieren? Das verstehen wir nicht. Und warum berichten Sie nicht mehr darüber-?«[105] Die Einwohner Van Horns haben für die Geheimniskrämerei von Bezos offenbar mehr Verständnis als die unter Nachrichtendauerfeuer stehenden Großstädter. »Um fair zu bleiben, muss man sagen, dass erfolgreiche Unternehmer wie Herr Bezos häufig anonym an Empfänger ihrer Wahl spenden. Wir wissen zwar nicht, ob er das getan hat, aber wir wollen das im Zweifel zugunsten von Herrn Bezos glauben«, antwortete der neue Herausgeber des Van Horn Advocate und ein Leser kommentierte: »Jeff Bezos hat zahlreiche Menschen aus der Gegend eingestellt, (…) und ist einer der größten Steuerzahler im Bezirk, soweit wir wissen. (…) Wir dürfen von ihm nicht mehr erwarten, als dass er unsere Gesetze einhält und seine Steuern bezahlt, was er unseres Erachtens tut. (…) Wir schätzen die Kleinstadt-Atmosphäre, die gegenseitige nachbarschaftliche Fürsorge und das Fehlen von Großstadt-Scherereien. Wir sind Herrn Bezos dankbar, dass er nicht in unsere Gemeinde gekommen ist, um diese oder ihre Atmosphäre zu verändern.«[106] Angesichts dieser texanischen Leben-und-leben-lassen-Mentalität kann man sich denken, dass Jeff Bezos seine Ortswahl nicht bereut.

Allerdings versteht auch Bezos, einen Punkt zu machen. Dadurch, dass er sich rarmacht, verfolgen die Medien umso aufmerksamer, was er beispielsweise bei Twitter verkündet – und wo er über die Deutungshoheit seiner Nachrichten verfügt. Dort hat er bis Mitte 2017 keine 200 Tweets geschrieben, dafür drehen sich die meisten davon um Blue Origin. Zum Vergleich: Elon Musk hat etwa 3.500 Tweets abgesetzt, Richard Branson mehr als 17.000! Die sparsame PR hat aber ihren Preis in den sozialen Netzwerken. Jedenfalls dann, wenn man die Anzahl von Followern als einen Wert an sich betrachtet, was ja bei Leuten, die eine Botschaft verkünden wollen, durchaus der Fall ist. Musk und Branson haben mehr als 30 Mal so viele Follower – etwa zwölf und 15 Millionen; Bezos nur knapp 400.000.

Um seine Zukunfts-Botschaften zudem einem möglichst einflussreichen Publikum zu verkünden, wählt er stets erstklassige Podien wie die bereits erwähnte Code-Konferenz – und scheut auch nicht vor PR-Stunts zurück. Auf der Amazon-eigenen MARS-Konferenz im kalifornischen Palm Springs stieg er ins Cockpit eines vier Meter hohen und eineinhalb Tonnen schweren Roboters, ließ die Androiden-Arme und -Beine schwenken und rief: »Warum fühle ich mich bloß wie Sigourney Weaver?«, eine Anspielung auf den James Cameron-Sci-Fi-Klassiker *Alien*, in dem die Hauptdarstellerin Weaver in einem Roboter mit einer außerirdischen Kreatur kämpft (und gewinnt).[107] MARS steht hier übrigens nicht für den Planeten, sondern für *Machine learning, home Automation, Robotics, and Space exploration*. Der Tagungsort war nicht zu verfehlen, über die Begrenzungshecke des Hotels ragte eine bereits verwendete und sichtlich angekohlte Stufe der Blue-Origin-Rakete New Shepard[108]. Ein Jahr zuvor war Bezos auf der gleichen Konferenz in einem robotischen Anzug aufgetreten.

Selbst wenn er also keine konkreten Pläne über die Art und Weise präsentiert, wie er den Weltraum zu besiedeln gedenkt, macht er doch mit solchen Auftritten deutlich, dass es nicht bei der Ambition einer suborbitalen Touristen-Rakete bleiben wird, sondern dass diese – wie eingangs erwähnt – nur der erste kleine Schritt auf dem Weg ins Weltall sein soll. Der Auftakt einer groß angelegten und preiswerten Infrastruktur.

DIE KONKURRENZ-RAKETE

Wie Musk beabsichtigt Bezos also, die ersten Stufen seiner Raketen wiederzuverwenden, wie Musk ist ihm das bereits mehrfach gelungen, und wie Musk ist er mit der etablierten Raumfahrt bereits einen Pakt eingegangen, um seinen Zielen möglichst schnell und wirtschaftlich näherzukommen. Blue Origin entwickelt nämlich für die ULA, dem bereits erwähnten gemeinsamen Raumfahrt-Unternehmen von Boeing und Lockheed Martin, einen Raketenmotor. Was für ein Clou! Das ist, als würde ein Go-Cart-Start-up der Daimler AG einen Motor für die S-Klasse bauen. Zudem enthält dieser Pakt eine extrem politische, ja weltpolitische Komponente. Der Schwertransporter von ULA, die Atlas-V-Rakete, wird nämlich brisanterweise von einem russischen Triebwerk angetrieben. Die russische Regierung versuchte während der Jahrtausendwende mit dem Verkauf von sowjetischem Raumfahrt-Know-how an westliche Partner, ihre Finanzlöcher zu stopfen. Die russische Regierung unter Präsident Putin versteht das aber eher als Ausverkauf. Als der stellvertretende russische Ministerpräsident Dmitri Rogosin 2014 infolge des Ukraine-Konflikts sogar forderte, die USA dürften russische Raketentriebwerke nicht mehr für militärische Zwecke benutzen, geriet ULA in Not. Der weiße Ritter kam in Person von Bezos und seinem Motor BE-4. Das Triebwerk soll nicht nur in der ULA-Rakete Vulcan zum Einsatz kommen, sondern auch in der Hauptstufe von Blue Origins Riesen-Rakete New Glenn. Das Besondere am BE-4 ist, dass es mit den Treibstoffen flüssiges Methan und flüssiger Sauerstoff angetrieben werden soll – Verbindungen, deren Komponenten auf dem Mars zu finden sind. Allerdings wird dieser Teil der Rakete nie zum Mars fliegen, denn sie ist so konzipiert, dass sie wie die erste Stufe der Falcon 9 wieder auf der Erde landet. Die zweistufige Version der New Glenn ragt 82 Meter hoch auf, mit einem Durchmesser von sieben Metern.[109] Entwicklungskosten: etwa 2,5 Milliarden Dollar.[110]

»Die New Glenn wird so groß, dass man sie nicht gut transportieren kann. Daher wird sie in der Nähe des Startkomplexes 36 auf der Air Force Base montiert«, sagt Bezos.[111] Ein Video bei Instagram, gefilmt von einer Drohne, zeigt Bezos auf dem Dach der riesigen neuen Montagehalle sitzend mit einem Schild in der Hand »Rocket factory coming soon« (»Hier entsteht eine Raketenfabrik«).[112] Den Startplatz neben der 65.000 Quadratmeter großen Fabrik[113] pachtete Bezos, nachdem er den Streit um Rampe

39A auf dem benachbarten NASA-Gelände auf Cape Canaveral verloren hatte. Er ist nicht viel weniger geschichtsträchtig, denn von hier starteten die Surveyor-, Pioneer- und Mariner-Sonden, ohne die wir deutlich weniger über das Sonnensystem und seine Planeten wüssten. Es gibt überdies einen Plan für eine dreistufige, 95 Meter hohe New Glenn – das ist nicht viel weniger als die legendäre Saturn V. Um so eine Rakete zu bauen, braucht es viele Leute. Geschätzte 1.000 Angestellte hat Blue Origin bereits, und das Unternehmen sucht permanent nach neuen Mitarbeitern.

New Glenn von Bezos, Falcon Heavy von Musk – es gibt also bald zwei neue sehr schwere Raketen auf dem Markt. Doch sie sind nicht die einzigen. Dazu kommt die erwähnte Vulcan der ULA und das Space Launch System, eine noch schwerere Rakete, mit der die NASA Astronauten zum Mars fliegen könnte, sofern sie das Geld dafür bekäme. Und natürlich die Trägerraketen der restlichen Welt, unter anderem aus Europa, Russland, China, Indien und Japan. Es stellt sich also die Frage, welche Lasten mit all diesen *heavy lifter* ins All gebracht werden sollen (siehe Abbildung 1 »Kommerzielle Träger nach Ländern«, S. 20). Wie in der Raumfahrt üblich, sammelt Bezos beispielsweise schon Buchungen für die Rakete, obwohl sie noch nicht einmal gestartet ist. Bisher haben sich unter anderem Eutelsat und OneWeb für ihre Satelliten angemeldet. Die New Glenn ist aber so stark, dass sie etwa 45 Tonnen in den erdnahen Orbit heben kann. Ein OneWeb-Satellit wiegt gut 200 Kilo. Die Rakete könnte – rein rechnerisch – mehr als 200 Satelliten auf einmal ins All schießen. Die Kapazität von drei New Glenns reicht also für den ersten Schwung der OneWeb-Konstellation von 648 Satelliten aus, eine der ambitioniertesten Unternehmungen überhaupt derzeit in der Raumfahrt. Die Palette an Aufgaben für Trägerraketen ist vergleichsweise übersichtlich. Satelliten sind für ihre Anbieter der größte Markt: die großen Kommunikationssatelliten, die boomenden Erdbeobachtungssatelliten, militärische Spionagesatelliten. Dazu kommen die Versorgungskapseln mit und ohne Astronauten für die internationale und die chinesische Raumstation. Nur wenige Nutzlasten sind anderer Natur, beispielsweise Raumsonden, Teleskope und Test-Gefährte wie der Raumgleiter X-37B. Weltweit wurden 2016 mit Raketenstarts geschätzt 5,4 Milliarden Dollar, umgerechnet knapp 4,5 Milliarden Euro umgesetzt, nur ein Drittel davon auf dem kommerziellen Markt.[114] Reicht das aus, um so viele große Raketen auszulasten? Das ist eine Frage, die sich nicht zuverlässig beantworten lässt. Zudem unterliegt auch die Raumfahrt Zyklen. Ende der 1990er Jahre brach das Transportgeschäft ins All schon einmal unerwartet drastisch ein. Diese Einbrüche kommen häufig plötzlich und unerwartet. 2017 wurden beispielsweise anstatt der prognostizierten 25 nur etwa zehn große Satelliten für den geostationären Orbit bestellt.[115]

Satelliten-Orbits: Highways im Raum

Es mag komplex sein, Satelliten zu starten und zu steuern, ihre Bahnen sind einfache geometrische Formen: Kreise und Ellipsen unterschiedlicher Ausdehnung und Position (siehe Abbildung 5 »Erdorbits für Satelliten und Raumfahrzeuge«, S. 75). Der am leichtesten zu erreichende Bahnbereich ist der LEO. Das steht für *Low Earth Orbit*, niedrige Erdumlaufbahnen bis in 2.000 Kilometer Höhe. Auf diesen Highways umrunden die ISS, das Hubble-Teleskop und die Erdbeobachtungssatelliten die Erde, in nur etwa 90 bis 100 Minuten. Letztere bewegen sich zumeist auf polaren Orbits von Pol zu Pol. Da die Erde sich unter ihnen hindurchdreht, decken sie im Laufe der Zeit einen Großteil der Erdoberfläche ab. Ab einer bestimmten Zahl von Satelliten erreicht man alle Orte auf der Erde zum gleichen Zeitpunkt – das Ziel der großen Konstellationen wie OneWeb. Der Spezialfall eines polaren Orbits ist der sonnensynchrone Orbit (SSO) in ganz bestimmten Höhen zwischen 600 und 800 Kilometer. Verursacht durch die Erdabplattung dreht sich die gesamte Bahnebene, in welcher der Satellit sich bewegt, in einem Jahr um genau 360 Grad. Das hat zwei erfreuliche Effekte. Der Satellit passiert einen Punkt auf der Erde immer zur gleichen Tageszeit, sodass sich dort Unterschiede besonders gut feststellen lassen. Und kreist er entlang der Dämmerungszone, gerät er nie in den Erdschatten, und erhält immer Sonne für seine Solarzellen.

Der Nachteil des LEO: Von einem Ort auf der Erde aus hat ein Satellit in einem 400-Kilometer-LEO nur eine Viertelstunde Sicht- und Funkkontakt. Um die ganze Erde abzudecken, braucht es also viele Satelliten (siehe Bildteil) – oder eine größere Höhe. Daher ist der geostationäre Erdorbit (GEO) ein genialer Spezialfall: Wenn ein Satellit exakt 35.786 Kilometer hoch über dem Äquator fliegt, dauert eine Erdumkreisung exakt einen Tag. Für den Betrachter auf der Erde steht er dann immer an der gleichen Stelle am Himmel, weswegen Satelliten-Antennen starr auf ihn ausgerichtet sein können. Die Telekommunikations- und Fernsehsatelliten bewegen sich daher alle im GEO. Allerdings ist es nicht einfach, dorthin zu gelangen. Einige Raketen setzen Satelliten zunächst im geostationären Transfer-Orbit (GTO) ab, in einer langgestreckten Ellipse um die Erde. Von dort arbeiten sie sich mit gezielten Triebwerkszündungen in den kreisförmigen GEO. Wenn Satelliten ausgedient haben, zünden sie ein letztes Mal und schießen sich in einen Friedhofs-Orbit.

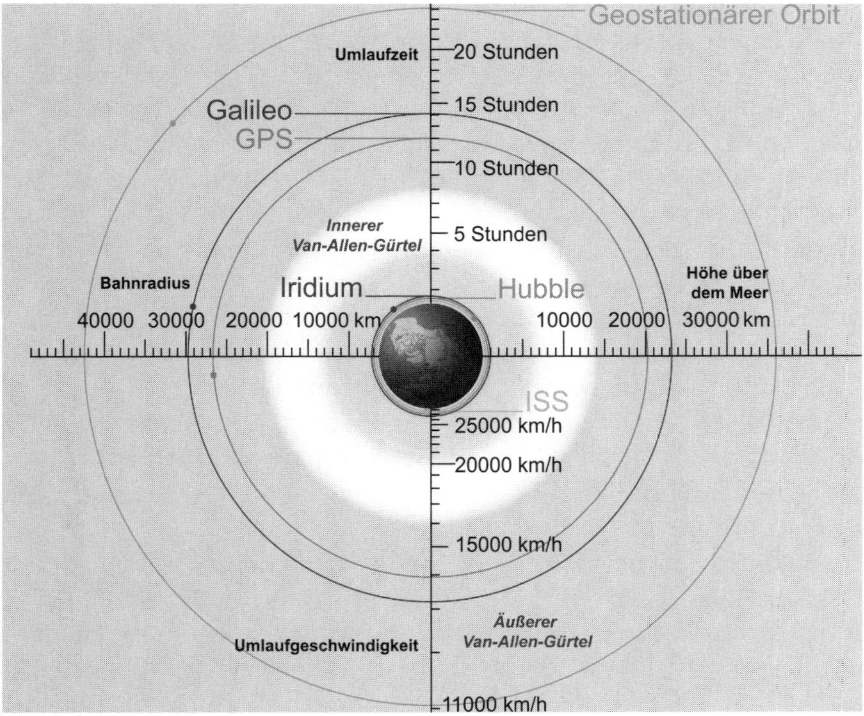

Abbildung 5: Die Orbits und ihre Bewohner. Man beachte, dass sich die ISS, Hubble und alle anderen Satelliten im SEO innerhalb des Inneren Van-Allen-Gürtels befinden und daher weitgehend von den vielfältigen Weltraumstrahlungen abgeschirmt sind. Das gilt nicht für den Raum dahinter. Die GPS-Satelliten und alle Raumfahrzeuge im GEO müssen deutlich härtere Bedingungen ertragen.

Man sollte indes nicht vergessen, dass Musk, Bezos und viele der anderen Raumfahrt-Investoren aus dem Digitalgeschäft des Silicon Valley kommen, wo hohe Risiken Teil des Business sind. Die erklärte Strategie von Bezos und Musk ist ja, Raumtransport so preiswert zu machen, dass sich eine Fülle von neuen Anwendungsmöglichkeiten daraus ergeben. Und wer transportiert alle diese neuen Anwendungen? Richtig, die New Glenn und die Falcon Heavy. Und die Vulcan, falls es der ULA gelingt, ihre Preise anzupassen. Sie versuchen also, mit ihren Milliardeninvestitionen die Voraussetzungen für einen Markt zu schaffen, den es im Moment noch gar nicht gibt – um ihn dann zu bedienen. »Mein Traum ist, dass ich lange genug lebe, um diese Dynamik im Weltraum zu erleben, wie ich sie in den vergangenen 20 Jahren mit dem Internet erlebt habe«, erklärte Bezos in einem Interview und erläuterte zudem, weshalb es Leute wie ihn dafür braucht. »Das Problem, Unternehmer im Weltraum zu sein, ist, dass der Preis für eine Mission so verdammt teuer ist. Der Einstiegspreis, um ein paar interessante Sachen zu machen, ist ein paar Hundert Millionen Dollar. Wir werden es nicht erleben, dass zwei Typen aus einem Wohnheim heraus supercoole Sachen im Weltraum machen. Das ist aber das, was wir ganz konkret bei Facebook gesehen haben.«[116] Doch während sogar Facebook mittlerweile ein Unternehmen mit einer soliden wirtschaftlichen Grundlage und einem stabilen Geschäftsmodell ist, gilt das nicht notwendigerweise für SpaceX – und ebenso wenig für Blue Origin. Das hat neben den erwähnten Unwägbarkeiten ihres Marktes beziehungsweise ihres noch nicht existenten Markts eine ganze Reihe an Gründen.

Überraschenderweise ist vor allem Musks und Bezos' vermeintlicher Generalschlüssel zum billigen Raumtransport eines der größten Risiken ihres Geschäfts. Denn damit die erste Stufe nach der Trennung vom Rest der Rakete im Raum zurückkehren und wieder landen kann, benötigt sie Treibstoff, und dessen Gewicht geht dann eins zu eins zu Lasten der Ladung. Wenn die Falcon 9 also zurückkehrt, kann sie etwa 30 bis 40 Prozent weniger ins All transportieren, als wenn sie als Einweg-Rakete startet.[117] Bei der Falcon-9-Version »Full Thrust« und ihrer Ladefähigkeit von 22,8 Tonnen für den niedrigen Orbit sind das immerhin etwa zehn Tonnen. Das Gleiche gilt natürlich für die stärkere Versions-Nachfolgerin, die Falcon Block 5 und die Raketen von Bezos, denn sie gehorchen den gleichen Gesetzen der Physik. Ein Unterschied könnte allerdings die

Anzahl der möglichen Wiederverwendungen und der Aufwand ihrer Instandsetzungen machen. Dazu kommt: Wer eine bereits verwendete Falcon bucht, bekommt einen Discount auf den Listenpreis von gut 62 Millionen Dollar.[118] [119] Entsprechend reduziert sich der Gewinn von SpaceX.

Es ist zudem nicht selbstverständlich, dass es so viel billiger ist, Raumfahrzeuge mehrmals zu benutzen. Der ehemalige deutsche Astronaut Ulrich Walter, Physiker und Professor für Raumfahrt-Technik an der Technischen Universität München, schreibt in seinem jüngsten Buch dazu: »Außerdem, bei einem Start werden alle Raketenteile bis an ihre materiellen Belastungsgrenzen gebracht, insbesondere die Antriebe, die bei der Falcon 300–400 °C bei 100 bar Druck aushalten müssen. Daher sind die nach einem Flug in einem Zustand wie ein Automotor nach 300.000 km. Der muss generalüberholt werden. Also, alles in Einzelteile zerlegen, mit Röntgenverfahren und Ultraschall auf Risse untersuchen, gerissene oder sonstige defekte Teile auswechseln und alles wieder zusammenbauen. So eine Wiederaufarbeitung kostet also viel Arbeit und somit Geld, etwa 50 Prozent der Herstellungskosten eines neuen Antriebs.[120] Das gilt auch für die Dragon. Musk selbst hat erklärt, seine Buchhaltung habe ausgerechnet, es sei mindestens so teuer gewesen, die Dragon-Kapsel CRS-11 wiederherzurichten, wie sie komplett neu zu bauen. Da musste sogar Musk verlegen lachen. Sie war Teil der Mission CRS-4 von 2014 gewesen. Zwischen den Flügen lagen also drei Jahre, ihre Renovierung dürfte aufwendiger als erwartet gewesen sein. Da es das erste Mal gewesen war, dass SpaceX eine Kapsel wiederverwendet hatte, hofft Musk auf bessere Zahlen: »Das nächste Mal werden die Kosten vielleicht bei 50 Prozent einer neuen Kapsel liegen!«[121] Ende 2017 warteten sieben Kapseln auf ihren erneuten Flug ins All.[122] Selbst wenn Musk und Bezos eines Tages mit wiederverwendbaren Raketenstufen günstigere Preise machen können als die konventionelle Konkurrenz, müssen sie erst einmal ihre Entwicklungskosten einspielen. Allein SpaceX hat bereits über eine Milliarde Dollar für die Forschung und Erprobung dieser Technik ausgegeben.[123] Das sind eine Menge Starts.

Und nun die neuen Superraketen. Haben Sie sich jemals gefragt, warum die Europäer und die Amerikaner ihre Astronauten mit den vorsintflutartig anmutenden Gefährten der Russen zur ISS schicken – und die Betroffenen freiwillig einsteigen? Es hat einen einfachen Grund: Aus der Sicht der westlichen Raumfahrt-Agenturen ist das Sojus-System extrem preiswert und – für die Astronauten sicher ein noch viel wichtigerer Aspekt – äußerst zuverlässig. Das liegt zweifellos unter anderem nicht nur an einem erfolgreichen Design, sondern auch an einer langen Geschichte, in der die russischen Ingenieure Zeit hatten, die Kinderkrankheiten in den Systemen nach und nach auszumerzen. Gleichzeitig haben sich die Entwicklungskosten der Fahrzeuge, deren frühe Versionen für die Sowjetunion flogen, längst amortisiert, was neben den Kaufkraftunterschieden zur russischen Föderation ein wichtiger Faktor für die günstigen Preise ist.

Die Entwicklung neuer Raumkapseln und Raketen ist teuer und langwierig. Für das seit 2006 in Entwicklung befindliche Raumschiff Orion, bestehend aus einer bemannten Kapsel und einem Versorgungsteil, rechnet die NASA bis 2023 mit Gesamtkosten von aberwitzigen 20 Milliarden Dollar.[124] Immerhin, das Modul bekommen die Amerikaner von den Europäern gratis, da sie seine Herstellungskosten mit dem europäischen 8,3-Prozent-Anteil der Betriebskosten der ISS verrechnen. Das Versorgungsmodul ist der Teil des Raumschiffes, der die Kapsel mit Energie versorgt und steuert. Was das ist, erfuhr die Welt während der Apollo-13-Mission, als während des Flugs zum Mond ein Sauerstofftank des Versorgungsmoduls explodierte. Das zwang die Astronauten, statt zu landen, den Mond lediglich zu umrunden, um zur Erde zurückkehren zu können. Alle drei Astronauten überlebten, es war eine Meisterleistung des Krisenmanagements. Eben ein solches Versorgungsmodul lässt die europäische Raumfahrt-Agentur ESA von Airbus in Bremen bauen, und das ist bemerkenswert. Während Apollo wäre es den Amerikanern nicht im Traum eingefallen, die Europäer so etwas für sich bauen zu lassen – sie hätten es ja zudem gar nicht gekonnt. Airbus ist mit dem Bau des Moduls zwar im Verzug, aber zur Erleichterung der ESA ist der Orion-Hersteller Lockheed Martin noch später dran. Zumindest ist die NASA mit der europäischen Leistung so zufrieden, dass NASA-Vizedirektor James Free Anfang 2017 nach Bremen reiste, um den Vertrag für ein zweites Versorgungsmodul zu unterschreiben. Außerdem war die Laufzeit der ISS verlängert worden, und die ESA benötigte erneut etwas, mit der sie ihren Anteil daran begleichen konnte.[125] Die Journalistengemeinde durfte sich das bereits im Bau befindliche erste Modul anschauen, jedoch nur aus der Ferne. Airbus hat für solche Events eigens einen Vorführraum gebaut, von dem der Besucher wie aus einer Kommandozentrale einen Blick auf die Raumschiffteile in der Fertigungshalle werfen kann. Allerdings getrennt durch eine Glasscheibe, damit er keinen Dreck und Staub hineinträgt.

Europas eigene Projekte sind auch nicht viel billiger und weniger komplex. Für die neue Rakete Ariane 6 rechnet die ESA mit knapp vier Milliarden Euro. Solche Vorhaben müssen nicht notwendigerweise zum Erfolg führen. Die Europarakete, das erste Träger-Projekt Europas, ist gleich ganz gescheitert – auf der Startrampe und in den Köpfen der damaligen Politiker. NASA und ESA sind staatliche Agenturen mit gewaltiger Finanzkraft, sie können solche finanziellen Katastrophen und jahrelange Verspätungen überleben. Nicht so private Unternehmen, selbst wenn sie Milliardären gehören.

Es ist nicht so, dass Bezos und Musk nicht schon ihre Erfahrungen mit neuen Raketen gemacht hätten. Die Fehlschläge der Falcon 1, die Musk fast ruinierten, sind bereits beschrieben worden, und Musk selbst gibt zu, dass SpaceX sich nicht leichttut. »Es war viel schwieriger, die Falcon Heavy zu bauen als erwartet. Zuerst hörte es sich so einfach an: ›Wir klemmen einfach zwei erste Stufen an eine Falcon-Stufe, das kann doch nicht allzu schwer sein!‹ Aber das änderte alles, die Aerodynamik, die Vibrationen verdreifachen sich und die Kraft, die auf die zentrale Struktur wirkt, ist einfach irre, weil sie ja noch zusätzlich zwei superstarke Stufen antreiben.« Die alten Hasen unter den Raumfahrt-Ingenieuren haben vermutlich in sich hineingelacht, als sie Musk klagen hörten, und sich gefreut, dass der Neue nun die gleichen Erfahrungen macht, wie sie schon jahrzehntelang vor ihm. »Die Falcon Heavy, das bedeutet das gleichzeitige Zünden von 27 Triebwerken, da kann eine Menge schiefgehen. Ich kann den Leuten nur empfehlen, nach Cape Canaveral zu kommen, der Start wird garantiert aufregend.«[126] Für solch markige Sprüche erntet Musk regelmäßig zahlreiche Lacher. So ambitioniert Musk sich mit seinen Plänen gibt, so sehr versucht er, die Erwartungen an die ersten Versuche in einer Mischung aus Realitätssinn und Galgenhumor zu dämpfen. »Es gibt eine Menge Risiken bei der Falcon Heavy, und es ist nicht unwahrscheinlich, dass sie es nicht bis in den Orbit schafft. Ich hoffe, sie fliegt weit genug vom Startplatz weg, damit sie ihn nicht beschädigt. Das allein würde ich schon als Erfolg werten.«

Ganz ähnlich Bezos, als bei einem Test ein ganzes BE-4 zerstört wurde. »Wir haben gestern die Turbine an einem unserer Teststände verloren. Nicht unüblich während der Entwicklung.«[127] Was Bezos nicht sagte:

Der Unfall verzögerte die Arbeit erheblich. Das BE-4 muss aber ein Erfolg werden, denn es soll ja die neue, schwere Vulcan-Rakete der ULA antreiben. Und da ist Bezos nicht der einzige mögliche Lieferant, der auf einen lukrativen Deal hofft. Der äußerst erfahrene Motorenhersteller Aerojet Rocketdyne entwickelt nämlich ebenfalls ein Triebwerk für die Vulcan, das AR-1. Und die ULA lässt keine Eile erkennen, sich für einen Lieferanten zu entscheiden.

Bemannte Raumschiffe sind noch einmal ein ganz anderes Thema, vor allem wenn sie nicht in der Hand der Allgemeinheit in Form der NASA, sondern von Unternehmern gebaut werden, die damit Geld verdienen. Zum Risiko, viel Geld damit zu verbrennen, kommt noch die Gefahr, dass Menschen ihr Leben verlieren. Auch hier versucht sich Musk in schwarzem Humor. »Keine Frage, wer beim ersten Flug dabei ist, der ist mutig!«[128] Und das ausgerechnet beim ISS-R&D-Kongress, bei dem es unter anderem um den Transport von Astronauten zur Internationalen Raumstation geht. Falls Astronauten anwesend waren und etwas dazu gesagt haben sollten: Es war im allgemeinen Gelächter nichts zu hören.

Sobald jedoch die Raumfahrt-Milliardäre Menschen ins All schicken, geraten sie noch mehr in den Brennpunkt einer kritischen Öffentlichkeit und damit unter politischen Einfluss. Misserfolge könnten sehr schnell das Ende staatlicher Aufträge bedeuten und noch schlimmer ein unbefristetes *grounding*, ein Startverbot – und damit das potenzielle unternehmerische Aus.

Musk und Bezos haben es offenbar nicht einfach bei ihrem Rennen ins All. Es ist schwer zu sagen, welcher der beiden am Ende Erfolg haben wird. Musk hat offensichtlich einen Vorsprung, sowohl technologisch als auch hinsichtlich der Erfahrungen, die sein Unternehmen mit der Versorgung einer Raumstation gemacht hat. Allerdings wissen wir wenig über die Fortschritte von Blue Origin. Sie können größer sein, als wir annehmen, aber ebenso das Gegenteil. Was wir jedoch mit Sicherheit wissen, ist, dass Bezos den längeren Atem hat, wenn es einmal hart auf hart kommt. Im Vorweihnachtsgeschäft 2017 stiegen Bezos' Amazon-Aktien auf einen Wert von knapp 100 Milliarden US-Dollar. Damit war er der reichste Mensch der Welt und verwies Langzeit-Superkrösus Bill Gates auf Platz 2 (der allerdings zusammen mit seiner Frau bis dahin schon über 40 Milliarden Dollar seines Vermögens an die wohltätige Bill & Melinda Gates Foundation überwiesen hat)[129]. Zu diesem Zeitpunkt war er damit etwa sieben Mal reicher als Musk, der mit knapp 14 Milliarden auskommen musste.

Die genaue Anzahl von Bezos' Milliarden hängt zwar von der Tagesform der Amazon-Aktien ab, an denen er 2017 etwa 17 Prozent hielt.[130] Doch er ist so unfassbar reich, dass er jedes Jahr Amazon-Anteile im Wert von einer Milliarde Dollar verkaufen kann, ohne dass sich an seinem Rang innerhalb der Superreichen etwas ändert. Die fehlenden 1.000 Millionen fallen innerhalb der Schwankungsbreite seines Aktienwertes gar nicht auf. Zudem stellt Blue Origin jetzt schon einen Wert dar. »Mein Geschäftsmodell im Moment ist, Amazon-Aktien für eine Milliarde Dollar zu verkaufen und in Blue Origin zu investieren«, sagte Bezos bei einer Konferenz. »Es ist für Blue Origin sehr wichtig, auf eigenen Füßen zu stehen und profitabel zu sein.«[131] An anderer Stelle sagte er jedoch: »Ich weiß, wenn ich scheitere, würde ich es nicht bereuen. Aber ich weiß, dass ich es auf jeden Fall bereuen würde, es nicht versucht zu haben.«[132] Was er nicht sagte: Wenn Blue Origin scheitert, scheitert nur Blue Origin, nicht Bezos.

Musks Milliardärs-Status hingegen beruht unter anderem auf dem Zustand von SpaceX. Sollte das Unternehmen scheitern, wäre es auch mit einem großen Teil seines Reichtums vorbei. Nicht wenige sehen seinen Erfolg sogar als Zusammenspiel aller seiner Unternehmen. Fällt eines davon, könnte das fatale Auswirkungen auf die restlichen Teile haben. Denn die Einschätzung, wie viel seine Unternehmen wert sind und ob es sich lohnt, darin zu investieren, hängt zu einem nicht geringen Teil vom Nimbus des erfolgreichen Geschäftsmanns Musk ab.

Schwarze Null statt Goldesel

Es lohnt sich, einen Blick auf die wirtschaftliche Situation von SpaceX zu werfen, sofern das möglich ist. Als Privatunternehmen muss es keine Daten veröffentlichen und macht es auch nicht. Doch wir wissen einiges über die Zahlen von SpaceX bis etwa einschließlich 2015, weil ein ehemaliger Mitarbeiter dem Wall Street Journal gegenüber einige Interna ausgeplaudert hat. Auch ohne dieses Insiderwissen dürfte klar sein, dass SpaceX nur dann Geld verdient, wenn es Raketen startet. Heben keine Falcons ab, fließt kein Geld.

Laut Wall Street Journal hat SpaceX 2014 unter anderem mit sechs erfolgreichen Falcon- und zwei Dragon-Flügen etwa eine Milliarde Dollar umgesetzt und dabei etwa eine schwarze Null verdient.[133] Rechnet man allerdings die Preise zusammen, die SpaceX für diese Leistungen verlangt, kommen nur etwa 700 Millionen Dollar zusammen.[I] Das bedeutet, dass SpaceX offenbar für Extraleistungen Rechnungen stellen konnte. Außerdem dürfte das Unternehmen NASA-Gelder für die Entwicklung der bemannten Dragon-Kapsel erhalten haben.

Im Jahr darauf explodierte Ende Juni eine Falcon 9, und die Rakete blieb für sechs Monate am Boden. Am Ende des Jahres hatte SpaceX bei sechs Starts 945 Millionen Dollar umgesetzt, doch 260 Millionen Dollar Verlust gemacht.[134] Im darauffolgenden Jahr explodierte erneut eine Rakete, dieses Mal blieb sie für viereinhalb Monate am Boden. Da das Unglück im September geschah, hatte SpaceX bis dahin acht Raketen erfolgreich launchen können. Die Bilanz dieses Jahres ist nicht öffentlich bekannt, aber das Branchenblatt The Motley Fool geht davon aus, dass SpaceX 2016 möglicherweise wieder eine schwarze Null erreicht haben könnte. 2017 starteten 18 Raketen in den Weltraum (und damit fast so häufig wie die amerikanische und europäische Konkurrenz von ULA und Arianespace zusammen).[135]

An diesen Zahlen lässt sich erkennen, wie sensibel ein Unternehmen wie SpaceX auf nur wenige katastrophale Ereignisse reagiert; und außerdem, dass SpaceX noch weit davon entfernt ist, ein Goldesel zu sein. Im Vergleich dazu: Die altgediente und allseits gering geschätzte Konkurrenz ULA erzielt einen Jahresgewinn von etwa 400 Millionen Dollar. Doch sind die Aussichten zumindest nicht schlecht, denn SpaceX hat eine lange Warteliste – eines der Leistungsmerkmale eines Raketenstartanbieters. Anfang 2017 waren es mehr als 70 Starts im Wert von zehn Milliarden Dollar.[136] Da SpaceX deutlich weniger verlangt als die ULA und Arianespace für die Ariane 5, wächst diese Liste eher, als dass sie kürzer wird. Zudem hat das Unternehmen keine Schulden und nach eigenen Anga-

I SpaceX verlangt für einen Falcon-9-Flug mindestens 62 Millionen Dollar. Für zwölf Versorgungsflüge zur ISS erhält es 1,6 Milliarden Dollar. Macht 133 Millionen Dollar pro Flug. Sechsmal Falcon 9 plus zweimal ISS-Versorgung macht 704 Millionen Dollar. Es ist jedoch bekannt, dass ein Falcon-9-Start teurer ist, wenn er für die NASA durchgeführt wird.

ben eine Milliarde Dollar liquide Mittel.[137] Das bedeutet, SpaceX verfügt über viel Geld, um zu forschen und zu entwickeln – wie Blue Origin.

Man kann guten Gewissens sagen, dass Musk den konventionellen Markt für Satelliten-Starts aus amerikanischer Sicht aufgerollt hat – sowohl für kommerzielle als auch für militärische Satelliten. Würde SpaceX nach gewöhnlichen Investoren suchen – was es nicht tut –, dann wäre der auserkorene Geldgeber mit dem Zustand des Unternehmens, seinem Geschäftsmodell und seinen Gewinnaussichten sehr zufrieden und könnte sich zufrieden über das Schnäppchen die Hände reiben, wenn ... ja, wenn da nicht Elon Musk wäre, der unbedingt zum Mars reisen möchte.

3 Der Mars: Plan der Pläne

»What seemed to be unrealizable for centuries and yesterday was a daring dream, now becomes a real challenge, but tomorrow an accomplishment. There are no barriers to human thought!«

Sergei Pavlovich Korolev, 1966, Pravda

Die fantastischen 60er

Es ist bereits Legende, wie Elon Musk einst auf der NASA-Homepage nach den Plänen der amerikanischen Raumfahrt-Behörde für eine Marsmission suchte, jedoch nichts Detailliertes dazu fand. »Zuerst dachte ich: ›Jesses, vielleicht schaue ich an der falschen Stelle! Warum gibt es denn keinen Plan oder Zeitplan?‹ Aber es gab nichts, verrückt.« Musk lieferte sogleich die Erklärung, warum das so war. »Seit 1989, als eine Studie eine bemannte Mission auf 500 Milliarden Dollar schätzte, war das Thema vergiftet. Politiker wollten kein hochpreisiges Programm, das man als Waffe gegen sie benutzen könnte.«[138]

Jeff Bezos, Jahrgang 64, war fast fünf Jahre alt, als Apollo 8 als erste bemannte Mission den Mond umrundete, und fast neun, als Eugene Cernan in die Mondfähre von Apollo 17 stieg und sich als vorerst letzter Astronaut vom Erdtrabanten verabschiedete. Das sind prägende Jahre, in denen die scheinbaren Selbstverständlichkeiten des Lebens geschaffen werden. Im Leben eines kleinen Jungen gehörte die Raumfahrt Ende der 60er- und Anfang der 70er-Jahre sicher dazu. Es ist also kein Wunder, wenn Bezos Millionen Menschen im Weltraum als relativ normal ansah – zumindest als Teenager.

Bevor wir uns den Plänen von Elon Musk und dem Mars als Missionsziel zuwenden – er ist mit Abstand die prominenteste Figur in der gegenwärtigen Diskussion –, stellt sich die Frage, was aus den Zukunftsideen der Pionierzeit der Raumfahrt geworden ist. Nach der Mondlandung 1969 war jedem Kind klar, dass der Mensch im 21. Jahrhundert in coolen loftartigen Bungalows auf Mond und Mars wohnen sowie in riesigen Raumstationen durchs All schweben würde. Besonders fantastisch, dabei gleichwohl durchdacht, erschien der sogenannte O'Neill-Zylinder. Sein Namensgeber, der Princeton-Physiker Gerard O'Neill, hatte sich mit seinen Studenten überlegt, wie man vergleichsweise komfortabel und erdähnlich im Weltraum leben könnte. Heraus kam unter anderem eine Raumstation in Form zweier gegenläufig rotierender Zylinder mit acht Kilometern Durchmesser und 32 Kilometern Länge. Die Rotation würde eine künstliche Schwerkraft simulieren und die Menschen an die Außenwände des Zylinders pressen, genau wie alles andere darin, Erde, Pflanzen, Tische (und natürlich Toiletten, was den Weltraum deutlich lebenswerter machen würde als derzeit auf der ISS). Ein anderes gigantomanisches Konzept war der Stanford-Torus von 1976 (siehe Bildteil), geadelt durch die Mitwirkung der NASA. Hier würden etwa 10.000 Menschen in einem rotierenden Weltraumdonut mit einem Durchmesser von fast zwei Kilometern leben. Die Siedlungsfläche hätte die Form eines schmalen und scheinbar endlosen Tals (der Donut ist ja rund, nach einer Durchwanderung des Tals gelangt man wieder an den Ausgangspunkt). Berechnete Masse des Torus: Zehn Millionen Tonnen, also etwa 40 voll beladene Supertanker.

Beide Konzepte wurden bekanntermaßen nie gebaut. Wie hätten die Raumfahrt-Bauunternehmen auch so viel Material ins All transportieren sollen, wenn doch um jedes Kilogramm Nutzlast gefeilscht wird. Das wusste auch O'Neill. Darum schrieb er in seinem Buch »The High Frontier: Human Colonies in Space«, dass er die Baustoffe für seine Raumstation von Mond und Asteroiden beziehen wollte, denn da gibt es beim Abtransport (fast) keine Gravitation zu überwinden. Fazit: Statt Millionen Menschen wohnen derzeit sechs Menschen im Weltraum – die Besatzung der ISS.

Mars – der Heilige Gral

Der Heilige Gral aller Raumfahrer ist jedoch die bemannte Mission zum Mars. Sie geistert durch die Köpfe der Raumfahrt-Gemeinde wie ein zwanghafter Gedanke, weshalb Elon Musk wie ein Erlöser wahrgenommen wird, der die irdischen Marsianer endlich von einer scheinbar unendlichen Warterei befreit. Der Mars ist Ziel und Mittelpunkt derart vieler Filme, Pläne und Diskussionen, dass mancher Betrachter den Eindruck bekommen könnte, er sei schon dort gewesen. Das kann natürlich nicht falscher sein: Er ist 228 Millionen Kilometer entfernt, seine Atmosphäre besteht hauptsächlich aus Kohlenstoffdioxid, und sie ist außerdem sehr dünn und eiskalt. Der Mars ist nicht nur ungemütlich, es ist auch unglaublich gefährlich, dorthin zu reisen.

Dabei müssen Entdeckerreisen ja nicht immer im schwärzesten aller Räume stattfinden. Als James Cook im Frühjahr 1769 in die Matavai-Bucht von Tahiti[139] einlief, erwarteten ihn durchschnittliche Temperaturen von 26 Grad Celsius, knapp acht Sonnenstunden täglich, etwa 28 Grad Wassertemperatur[140] und eine sehr freundliche Schar äußerst attraktiver, aufgeschlossener Einheimischer. Cook war nicht der Erste in Tahiti, gilt aber als Inbegriff des Entdeckers, der sich mit einer Mischung aus Tollkühnheit und besonderer Fähigkeiten aus zahlreichen misslichen Lagen rettete – jedenfalls bis zu seinem gewaltsamen Ende auf Hawaii.

Zum Vergleich ein anderer Erforscher unbekannter Räume: Juri Gagarin. Der russische Kosmonaut verfügte über ein ähnliches Spektrum an Begabungen. Seine Fähigkeiten – und seine geringe Körpergröße von nur 1,57 Metern – machten ihn zum Piloten der Raumkapsel Wostok I. und zum ersten Menschen im All. In der klaustrophobischen Enge seiner Kapsel erwartete ihn dort allerdings keine Tanzmusik, sondern eine extrem ungemütliche Umgebung. Die Strahlung ist sprichwörtlich hart, der Mensch wird auf Dauer von elektromagnetischer Strahlung gegrillt und mit Ionen bombardiert. Zudem läuft er stets Gefahr, dass ihn Mikro-Meteoriten durchlöchern. Wäre Gagarin damals schon ausgestiegen, hätte sich die Oberfläche seines Raumanzugs sonnenabgewandt auf eisige minus 100 Grad Celsius abgekühlt, sonnenzugewandt wäre sie auf siedende 100 Grad gestiegen. Luft gibt es bekanntlich ebenfalls nicht. Was trieb Juri bloß ins All? Sehr wahrscheinlich die Vorstellung, nach seinem Höllenritt als Held der Sowjetunion wieder auf die Erde zurückzukehren und alles zu genießen, was dazugehört.

Zugegeben, viele Unannehmlichkeiten der ersten Stunde fallen heute deutlich weniger extrem aus: die Enge, der Toilettengang und vor allem das extreme Risiko, beim Start der Rakete zu verbrennen. All dies könnte sich jedoch bei einer Reise zum Mars wieder deutlich verschärfen. Daher die nächste Frage: Warum will der Menschen unbedingt auf den Mars? Dort ist es nicht gemütlicher, und erst einmal unterwegs gibt es für knapp zwei Jahre kein Zurück (falls überhaupt). Es ist ja nicht so, dass ein Raumschiff direkten Kurs zum Mars nehmen könnte. Da Erde und Mars mit unterschiedlicher Geschwindigkeit um die Sonne rotieren, öffnet sich etwa alle zwei Jahre und zwei Monate[I] ein Zeitfenster, in dem es energetisch und zeitlich am günstigsten ist, mit einem Raumschiff zur Umlaufbahn des Mars hinüberzufliegen. Doch selbst wenn die etwa sechsmonatige Reise und der besonders gefahrvolle Abstieg durch die Marsatmosphäre gelungen ist, müssen die Astronauten für etwa 18 Monate auf dem Mars leben, bis sich erneut ein geeignetes Zeitfenster öffnet, um – erneut riskant – wieder zu starten und monatelang zur Erde zurückzufliegen.[II] Es wurde bereits beschrieben, dass Juri Gagarin eine harte Strahlung im All erwartete. Aber das stimmt nur eingeschränkt, denn er befand sich im niedrigen Erdorbit unterhalb des verhältnismäßig schützenden Van-Allen-Strahlungsgürtels und bekam daher nur einen Bruchteil der Dosis ab, die ein Marsraumschiff erwartet, sowohl auf der Reise zum als auch auf dem Mars selbst. Außerdem umrundete Gagarin lediglich einmal die Erde, nach knapp zwei Stunden hatte er wieder die schützende Lufthülle der Erde über sich. Marsbewohner hingegen haben die nicht, mit allen unangenehmen Konsequenzen.

Leben auf dem Mars

Stellen Sie sich vor, Sie trinken gerade Ihren Kaffee, noch im Pyjama, checken auf Ihrem Smartphone, was die Bewohner des Mars Village gerade treiben. Am Tag zuvor gab es ja Probleme mit der Luftschleuse. Sie sitzen da und denken, dass Sie vielleicht noch einen zweiten Espresso in die Tasse geben sollten, da öffnet sich ein kleiner Riss neben der besagten

---

I Dieser Zeitraum wird durch die mittlere synodische Periode beschrieben. Das ist die Zeit, die vergeht, bis die Erde zu einem anderen Himmelskörper, der um die Sonne kreist, wieder im gleichen Winkel zur Sonne steht. Für den Mars beträgt sie 779,94 Tage. Das ist deswegen eine wichtige Berechnung, weil man nicht dann zum Mars starten sollte, wenn der Rendezvous-Punkt sich auf der gegenüberliegenden Seite der Sonne befinden würde, denn dann würde die Reise viel zu lang dauern. Viel klüger ist es, stattdessen zu starten, wenn sich Erde und Mars quasi »begegnen« und ein Raumschiff nur auf kürzestem Wege zwischen ihren Bahnen wechseln muss.

II Hier sind beispielhafte Reisedauern aufgeführt. Je Startfenster, Missionskonzept und verwendeter Technologie können sich völlig unterschiedliche Zeiträume ergeben.

Schleuse und reißt sie aus der Station. Das Letzte, was Sie sehen, bevor der Livestream unterbrochen wird, sind zwei ihrer Bewohner, die – ebenfalls im Nachthemd – in die ultradünne Atmosphäre des Mars hinausgeblasen werden. Sie glauben, das ist Sci-Fi? Ist es tatsächlich. Die Vorlage dieser leicht abgewandelten Szene stammt aus dem Roman »Der Marsianer – Rettet Mark Watney« von Andy Weir. Ein sehr unterhaltsames Buch über einen Astronauten, der unfreiwillig und allein ein Jahr auf dem Mars hängen bleibt, quasi ein Robinson-Crusoe-Sci-Fi. Im Buch trägt der Held glücklicherweise einen Raumanzug und ist anschließend lediglich frustriert über sein Missgeschick.

Nun schickt es sich nicht, in einem Sachbuch allzu viele Ideen aus Science-Fiction-Romanen zu verwenden, da verschwimmen schnell die Grenzen zur Utopie. Das Beispiel ist hier trotzdem gewählt, weil es sehr plastisch veranschaulicht, was Bewohner einer Marskolonie passieren kann, und weil eine Live-Übertragung vom Mars quasi die reale Geschäftsidee von Mars One ist, einer Stiftung mit dem Ziel, eine Siedlung auf dem Mars zu gründen. Ihr Mitgründer, der Niederländer Bas Lansdorp will die astronomischen Missionskosten mit einem simplen Trick dramatisch senken: Er plant, Menschen mit einem One-Way-Ticket zum Mars zu schicken, damit sie dort den Rest ihres Lebens verbringen. Das würde die Reise bis zu 80 Prozent billiger machen, denn der entscheidende Kostenfaktor ist die Rückreise. Die restlichen 20 Prozent, geschätzte 120 Milliarden Dollar, möchte Mars One per Vermarktung der Fernsehrechte einnehmen. Big Brother auf dem Mars.

Zurück zu den live und ohne Anzug hinausgeblasenen Mars-Container-Bewohnern. Der niedere Druck lässt das Blut vielleicht nicht regelrecht kochen wie Teewasser. Der marsianische Atmosphärendruck von 6,36 Hektopascal, das sind 0,63 Prozent des irdischen Drucks, würde jedoch schnell dazu führen, dass die im Blut gelösten Gase in den Gefäßen unter der Haut Bläschen bilden (was streng genommen Kochen ist) und den Körper grotesk aufblähen. Viele Mediziner wiegeln ab, der Druckverlust sei längst nicht so schlimm, wie in zahlreichen Filmen dargestellt. Trotzdem lässt sich kaum etwas weniger Schreckliches vorstellen – gemildert lediglich durch den zweifellos zynischen Einwand, dass ein Betroffener nach etwa 15 Sekunden ohnmächtig würde und nicht mehr mitbekäme, was anschließend mit seinem Körper passiert.

Interessanterweise gehen Mediziner davon aus, dass ein Mensch einen solchen Unfall überleben könnte, wenn ihm jemand nur schnell genug zurück in eine belüftete Druckkabine hilft. Je schneller, desto besser, denn mit zunehmender Zeit ohne Luft und Druck schädigen Bläschen im Blutkreislauf das Gewebe, und der sinkende Sauerstoffgehalt schädigt zunehmend und unwiderruflich das Gehirn.[141] Für das Opfer ist es zudem ein Unterschied, ob es einen schnellen oder explosionsartigen Druckverlust erleidet. Denn der Körper kommt besser damit zurecht, wenn die Gase beispielsweise im Darm eine gewisse Zeit haben, ihren Weg heraus zu finden. Letztlich ist das vermutlich die Wahl zwischen Pest und Cholera.[142]

Wie auch immer: Nach ein bis zwei Minuten ist der Sauerstoffgehalt im Gehirn so weit abgesunken, dass es stirbt – das Ende für den gesamten Organismus. Da man nicht zweimal sterben kann, ist es ohne Belang, dass der Körper allmählich zu einem Eisklotz gefriert. Nur tagsüber und nahe des marsianischen Äquators erreichen die Temperaturen 20 Grad Celsius, nachts sind es sogar dort minus 85. Da ist es nur ein schwacher Trost, dass die fast fehlende Atmosphäre die Körperwärme nur langsam ins All ableitet.

Fairerweise muss man sagen, dass ein solcher Live-Tod schon die Apollo-Astronauten hätte ereilen können, und die unglückliche Challenger-Crew starb ja schließlich auch vor den Augen der Öffentlichkeit. Aber in diesen Fällen war ihr Tod nicht Teil eines kommerziellen Spektakels, ohne das die Mission gar nicht stattgefunden hätte. Die Mars-One-Mission erscheint aus heutiger Sicht jedoch ohnehin unwahrscheinlich. Lansdorp ist kein Milliardär, was sicherlich ein Hemmschuh ist, wenn man privat zum Mars reisen möchte. Zudem war der Niederländer bisher Chef eines Herstellers für Windenergieanlagen, nicht gerade der natürliche Geburtsort für interstellare Raumfahrt. Immerhin hat Lansdorp bereits 600.000 Euro aufgetrieben und in einem weltweiten Casting eine Auswahl von zukünftigen TV-Marsianern zusammengestellt – es gibt wirklich Leute, die sich freiwillig für eine solche Mission melden –, ansonsten gibt es wenig Fortschritte und kaum öffentliche Unterstützung. Im Gegenteil, die meisten Würdenträger aus der Raumfahrt zeigen sich entsetzt. Sie haben eher die Befürchtung, dass ein solcher Harakiri-Plan die ernsthaften Bemühungen für eine Marsmission und die wissenschaftlichen Ziele gefährdet. Auf der anderen Seite: An PR, auch schlechter, wird sich Lansdorp kaum stören – soll sein Projekt doch genau davon leben.

All diese Faktoren machen eine bemannte Mission zum Mars – geschweige denn seine Besiedelung – zur härtesten Mission der Menschheitsgeschichte. Selbst Musk meint, dass eine solche Reise nichts für Ängstliche sei. »Es ist gefährlich, ungemütlich und vielleicht stirbt man. (…) Am Ende muss ich sagen: Wenn Sicherheit der zentrale Punkt ist, würde ich nicht zum Mars reisen.«[143] Und es würde die teuerste Mission der Geschichte, denn für diese und viele andere Probleme müssen ja verlässliche technische Lösungen gefunden werden, damit das beschriebene Szenario gar nicht erst eintritt. Dabei stellt sich die Frage, ob der Mars als Ziel einer menschlichen Kolonie im Weltraum überhaupt ein lohnendes Ziel ist, ob der Weltraum überhaupt eine lebenswerte Umgebung darstellt – und was den Menschen veranlassen könnte, seinem Heimatplaneten samt frischer Luft und grüner Wälder den Rücken zu kehren. Jeff Bezos hat ja schon eindrücklich darauf hingewiesen, dass er die Erde für die beste aller Welten hält.

Dass Wissenschaftler ein Interesse am Mars haben, ist verständlich. Er ist der Erde vergleichsweise ähnlich, also im Vergleich zu Saturn und Jupiter fest und nicht gasförmig. Er empfängt ausreichend Sonnenlicht, um nicht komplett in Kälte und Dunkelheit zu versinken, und er hat geophysikalisch offenbar eine erdähnliche Geschichte hinter sich. All das zusammen macht ihn zu einem Kandidaten für Leben außerhalb der Erde oder zu einem Kandidaten, auf dem es vielleicht einmal Leben gegeben hat. Die Frage ist: Lassen sich die Untersuchungen und am Ende der Nachweis über Existenz oder Nichtexistenz von Leben auf dem Mars nicht robotisch klären? Nicht wenige Wissenschaftler und vor allem Astronauten weisen gern darauf hin, wie wichtig der Mensch ist, um Beobachtungen vor Ort richtig einzuschätzen. »Wenn Sie sich zurückerinnern, als die Sonde Philae auf dem Kometen Tschuri gelandet ist, das war unglaublich. Man kann mit robotischen Missionen heute eine ganze Menge machen. Mit dem Fortschritt im Softwarebereich und in der künstlichen Intelligenz wird sich das in Zukunft noch steigern«, meint Thomas Reiter, der erst auf der russischen Raumstation MIR und dann auf der ISS arbeitete. »Aber von der astronautischen Raumfahrt geht eine besondere Faszination aus. Mehr als von robotischen Missionen. Zum Menschen mit seinem Mix aus sensorischen Fähigkeiten und seiner Möglichkeit, mit den Händen etwas zu manipulieren – in Situationen, die nicht vorher trainiert wurden –, gibt es heute nichts, was ihm vergleichbar wäre.« Das ist nicht ganz falsch. Befürworter der bemannten Raumfahrt führen immer gern das Beispiel blassorangefarbenen Bodens an, die der Apollo-17-Astronaut und Geologe Harrison Schmitt auf dem Mond fand.[144]

Reiter hat von allen westeuropäischen Astronauten die meiste Zeit im All verbracht, insgesamt 350 Tage, also ein knappes Jahr. Man kann davon ausgehen, dass er darin mehr als einen befristeten Job gesehen hat – auch wenn er angibt, sich vor allem über die Gerüche gefreut zu haben, als er zur Erde zurückkehrte. Hinter seiner sehr pragmatischen Erklärung, warum der Mensch auf den Mars reisen sollte, kommt eine philosophische. »Selbst wenn es mal so weit käme (dass Roboter die gleichen kognitiven Fähigkeiten haben), dann denke ich, dass viele Menschen die Entdeckung des Unbekannten begeistert. Deswegen würde ich astronautische Raumfahrt nicht nur als Showeffekt betrachten. Es gibt vielmehr Gründe, die in der Rolle des Menschen liegen, vor allem können sie Eindrücke mit anderen teilen. Das kann eine Maschine nicht. Bei robotischen Missionen sitzen wir da und gucken auf einen Bildschirm. Wenn ein Mensch seinen Fuß auf die Oberfläche eines anderen Himmelskörpers setzt, dann ist ein besonderes Element der Begeisterung dabei. Der gehört eben zur eigenen Spezies. Es ist eine Bestimmung, dass wir uns sagen: Dort wollen wir unsere Präsenz möglicherweise ausbauen, mit permanent besetzten Stationen bis hin zu Überlegungen, den Mars zu besiedeln. Wie es Elon Musk plant.« Die Begeisterung für unbekannte Welten ist also die Gemeinsamkeit, die ein Langzeit-Astronaut wie Thomas Reiter mit Musk und Bezos teilt, die allerdings noch nicht im All gewohnt und gearbeitet haben. Diese Erfahrung markiert vielleicht die entscheidende Trennlinie zwischen diesen Typen. »Ich kann mir nicht vorstellen, ein Leben lang in einer Umgebung wie dem Mars zu leben«, meint Reiter. »Die Erde ist der Planet, auf dem wir groß geworden sind, im Sinne der Evolution. Wir sollten alles daransetzen, unseren Planeten zu erhalten, und nicht, die Linie zu verfolgen, wenn wir hier alles runtergewirtschaftet haben, müssen wir uns ein neues Zuhause suchen, dann kommt halt der Mond und der Mars. Aber mal für eine Zeit dorthin zu gehen, das könnte ich mir schon sehr wohl vorstellen.«

Ein zweifellos verführerischer Gedanke. Allein: Ist ein kurzer Besuch 500 Milliarden Euro wert? Das ist eine von vielen Kostenschätzungen für eine bemannte Marsmission, wobei einige Verfasser sogar nur günstige 300 Milliarden veranschlagen.[145] An Plänen und Konzepten gibt es keinen Mangel. Allein für eine bemannte Reise zum Mars wurden seit den 1950er-Jahren mehr als 50 durchaus ernst zu nehmende Konzepte von amerikanischen, chinesischen, europäischen und russischen Raumfahrt-Agenturen und Unternehmen entwickelt. Selbst der Erbauer der Mondrakete Wernher von Braun hatte einen konkreten Plan für eine Marsmission entwickelt, den er US-Präsident Richard Nixon vorstellte – allerdings nur als Light-Version, um ihn nicht gleich zu verschrecken. Hat er aber offenbar doch, denn der Plan verschwand in der Schublade. Von Braun nahm seinen Abschied, und die NASA baute stattdessen das Spaceshuttle, Fähre und Frachtschiff für den niedrigen Erdorbit.[146]

Die derzeitige Strategie der NASA, also der Organisation, der man noch am ehesten zutraut, einen Menschen auf einen anderen Planeten zu schicken, ist eine Art Habachtstellung, aus der heraus sie zum Mars fliegen würde, sobald sie das *Go* beziehungsweise das Geld vom amerikanischen Kongress bekommen würde. »Wir entwickeln jetzt mit dem Budget, das uns zur Verfügung steht, die Grundlagen«, sagte NASA-Vizedirektor James Free Anfang 2017.[147] »Wenn die Zeit kommt, dass wir zum Mars fliegen wollen, haben wir dann eine Basis dafür.« Damit meint er das sogenannte Space Launch System (SLS) der NASA, eine schwere Rakete, die das Orion-Raumschiff erst zum Mond und später zum Mars schießen soll. »Wir werden mit Orion zum Mond fliegen, um zu üben, wie es ist, lange Zeit im Raum zu sein.« Geplanter Erstflug: 2021.

Musk rockt die Raumfahrt

Wenn Elon Musk öffentlich auftritt, dann passiert bisweilen etwas für die Raumfahrt-Branche Ungewöhnliches: Es schlägt ihm messianische Verehrung entgegen. Die Säle, in denen er spricht, sind rappelvoll, und das Publikum erwartet seine Botschaft wie eine lang ersehnte Erlösung.

Guadalajara, Mexiko 2016. Beim 67. International Astronautical Congress verkündet Musk, wie er künftig zum Mars zu reisen gedenkt: Auf einer mehr als 100 Meter hohen und Tausende Tonnen schweren Rakete soll eines Tages ein Raumschiff mit 100 Neo-Marsianern zum Mars abheben. Schon lange vor Musks Auftritt waren die Leute in den Saal geströmt (der ebenfalls anwesende deutsche Astronaut Thomas Reiter meint sogar, die 5.000 Zuhörer seien eher in den Saal gestürmt[I]). Musk spielt während seines Vortrags eine Animation ab, in denen das Raumschiff sich von der ersten Stufe trennt, in den Orbit einschwenkt und von Tank-Raketen mit Treibstoff versorgt wird. Dann startet es in den interplanetaren Raum, erreicht den Mars und setzt schließlich auf dem roten Planeten auf. Menschen treten aus dem Raumschiff und betreten marsianischen Boden, der Auftakt zu einer Besiedelung des Mars. Die Leute klatschen und johlen wie bei einem Rockkonzert. Am Ende stellte sich Musk den Fragen der Zuhörer. Eine Frau möchte wissen, ob Marsreisende ein spezielles Training bräuchten. »Nope«, sagt Musk, »vielleicht ein paar Tage Vorbereitung.« Dann: »Könnte ich zu Ihnen hochkommen und Ihnen einen Good-Luck-Kuss geben?«[148] Musk druckst peinlich berührt herum. »Mmh, ja, hört sich gut an, ich weiß das zu schätzen!«

Es folgen einige weitere kuriose Fragesteller, doch der Vortrag ist eine Sensation. Da stellt sich einer hin und sagt, dass er zum Mars will – und auch noch, wie. Seitdem wird das Konzept in der Raumfahrt-Community intensiv diskutiert und ist sogar Gegenstand einer 300-seitigen wissenschaftlichen Analyse.

Ein Jahr später spricht Musk erneut über seine Pläne einer Marsmission, dieses Mal in Australien. Wieder stürmen Tausende Zuschauer in den Saal, und wieder brandet Jubel auf, wenn Musk von technischen Meilensteinen berichtet, die SpaceX erreicht hat, ein Zwischenrufer ruft »You can do it, Elon!« (Du schaffst das!). Der Vortrag war im Vorfeld mit Spannung erwartet worden, weil Musk insbesondere über die Finanzierung sprechen wollte, die Gretchenfrage aller Marspläne. Waren es schon Tausende, die im entlegenen Adelaide seinen Ausführungen vor Ort zuhörten, verfolgten sie weitere 30.000 allein im Livestream des SpaceX-YouTube-Kanals – den bald eine Million Nutzer abonniert haben. Die diversen Videos des Vortrags knackten die Grenze von einer Million Aufrufen nach zwei Tagen. Allerdings verzichtet Musk dieses Mal auf eine Fragestunde und verschwand direkt nach seinem Vortrag hinter der Bühne. Er hat bei

I Thomas Reiter beschreibt, wie er den Auftritt von Musk erlebt hat. »Als der Saal, in dem er seinen Vortrag gehalten hat, geöffnet wurde, da kam einem das vor wie bei einem Popkonzert. Da sind die Leute reingerannt. Als er auf die Bühne kam, gab es ein Geschrei, das war toll!«

Interviews im Vorfeld durchblicken lassen, dass er die Zuschauerfragen in Mexiko recht bizarr fand.

Es scheint, als habe Musk etwas geschafft, was vor ihm nur die Apollo-11-Astronauten und Juri Gagarin erreicht haben – und das ohne je ins All geflogen zu sein. Er macht Raumfahrt zum Teil der Popkultur. Musk ist kein eloquenter Redner und kein kurzweiliger Entertainer, das kann jeder erkennen, der sich die unzähligen Musk-Videos im Netz anschaut. Seine Vorträge sind eher spröde und sachlich. Besonders deutlich wird das in einer Episode der TV-Serie *The Big Bang Theory*, in der er einen Cameo-Auftritt hat. Der Super-Nerd Howard Wolowitz alias Simon Helberg spült in einer Armenküche die Teller, als Elon Musk als Elon Musk auftaucht und mithilft. Wolowitz fällt fast auf die Knie, als er sein Idol erblickt. Während der Schauspieler Helberg die Szene wild gestikulierend und mit einem Feuerwerk an Grimassen meistert, schauspielert der Schauspieler-Laie unbeholfen mit einer grinsenden Einheits-Maske[I]. Trotzdem ist er der erste echte Popstar der neueren Raumfahrt-Geschichte. Raumfahrt ist für viele Menschen wieder eine Verheißung, ein Versprechen auf die Zukunft, die außerhalb der Erde stattfinden könnte und das nicht als Dystopie empfinden. Die Frage ist, ob Musk diese Versprechen erfüllen kann, ja, ob er sie überhaupt erfüllen will. Die letzte Frage lässt sich mit einem klaren Ja beantworten, denn Musk lässt keine Gelegenheit aus, über seine Ziele zu sprechen. Wie erwähnt geht er im Gegensatz zu Bezos sogar mit Details an die Öffentlichkeit und kündigt größere Neuigkeiten im Vorfeld an. Eine der interessantesten Fragen in diesem Zusammenhang ist deshalb, was es mit diesen Ankündigungen auf sich hat, wie weit er bereits gekommen ist und in welchem Umfang er seine Pläne wahrmachen kann.

Elon, der Marsianer

Die Zuschauer erlebten in Mexiko und Australien jeweils einen typischen Musk. Er spricht mit vielen Ähs, macht Denkpausen und setzt häufig neu

I Die Szene ist trotzdem ganz komisch. »Was machen Sie hier?«, fragt Wolowitz, als Musk mit einem Stapel schmutziger Teller in die Spülküche tritt. »Ich war erst in der Truthahnausgabe, aber ich war zu großzügig mit der Soße!«, antwortet Musk.

an, wenn er nicht die richtigen Worte findet. Musk ist kein Mensch, der druckreif spricht. Doch seine ruckelige Vortragsweise wirkt gerade durch die Abwesenheit rhetorischer Eloquenz überzeugend, und er verwendet eine einfache Sprache, die jeder versteht. Nur manchmal lässt er einen Fachbegriff (»deep-cryo methalox« für die verflüssigten und tiefgekühlten Treibstoff-Komponenten Methan und Sauerstoff) einfließen. Es ist eher erstaunlich, wie viele Trivialitäten er aus Sicht eines Fachpublikums präsentiert. In Mexiko sprach er beispielsweise über die extreme Lebensfeindlichkeit der Venus oder die extremen Größenunterschiede zwischen Sonne, Erde, Mars und den großen Gasplaneten. Man könnte ja meinen, diese Kenntnisse gehörten zum Einmaleins der Sternenkunde. Doch offensichtlich zielte Musk nicht nur auf das Publikum im Saal, und auch nicht auf die Raumfahrt-Community, sondern darüber hinaus. Seine Botschaft ist an Menschen gerichtet, denen nicht klar ist, dass die Funktionen von Google Maps weitgehend von Satelliten im Weltraum abhängen.

Musk dürfte bewusst sein, dass seine Ziele der Zukunft des Menschen eine völlig neue kulturelle Perspektive eröffnen, falls sie Realität werden. Das mag eine bereits triviale Erkenntnis sein, doch an Musks Plänen ist die Zeitleiste der entscheidende Punkt: Da eine bemannte Marsmission womöglich in die Lebensspanne der gerade lebenden Generation fällt, bekommt sie eine besondere Dimension für alle Menschen. Vor allem weil sie vergleichsweise durchschnittlichen Individuen offenstehen soll und nicht nur den Quasi-Übermenschen wie den selektiv ausgesuchten und perfekt ausgebildeten Astronauten der Raumfahrt-Agenturen.

Was Musk in den vergangenen zwei Jahren vorstellte und kontinuierlich verfeinert, war der Plan seines sogenannten Interplanetarischen Transportsystems, von dem zuvor nur Teilaspekte bekannt waren.[149] Um seinen Plan zu erklären, wählt er die Rolle des Unternehmers, nicht die des Ingenieurs. Er skizziert seine Marsmission von der wirtschaftlichen Seite her, was als privater Raumfahrer sicher Sinn macht. Nicht die technische Ausgereiftheit der Mission ist sein zentraler Punkt, sondern ihre wirtschaftliche Machbarkeit. Die Mondmission habe Amerika 200 Milliarden heutige US-Dollar gekostet und zwölf Menschen auf den Mond gebracht, so Musk. »Das war vielleicht die größte menschliche Leistung aller Zeiten. Aber es ist ein satter Preis für ein Ticket. Man kann keine sich selbsterhaltende Zivilisation gründen, wenn ein Ticket pro Nase zehn

Milliarden Dollar kostet.« Der Ticketpreis, den er anpeilt, ist der Gegenwert eines Hauses in den USA, umgerechnet etwa 170.000 Euro.

Um das zu erreichen, macht Musk für seinen Plan vier wichtige Bedingungen aus: die Wiederverwendbarkeit der Raumschiffe und Raketen, das Betanken des Marsraumschiffs im All, die Gewinnung von Treibstoff auf dem Mars und die Wahl des richtigen Treibstoffs. Wir werden sehen, warum er ausgerechnet diese Punkte ausgewählt hat.

Wie für sein Brot-und-Butter-Geschäft, der Satelliten- und Proviant-Transport in den Erdorbit, spielt der Preis einer Marsmission für Musk die alles entscheidende Rolle. Daher hält er die Wiederverwendbarkeit ihrer Komponenten für den wichtigsten Punkt. Nur so sinken die Preise für Flüge zum Mars so weit, dass auch gewöhnliche Menschen dorthin reisen können (teuer kann ja jeder). Wichtig ist hier der Plural bei Flüge: Wir dürfen nicht vergessen, Musk will ja nicht nur einmal kurz vorbeischauen, sondern den Grundstein für eine Gesellschaft mit Tausenden Menschen auf dem Mars legen! Dafür muss man regelmäßig hinfliegen.

»Man kann jedes Transportmittel nehmen, das Auto, das Fahrrad, das Pferd – wären sie nur einmal verwendbar, würde sie keiner benutzen wollen. Sie wären zu teuer«, sagt Musk. Der Schlüssel für die Ökonomie von Transport sei die Wiederverwendung. »Ein Verkehrsflugzeug kostet 90 Millionen Dollar. Wenn ein solches Flugzeug nur einmal fliegen würde, würde jedes Ticket etwa 500.000 Dollar kosten. Doch heute kann jeder für 43 Dollar von Los Angeles nach Las Vegas fliegen, und da sind die Steuern schon dabei.«

Wenn Musks Raumschiff die 30 Jahre durchhält, die er einmal prognostiziert hat, könnte es zwölf bis 15 Mal zum Mars fliegen. Zur Erinnerung: Das Startfenster zu unserem Nachbarplaneten öffnet sich etwa alle 26 Monate. Die Tank-Rakete, die das Raumschiff im Erdorbit mit Treibstoff befüllen soll, damit sie anschließend Richtung Mars starten kann, fliegt noch öfter. Denn das Marsraumschiff benötigt mehrere Nachladungen, bis seine Tanks voll sind. Die Tankerraketen spielen deswegen eine so wichtige Rolle in Musks Plan, weil sie ihm erlauben, die Marsrakete relativ klein und damit billiger zu bauen. Wollte man ohne Nachtanken zum Mars, müsste die Rakete fünf bis zehn Mal so groß sein, eine Konsequenz der unbarmherzigen Raketengrundgleichung von Konstantin Ziolkowski (siehe folgender Kasten). Das Gleiche gilt für den Zielort, denn die Produktion von Treibstoff auf dem Mars bedeutet letztlich nichts anderes, als sich dort eine Tankstelle zu bauen. Wie schon beim Projekt Mars One beschrieben, entsteht ja der größte Teil der Missionskosten durch die Rückreise. Das gilt allerdings nur für konventionelle Pläne, die den Treibstoff für die Rückkehr mit zum Mars nehmen wollen. Entfällt dieser aufwendige Transport, wird alles gleich viel billiger.

Wie funktioniert eine Rakete?

Stark vereinfacht gesehen bestehen Raketen aus Nutzlast, Treibstoff-Tanks, Steuer-Computer und Motoren. In ihren Brennkammern werden häufig flüssiger Sauerstoff und Kerosin verbrannt. Eine Alternative sind Feststoff-Raketen. Sie sind deutlich einfacher gebaut, lassen sich jedoch nicht abschalten, wenn sie erst einmal gezündet haben. Bei beiden Typen werden die heißen Abgase über einer Düse ausgestoßen und treiben die Rakete voran, jeder kennt das Rückstoß-Prinzip von der Dusch-Brause zu Hause. Doch während diese unentwegt Wasser aus der Leitung erhält und nur die Brause anhebt, muss eine Rakete den gesamten Treibstoff-Vorrat anheben, der nötig ist, um den Orbit zu erreichen – sie kann ja nicht unterwegs nachtanken. Das ist der Grund, weshalb Raketen im Verhältnis zur Nutzlast so riesengroß sind (zu den groben Gewichtsanteilen einer Rakete siehe Abbildung 6 »Gewichtsanteile und Kosten einer Rakete am Beispiel einer Atlas V«, S. 99). Die Mondrakete Saturn V wog 2.935 Tonnen und transportierte nur 122 Tonnen in den Orbit. Sie wog also 24 Mal mehr als ihre Nutzlast.[150]
Entscheidend für die Leistung einer Rakete sind neben Qualität von Treibstoff und Triebwerk zudem das Verhältnis von betankter Rakete und ihrem Leergewicht. Der Russe Konstantin Eduardowitsch Ziolkowski hat die entscheidenden Faktoren schon vor gut 100 Jahren in die sogenannte Raketengleichung gegossen:

$$v\,End = v\,Imp * \ln(m_0 / m)$$

v End: Endgeschwindigkeit der Rakete in Meter pro Sekunde
v Imp: Geschwindigkeit der Abgase beim Verlassen der Brennkammer in Meter pro Sekunde
m_0: Gesamtmasse der Rakete beim Start
m: Leermasse der Rakete, wenn der Treibstoff verbrannt ist.

In Worte gefasst: Mit ihrer Hilfe lässt sich ermitteln, wie schnell eine Rakete fliegen wird, wenn man die Leistung ihrer Triebwerke und ihr Vorher-Nachher-Gewicht kennt. Leider sagt sie überdies, dass herkömmliche Raketen keine oder kaum Nutzlast in den Orbit transportieren können, wenn sie in einem Stück losfliegen. Daher werden sie in Stufen unterteilt, die jeweils für sich gesehen eine eigene Rakete darstellen, das sind dann mehrstufige Raketen (auf Englisch expendable launch vehicles). Sobald eine Stufe ausgebrannt ist, wird sie abgestoßen, sodass die restliche Rakete nicht die leeren Tanks mitbeschleunigen muss.

Abbildung 6: Die Kosten- und Gewichtsstruktur der Atlas macht deutlich, dass der Treibstoff bei Start den größten Gewichtsanteil einer Rakete ausmacht, aber nur am wenigsten kostet. Interessant ist außerdem, dass das Triebwerk wiederum ein Viertel der Trockenmasse ausmacht. An der Kostenstruktur wird zudem deutlich, warum Raketen-Start-ups vor allem ihre Raketenmotoren präsentieren, sobald sie einen entwickelt haben: Er ist das Wertvollste an einer Rakete. Quelle: Salvatore T. Bruno, CEO von United Launch Alliance (ULA)

Gewichtsanteile und Kosten einer Rakete am Beispiel einer Atlas V

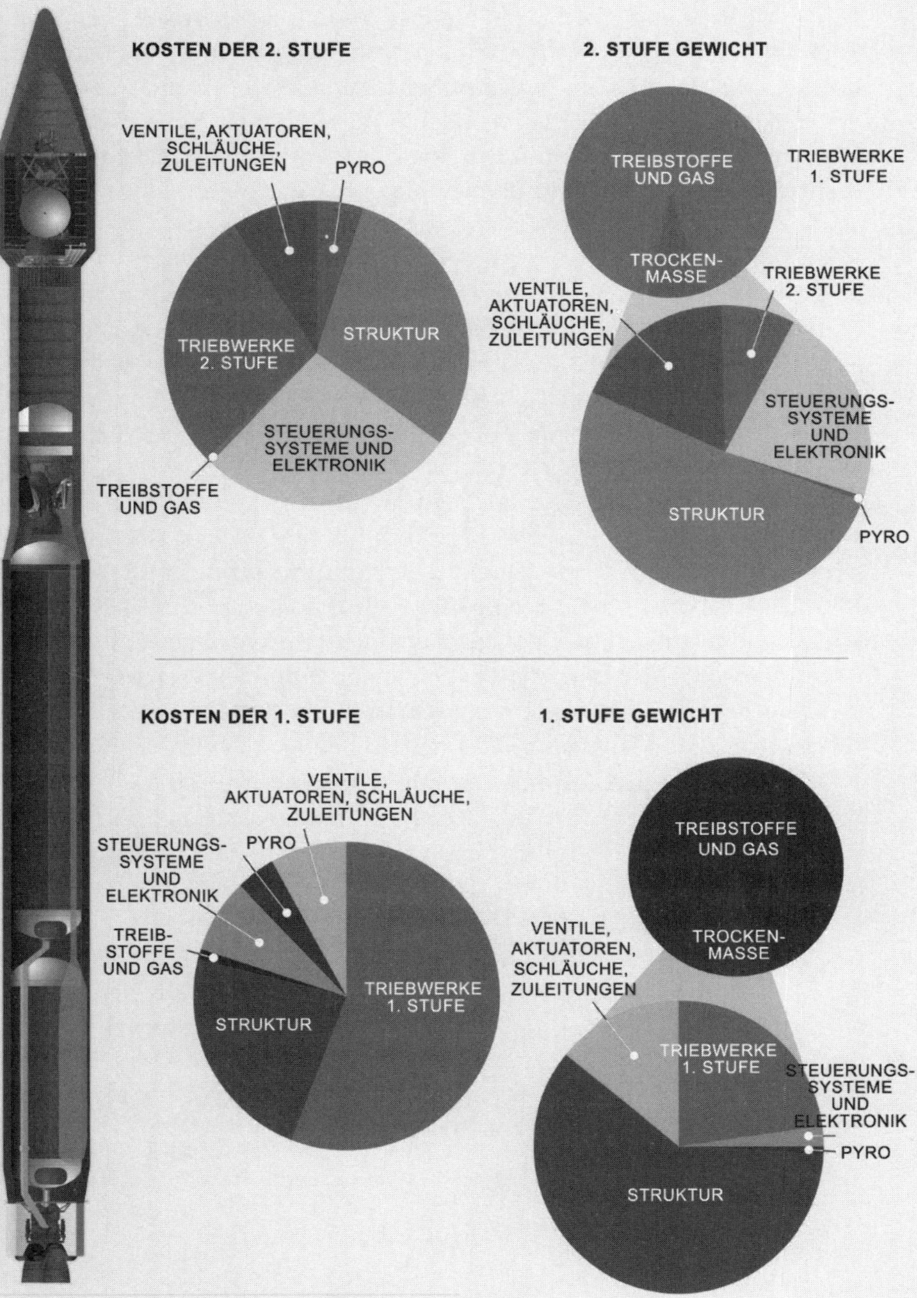

Das ist einer der Gründe, weshalb Wissenschaftler rund um den Globus so frohlockten, als sie Wassereis im Marsboden fanden. Aus ihm lassen sich mit dem Kohlenstoffdioxid aus der Marsatmosphäre die Treibstoff-Komponenten Wasserstoff beziehungsweise Methan und Sauerstoff gewinnen. Mit ein bisschen fortschrittlicher Anlagetechnik und Chemie, so die Idee, gibt der Mars eine formidable Lagerstätte als Raketensprit her. Musk gibt Methan vor dem Wasserstoff den Vorzug als Treibstoff: Er ist leichter zu handhaben und damit billiger als der hinterhältige Wasserstoff.

Die Rakete, welche die 100 Erdemigranten ins All befördern soll, mutet riesig an. Sie besteht nur aus zwei Teilen: dem Booster mit 31 und dem Raumschiff mit sechs Triebwerken. Beide Stufen zusammen ragen 106 Meter hoch und wiegen 4400 Tonnen – das Gewicht eines passablen Container-Frachters. Der Arbeitsname der Rakete: BFR. Musk ging während seines Vortrags nicht weiter auf die gleich zwei Deutungen des Kürzels ein, wohl um seine Sendefähigkeit seines Auftritts nicht zu gefährden. BFR ist kein technisches Kürzel,[I] sondern steht bei vornehmeren Anlässen für »Big Falcon Rocket«, intern hingegen angeblich für »Big Fucking Rocket«. Letzteres trifft es auf den Punkt. Die BFR ist zusammen mit dem Raumschiff BFS (das »S« steht für Spaceship) zwar nicht höher als zum Beispiel die schlanke, dreistufige Saturn V, aber deutlich schwerer und kräftiger. Sie ist rechnerisch in der Lage, 235 Tonnen in den Erdorbit zu schießen, bestehend aus dem 85 Tonnen schweren Raumschiff plus 150 Tonnen Nutzlast. Das ist etwa zehn Mal mehr als die meisten heutigen Raketen.

Was die Passagiere am meisten interessieren dürfte, sind ihre Unterkünfte im Raumschiff. Die haben mit den heutigen Kapseln nicht mehr viel gemein. »Die Druckkabine hat ein Volumen von 825 Kubikmetern, das ist mehr als die eines A380«, sagt Musk. »Da die Reise zum Mars drei Monate, vielleicht auch sechs Monate dauert, möchte man womöglich eine Kabine haben und nicht nur einen Sitz. Daher hat das Raumschiff in der Marskonfiguration 40 Kabinen für jeweils fünf bis sechs Personen – wenn man sie richtig vollstopft. Wir denken jedoch, dass zwei bis drei

---

I Musk ist bekannt dafür, dass er Abkürzungen hasst. Er ermahnt seine Mitarbeiter regelmäßig, sie so selten wie möglich zu verwenden und vor allem keine neuen zu erfinden. Der Betreff eines seiner Memos dazu lautete: »ASS« für »Acronyms Seriously Suck« (Akronyme nerven tierisch).

Personen die Regel sein werden. Es werden also um die 100 Menschen zum Mars fliegen können.«[151] Dazu kommen Gepäckräume, Schutzraum gegen Sonnenstürme und Unterhaltungsbereiche.

Eine Neuerung zum Vorgängermodell sind zwei winzige Delta-Flügel am BFS. Sie verleihen dem Gefährt einen Hauch Gleiter-Flair. Musk ist dennoch nicht glücklich darüber. »Wir wollten den Delta-Flügel vermeiden, aber er war erforderlich, um die allgemeine Einsatzfähigkeit des Raumschiffs zu gewährleisten, sodass es überall im Sonnensystem landen kann.«[152] Denn je nachdem, wo das Raumschiff aufsetzen soll, gibt es eine mehr oder weniger dichte Atmosphäre, sodass bei einer Landung wie auf der Erde aerodynamische Kräfte eine Rolle spielen. Mit den Delta-Flügeln, so klein sie sein mögen, lässt sich das BFS besser ausbalancieren und kontrollieren. Den Passagieren zum Mars werden sie daher sicher gefallen, denn dort gibt es ja eine Atmosphäre. Sie ist zwar verglichen mit der Erde sehr dünn, jedoch ausreichend, um das Schiff bei der Landung abzubremsen und einen Großteil der enormen Reisegeschwindigkeit abzubauen.

Man sollte sich nicht verleiten lassen, diese ambitionierten Pläne grundsätzlich als Träumerei eines notorischen Weltraumspinners abzutun. Musk hat bewiesen, dass er bereit ist, seinen Weg bis ans Ende zu gehen. Er hat einen Großteil seines Vermögens in SpaceX gesteckt, selbst als völlig unsicher war, ob seine erste Rakete jemals den Weltraum erreicht. Zweifellos geht er davon aus, dass seine Pläne eines Tages wahr werden. Für ihn scheint dies lediglich eine Frage der Zeit zu sein.

Zwar existiert die Marsrakete samt Raumschiff nur als Blaupause, doch hat Musk offenbar bereits vor Langem begonnen, die technologischen Grundlagen dafür zu legen, indem er schon echte Hardware entwickeln lässt. »Wir haben bereits begonnen, das System zu bauen. Die Werkzeuge für den Haupttank sind bestellt, die Produktionsanlagen sind fertig.«[153] Doch nicht nur das: Das Raptor-Triebwerk gibt es bereits und hat schon 100 Sekunden am Stück gefeuert. »Wir hätten es länger brennen lassen können, aber das war die maximale Zeit, die wir mit den Testtanks erreichen konnten«, sagt Musk. »40 Sekunden sind etwa die Zeit, die die Motoren laufen, um auf dem Mars zu landen.« Wenn es wahr ist, was Musk erzählt, dann hat SpaceX ein wahres Wundertriebwerk gebaut. Obwohl es nicht viel größer ist als die Merlins der Falcon-Raketen, erzeugt es etwa dreimal mehr Schub, der zudem auf 20 Prozent der vollen

Leistung gedrosselt werden kann. Das ist sehr wichtig, wenn es darum geht, irgendwo sanft zu landen. Musk hat offenbar selbst nicht damit gerechnet, dass der Motor funktionieren würde. »Es ist viel kniffliger als das Merlin, wegen seines viel höheren Verbrennungsdrucks. Ich bin ein bisschen erstaunt, dass es beim ersten Lauf nicht explodiert ist, zum Glück ging alles gut.« Seit Musk als Teenager mit selbst gebauten Raketen experimentierte, hat sich augenscheinlich nicht viel geändert.[154]

Neben dem Brennkammerdruck ist die ungewöhnliche Treibstoff-Führung durch seine einzelnen Teile ein weiteres Geheimnis des Raptor-Motors (»full-flow staged combustion cycle«). Da bei diesem Typ der gesamte Treibstoff durch die Turbine läuft, welche die Turbopumpen antreibt, läuft diese nicht so heiß und mit weniger Druck als die Turbinen herkömmlicher Triebwerke[155]. Das lässt sie länger leben, und sie können mit weniger Wartung häufiger eingesetzt werden – die erklärte Absicht aller Musk'schen Bemühungen.

Ein anderer Teil der Rakete, der entwickelt wird und als echte Hardware existiert – und nur das macht Musks Pläne ja glaubhaft –, ist ein riesiger Versuchstank aus Kohlenfasern. Triebwerke gelten als der schwierigste Teil einer neuen Rakete, die Treibstoff-Tanks sind nicht weniger wichtig – Raketen sind ja im Wesentlichen nichts anderes als fliegende Tanks, deren Inhalt in eine Richtung kontrolliert verbrennt. Der Tank, den SpaceX gebaut hat, ist so groß, dass er zweifellos nur in eine Marsrakete passen würde; sogar eine zehnstufige Treppe wurde hineingebaut, damit man überhaupt einsteigen kann, und von der Decke illuminiert ein 18-armiger Kronleuchter den Tank wie den Aufnahmesaal eines klassischen Orchesters. Um zu schauen, wie viel Druck der Tank aushält, hat ihn SpaceX zur Sicherheit mit einer Plattform aufs Meer hinausgeschleppt.[156] Da es sich um einen Testtank handelte, hat er am Ende seine traurige Bestimmung erfahren. »Wir haben ihn bis zu seinem Soll-Druck erfolgreich getestet – und noch ein bisschen mehr, denn wir wollten schauen, wann er zerreißt. Wir haben es herausgefunden. Er flog 300 Fuß (etwa 100 Meter) in die Höhe und dann ins Meer.« Taucher haben ihn tags darauf geborgen.[157] Auf Bildern ist zu erkennen, wie er als deformierte Masse am Ufer liegt wie eine schwarze Hüpfburg, der die Luft ausgeht.[158] »Wir haben nun ein gutes Gefühl, wie man einen Karbonfasertank konstruiert, der tiefgekühlte Flüssigkeiten fassen soll. Das ist ziemlich wichtig, wenn man ein leichtes Raumschiff bauen will.«[159]

Diese ersten Entwicklungserfolge haben Musk dazu verführt, mal wieder einen recht unbescheidenen Zeitplan anzukündigen. »Ich bin ziemlich zuversichtlich, dass wir mit dem ersten Schiff fertig sein werden, um es in etwa fünf Jahren zu starten. Falls wir es bis dahin nicht schaffen, dann sicher kurz danach. Auf jeden Fall ist es unser Ziel, dass wir es bis zum Mars-Erde-Rendezvous 2022 schaffen.« Als Testgelände möchte er die Erde benutzen. Die BFR soll demnach erst einmal als atmosphärisches Raketenflugzeug fliegen und einige Sprünge von ein paar Hundert Kilometer hoch und weit machen. »Das ist relativ einfach für das Fahrzeug, da es dafür kein Hitzeschutzschild benötigt. Außerdem haben wir dann noch eine gute Menge an Treibstoff (für die Landung) zur Verfügung«, schrieb Musk in einer Fragestunde im Online-Forum Reddit.[160]

Ein verwegener Plan, egal ob 2022, zwei oder auch vier Jahre später! Eine erste und unbemannte Mission mit zwei Raumschiffen hätte zunächst die Aufgabe, nach Wasser zu suchen. Eine zweite Mission mit vier Schiffen, zwei davon bemannt, würde dann die Mars-Treibstoff-Fabrik mit angeschlossener Tankstelle aufbauen, damit die kleine Armada auch wieder zurückfliegen kann (sonst würde ja das Musk'sche Diktum der Wiederverwendbarkeit nicht greifen). Das ist nur der Anfang. In den darauffolgenden Jahrzehnten, so seine Prognose, folgen ihnen Hunderte weitere, um am Ende Hunderttausende Menschen zum Mars zu transportieren.

War da noch was? Ja, richtig, das Geld für diese Mission.

Verplant

In Mexiko hatte Musk noch das Konzept für eine 122 Meter hohe und 10.500 Tonnen schwere Rakete präsentiert und versprach ein »tektonisches Ereignis« bei ihrem Start. Das Erstaunliche: Die riesige erste Stufe sollte nur 230 Millionen Dollar kosten und das Raumschiff 200 Millionen. Da Musk die Kosten quasi vom Ende her berechnete, was eine Reise also maximal kosten darf, waren die Kalkulation für Bau und Betrieb des Weltraumbahnhofs, der Rakete und des Raumschiffs äußerst optimistisch – um es höflich auszudrücken. Eine 300-Seiten-Studie von Wissenschaftlern der Purdue-Universität, die sich mit Musks Plänen von 2016 intensiv auseinandergesetzt haben, kommt zudem zum Schluss: »Falls

Elon Musk ein Ticket von unter 200.000 Dollar anstrebt, benötigt er Millionen-Subventionen pro Kolonist, um die Infrastruktur der Kolonie bereitzustellen.« Die Rechnung konnte so also nicht aufgehen.

Schon damals hatte Musk seine Gedanken über die Finanzierung dieser gigantischen Rakete erläutert: »Wir haben über Geldquellen nachgedacht. Dabei ist rausgekommen: Unterhosen klauen, Satelliten starten, ISS versorgen, Kickstarter – und natürlich –, am Ende Profit!«

Da hatte er bewiesen, dass er einen Sinn für schräge Populär-Kultur hat. Mit diesem für die allermeisten Menschen völlig unverständlichen Plan verwies er auf eine Episode der Zeichentrickserie *South Park*, die ziemlich deftig auf die inneren Widersprüche Amerikas hinweist, quasi die Gaga-Version der Simpsons. Darin lassen sich die Hauptfiguren Stan, Kyle, Cartman, Kenny und Tweek von Unterhosen klauenden Zwergen (!) ihr 3-Punkte-Geschäftsmodell erklären:[161]

1. Unterhosen sammeln.
2. ?
3. Profit.[162]

Das macht natürlich keinen Sinn. Vielmehr machte das bizarre Filmzitat klar: Musk hatte 2016 keine Ahnung, woher das Geld für seinen Plan kommen soll – und das für eine Kalkulation, die ohnehin vorn und hinten nicht stimmig war. Diese Unstimmigkeiten hat Musk recht schnell selbst erkannt. Es dauerte nicht lang, bis er nicht nur eine kleinere Rakete ankündigte, sondern auch eine bessere Finanzierung – beziehungsweise überhaupt eine.

Am Ende hat Musk beide Anforderungen in einer Idee zusammengeführt. Denn er möchte die BFR nicht nur deswegen kleiner bauen, um bei Entwicklung und Bau zu sparen. Er konzipiert sie in einer Größe, damit sie nicht nur zu anderen Planeten fliegen, sondern zudem Routineaufgaben im Erdorbit erledigen kann. Mit einer solchen All-in-One-Rakete kann er dann das Geld verdienen, das er benötigt, um mit demselben Fahrzeug regelmäßig den Mars anzusteuern. Und nicht nur das. »Wenn wir ein System konstruieren, das die bisherigen Produkte, also die Falcon und die Dragon-Kapsel, kannibalisiert, dann können wir alle unsere enormen Ressourcen auf ein System konzentrieren.«[163] Das ist ein kühner Gedanke. Denn erstens hat sich die Marke Falcon als Synonym für einen zuverlässigen und preiswerten Zugang ins All etabliert, und zweitens ist

SpaceX gerade dabei, mit der Falcon Heavy für viel Geld eine Schwerlast-Version zu entwickeln. Sie abzuschaffen bedeutet, am Ast zu sägen, auf dem SpaceX derzeit vergleichsweise komfortabel sitzt. Musk weiß das natürlich. »Wir haben Kunden, die sehr konservativ denken und Fahrzeuge buchen wollen, die schon einmal geflogen sind. Wir planen daher, einen Vorrat an Falcons und Dragon-Kapseln anzulegen. Falls sie die alten Raketen und alten Raumfahrzeuge verwenden wollen, können sie das tun.« Das ist vermutlich genauso despektierlich gemeint, wie er es gesagt hat. »Aber alle unsere Ressourcen werden wir darauf verwenden, die BFR zu bauen. Wir glauben, dass wir das mit den Gewinnen hinbekommen, die wir bis dahin mit dem Start von Satelliten und der Versorgung der Raumstation verdienen.« Das bedeutet: Musk hat keinen Hasen im Hut und will seine Marspläne aus eigener Tasche zahlen – und aus denen der Investoren von SpaceX, solange sie dabei mitmachen. Sein Finanzierungskonzept ist nichts anderes als die riskante Modifizierung und Komplizierung der Technik seines Unternehmens, denn der Beweis, dass die BFR genauso preiswert und rentabel fliegt wie die Falcon, steht noch aus.

Die Möglichkeiten, die Musk für die BFR als Arbeitspferd im Erdorbit präsentiert, sind allerdings verlockend. Denn sie wäre in der Lage, nicht nur Schwergewichte ins All zu bringen, sondern auch viel größere und breitere Objekte. »Wir können nun Objekte mit fast neun Meter Durchmesser in den Orbit bringen. Wenn man beispielsweise ein neues Hubble-Teleskop bauen wollte, könnte man einen Spiegel konstruieren, mit einer zehn Mal größeren Oberfläche als die des derzeitigen Hubbles.« Musk zählt weitere Möglichkeiten auf: Weltraummüll und defekte Satelliten einfangen, die Versorgung der ISS und anderer Stationen – und eine Landung auf dem Mond. »Die BFR kann sogar Mondmissionen absolvieren, ohne auf seiner Oberfläche nachtanken zu müssen. (…) Das würde uns den Bau einer Mondbasis Alpha oder was auch immer erlauben.« Kurioserweise zeigt eine Illustration einer solchen Mondstation eine Rakete, aus deren Einstiegsluke ein Kran ragt. Mit ihm seilen die Astronauten Ladung auf die Oberfläche ab, nicht anders als die Arbeiter in der Hamburger Speicherstadt vor 100 Jahren. Eine andere, nicht weniger drollige Assoziation: die Mondrakete von Tim und Struppi in Hergés Comic-Klassiker »Schritte auf dem Mond«.

Was das Konzept und den Zeitplan nach wie vor unstimmig wirken lässt, sind die unklaren Entwicklungskosten des interplanetaren Transportsystems. Zur Erinnerung: Die NASA hat bis 2017 etwa 15 Milliarden Dollar nur für die Entwicklung der Deep-Space-fähigen Kapsel Orion ausgegeben, ohne die SLS-Rakete, die das Raumschiff ins All bringen wird, und das dazugehörige Service-Modul.

Ebenso wenig tauchen die Kosten von Weiterentwicklung und außerplanmäßigen Reparaturen auf; die Extrakosten, die bei den unvermeidlichen Unfällen, Ausfällen und Rettungsmissionen anfallen (ein großes Thema bei »Rettet Mark Watney«); die Kosten für Bau, Installation, Wartung und Betrieb der Mars-Tankstelle; und auch nicht die Versicherungskosten und Steuern, denn auf Dauer wird der Staat das Risiko für die Unfallhaftung nicht übernehmen und seinen Teil für die Bereitstellung einer Infrastruktur zurückhaben wollen. Für ein Unternehmen sind die Investitionskosten jedoch Teil der Gesamtkalkulation, bis es die Gewinnschwelle erreicht, also den Break-even. Die Rechnung, wie sie Musk erst in Mexiko und dann in Australien aufgestellt hat, kann für seine langfristigen Pläne, für die Besiedelung des Mars, so nicht aufgehen.

Die Mischung aus Skepsis und Zuversicht, die Musks Plänen entgegenschlägt, hat der kanadische Astronaut Chris Hadfield passend zusammengefasst, als die BBC ihn nach einer Einschätzung dazu fragte. »Jeder schaut gerade auf die Abkürzung des Raketennamens, und ich würde sie eher die *Bit Far-fetched Rocket* nennen (die etwas zu groß geratene Rakete) – im Moment jedenfalls. Aber verstehen Sie mich nicht falsch: Um ein Raumschiff zu fliegen, muss man Optimist sein. Bei SpaceX haben sie von Anfang an weit ausgeholt – und sie haben immer wieder geliefert, es ist ein unglaublich progressives Unternehmen. Vielleicht werden sie nicht im Zeitplan liegen, den Musk vorgegeben hat. Elon Musk jedoch hat erstaunliche Fähigkeiten, und es arbeiten brillante Leute für ihn. Außerdem ist sein Ziel großartig.«[164] [I] Anhänger wie Skeptiker dürfen also gespannt sein, ob es Musk erneut gelingt, das Unwahrscheinliche wahrzumachen.

I Im gleichen Interview wurde Hadfield gefragt, ob denn der Mars wirklich so interessant sei, dass man unbedingt hinmüsse. Der Kanadier Hadfield antworte: »Nun, so ähnliche Fragen wurden früher auch über Kanada gestellt.«

4 Raumschiff mit Aussicht: Touristen im All

»Am Tag des Unfalls habe ich E-Mails von zwei Leuten gesehen, die sich für einen Trip in den Weltraum angemeldet haben.«

Richard Branson in einem Interview mit dem Fernsehsender Sky News, nachdem der Prototyp von SpaceShipTwo am 31. Oktober 2014 abgestürzt war

Mojave

Wer von Los Angeles nach Mojave möchte, muss nicht weit fahren. Vom Stadtrand sind es gerade einmal eineinhalb Stunden. Man kann entweder den Highway nehmen oder eine kleine Landstraße, die von Pasadena aus direkt am berühmten Jet Propulsion Center vorbei durch die Berge führt, welche die Hochebene von der Riesenstadt am Pazifik trennen. Im Gegensatz zu Europa gibt es entlang der kurvigen Straße keine Bergdörfer, noch nicht mal eine kleine Raststätte oder einen Kiosk. Auf der anderen Seite der Berge beginnt eine wüstenartige Landschaft, die ein wenig den steppenartigen Landschaften Südspaniens ähnelt. In dieser heißen Ecke wohnen erstaunlich viele Menschen, es fährt sogar ein Vorortzug aus Los Angeles hierhin. Doch je weiter man in die Wüste hinausfährt, desto karger das Land und schmuckloser die Orte. Die Rasen in den Vorgärten werden brauner, die Häuser armseliger, und vor den Garagen stehen klapprige Toyotas statt Pick-ups von GM. Nur ausgedehnte Windparks auf den Bergflanken lassen eine energiehungrige Stadt in der Nähe erahnen.

So feindselig die ausgedörrte Hochebene für Menschen sein mag, so perfekt eignen sich ihre spiegelglatten Salzseen als ausgedehnte Landebahnen und ihre Einöde für verwegene Flugstunts. Man kann sich gut vorstellen, wie die Testpiloten von der Edwards Air Force Base tagsüber in den 60er-Jahren mit dem legendären X-15 in den Weltraum vordrangen und abends ihre Angst mit Bier wegspülten.[I] Damals verspotteten diese Männer die ersten Astronauten in Raumkapseln noch als Dosenfutter[II], weil sie im Gegensatz zu den Piloten der X-15 kaum Möglichkeiten hatten, ihre Raumfahrzeuge zu steuern. Die Hackordnung sollte sich schnell umkehren.

Der Ort Mojave ist von Weitem in der Ebene auszumachen, nicht wegen aufragender Raketen, sondern weil sich ausgemusterte 747-Boeings auf seinem Flugzeugfriedhof am Horizont abheben. Am Ortsrand, an dem der verheißungsvolle Aerospace Highway 14 vorbeiführt, reihen sich die unvermeidlichen Burger-Ketten, dahinter menschenleere Straßen mit schlichten Bungalows. Willkommen im Zentrum des globalen Raumfahrt-Tourismus, in dem Unternehmen wie Scaled Composites das erste private Raumschiff bauten und die Spaceship Company von Richard Branson das erste kommerzielle Raumschiff für zahlende Gäste; in dem Microsoft-Mitgründer und Multimilliardär Paul Allen am größten Flugzeug und Raketenträger der Welt baut und Raumfahrt-Unternehmen von Weltbedeutung wie BAE Systems und Northrop Grumman ihre Entwicklungen testen.

Diese Bestimmung wird erst im östlichen Teil von Mojave erkennbar. Hangar reiht sich an Hangar, und quasi als Grenze des Ortes liegt der Mojave Air & Space Port. Optisch hat er gar nichts Erhabenes, wie der vor Kurzem eingeweihte Spaceport America in New Mexico mit seiner prächtigen Fassade. Er hat eher Ähnlichkeit mit dem Flughafen Siegerland. Lediglich das Roton-Testvehikel (siehe Bildteil), am Eingang des Flughafens ist der klare Hinweis, dass dies ein ungewöhnlicher Ort ist. Das Gefährt ist eine eigenwillige Mischung aus Hubschrauber und Rakete. Per Rotor sollte die Roton zunächst an Höhe gewinnen und dann per Raketenantrieb weiter in den Orbit fliegen. Das gleichnamige Unternehmen baute ein *Atmospheric Test Vehicle* und unternahm damit drei für die Piloten lebensbedrohliche Testflüge. Auf der Cooper-Harper-Skala, einer Gefährlichkeitsskale für Testpiloten bekam das fliegende Gurkenendstück eine 10 von 10 (man kann sich die Flüge bei YouTube anschauen). Zum

I Sehr unterhaltsam von Tom Wolfe in seinem Buch »Der Stoff, aus dem die Helden sind« beschrieben.

II Die Testpiloten nannten die »Mercury Seven«, die ersten amerikanischen Astronauten, abfällig »Spam in the can«, nach der bekannten Marke für Frühstücksfleisch in Dosen.

Schluss waren 30 Millionen Dollar verbrannt, darunter auch das Geld von Tom Clancy, Autor zahlreicher 80er-Jahre-Bestseller, unter anderem »Jagd auf roter Oktober«. 2001 schloss das Unternehmen seine Pforten. Heute ist das Testvehikel des Roton-Projekts quasi ein Mahnmal für alle Ingenieure und Entrepreneure, die täglich ins Flughafenrestaurant Voyager gehen, um dort zu Mittag zu essen (siehe Bildteil). Eigentlich war es einem Museum versprochen worden, aber es war zu groß für den vorgesehenen Transport. So ließ man es an Ort und Stelle, unmittelbar neben einer kleinen Erinnerungsstätte für die zahlreichen Piloten, die in den vergangenen Jahrzehnten ihr Leben ließen. Die vorerst letzte Gedenktafel wurde für Michael T. Alsbury angebracht, der sich nicht retten konnte, als das SpaceShipTwo bei einem Testflug in der Luft zerbrach.

Von den weichen Polstern im Voyager-Restaurant aus hat man einen schönen Blick auf das Rollfeld und den Flugzeugfriedhof. Da es erst mittags voll wird, wenn die Ingenieure und Techniker aus den umliegenden Hangars und Raumschiff-Werkstätten kommen, hat die Bedienung morgens Zeit und plaudert mit den Stammgästen, die hier regelmäßig ihren Kaffee trinken oder ein paar auf unzählige Arten zubereitete Eier verzehren. An den Wänden hängen die Heldentaten der hiesigen Testpiloten, darunter Bilder von der Ankunft von Dick Rutan und Jeana Yeager, nachdem sie mit dem Ultraleichtflugzeug Voyager die Welt umrundet hatten. »Dick kommt recht häufig her. Vor Kurzem hat er mich auf einen Rundflug mitgenommen,« erzählt die Bedienung. »Ich hatte ganz schön Angst. Er hat mir irgendwann den Steuerknüppel übergeben und gesagt: ›Nun bist du dran‹! Aber Dick hat mich nur verkohlt. Hinterher hat er mir gesagt, dass er das Flugzeug weiter mit den Pedalen gesteuert hat.«

Der Pilot mit dem Schalk im Nacken ist der Bruder von Burt Rutan, einer lebenden Legende und der Technik-Hauptdarsteller im Rennen um das erste private Raumschiff im All. Rutan hat über 400 Flugzeuge entworfen und gebaut, teilweise in Formen, die auf ihre Betrachter wirken, wie einst die Freischwinger-Stühle von Mart Stam: Es scheint unmöglich, dass man damit nicht auf die Erde fällt. Bekannt wurde Rutan einer breiteren Gemeinde an Flugzeug-Fans erst, als er 1974 sein eigenes Unternehmen Rutan Aircraft Factory und später Scaled Composites gründete, um unter anderem Selbstbausätze für Hobbyflugzeuge zu entwickeln (Ja, richtig gelesen, das ist Amerika!). Es war vermutlich gut für Rutan, sein eigener Chef zu sein. Als er einmal gefragt wurde, ob die Behörden überhaupt erlaubten, in Mojave ein Raumschiff zu starten, antwortete er: »Es ist besser, hinterher um Vergebung zu bitten als vorher um Erlaubnis.«[165] Ein Wunder, dass er es unter anderem sieben Jahre bei der US Air Force ausgehalten hatte. Vielleicht erkannten seine Vorgesetzten schon damals sein aerodynamisches Genie und nahmen seine Exzentrik einfach hin. Später konstruierte er noch zwei Raumgleiter, das unglückliche SpaceShipTwo »VSS Enterprise« und das Vorgängergefährt, das erfolgreichere SpaceShipOne, das 2004 den Ansari X-Prize gewann. Das war das Ereignis, das Mojave zum Mekka der Raumfahrt-Enthusiasten und NewSpacianer gemacht hat.

Der Ansari X-Prize wiederum ist der Kristallisationspunkt für den neuen Raumfahrt-Tourismus, um den sich dieses Kapitel dreht. Daher dreht sich die Geschichte nicht um die wenigen Privatpersonen, die der notleidenden russischen Raumfahrt-Behörde Aberdutzende Millionen Dollar überwiesen haben, um ein paar Tage durch deren Teil der ISS zu schweben. Sondern hauptsächlich um einen raketengetriebenen Raumgleiter, in dem zukünftig – ebenfalls nicht ganz arme – Passagiere die Beschleunigung eines Raketenantriebs, Schwerelosigkeit und die Schwärze des Alls erleben sollen. Die Hauptfigur ist Abenteuer-Unternehmer Richard Branson, der mit der Technik des SpaceShipOne ein neues Touristen-Business aufzieht. An seiner Seite sieht Branson Jeff Bezos aufkommen, einen harten und noch besser kapitalisierten Konkurrenten im Raumfahrt-Tourismus, der mit einer klassischen Raumkapsel ebenfalls Touristen ins All befördern wird. Die entscheidende Frage für Branson und Bezos ist nicht nur, ob sich ausreichend Leute finden lassen, die ein Ticket bezahlen, sondern, ob sie ihre Raumschiffe so sicher machen können, dass sich Max und Erika Mustermann hineinsetzen wollen.

Wer sich mit dem legendären X-Prize und dem Touristen-Raumschiff von Branson beschäftigt, muss über einen weiteren Mann Bescheid wissen, der in der privaten Raumfahrt wirkt wie ein Katalysator auf zwei Beinen: Peter Diamandis.

Raumfahrt-Ultras

Die Raumfahrt-Community hat wie der Fußball eine Kurve mit Fans, die besonders heiß für die Sache brennen. Dazu gehören die Raumfahrt-Milliardäre, aber auch prominente Wissenschaftler und Künstler wie Kosmologe Stephen Hawking und Hollywood-Regisseur James Cameron. Daneben gibt es der breiten Öffentlichkeit weniger bekannte Trommler, die jedoch in der Szene fast Kultstatus genießen, wie besagter Peter Diamandis. Sie arbeiten unermüdlich daran, der Raumfahrt mehr Öffentlichkeit zu verschaffen. Ihre Botschaft: Das Schicksal des Menschen liegt im Weltraum. Die Technologien für seine Erschließung sind schon längst vorhanden, es fehlt allein der Wille, sich aufzuraffen und das nötige Kleingeld dafür zu investieren. Alles andere komme dann von allein, die Raumfahrt-Wirtschaft, der Profit, der Mensch im Raum.

Bisher ist das allerdings nicht gelungen. Gerade in den ersten Jahren der privaten Raumfahrt erwies sich ihre mangelnde Rentabilität als fatal. Jedes Mal, wenn der kommerziellen Raumfahrt ein Boom vorhergesagt wurde, verpuffte die Prognose als Blase. Für den Weltraumultra Peter Diamandis war diese Zeit so traumatisch, dass er Ende der 90er-Jahre nach einer Möglichkeit suchte, wie er der privaten Raumfahrt einen Kick geben könnte. Diamandis ist für die Raumfahrt, was Velvet Underground für die Rockmusik war. Er verleiht der Szene quasi den intellektuellen Impuls, ohne dass er der breiteren Masse bekannt wäre oder mit einem eigenen Raumschiff an die Spitze der Raumfahrt-Charts geflogen wäre – und besonders reich ist er auch nicht.

Diamandis' Laufbahn als Raumfahrt-Missionar war nicht vorgezeichnet. Ursprünglich studiert er auf Wunsch seiner Eltern Medizin. Sein Ruf als Weltraum-Nerd und seine rastlosen Anstrengungen, die nichts mit Medizin zu tun hatten, eilten ihm jedoch schon an der Uni so sehr voraus, dass ihm sein Professor in Harvard vor der Abschlussprüfung sagte: »Okay, machen Sie Ihr Examen, aber praktizieren Sie bitte nicht als Arzt!«[166] Machte er auch nicht, sondern absolvierte noch ein Raumfahrt-Ingenieurs-Studium am ebenso anspruchsvollen *Massachusetts Institute of Technology* (MIT) und gründete – während seines Studiums – 1988 die *International Space University* sowie ein Raumfahrt-Unternehmen namens International MicroSpace Inc. Das Unternehmen sollte nie aus den Startlöchern kommen, und er musste es bald verkaufen.

Als Diamandis ein Buch über den Atlantik-Flug von Charles Lindbergh und den damit verbundenen Orteig-Preis las, kam ihm die Idee, den Wettstreit im Raum einfach selbst wiederzubeleben. Sein Plan: Ein Preis für denjenigen, der als Erster mit zwei Passagieren innerhalb von zwei Wochen zweimal 100 Kilometer hoch in den Weltraum und (gesund) zurück auf die Erde fliegen würde – ohne Hilfe von NASA und Regierung. 1996 verkündete er der Weltöffentlichkeit sein Vorhaben und zudem den Preis: Zehn Millionen Dollar! Die Veranstaltung war alles andere als eine Randnotiz. Auf seine Einladung waren Mondfahrer Buzz Aldrin, hochrangige NASA-Manager und Nachkommen von Lindbergh nach St. Louis gekommen, und mehr als 50 Medienvertreter waren vor Ort. Eine erstaunliche Karriere für einen Mann, dessen Vater als Junge in Griechenland noch Oliven gepflückt hatte. Alles, was jetzt noch fehlte, war: das Preisgeld. Er selbst hatte keines, es gelang ihm jedoch, nach langer Suche einen Sponsor aufzutreiben. Die iranisch-amerikanische Unternehmerfamilie Ansari hatte ihr Telekommunikationsgeschäft gerade für fast eine Milliarde Dollar verkauft und war also mehr als flüssig. Die Ansaris, vor allem Anousheh, ihr Mann Hamid und dessen Bruder Amir waren Raumfahrt-Begeisterte und suchten seit Längerem eine Gelegenheit, sich zu engagieren. »Meine unternehmerischen Anstrengungen standen zwar nicht direkt mit meiner Leidenschaft für den Weltraum in Verbindung, aber sie haben mir die finanziellen Mittel verschafft, um Raumfahrt möglich zu machen«, sagte Anousheh Ansari später. Die Parallele zu Branson, Bezos, Allen und Musk ist verblüffend.[I] »Ich war unglaublich aufgeregt, als Peter Diamandis uns besuchen kam, um vom X-Prize zu erzählen. Wir hatten schon vorher nach Möglichkeiten und Leuten geschaut, um in den Raum zu fahren und jemanden mit Leidenschaft für Raumfahrt zu finden, der dazu in der Lage wäre. Es gab zwar Optionen, doch die waren nicht sehr glaubwürdig. Der wunderbare Vorteil des X-Prize war, dass wir nicht entscheiden mussten, welches Unternehmen am wahrscheinlichsten ein sicheres und brauchbares privates Raumschiff bauen könnte. Wir konnten alle Teams unterstützen.«[167] Diamandis rannte also eine sperrangelweit geöffnete Tür ein, und so wurde aus dem X-Prize 2001 der Ansari X-Prize.[II]

I Allerdings flog sie im Vergleich zu den Herren selbst schon ins All, 2006 zur ISS; als erste weibliche Weltraumtouristin und als erste gebürtige Iranerin.

II Die Preisgeld-Geschichte enthält eine komische Pointe. Diamandis setzte das Preisgeld nicht als Cash-Preis aus, sondern »versicherte« den Preis gegen einen Fehlschlag. Die Versicherung XL Capital dachte, sie hätte einen guten Deal gemacht, denn bisher waren alle privaten Versuche, den Raum zu erreichen, kläglich gescheitert. So mussten die Ansaris nicht den vollen Preis bezahlen, sondern »nur« eine sechsstellige Summe.

Es ist nicht immer selbstverständlich, dass sich jemand findet, der solche Preise unbedingt erringen möchte. Häufig sind die Bedingungen zu hart oder das Preisgeld zu gering. Beides war für den Ansari X-Prize der Fall, denn für zehn Millionen lässt sich kein suborbitales Raumschiff bauen, starten und vor allem wieder heil landen. Trotzdem nahmen 26 Teams die Herausforderung an, darunter Teams aus Argentinien, England und Rumänien. Eric Seedhouse schreibt dazu in seinem Buch »Virgin Galactic: The First Ten Years«: »Einige waren qualifiziert, das zu tun, was sie vorhatten, während andere, (...) na ja, man könnte sagen: Möglicherweise würden sie jemand verletzen.« Das war nicht weit von der Realität entfernt. Die Explosion des Motors des rumänischen Teams war so laut, dass die Polizei anrückte und seinen Chef Dumitru Popescu zum Verhör mitnahm. Dabei hatte er es in Rumänien ohnehin schon nicht leicht. Der einzige jemals in den Raum gereiste rumänische Astronaut Dumitru Prunariu verstieg sich sogar zu der Aussage, Popescus Rakete könne in die Hände von Terroristen fallen.[168] Dabei hätten sie vermutlich aber vor allem sich selbst in die Luft gesprengt, wie alle Welt sehen konnte. Während andere Teilnehmer des Preises heute verschwunden sind, hat Popescu das bittere Lehrgeld womöglich als Chance genutzt. Jedenfalls hat er sein Unternehmen Arca Space Corporation in die USA verlegt und versucht sich am Bau einer Rakete für leichte Lasten. Wie viele andere kleine Raketen-Unternehmen sucht Popescu ebenfalls nach einem Investor.

Deal der Raumfahrt-Nerds

Die fehlende finanzielle Ausstattung war auch das Hauptproblem der meisten anderen Teilnehmer des X-Prize – bis auf Rutan. Der hatte einen Deal mit Hightech-Aficionado Paul Allen, der die notwendigen Checks ausschrieb, und damit das nötige Kleingeld, um ein Gewinner-Raumschiff wie das SpaceShipOne zu bauen. Es hat eine Weile gedauert, bis sich alle entscheidenden Protagonisten fanden und ihren Platz einnahmen, denn interessanterweise hatten die Hauptdarsteller in diesem Abenteuerstück, Branson, Diamandis, Allen und Rutan, schon lange vorher miteinander zu tun und manchmal sogar in wechselnden Rollen.

Es fing damit an, dass Burt Rutan über ein sehr hochfliegendes Flugzeug nachdachte, von dem man eine suborbitale Rakete starten könnte, die also nach einem kurzen Besuch im Weltraum wieder auf die Erde zurückfallen würde. Als Flugzeugbauer war er sich darüber im Klaren, dass er nie ein orbitales Raumschiff bauen könnte. Deswegen ließ er sich von der X-15 inspirieren, die 50 Jahre zuvor nur wenige Kilometer von Rutans Büro entfernt von der Edwards Air Force Base gestartet und auf einer ballistischen Kurve das All erreicht hatte. Die X-15 war ein raketengetriebenes Flugzeug mit zwei kleinen Stummelflügeln an den Seiten, das seine Piloten, darunter Neil Armstrong, nach dem Erlöschen des Triebwerks als Gleiter mehr schlecht als recht zurück zur Edwards Base steuerten. Es war ein Flugzeug aus der Hölle und nur die Besten durften und konnten es fliegen.

Als Rutan von Diamandis' X-Prize hörte, machte er sich daran, sein Konzept an dessen Vorgaben anzupassen. Statt einer sollten nun drei Personen hineinpassen. Zur gleichen Zeit ließ Branson sich schon mal den Namen für ein Raumfahrt-Unternehmen schützen, Virgin Galactic. Es fehlte ihm allerdings noch ein Raumschiff. Die Idee dafür hatte Branson 1988, als ihn während einer TV-Show ein junger Telefonanrufer fragte, ob er denn jemals darüber nachgedacht habe, in den Weltraum zu reisen. »Ich würde sehr gern ins All reisen, es gibt nichts Besseres«, antwortete ein junger Branson mit einer Löwenmähne, die er noch als Über-60-Jähriger trägt, nur ein wenig lichter. »Wenn du ein Raumschiff baust, würde ich liebend gern mitkommen.« Diese Frage hätte ihn erst darauf gebracht, in die Raumfahrt einzusteigen, meinte Branson später.[169] Allerdings muss ihn das Thema vorher schon beschäftigt haben, denn 1978 produzierte er mit seiner Firma Virgin Films für die NASA einen Dokumentarfilm über Apollo 11 – mit dem unzweideutigen Titel »The Space Movie« und einem Soundtrack von Mike Oldfield – damals der Superstar in Virgins Musikuniversum.

Branson hat den Ruf eines Abenteurers, der sich auf alles einlässt, vorausgesetzt, es hat noch kein anderer vor ihm gemacht. Deshalb war Peter Diamandis vergleichsweise optimistisch, als er 1998 einen Termin bei Branson bekam – in seinem Privathaus, denn Branson arbeitet nicht im Büro, er hat noch nicht einmal eins, wie er selbst sagt. Obwohl Diamandis seinen Plan vorstellen konnte, Branson intensiv nachfragte, sagte Branson ab.[170] Branson wollte keinen Wettbewerb für Raumschiffe sponsern, er wollte sie selbst fliegen lassen.[171] Branson war wie erwähnt ständig auf der Suche nach dem ultimativen Kick und hatte während der Vorbereitung seiner Ballonfahrten um die Erde Rutan kennengelernt, der für ihn eine Gondel entwickeln sollte. Als Branson einmal nach Mojave kam, um das Roton-Testvehikel bei seinem allerdings mickrigen Testhopser zu beobachten, traf er sich mit Rutan im Voyager-Restaurant, und sie sprachen über das Konzept eines Raumgleiters, das von einem Mutterschiff erst auf Reiseflughöhe gebracht wird und von dort ins All fliegt. Allerdings war es nicht Branson, der dieses Konzept finanzierte, sondern ein anderer Mäzen und Technik-Geist: Paul Allen.

Allen gilt gemeinhin als der größte Glückspilz unter den Milliardären. Zunächst gründete er mit einem Freund in einer Garage eine kleine Software-Klitsche und verkaufte dann IBM ein Betriebssystem, das es zum damaligen Zeitpunkt noch gar nicht gab. 1982 stieg er krankheitsbedingt aus, behielt indessen klugerweise seine Anteile. Sein Freund hieß Bill Gates, das Garagenunternehmen Microsoft und das Betriebssystem MS-DOS. Heute ist Allen mehr als 20 Milliarden Dollar schwer. Der 65-Jährige besitzt zwar wie viele »herkömmliche« Milliardäre eine extrem lange Superyacht (126 Meter), ist aber auch dafür bekannt, dass er gern in zukunftsträchtige Technologie-Projekte investiert. Seine Steckenpferde sind die vernetzte Welt allgemein und Raumfahrt im Speziellen. Obwohl sich auf seinen Partys Hollywood- und Rockstars die Hand geben und er Hunderte Millionen Dollar für Flugzeuge, Autos und Häuser ausgibt,[172] geht Allen in der Öffentlichkeit das Extrovertierte von Branson und Musk ab. Das spiegelt sich schon in seinem Äußeren. Er sieht aus wie ein beflissener, durchaus sympathischer Buchhalter (das einzig sichtbar Auffällige an Allen ist ein großer türkisfarbener Siegelring). Dieser Zwiespalt ist womöglich der Grund, dass zwar viele das SpaceShipOne kennen, vielleicht auch seinen genialen Konstrukteur Rutan mit dem charakteristischen Kinnbart. Doch wenige Paul Allen. Allerdings hatte er selbst dafür gesorgt, denn eine Bedingung für sein Sponsoring war, dass keiner erfuhr, dass er der Geldgeber war.[173] Allen kannte Rutan ebenfalls schon seit Jahren, sie hatten zuvor unter anderem über hoch- und langfliegende Flugzeuge gesprochen, die als Relais-Stationen für Telekommunikation dienen könnten – und über Raumschiffe. 2000 entschlossen sie sich dann, ihre Träume wahrzumachen. Allen und Rutan gründeten ein gemeinsames Unternehmen, Mojave Aerospace Ventures, welches die Tier-One-Technik (tier, englisch für Stufe, Schicht) des Raumschiffs besitzen sollte, so nannten sie ihr Geheimprojekt am Anfang. Das sollte später noch mal wichtig werden, als Allen den Bauplan von SpaceShipOne an Branson lizensierte. Allen legte seine Millionen in den Korb und Rutans Firma Scaled Composites baute das Raumschiff.[174]

Amüsanterweise versuchte Diamandis auch bei Allen, die Millionen für seinen X-Prize zu erbetteln, blitzte jedoch ab; Allen war ja schon dabei, für ebendiesen Preis ein Raumschiff zu sponsern, wollte das aber nicht sagen und zeigte dem ahnungslosen Diamandis die kalte Schulter.

GEWINNERTYP

Branson wiederum kam erst wieder ins Spiel, als er seinen Mitarbeiter Will Whitehorn 2003 ins ewige Mojave schickte, um sich bei Rutan nach dem Stand eines typischen Branson-Projekts zu erkundigen, dem Global Flyer. Dies war ein Flugzeug, das schon wie die Voyager nonstop um die Erde fliegen sollte, dieses Mal mit nur einem Piloten am Steuerknüppel, dem Unternehmer und Abenteurer Steve Fossett.[I] Bei dieser Gelegenheit zeigte Rutan Bransons Mann das im Bau befindliche Raumschiff SpaceShipOne und sein Trägerflugzeug WhiteKnight (Weißer Ritter). SpaceShipOne war eine geflügelte Rakete wie die X-15, denn es musste nach der Rückkehr aus dem All als antriebsloser Gleiter auf der Erde landen. Rutan hatte sich einen Trick einfallen lassen, um das Schiff aerodynamisch narrensicher zu machen. Es schwenkte seine gebogenen Flügel im All nach oben, sodass es wie ein Federball zurück zur Erde fiel, ohne dabei in ein zerstörerisches Trudeln zu geraten. Erst wenn die Luftschichten wieder dicht genug waren, um den Gleiter zu tragen, schwenkten die Flügel zurück und das Raumschiff wurde wieder zu einem Flugzeug.[175]

Ansonsten war SpaceShipOne extrem simple und spartanisch konstruiert. Das Lebenserhaltungssystem bestand im Wesentlichen aus Sauerstoffflaschen und Absorbern für Kohlendioxid und Luftfeuchtigkeit in der Atemluft des Piloten. Statt mithilfe eines zeitgemäßen elektronischen Fly-by-Wire steuerte der Pilot den Gleiter wie Lindbergh mechanisch über

---

I Noch ein Milliardär! Er kann aber nicht mehr am Rennen ins All teilnehmen. Fossett stürzte 2007 bei einem relativ harmlosen Routineflug ab und kam dabei ums Leben. Offenbar war er während eines Gewitters in Abwinde geraten und gegen einen Berg geprallt.

Drähte.[I] Seedhouse: »SpaceShipOne war eher ein Toyota Corolla als ein Audi S4.«[176] Doch das war natürlich Absicht. Es sollte als Prototyp kostengünstig bleiben, und außerdem hatte Rutan es ja nur zu einem Zweck entwickelt: den X-Prize zu gewinnen. Michael Belfiore schildert in seinem Buch »Rocketeers«, wie Whitehorn beim ersten Blick auf das Gefährt reagierte. »Rutan konnte nicht widerstehen, ihm SpaceShipOne zu zeigen. Whitehorn erkannte es sofort als die Gelegenheit, auf die Branson gewartet hatte. ›Scheiß auf den Global Flyer‹, rief er Branson ins Telefon, ›er baut ein Raumschiff!‹«[177]

Rutan wollte Branson zunächst nicht verraten, wer dahinterstand, und auf die Frage, ob er ihm denn ein Touristen-Raumschiff bauen könne, winkte Rutan sogar ab: »Zu beschäftigt«! Doch Branson ließ sich nicht abwimmeln, begann mit Allen und Rutan zu verhandeln, und am Ende stand ein Deal, der ein neues Zeitalter der Raumfahrt einläuten sollte.

Doch vorher musste SpaceShipOne erst einmal in den Weltraum fliegen. Am 21. Juni 2004 war es so weit. Tausende waren rausgefahren, um sich das Spektakel anzuschauen, sodass sie in der Nacht zuvor mitten in der Wüste im Stau gestanden hatten.[178] Nun standen sie frühmorgens am Rand des Flughafens und sahen zu, wie erst ein seltsam anmutendes Flugzeug mit einem Propeller vorn und einem hinten abhob und kurz danach das Trägerflugzeug WhiteKnight, in der Mitte seiner zwei Rümpfe und unter der Pilotenkanzel, das Raumschiff. Das Gespann schraubte sich etwa eine Stunde lang über 14 Kilometer hoch in den wolkenlosen Himmel über Mojave, wo sich Pilot Mike Melvill mit dem Raumschiff ausklinkte, den Raketenmotor zündete und in einer steilen Kurve mit dreifacher Überschallgeschwindigkeit geradewegs Richtung Weltraum schoss. Nach 76 Sekunden stellte Melvill, Rutans Testpilot seit 1982, den Antrieb ab. Auf dem Scheitel seiner spitzen Flugkurve, gerade über 100 Kilometer hoch, öffnete er eine Tüte M&Ms und ließ sie durch die Druckkabine schweben.[179] Er hatte sich soeben Astronautenflügel erworben. Allerdings musste er noch zurück, um sie sich abzuholen, und das ist bei Raumflügen schwieriger als die Hinreise. Doch auch das gelang. SpaceShipOne widerstand den Luftmassen, die das hinabrasende Raumschiff mit dem Fünffachen der Erdbeschleunigung abbremste und durchschüttelte, und

---

I Im All funktionieren die Leitwerke eines Flugzeugs natürlich nicht mehr. Dort regulierte der Pilot die Lage von SpaceShipOne über kleine Kaltgastriebwerke.

nach wenigen Minuten landete er wieder unter uramerikanischen Yeah- und Huhu-Schreien der Zuschauer in Mojave.

Gut drei Monate später hob SpaceShipOne erneut mit Melvill im Cockpit ab – allerdings völlig unerwartet. Der ursprünglich angekündigte Pilot Peter Siebold hatte abgesagt: Er war gerade Vater geworden, und das Risiko, sein neugeborenes Kind zum Halbwaisen zu machen, war ihm zu hoch.[180] Wie recht er mit dieser Einschätzung hatte, sollte er später doch noch bitter erleben. War der erste Raumflug Melvills noch ein Test gewesen, war der darauffolgende der erste erfolgreiche und gültige X-Prize-Flug. Fünf Tage später zündete Brian Binnie die Triebwerke und landete 24 Minuten später auf dem Rollfeld, wo erneut Tausende das zurückkehrende Raumschiff begrüßten. Es war vollbracht. Das SpaceShipOne hatte den Ansari X-Prize und zehn Millionen Dollar gewonnen.[I]

Vom Boden hatten die Zuschauer nicht viel mehr von den ersten privaten Weltraumflügen der Geschichte gesehen als einen blassen weißen Streifen, den die Abgase hinterließen.[181] Doch im Cockpit hatten die Piloten mit zahlreichen unerwarteten Problemen zu kämpfen. Beim ersten Flug beulte die Nase des Raumschiffs durch die enorme Hitze ein und verursachte laute Knalle, die Melvill aber nicht lokalisieren konnte. Schlimmer noch, das Raumschiff begann stark zu rollen, alle zwei Sekunden einmal, der Flug stand kurz vor dem Abbruch. Letzten Endes trat das Raumschiff 35 Kilometer weit von der Stelle in die Atmosphäre ein, an der es sollte, Melvill schaffte es trotzdem zurück. Bei Flügen zuvor war unter anderem einmal das Navigations-Display ausgefallen, sodass Melvill wie einst Lindbergh flog, indem er aus dem Cockpit schaute. Und Brian Binnie, der schon das Roton-Testvehikel gesteuert hatte, hatte bei einem Testflug zuvor so hart aufgesetzt, dass er dabei das Fahrwerk zerstörte. Am Ende war das alles vergessen.

Peter Diamandis hatte sein Ziel erreicht: Der Preis sorgte für weltweite Aufmerksamkeit. Die Teams investierten etwa 100 Millionen Dollar und »allein die Berichterstattung war mehr als 120 Millionen Dollar wert«[182], sagte ein begeisterter Diamandis, und sogar Präsident George W. Bush rief an, um zu gratulieren. SpaceShipOne ist immer noch in der Luft: Es

I ... und die Versicherung die Wette verloren.

hängt im National Air and Space Museum in Washington D.C. von der Decke.[183]

Eric Seedhouse schreibt zum Ansari X-Prize, dass der Wettbewerb die frühen Tage der Luftfahrt-Pioniere in ihren fliegenden Kisten widerspiegelte, in einer quasi darwinistischen Atmosphäre, in der nur der Stärkste und Klügste überleben würde. Damit hatte er recht im Unrecht, denn die Analogie passte, der Verweis auf den Stärksten sicher nicht. Denn Darwin meint mit »Survival of the Fittest«[I] nicht das Überleben des Stärksten, sondern des Angepasstesten, und das beschreibt das Gewinner-Gefährt SpaceShipOne viel besser. Das Raumschiff ist alles andere als eine kraftstrotzende Bulldogge wie beispielsweise Boeings Delta-IV-Rakete, sondern ein graziler Windhund, der das Rennen nur wegen seiner Leichtigkeit und Aerodynamik gegen die Schwerkraft und die Kräfte der atmosphärischen Luftschichten gewann.[184]

Wer sich fragt, warum der mittlerweile in die Jahre gekommene Flug des SpaceShipOne so ausführlich beschrieben wird: Das Rennen um den Ansari X-Prize ist nicht nur eine spannende Geschichte, sein Gewinner-Raumschiff liefert zudem die Blaupause für die heutige Geschichte und das Touristen-Raumschiff SpaceShipTwo, und auch die Darsteller von damals, Branson, Allen, Rutan und Whitehorn sind heute die Hauptpersonen in diesem zweiten Akt. Es ist erstaunlich zu sehen, wie in dieser Szene der Reichen und Rastlosen alles miteinander zusammenhängt; wie sich ihre Wege trennen und wieder zusammenführen, wenn nicht einer, wie am Beispiel Fossett zu sehen, aus dem Spiel ausscheidet, weil er das Blatt überreizt hat.

Die Geschichte des X-Prize macht noch eines klar. Wer in der Raumfahrt etwas erreichen will, braucht nicht nur einen guten Konstruktionsplan, sondern vor allem das Geld, ihn umzusetzen. Die Konkurrenten von SpaceShipOne waren in dem Augenblick chancenlos, als Paul Allen seinen Handschuh in den Ring warf. Auf diese Binsenweisheit der Raumfahrt weist Jeff Bezos häufig hin, und auch Elon Musk ist nur deswegen erfolgreich im All unterwegs, weil er seine eigenen Millionen einsetzte, um die Falcon 1 zu entwickeln, anstatt auf einen weißen Ritter zu warten. Daher waren sich damals alle einig – wieder einmal: Die erfolgreichen

I Die Begrifflichkeit stammt ursprünglich vom britischen Sozialphilosophen Herbert Spencer. Darwin übernahm sie später in sein Werk.

X-Prize-Raumflüge 2004 und Bransons Folge-Millionen für ein neues, größeres SpaceShipOne markieren sprichwörtlich das Abheben einer neuen, privaten Raumfahrt und gleichzeitig den baldigen Beginn eines breiten Weltraumtourismus.[I]

»Was ist bloß passiert? Wir haben nichts erreicht«, klagte Rutan 13 Jahre später während einer YouTube-Live-Schalte im Rahmen der Vorstellung eines Buchs über den X-Prize. Rutan hat sich inzwischen in den Ruhestand in den äußersten Nordwesten der Vereinigten Staaten verabschiedet, nach Coeur d'Alene in Idaho. Dort erreicht das Thermometer keine 40 Grad. »Erinnert ihr euch noch, was ich im Moment des Triumphs sagte, als wir gerade den Preis gewonnen hatten? Ich sagte, es würde mehrere Linien geben, mehre Weltraumbahnhöfe, die Kosten würden runtergehen, weil es so viel Konkurrenz gäbe, und es würden bis heute Tausende in den Raum fahren.«[II] Rutan sprach von einem fürchterlich unaufgeräumten Büro aus, in dem die Bücherregale alle in einem Winkel von etwa zwölf Grad aus dem Lot fielen – für jeden Ingenieur ein Grund, unruhig auf dem Stuhl hin- und herzurutschen, für Rutan und seine Flugzeuge irgendwie stimmig. »Ich bin überrascht, dich hier mit einem so strahlenden Gesicht zu sehen«, bemerkte er bissig in Diamandis' Richtung, der ebenfalls dabei war. »Warum bist du nicht schrecklich enttäuscht?« Der hatte zuvor erneut und unerschütterlich das Hohelied auf die private Raumfahrt angestimmt. Nun musste er zugeben: »Ich hätte 2004 niemals gedacht, dass 2017 immer noch keine Privatmenschen in den Weltraum fahren.«[185] Die vergangenen Jahre würden ihn dennoch optimistisch stimmen. »Was mich derzeit am meisten fasziniert, ist der Übergang von einer vom Staat abhängigen zu einer privatwirtschaftlich finanzierten Raumfahrt«, beharrte Diamandis allerdings unerschüttert auf einer goldenen Zukunft der Raumfahrt, während er kurioserweise auf einem Laufband eine Trainingseinheit

---

I Wer übrigens mal Schwerelosigkeit erleben möchte, ohne dafür jahrelang warten und dann mehrere Hunderttausend Dollar hinblättern zu müssen, kann sich bei Diamandis' Unternehmen ZeroG unter gozerog.com für 5.000 Dollar einen Parabelflug in einer umgebauten Boeing 727 kaufen. Stephen Hawking war auch schon da.

II In Wirklichkeit sprach Rutan sogar von Hunderttausenden: »There will be a new industry. And we are just now in a beginning. I will predict that in twelve or 15 years, there will be tens of thousands, maybe even hundreds of thousands of people that fly, and see that black sky.«

absolvierte. Offenbar sind in der Raumfahrt nicht nur die technischen Standards im Umbruch.

Die Enttäuschung von Rutan ist verständlich, ebenso der Enthusiasmus von Diamandis. Doch liegt Diamandis in diesem Fall vermutlich richtig, nicht nur was den bisher staatlich kontrollierten Raumtransport betrifft, sondern auch den Weltraumtourismus. Denn hier sind Leute am Werk, die schon bewiesen haben, dass sie das Geschäft mit verrückten Ideen beherrschen – und dazu eine Geldbörse haben, um eine finanzielle Durststecke zu überstehen.

Branson, der Galaktische

Der Mann hinter Virgin Galactic ist Richard Branson. Er hat Paul Allen die Technik des SpaceShipOne abgekauft und sich daran gemacht, für sein neues Geschäft eine komplette, globale Infrastruktur zu errichten. Dazu gehören nicht nur das Raumschiff und sein Träger, sondern zudem Weltraumreiseagenturen, ein Weltraumbahnhof, Kunden-Events und eine ausgefeilte PR-Strategie. Der ursprüngliche Plan lautete: Die neu gegründete Firma Virgin Galactic würde die Technologie des SpaceShipOne lizensieren und mit der Hilfe von Rutan für 50 Millionen Dollar fünf Touristen-Raumschiffe bauen lassen. Weitere Millionen sollten in den Betrieb und die notwenigen Startanlagen investiert werden, insgesamt 120 Millionen Dollar.[186]

Will Whitehorn, der Mann, der das SpaceShipOne einst in Rutans Hallen für Branson entdeckte, kündigte 2005 an, schon drei Jahre später die ersten Touristen ins All zu fliegen.[187] Stattdessen bekam die Öffentlichkeit das Raumschiff erst vier Jahre später überhaupt zu sehen, und erst 2013 flog es das erste Mal aus eigener Kraft. Im Jahr darauf stürzte es ab. Hat Virgin Galactic überhaupt eine Zukunft? Ist das Unternehmen eine Totgeburt, sein Geschäftsmodell das Gespinst eines Unternehmers, den sein Instinkt verlassen hat?

Branson dürfte wissen, dass es manchmal länger dauert, ein neues Unternehmen wirtschaftlich zu machen und ein erfolgreiches Produkt auf den Markt zu bringen, als anfangs geplant. Der Brite versteht sich als *serial entrepreneur* und hat in seinem Leben Dutzende Unternehmen gegründet, vermutlich mehr als alle anderen Space Billionaires zusammen. Seiner Marke entgeht man nur, wenn man mit geschlossenen Augen und zugehaltenen Ohren durch die Welt geht. Sie findet sich auf Flugzeugleitwerken in Australien, über amerikanischen Hoteleingängen, auf englischen Motorradtaxis, sie klingt aus italienischen Radios und prangt in katarischen Banken für Nabelblut sowie in portugiesischen Fitness-Clubs.[I]

Der Brite ist vielleicht der unkonventionellste der Raumfahrt-Avantgarde. Er ist die seltene Mischung aus Sonnyboy mit einem ansteckenden Grinsen und englischem Gentleman, der bemüht ist, bei seinen Geschäften ein menschliches Gesicht zu zeigen. Der Prinz von Wales schlug ihn 2000 für seine unternehmerischen Leistungen zum Ritter.[188] Branson, normalerweise für seinen legeren Modestil bekannt, ließ sich dafür einen Gehrock anfertigen, und nicht wenige sprechen ihn seitdem mit Sir Richard an.

Dabei kann Branson noch nicht einmal einen regulären Schulabschluss vorweisen, denn mit 16 Jahren verließ er die Schule vorzeitig.[II] Branson hat eine gute und für das englische Schulsystem äußerst traurige Erklärung für seine schwachen Schulleistungen. Er leidet eigenen Angaben zufolge unter Legasthenie, was ihn nicht davon abhielt, eine Zeitung herauszugeben. Der zur Legende gewordene Abschiedsspruch seines Schuldirektors: Branson werde entweder im Knast enden oder als Millionär.[189] Beides wurde mit Einschränkungen wahr. Branson musste wegen eines (recht originellen) Zollvergehens ins Gefängnis, jedoch nur für eine Nacht. Und eigentlich ist er nur implizit Millionär, denn Bransons Firmenimperium ist geschätzte fünf Milliarden US-Dollar wert.[190]

Zunächst verkaufte Branson Schallplatten per Versand, und zwar so preiswert wie kein anderer, quasi als frühe Amazon-Variante. Doch das war nur möglich, weil er dabei eine fällige Steuer umging, daher die Nacht im Gefängnis. Reich wurde er aber erst, als er Virgin Records gründete und zum richtigen Zeitpunkt den erst 19-jährigen Mike Oldfield unter Vertrag nahm, dessen erste Schallplatte »Tubular Bells« er fünf Millionen

I Und sogar auf Kondompackungen, wobei Branson hier aus verständlichen Gründen auf den Markennamen »Virgin« verzichtet und stattdessen den passenderen Namen »Mates Condoms« gewählt hat.

II Er hatte stattdessen auf dem praktischen Bildungsweg Erfolg: 1997 erhielt er einen Ehrendoktor von der renommierten britischen Universität Loughborough.

Mal verkaufen konnte – ein außergewöhnliches Instrumental-Album und die Grundlage für das Virgin-Imperium. Virgin wählte Branson als Name, weil er quasi völlig unbehelligt von Erfahrung ein Unternehmen gründete. Diese Erklärung passt auch für Virgin Galactic. Wer kann schon mit Erfahrung im Weltraumtourismus mit einem eigenen Weltraumkreuzschiff aufwarten?

Das heißt: Wenn Richard Branson mit irgendetwas Erfahrungen hat, dann sicherlich mit halsbrecherischen Extremreisen. Branson ließ nicht viele Gelegenheiten aus, bei meist kostspieligen Hobbys sein Leben zu riskieren, und meistens spielen dabei Rekordjagden eine Rolle. Zunächst erzeugte er Nasenrümpfen bei graubärtigen Kapitänen, als er 1985 versuchte, mit einem Motorboot das Blaue Band für die schnellste Atlantiküberquerung eines Schiffs zu ergattern. Sie durften aufatmen, als Branson kurz vor dem Ziel in britischen Gewässern kenterte und von Hubschaubern der Royal Air Force aus dem Wasser gefischt werden musste. Ein Foto mit dem halbgesunkenen Schiff mit dem Virgin-Logo machte damals die Runde.[191] Was damals ein PR-Desaster war, ist heute Teil der Branson-Legende und sogar auf der Virgin-Homepage zu betrachten. Er kann darüber lachen, weil er sich den Rekord ein Jahr später doch noch holte. Die Pointe: Da ihm das Blaue Band verweigert wurde, weil sein 22-Meter-Flitzer[192] kein Liniendampfer war, erschuf er einfach einen eigenen Wettbewerb: die Virgin Atlantic Challenge Trophy. Was nicht passt, wird eben passend gemacht. Wieder ein Jahr später wiederholte er die Reise, dieses Mal allerdings in einem Heißluftballon und schon erfolgreich beim ersten Versuch. Praktisch an einem Heißluftballon: Auf seiner riesigen Oberfläche ist viel Platz für ein Logo. »Wir konkurrierten damals mit British Airways und ihren 350 Flugzeugen. Wir mussten also mit etwas Unterhaltsamen kommen, um Virgin Atlantic bekannter zu machen«, sagt Branson heute.[193] Das war Bransons Fluggesellschaft, die 1986 nur drei Flugzeuge besaß. Er fuhr noch weitere Rekordversuche mit Ballonen, und beim Versuch, die Erde zu umrunden, landete er am Ende mit Steve Fossett im Pazifik und musste dieses Mal von der US-Küstenwache gerettet werden. Wenn also *Virgin Experience Days*, die Abenteuer-Linie seiner zahlreichen Reise- und Eventunternehmen Fallschirmspringen, Ballonfahrten und Überlebenskurse verkauft,[194] können die Kunden der Firma wenigstens sicher sein, dass ihr Besitzer weiß, was er da anbietet. Was Branson allerdings noch nicht gemacht hat:

Er war noch nie selbst im All. Das will er nachholen, sobald das erste SpaceShipTwo für Touristen startklar ist.

Von leicht schräg oben sehen WhiteKnightTwo und SpaceShipTwo aus wie drei Fußballspieler, die Arm in Arm ein Elfmeterschießen erwarten. Das liegt daran, dass das Raumschiff zwischen den zwei Flugzeugrümpfen des Trägerflugzeugs hängt und von vorn alle drei Rümpfe gleich aussehen. Es ist auf den ersten Blick zu erkennen, dass beide Abkömmlinge des X-Prize-Gewinnergespanns sind, und der Name sagte es ja auch bereits. Vermutlich soll die uninspirierte Namensgebung Vertrauen erzeugen, schließlich ist SpaceShipOne nie abgestürzt. Lediglich die einzelnen Modelle erhalten individuelle Namen. Die bisher gebauten Raumschiffe heißen VSS Enterprise und VSS Unity, wobei VSS für Virgin SpaceShip steht. Den ersten WhiteKnightTwo taufte Branson auf den Namen VMS Eve (Virgin MotherShip) nach seiner Mutter Eve,[195] zu der er eine enge Beziehung pflegt. Allerdings hat diese keine Ähnlichkeit zu der aufgemalten Weltraumjungfrau, die Brust voraus ein wehendes Virgin-Banner hinter sich herzieht.

Der optisch auffälligste Unterschied zum Vorgänger am WhiteKnightTwo ist, dass er deutlich stabiler wirkt als sein zerbrechlich wirkender Vorgänger und dass die Pilotenkanzel in der Mitte verschwunden ist. Dafür haben nun gleich zwei Kabinen Platz in den deutlich größeren Karbonfaser-Rümpfen. Dort können künftige Passagiere ihre Reise trainieren oder ihre Familien vom Trägerflugzeug aus zuschauen, wie ihre abenteuerlustigen Mitglieder in den Raum düsen. Es bleibt abzuwarten, ob die Liebsten sich das antun werden, denn der Anblick dürfte emotional eine ziemliche Belastung sein. Von einer Flügelspitze zur anderen misst der WhiteKnightTwo 43 Meter, fast zehn Meter mehr als der Kurzstrecken-Airbus A320. Angetrieben wird er von gleich vier Düsen, mit denen er eine 17 Tonnen schwere Last 15 Kilometer hoch transportieren kann. Das wird aber gar nicht nötig sein, denn SpaceShipTwo wiegt vollbeladen lediglich etwa zehn Tonnen, sodass noch Puffer für andere Zuladungen und Passagiere bleibt.

Für Sci-Fi-Fans vielleicht etwas ernüchternd erscheint das SpaceShipTwo viel flugzeugähnlicher als sein Vorgänger, mit einer spitzen statt runden Nase. Tatsächlich ist es eher ein extrem hochfliegendes Flugzeug mit Steuerdüsen als ein Raumschiff, denn es verbringt nur einen kleinen Teil seiner Flugzeit am untersten Rand des Weltraums. Eine Druckkabine besaßen schon andere Flugzeuge, beispielsweise der schnittige US-Höhenaufklärer Lockheed SR-71 Blackbird. Geblieben sind hingegen die Bullaugen an Wänden und Decke, aus denen die Passagiere in den kostbaren Minuten ihres Weltraumtrips wahlweise über fast 1.500 Kilometer Meer und Land oder in die Schwärze des Alls schauen können – sowie natürlich auf die Rundung der Erde, was ja die obskuren Flat-Earth-Anhänger gerne als optische Illusion abtun.

2006 hat die Welt eine Vorstellung bekommen, wie sich Branson beziehungsweise seine Designer eine Reise im Inneren eines Touristen-Raumschiffs de luxe vorstellen. Im weiß und blau ausgeleuchteten Innenraum liegen die Menschen in futuristischen, wellenartig geformten Schalen und schauen hinaus ins All. Das Einzige, was den ästhetischen Genuss störte, waren die unvollkommenen Menschen, die sich bei der Präsentation in New York in die Schalen gefläzt hatten und dem coolen Ambiente völlig unangemessen in die Kameras grinsten. Allerdings handelte es sich nur um ein Konzept. Das echte Interieur, das Rutans Firma Scaled Composites in Mojave baute, durfte noch niemand sehen. »Es wird aber nicht viel anders aussehen«, meinte Branson.[196] Entworfen hat den Innenraum das Designer-Duo Seymour Powell. Für das »Augen-Logo« von Virgin Galactic war hingegen Philippe Starck verantwortlich, ein bekannter französischer Designer, den die meisten wegen seiner hübsch anzuschauenden, gleichwohl wenig praktischen Zitronenpresse »Juicy Salif« kennen dürften (oder wenigstens die Presse). Das Logo besteht aus einer Iris, angeblich ein Abbild eines von Bransons Augen, und in dessen Mitte eine Sonneneklipse als Pupille. Laut Starck symbolisiert die Iris die Vision und Anstrengungen um die Raumfahrt und die Eklipse das Heraufdämmern kommerziellen Reisens im Weltraum.[197]

Die Luxus-Astronauten

Warum das ganze Bohei um Edel-Design und coolem Ambiente? Nun, die zukünftigen Passagiere dürften Ansprüche mitbringen. Virgin Galactic verlangt für einen Sitz in SpaceShipTwo einen Preis von 250.000 Dollar, zahlbar im Voraus. Das engt den Kreis der Kunden extrem ein, und gleichzeitig steigt die Erwartungshaltung derjenigen, die diesen enormen Betrag gezahlt haben. Erstaunlicherweise gibt es schon seit 2005 eine Warteliste mit zwischenzeitlich mehr als 700 Kunden, die zudem alle eine Anzahlung hinterlegt haben. »Es sind alle möglichen Leute darunter, von Leonardo DiCaprio bis Stephen Hawking, also von einem Extrem bis zum anderen«,[198] sagte Branson in einem Interview. Bei solcher Gelegenheit streicht er gern die Prominenz seiner Kunden heraus. Daher wissen wir, dass unter anderem Justin Bieber, Niki Lauda und Paris Hilton dabei sind, und die Hollywoodstars Ashton Kutcher, Brad Pitt und Angelina Jolie. Wobei die beiden letzteren vielleicht nicht mehr denselben Flug nehmen. Branson fragte auch William Shatner alias Captain Kirk, ob dieser nicht beim ersten Flug dabei sein wolle. Der habe aber wegen seiner Flugangst abgelehnt, so Branson. Shatners Version geht ein bisschen anders. Branson habe ihn gefragt, wie viel er zu zahlen bereit sei, um beim Erstflug dabei zu sein. Woraufhin Shatner entgegnet habe, wie viel stattdessen Branson zahlen würde, dass er überhaupt einsteige.[199]

Der Holzklassen-Komfort herkömmlicher Raumschiffe kommt also nicht infrage. Außerdem gibt es ja mittlerweile Konkurrenz, also etwas, dessen Fehlen Rutan so bitter beklagt hat: Jeff Bezos' New-Shepard-Rakete mit einer suborbitalen Raumkapsel. Entscheidend dürfte aber das Erlebnis sein. Das ist nicht einfach nur der Flug selbst, denn der ist der Höhepunkt einer mehrtägigen *Tour de Force*, in der aus einem normalen, wenngleich ziemlich reichen Erdenbürger am Ende ein Raumfahrer wird, mit Astronautenschwingen am Revers. Zunächst trifft der zukünftige Astronaut am Weltraumbahnhof ein und unterläuft ein dreitägiges Trainingsprogramm – bevor er als Finale abhebt –, am Anfang noch von Mojave, später vom neu gebauten Startplatz Spaceport America in der Wüste von New Mexico.[200] Manche neu-zivilisatorischen Verhaltensweisen müssen erst gelernt werden. Während heute jedem Flugzeugpassagier klar ist, dass er beim Landeanflug schlucken sollte, um den Druck in den Ohren abzubauen, gilt das nicht für die elegante Rolle rückwärts in der Schwerelosigkeit oder die bequemste Lage in der Makrogravitation beim Wiedereintritt in die Atmosphäre. Virgin Galactic will die Passagiere außerdem mental auf den Weltraum vorbereiten. Keiner dürfte *amused* sein, wenn der Nachbar anfängt, vor Begeisterung oder Todesangst schrill zu kreischen, selbst wenn es Brad Pitt ist. Und wie im Flugzeug wird es eine Einweisung für Not- und Sonderfälle geben, beispielsweise für die Leute, die es nicht rechtzeitig in ihre Sitze schaffen, bevor die Schwerkraft zurückkehrt. Sie werden dann auf dem Boden liegend zur Erde hinabfliegen.[201] [202]

Allerdings dürften viele der Passagiere schon fast perfekt ausgebildete Astronauten sein, wenn sie am Weltraumbahnhof eintreffen. Da die Flüge sich um Jahre verzögern, lässt sich Virgin Galactic einiges einfallen, um seine Kunden bei Laune zu halten. Sie bekommen regelmäßig Insiderinformationen über die Entwicklung des Raumschiffs, allerdings nicht nur in Form schnöder E-Mails. Es setzen sich schon mal die Topmanager von Blue Origin ins Flugzeug und besuchen die Passagiere in spe in Australien. Bei einer anderen Gelegenheit bestieg eine Gruppe Premium-Frühbucher frühmorgens in Los Angeles einen Virgin-Airbus, auf dessen Nase »My other Ride is a Spaceship« stand. Nach einem nur 20-minütigen Flug landeten sie in Mojave, wo sie Branson empfang, um ihnen – und der Weltöffentlichkeit – den neuen WhiteKnightTwo zu zeigen.[203]

»Virgin hält uns auf dem Laufenden und behandelt uns zudem wie VIPs«, berichtet Abenteurer-Journalist Jim Clash. »Wir bekommen jedes Jahr Geschenke von Branson. SpaceShipTwo-Manschettenknöpfe, eine Virgin-Galactic-Fliegerjacke, ein anderes Mal eine ID-Karte für zukünftige Astronauten.« Ganz offensichtlich funktioniert der Glasperlentrick nicht nur bei indigenen Völkern, sondern auch bei den Reichen dieser Welt.

Dazu kommen medizinische Vorbereitungstests, beispielsweise in Zentrifugen. Allerdings ist das alles andere als banale Unterhaltung, um die Zeit bis zum Flug zu überbrücken. Denn ein Weltraumflug ist nichts für schwache Nerven und ebenso wenig für labile Herz-Kreislauf-Systeme. Wenn der Motor zündet und SpaceShipTwo auf die dreifache Überschallgeschwindigkeit beschleunigt, wirken bis zu 3,8 g auf die Passagiere, sie wiegen in ihren Liegen dann das 3,8-Fache ihres Gewichts auf der Erde; beispielsweise statt 80 Kilo sind es dann 304 Kilo. Je nachdem, in welcher Richtung die Beschleunigung wirkt, fließt das Blut in oder aus dem Kopf. Das muss nicht notwendigerweise ungesund sein. Doch ab einer bestimmten Belastung fällt der Mensch in Ohnmacht, der eine schon bei 2 g, der andere erst bei 7 g.[204] Es ist folglich für jeden Passagier und Astronauten gut zu wissen, ob er den Weltraum überhaupt bei Bewusstsein erleben wird. Es wäre schon fatal, wenn er oder sie 250.000 Dollar zahlt, um den Höhepunkt des Fluges im komatösen Tiefschlaf zu verbringen. Zwar dauert so eine Ohnmacht in der Regel nur wenige Minuten, aber der Flug in der Schwerelosigkeit ebenfalls. Außerdem sind die Kräfte noch stärker, wenn das Raumschiff wieder zurück zur Erde fällt und dichtere Luftschichten erreicht. Das ließ sich während der Flüge von SpaceShipOne beobachten, dessen Flügel beim Wiedereintritt plötzlich anfingen, wild zu wackeln. Bis zu 5 g wirken dann auf die Insassen. Könnte also sein, dass der Tiefschlaf-Astronaut gleich wieder in Ohnmacht versinkt. Allerdings erinnern sich Betroffene meistens nicht daran, das Bewusstsein verloren zu haben. Der Passagier würde also vielleicht fragen, »Und, wann geht's endlich los?«, wenn das Raumschiff längst wieder auf dem Weg zur Erde wäre.

Virgin Galactic hat also ein enormes Interesse, nur Passagiere mitzunehmen, die den Flug genießen können. Umso dringlicher sind die Checks im Vorfeld, da die meisten Kunden schon etwas ältere Herrschaften sein dürften, denn die können sich so einen Flug vermutlich eher leisten als Studenten. Ältere Menschen sind jedoch naturgemäß anfälliger für Ohnmachten. Gute Nachrichten gibt es kurioserweise für Raucher. Da ihre Blutgefäße im Laufe der Zeit an Elastizität verlieren, halten sie gewöhnlich größere g-Belastungen aus als der Durchschnitt, schreibt Erik Seedhouse, der nicht nur seine Doktorarbeit am DLR-Institut für Raumfahrt-Medizin gemacht hat, sondern fünf Jahre lang die kanadische Personen-Zentrifuge geleitet hat.[205]

Eine andere Heimtücke, die vom eigenen Körper ausgeht, ist die Raumfahrerkrankheit, also Übelkeit und Schwindel. Zwar kreiselt der WhiteKnightTwo nicht in engen Kurven in die Höhe wie sein Vorgänger, sondern wird voraussichtlich auf den Pazifik hinausfliegen[206], um von dort SpaceShipTwo abzuwerfen. Das schont den Magen. Aber die 70 Sekunden Beschleunigung unter Raketenantrieb, in einer steilen Kurve mehr als 100 Kilometer hoch ins All, und die etwa vierminütige Schwerelosigkeit in der 1,90 Meter hohen Kabine dürfte so manchem Hobby-Astronauten den Blick auf die Erde verschleiern. Der Grund dieser Annahme liegt in der Erfahrung, die die NASA in einer Boeing KC135 gewonnen hat. In dem umgebauten Tankflugzeug üben angehende NASA-Astronauten während Parabelflügen die Schwerelosigkeit. Der Flieger ist als *Vomit Komet* bekannt, als Kotz-Komet.

Jim Clash berichtet, dass er sich auf beide Fälle vorbereitet hat. In einer alten russischen Transportmaschine absolvierte er einen solchen Parabelflug, auch Zero-G-Flug genannt, die ihn in zehn parabolischen Kurven für jeweils einige Sekunden schwerelos machten. »Bei der letzten Kurve sah jeder schon etwas grün aus im Gesicht. Meine Reisetabletten und mein schmales Frühstück haben mir den Tag gerettet. Dreien meiner Mitpassagiere erging es nicht so gut.« Sein g-Stehvermögen testete er in einer riesigen Zentrifuge, »die aussah wie eine riesige Uhr – mit mir als Ende des Sekundenzeigers, der allerdings viel schneller lief.« Alle aus seiner Gruppe seien wie er auf das SpaceShipTwo gebucht gewesen und hätten noch einmal 3.500 Dollar extra für die Tage an der Zentrifuge gezahlt.[207]

Die Strategie, ihren Kunden Honig um den Bart zu schmieren und sie ernsthaft auf einen Raumflug vorzubereiten, sind sicher unter anderem die Gründe, weshalb die meisten bisher nicht gegen die Verspätungen revoltieren, obwohl sie mehrere Hunderttausend Euro angezahlt haben. »Ich bin nicht böse, weil ich das Gefühl habe, ein Teil des Prozesses zu sein«, erzählte Namira Salim dem Journalisten Jeff Foust von SpaceNews. »Sie halten uns sehr beschäftigt.«[208] Namira Salim ist eine in Monaco und Dubai wohnhafte pakistanische Edel-Abenteurerin, die damit kokettiert, als erste Pakistanerin per Fallschirm über dem Mount Everest abgesprungen zu sein und außerdem Nord- und Südpol erreicht zu haben, allerdings mit dem Hubschrauber.[209] Und sie ist ein sogenannter Founder der ersten Stunde, etwas ganz Besonderes im Universum von Virgin Galactic. Das Unternehmen hat nämlich ein 3-Klassen-System für Buchungen eingeführt, je nach Anzahlung und Promi-Status des Kunden. Die höchste Kaste ist die des Founders, auf Deutsch Gründer. Ihre Anzahl ist begrenzt (es waren mal 80), es sind die ersten, die mit dem SpaceShipTwo ins All dürfen. Daneben gibt es noch die Pioneers, die einen Großteil des vollen Ticketpreises angezahlt haben, und die Voyager; sie haben »nur« 20.000 Dollar überwiesen und müssen am längsten warten. Das kann dauern. Virgin ist bis 2021 ausgebucht. Es war eine elegante Lösung, die Reihenfolge der Passagiere nicht einfach über eine schnöde chronologische Liste zu ordnen, sondern die prominenten Passagiere weiter vorn zu platzieren. Damit ergab sich ein Anreiz für Darsteller aller Art, eine höhere Anzahlung zu leisten.

Doch selbst wer die Zero-G-Flüge und die Zentrifuge übersteht sowie umgerechnet gut 200.000 Euro hinlegt, muss mehrere Jahre auf seinen Abenteuerflug warten. »Die Virgin-Galactic-Warteliste ist ein seltsamer Verein«, meint Clash. Der Run auf die Plätze in SpaceShipTwo hat etwas Kultisches. »Es ist sieben Jahre her, dass ich mein Ticket gekauft habe. Allerdings warte ich nicht einfach untätig auf meinen Raumflug. Ich bereite mich darauf vor.«[210]

Sind diese Menschen dann wirklich Astronauten, wenn sie mal im Weltraum waren? Schließlich nähert sich der Raumtourist dem Weltraum von einer komplett gegensätzlichen und explizit hedonistischen Seite. Nicht das Vaterland ruft, sondern der individuelle Spaß an der Freude. Nicht die Qualität eines breiten Spektrums an Charaktereigenschaften löst das Ticket, sondern die Brieftasche. Nicht Profis befahren das All, die ihr Gefährt von Grund auf begreifen, sondern Amateure, die im Raumschiff sitzen wie in einem Wiener Fiaker.

»An einem Weltraumflug teilzunehmen ist nicht dasselbe, wie Astronaut zu sein«, schreibt Chris Hadfield in seiner Biografie »Anleitung zur Schwerelosigkeit«. »Ein Astronaut ist jemand, der fähig ist, bei unvollständiger Informationslage und, wenn es wirklich darauf ankommt, in Sekundenschnelle die richtigen Entscheidungen zu treffen. Selbst ich war nach nur acht Tagen im Weltraum noch zu keinem geworden.« Hadfield fühlte sich also noch nicht einmal nach mehr als einwöchiger Mission mit dem Spaceshuttle als echter Raumfahrer. In den Augen solcher Leute gelten die begehrten Astronautenschwingen am Revers nichts, die auch all denen verliehen werden, die nur für ein paar Minuten die Grenze zum Weltraum überschreiten. Hier deutet sich schon an, was Touristen in aller Welt entgegenschlägt: Die untergründige bis offene Verachtung der Einheimischen, in diesem Fall der »echten« Astronauten. Doch womöglich ist diese exklusive Truppe höchst disziplinierter, intelligenter und mutiger Menschen ohnehin eine aussterbende Spezies, wenn in den kommenden Jahren mehr und mehr Menschen den Raum befahren und die Grenzen zu den herkömmlichen Berufsastronauten verwischen. Die Weltraumtouristen und ihre Piloten werden ihren Teil dazu beitragen, und sie haben es schon getan. Schließlich kann sich ja jeder Astronaut nennen, wenn er will. Es ist keine Amtsbezeichnung, und keiner wird dagegen vorgehen.

Die Katastrophe

Am 31. Oktober 2014 entfaltete sich das Federsystem von VSS Enterprise, während sein Raketenmotor das Schiff mit voller Kraft ins Weltall feuerte.

Mit ungeheurer Wucht traf die vorbeirasende Luft auf das neue Hindernis. Nur zwei Sekunden später zerbrach das ganze Raumschiff in der Luft. Peter Siebold wurde noch auf seinem Stuhl angeschnallt aus dem Schiff herausgeschleudert und verlor das Bewusstsein. Als er wieder aufwachte, sah er die Wüste unter sich und öffnete seinen Gurt, um den herausgerissenen Sitz loszuwerden. Danach wurde er wieder ohnmächtig. Glücklicherweise öffnete sich sein Fallschirm automatisch, während er aus 13.700 Metern Höhe zur Erde fiel. Die beiden Kinder von Siebold, der zehn Jahre zuvor das SpaceShipOne nicht in den Raum fliegen wollte, weil er grade Vater geworden war, hatten Glück: Ihr Vater überlebte. Deswegen konnte Siebold später überhaupt erzählen,[211] welches Wunder ihm geschehen war. Als er während seines Falls wieder zu Bewusstsein gekommen war, warf er dem um ihn herumfliegenden Begleitflugzeug einen Daumen zu: »Alles in Ordnung!« Das stimmte allerdings nur bedingt. Siebold erlitt Knochenbrüche, einen Lungenriss und Erfrierungen an den Augen, denn in der Höhe, in die er hinausgeschleudert worden war, herrschten minus 60 Grad Celsius. Trotzdem war das für ihn immer noch ein glückliches Ende des Testflugs. Sein Co-Pilot Michael Alsbury wurde bei dem Absturz getötet. Bauarbeiter fanden seine Leiche auf einem abgelegenen Wüstenweg, noch angeschnallt in einem Wrackteil des Raumschiffs. Tragischerweise hatten seine Frau und seine Kinder den Flug vom Boden aus angeschaut und mussten erleben, wie der Ehemann und Vater starb.

Das Raumschiff zerstört, ein Pilot tot, der andere schwer verletzt, der Zeitplan dahin, eine verunsicherte Truppe, eine zunehmend kritische Öffentlichkeit, nachbohrende Medien, die Zukunft der teuren und ressourcenfressenden Unternehmung infrage gestellt. Carolynne Campbell-Knight, eine Expertin für Hybridantriebe, riet Branson öffentlich, lieber Handys zu verkaufen, als Raumschiffe zu bauen; dabei würde wenigstens keiner sterben. Noch im selben Jahr, hatte der grundsätzlich so zuversichtliche Brite angekündigt, würde VSS Enterprise in den Raum reisen. Der Todesflug setzte dessen Pläne stattdessen wieder auf null. Nach dem Unfall war sogar Richard Branson das Lachen vergangen. Und nun sollte eine staatliche Untersuchungskommission auch noch im Innersten von Virgin Galactic nach den Ursachen für die Katastrophe suchen.

Die Kommission des National Transportation Safety Board, der zuständigen Behörde, konnte die Ursache für den katastrophalen Testflug mithilfe von Siebolds Angaben und dem Flugverlauf recht schnell ermitteln. Zunächst hatten die Bilder vom Boden darauf hingedeutet, dass ein zum ersten Mal verwendetes neues Triebwerk explodiert sein könnte. Doch man fand im Trümmerfeld sowohl den unzerstörten Motor als auch den intakten Tank. Ein stotternder und aufgeregter Branson klagte im Fernsehen, die Medien würden die Tatsachen verdrehen, anstatt die Untersuchungen abzuwarten.[212] Da hatte er sogar recht, denn nicht ein Bauteil war schuld am Unglück, sondern ein Pilotenfehler. Die Kamera an Bord und der Funkverkehr dokumentierten, dass Michael Alsbury den Feder-Mechanismus zu früh entriegelt hatte. Wie vorgesehen kündigte er den Vorgang kurz nach dem Ausklingen vom WhiteKnightTwo an, doch dann betätigte er den Schalter sofort, anstatt abzuwarten, bis das Schiff eine Höhe erreicht hatte, in der die Luft so dünn war, dass kein Druck mehr auf den Flächen lastete. Doch sie flogen noch nicht im luftleeren Raum, sondern in einer noch relativ dichten Atmosphäre. Ohne dass die Piloten den Mechanismus selbst auslösten, drückte der rasende Fahrtwind die Flügel in die Federstellung, und das Schiff prallte quasi gegen eine Mauer aus Luft. Dieser aerodynamischen Vollbremsung bei vollem Raketenantrieb hielt das Raumschiff nicht stand, es wurde auseinandergerissen. Beide Piloten riefen noch »Pitch-up!«, was so viel heißt wie »Flugzeug stark überrissen«[213], also ein flugtechnischer Hilfeschrei. Das Letzte, was die Ermittler später in den Cockpit-Videos sahen, war, wie die Oberkörper der Piloten nach vorn flogen, bis sie fast den Schoß berührten. Dann endete die Aufzeichnung.[214] Das geschah alles innerhalb von sieben Sekunden.

Als die Kommission im Juli 2015 in Washington ihre Ergebnisse vorstellte, sagte sie nicht nur, was während des Fluges passierte; sondern außerdem, wer ihrer Meinung nach an dem Unglück Schuld trug. Zwar hätten die Piloten die erforderlichen Lizenzen gehabt, doch wäre Alsbury überfordert und gestresst gewesen und es hätte ihm an Erfahrung für das SpaceShipTwo gefehlt. »Der Co-Pilot musste zahlreiche auswendig gelernte Arbeitsschritte absolvieren, unter Zeitdruck und bei Vibrationen und Belastungen, die er seit längerer Zeit nicht mehr erlebt hatte. Das erhöhte die Möglichkeiten, Fehler zu machen.« Das Urteil über Scaled Composites fiel harsch aus. Denn obwohl seine Ingenieure genau wussten, dass es katastrophale Folgen haben würde, wenn die Flügel zu früh entriegelt würden, hatten sie nicht dafür gesorgt, einen menschlichen Fehler von vornherein technisch auszuschließen, so der Bericht. Stattdessen habe das Unternehmen die Last der Verantwortung an die Piloten abgegeben, sie quasi dazu verdammt, keine Fehler zu machen. Selbst die US-Bundesluftfahrtbehörde FAA bekam ihr Fett weg, denn sie hätte die Flüge abgenickt, ohne sich tiefer mit den technischen Feinheiten des Raumschiffs beschäftigt zu haben.

Das dürfte Branson überhaupt nicht gefallen haben. Es ist nicht gerade vertrauenerweckend für ein Touristen-Raumschiff, wenn drei so wichtige Instanzen wie Piloten, Hersteller und Flugaufsicht ihren Job nicht richtig machen.

Ein ebenso großes PR-Desaster wie die Trümmer mit zerkratzten Virgin-Galactic-Logos und der desaströse Abschlussbericht war der Umgang mit dem Unfall kurz danach. Obwohl Branson immer die Andersartigkeit und das menschliche Antlitz seiner Virgin-Gruppe preist, reagierte Virgin Galactic wie jedes beliebige Unternehmen, das versucht, seine Haut zu retten: Es wies mit dem Finger auf andere. Statt wie bisher im Erfolg auch im Versagen zusammen zu gehen, verwies Virgin Galactic in einer ersten Stellungnahme plötzlich auf den Testflug des »Partners Scaled Composites« und die »Scaled-Composites-Piloten«.[215] In den Erfolgsmeldungen war vorher stets von »Virgin-Galactic-Flügen« die Rede. Das kam nicht gut an. Die damalige Presseerklärung ist indessen von den Seiten verschwunden.

Was diesen Unfall noch schlimmer machte: Es war nicht der erste tödliche Unfall für Virgin Galactic und seine Partner – noch nicht einmal der tödlichere.

Sieben Jahre zuvor, 2007, war ein Triebwerks-Teststand explodiert, tötete drei Menschen und verletzte zahlreiche weitere schwer. SpaceShipTwo besitzt einen Hybridantrieb, bei dem ein Teil des Treibstoffs aus festem Gummi und der andere aus flüssigem Lachgas (N2O) besteht. Das ist eine elegante Lösung, weil er sich abstellen lässt, was bei reinen Feststoff-Motoren unmöglich ist. Haben die einmal gezündet, dann brennen sie bis zum Ende.[I] Der Nachteil von flüssigen Treibstoffen entfällt ebenfalls. Gummi ist leicht zu verarbeiten und ungiftig, Lachgas wiederum kann nicht brennen und – theoretisch – nicht explodieren. Genau das passierte aber am 26. Juli und verwüstete das Testgelände. Scaled Composites und sein Partner beim Bau von SpaceShipTwo hielten sich sehr be-

I Deswegen starten bei Raketen wie der Ariane auch zuerst die Flüssig-Treibstoff-Triebwerke. Erst wenn feststeht, dass diese einwandfrei funktionieren, zünden die Feststoff-Booster.

deckt, doch nach und nach sickerte heraus, dass Hybridtriebwerke eben doch keine solche Wundertechnik ist, wie Virgin Galactic seinen Kunden damals auf der Webseite glauben machen wollte: »Hybrid motors offer both simplicity and safety. (...) The oxidizer is Nitrous Oxide and the fuel a rubber compound; both benign, stable as well.« Auf Deutsch: »Hybridmotoren sind einfach und sicher. (...) Das Oxidationsmittel ist Stickstoffdioxid und der Treibstoff Gummi; beide ungefährlich und stabil.«

Der Knackpunkt ist, dass Lachgas vor allem bei höheren Temperaturen eben nicht so stabil ist. Und Mojave ist ein Ort in der Wüste, in dem die Gluthitze mittags über dem Asphalt flimmert. Das war genau der Zeitpunkt, als die Ingenieure ihren Test begannen, ein an sich harmloser Kaltstart des Triebwerks – es sollte also nicht einmal zünden. Doch Experten nehmen an, dass sich das Lachgas in den Tanks und den Leitungen auf die Umgebungstemperatur erhitzt hatte und instabil wurde. Als die Techniker die Ventile öffneten, baute sich schlagartig ein Druck auf, der die gesamte Gasanlage zerriss.

Randa Milliron, Geschäftsführerin von Interorbital Systems, einem kleinen Raketenbauer in unmittelbarer Nachbarschaft zu Scaled Composites und Virgin Galactic, war davon unmittelbar betroffen – einer der getöteten Männer war ein Freund von ihr. »Den Leuten ist nicht immer völlig klar, wie gefährlich das ist. Das sind Bomben, und sie arbeiten mit hohen Drücken, und das ist immer gefährlich. Wenn wir unsere Rakete unter Druck setzen (der Treibstoff der Interorbitalsystem-Rakete Neptun wird nicht mit einer Turbopumpe befördert, sondern mit Helium in die Brennkammer gepresst, Anm. des Autors), dann machen wir das immer aus der Distanz. Denn das ist womöglich einer der riskantesten Momente. Das ist eben der Grund, weshalb man alles so ausführlich testet: Damit man am Ende weiß, dass es alles aushält.« Heute sind diese Zeilen über die Sicherheit von Lachgas von der Blue-Origin-Webseite verschwunden. Es ist nur noch die Rede davon, dass Hybridtriebwerke besonders für das SpaceShipTwo geeignet seien und sie sicher und schnell zu jedem Zeitpunkt des Fluges abgestellt werden könnten.[216]

»Ich kann mich daran erinnern, wie ich einmal bei einem frühen Treffen des X-Prize war«, erzählt Milliron. »Ein Team aus Argentinien zeigte uns ein Video von ihrer Hybridrakete. Diese Rakete stieg auf 5.000 Fuß (etwa 1.500 Meter) und detonierte mit einem lauten Knall. Burt Rutan saß da und fragte ›Das ist eine Hybridrakete?‹«[217] Die Erkenntnis, dass er an einem Raumschiff mit einem solchen Hybridtriebwerk baut, muss Rutan, der ein Flugzeugingenieur und kein Raketenspezialist ist, also sehr betroffen gemacht haben – mit gutem Grund, wie sich tragischerweise später herausstellte. Aber von Unfällen ist nicht nur Virgin Galactic betroffen, Raketenbau ist und bleibt gefährlich. »Als ich einmal draußen war, als wir unseren neuen Teststand für unser 20.000-Pfund-Triebwerk aufbauten, kletterte ich auf einen kleinen Hügel und sah, wie nebenan die Rakete eines anderen Unternehmens in Flammen steht. Ich dachte: ›Oh, mein Gott, kommt das Ding jetzt zu uns herüber?‹ Wäre nett gewesen, wenn sie uns vorher Bescheid gegeben hätten.« Doch Milliron gibt sich stoisch: »Unfälle passieren eben.«

Das ist richtig, eine Rakete zu bauen, ist sogar nicht viel weniger gefährlich, als sie zu starten. Die Geschichten auf der Rampe explodierender Raketen und versagender Testanlagen sind zahlreich, katastrophal und tödlich.[I]

Restart

Am 19. Februar 2016 stieg Richard Branson in einen weißen Land Rover, reckte seinen Oberkörper durch das geöffnete Dachfenster und winkte den Hunderten Gästen und Journalisten zu, die dabei zusahen, wie der riesige Geländewagen das neue SpaceShipTwo aus dem FAITH-Hangar zog. Anschließend taufte Bransons kleine Enkeltochter das Raum-

I Das galt besonders in der Hochzeit des Wettrennens ins All, als es darum ging, dem Gegner immer einen Tick voraus zu sein. Der Druck, nach Plan zu starten, war entsprechend hoch. Das führte 1960 im damalig sowjetischen Baikonur zur schrecklichsten Katastrophe in der Geschichte des Raketenbaus. Mitrofan Nedelin, Chef der strategischen Raketentruppen, wollte auch die R-16 testen, eine für die Sowjetunion wichtige Mittelstreckenrakete. Der Start verzögerte sich jedoch wegen zahlreicher Probleme. Nedelin zwang seine Untergebenen aber, die Startvorbereitungen fortzusetzen. Um zu zeigen, dass alles sicher war, setzte er sich selbst mit einem Stuhl neben die vollbetankte Rakete, sodass seine Mitarbeiter die Bunker wieder verließen und weiterarbeiteten. Da dies weniger als eine Stunde vor dem geplanten Start geschah, waren die Systeme der Rakete bereits aktiviert. Als ein Techniker den Startschalter wieder auf null setzen wollte, passierte er dabei die Funktion »Start der zweiten Stufe«: Die Stufe zündete und ließ die Rakete explodieren. Mit ihr verbrannten mehr als 120 Menschen. Genau lässt sich das nicht sagen, denn offiziell hatte sich dieser Unfall nie ereignet. Von dem Hauptmarshall fand man später lediglich den geschmolzenen Orden »Held der Sowjetunion«. Es gibt ein verschwommenes Bild, aufgenommen Sekunden nach der Explosion. Darauf sieht man, wie brennende Menschen versuchen, dem Inferno zu entkommen.

schiff mit einer Nuckelflasche Milch auf VSS Unity. Den Namen hatte das Raumschiff von Stephen Hawking erhalten, der den Anwesenden in dem in blaues Licht gehüllten Hangar eine elektronische Sprachbotschaft übermittelte. Der an ALS leidende Astrophysiker kann nicht mehr mit eigener Stimme sprechen. Branson habe ihn aus Necker Island angerufen und ihm einen Platz angeboten.[218] »Ich habe sofort Ja gesagt und meine Meinung nie geändert.« Das war wohl der wichtigste Teil der Botschaft, die Branson alle hören lassen wollte. Schon bald würden Eve und Unity abheben, um da anzuknüpfen, wo Enterprise geendet hatte.

Das war ein Erfolg, den Virgin Galactic dringend nötig hatte. Er machte aller Welt klar: Es geht weiter. Branson würde das Feld nicht kampflos Bezos und Musk überlassen. Das hätte angesichts seiner Vita auch schlecht zu ihm gepasst. Außerdem: Es gab keinen Weg zurück mehr für ihn. Es steckte schon zu viel Geld in Virgin Galactic, um es einfach abzuschreiben. Die Kosten für Bransons Raumfahrt-Programm waren quasi noch auf der Startrampe explodiert. Statt der ursprünglichen etwa 100 Millionen waren nun schon mehr als 400 Millionen für die Raumschiffe und seine Infrastruktur veranschlagt.[219] Allerdings war das schon lange vor dem verhängnisvollen Tag im Oktober 2014 der Fall – der Absturz und natürlich der Unfall zuvor waren nur nicht geeignet, die Kosten etwa zu senken. Um die Rechnungen nicht allein zahlen zu müssen, hatte Branson 2010 die Aabar Investment Gruppe an Bord geholt, einen Staatsfond von Abu Dhabi, der insgesamt 380 Millionen Dollar mitbrachte und dafür 37,8 Prozent der Virgin-Anteile erhielt.[I] [220] Dafür sollten eines Tages die Raumschiffe von Virgin Galactic von den Vereinigten Arabischen Emiraten starten – eine vielversprechende Idee angesichts des Ticketpreises und den tiefen Taschen der dortigen Bewohner. Seitdem ist sogar der große Nachbar miteingestiegen. Ende 2017 verkündete der saudische Kronprinz Mohammed bin Salman al-Saud, der Staatsfond Saudi-Arabiens werde eine Milliarde Dollar in Bransons Raumfahrt-Projekte investieren.[221]

Ausreichende und langfristige Liquidität war sicher kein unwichtiger Faktor, denn statt mit Flügen Geld zu verdienen – die ersten zahlenden Gäste sollten ja mal 2007 in den Raum fliegen, hatte der Absturz den Stichtag wieder um mindestens ein Jahr verzögert. Das war umso ärgerli-

---

I Hochgerechnet wäre Virgin Galactic zum damaligen Zeitpunkt, zwischen 2010 und 2011, also etwa eine Milliarde Dollar wert gewesen.

cher, als dass VSS Enterprise seit 2011 etwa 50 Mal erfolgreich abgehoben hatte, darunter 31 Mal als Gleiter und dreimal mit gezündetem Motor, bis es beim vierten Mal zur verhängnisvollen Fehlbedienung Alsburys kam.

Das investierte Kapital in Form von Glaubwürdigkeit war aber noch viel höher. Virgin Galactic ist ja nicht nur ein Unternehmen für sich, sondern Teil der Marke Virgin, was sogar CEO Will Whitehorn bestätigte. »Galactic wird die Marke Virgin in den USA auf eine Weise bekannt machen, die man mit Geld nicht kaufen kann.«[222] Branson ist zum Erfolg verdammt, sein gesamtes Image als Unternehmer, der die ungewöhnlichsten Ideen zum Erfolg macht, hängt davon ab. Das hat er mit Elon Musk gemeinsam. Branson geht das bewusst Technisch-Nerdige jedoch ab; er spielt lieber die Rolle des gutgelaunten Impresarios, der sein Imperium scheinbar mit leichter Hand mit gewagten Ansagen und bunten PR-Stunts von der Hängematte aus steuert.

Bezos wiederum hat eine ganz andere Strategie gewählt als Musk und Branson. Er meldet Erfolge gern und pathetisch, dagegen Fehlschläge nur, wenn es sein muss, und ferne Ziele äußerst vage. Wer keine Messlatten definiert, kann keine reißen und muss sich für Misserfolge nicht vom Publikum später ausbuhen lassen. Wenn er aber drüberspringt, ist er auch dann auf der Gewinnerseite, wenn er es zuvor nicht angekündigt hat. Der Nachteil: Wer sein Produkt erst zeigt, wenn es fertig ist, muss es vorher allein bezahlen. Bransons und Musks Vorgehen hingegen haben den Vorteil, dass es Geld in die Kassen spült, bevor das eigentliche Produkt an den Start geht.

Der FAITH-Hangar, eine Abkürzung für *Final Assembly, Integration and Test Hangar*,[223] aus dem das neue SpaceShipTwo rollte, gehört der Spaceship Company, eine 100-Prozent-Tochter von Virgin Galactic, die das Gespann aus Trägerflugzeug und Raumschiff baut, seitdem Scaled Composites den Prototypen an Virgin geliefert hatte. Für den Bau der 6.300 Quadratmeter großen Energiesparhalle hatte der britische Milliardär einen 290.000-Dollar-Zuschuss vom kalifornischen Staat losgeeist, damit sie bis zu 700 Megawattstunden Strom im Jahr einspart.[224] Das zweite SpaceShipTwo ist zugleich das erste, das von der Spaceship Company gebaut wurde. Verwirrend, zugegeben, das liegt eben daran, dass das SpaceShipTwo mehrere Väter hat, die alle etwas an ihm verdienen wollen.

Einer davon, Burt Rutan, war nach fast 40 Jahren in Mojave von Bord gegangen und hatte sich – wegen Herzproblemen – in den Ruhestand begeben.[225] Das Verhältnis zu dem Flugzeuggenie war getrübt – zu groß war der Charakterunterschied zwischen Rutans Geheimniskrämerei und Bransons offensiver Vermarktungsmaschinerie. Während Rutan einen Spaß daran hatte, seine ahnungslosen Konkurrenten zu schocken, wenn er aus dem scheinbaren Nichts eine neue Kreation mit Flügeln vorstellte, ist sich Branson für kaum einen Spaß zu schade, Hauptsache, er bringt Botschaft und Produkt an den Mann – oder die Frau.

Zur Einführung seiner Brautmoden-Ladenkette Virgin Brides 1996 zwängte sich der 1,80 Meter große Branson in ein knielanges Brautkleid mit Schleier, legte sich Perlenohrringe an und warf grell geschminkt Kusshände in das johlende Publikum.[226] Gut 20 Jahre später war er wieder als Frau verkleidet unterwegs, dieses Mal als Stewardess in einem roten und deutlich zu engen Kostüm. Das war der Preis einer Wette, die er gegen den Air-Asia-Besitzer Tony Fernandes verloren hatte: Bransons Formel-1-Team war in der Jahreswertung hinter Fernandes' Team gelandet. Er musste zwar bei Air Asia servieren und schüttete dem Besitzer sogar Orangensaft über den Schoß – vermutlich nicht ganz unabsichtlich. Letztendlich hatten beide die gewünschte Publicity.

Die Vorstellung von Unity in Mojave war für Branson also ein Kinderspiel. Dabei war es nicht einfach gewesen, das Unternehmen wieder auf die Beine zu bekommen. Die Arbeiten am zweiten Raumschiff, die schon 2010 begonnen hatten und schon zur Hälfte fertig waren, als Enterprise abstürzte, waren zunächst zum Erliegen gekommen. Öffentlich ersichtliche Konsequenzen hatte der Unfall allerdings kaum. Lediglich zwei Virgin-Manager hatten das Unternehmen verlassen, darunter der zweite Verantwortliche für die Sicherheit. Außerdem hatten nur etwa zwei Dutzend Frühbucher ihre Tickets zurückgegeben.[227]

Im September 2016 flog SpaceShipTwo wieder, zunächst noch fest unter den Flügeln von VMS Eve, knapp drei Monate später auch allein als Gleiter. Die Ingenieure hatten nun ein Blockiersystem eingebaut, das ein versehentliches Entriegeln des Federsystems verhindert.[228] Dem Unternehmen dürfte klar sein, dass sein Flieger die Aura des Unglücksvogels nicht so schnell loswerden wird. »Unsere erste Priorität ist Sicherheit«, steuert Virgin Galactic auf seiner Homepage dagegen. »Sicherheit für unsere Passagiere, Sicherheit für unsere Crew und Sicherheit für unsere Fahrzeuge.« Um an anderer Stelle ganz klar zu relativieren. »Natürlich wird Raumfahrt nie risikolos sein. Das wird nie etwas sein, was sich zu machen lohnt.«[229]

Branson hat sein kühnstes Unternehmen nach schweren Rückschlägen also wieder flottgekriegt, eine Erfahrung, die er mit Musk und Bezos teilt, die allerdings noch kein verlorenes Menschenleben zu beklagen haben.

Misserfolge sind etwas, was Branson durchaus kennt. Er ist so häufig abgestürzt und gekentert, dass Crashs für ihn persönlich auf dem Weg zum Erfolg dazugehören dürften. Es ist nicht anzunehmen, dass er den Tod seiner Ingenieure und den von Alsbury als unausweichlich empfunden hätte. Doch Branson machte in einem Interview etwas verschwurbelt deutlich, dass für ihn das Risiko zu sterben für die derzeitige Raumfahrt dazugehört.[230] »Burt Rutan verglich das (die derzeitige private Raumfahrt, Anm. des Autors) mit den frühen Tagen der Luftfahrt und sagte, die Risiken seien ähnlich. Und die Luftfahrt entwickelte sich später zu einer der sichersten Arten und Weisen, rund um den Globus zu reisen. Ich hoffe, dass die Menschen eines Tages in den Raum fahren und sich dabei sicher fühlen – dank dieser mutigen Testpiloten, die diese Fahrzeuge erprobt haben, um Raumfahrt in der Zukunft für jedermann zu ermöglichen.«

Generell wohnt das Scheitern ja jeder Unternehmung inne, eine Binse unter Gründern. Branson besitzt jedoch das seltene Talent, äußerst erfolgreich zu scheitern. Denn er sieht Misserfolge als Ansporn, einen erneuten und besseren Anlauf zu nehmen, so wie bei seiner Atlantiküberquerung per Motorboot. Seine Versuche, als Erster die Erde in einem Heißluftballon zu umrunden, musste er immer wieder abbrechen, bis ihm die Abenteurer Bertrand Piccard und Brian Jones zuvorkamen – eine seiner wenigen endgültigen Niederlagen. Wie übrigens auch Virgin Brides, dessen Läden nach nur einem Jahr schlossen. Später scherzte er, es habe einfach nicht genug Virgin Brides gegeben, also jungfräuliche Bräute. Seiner Ausstrahlungskraft und seinem Selbstwertgefühl haben diese Niederlagen offensichtlich nicht geschadet.

Menschenfänger

Die Kunst, erst richtig aufzudrehen, wenn andere die Flinte ins Korn werfen, ist Teil der Branson'schen Lebensphilosophie. Branson gibt reichlich

Einblick in seine Welt, die er mit der Öffentlichkeit gern in Form von Ratgebern und Autobiografien teilt, verlegt natürlich bei Virgin Books, und welche er sogar selbst als Hörbücher einspricht. Er gibt sich dabei lässig und lässt in seinen Büchern kaum eine Pointe aus, was sie sehr unterhaltsam machen. Ein weiterer nützlicher Effekt: Kritischere Biografien wie die von Tom Bower (»Behind the Mask«) müssen sich im Branson-Buchregal einen Platz mit seinen Autobiografien teilen und haben dementsprechend weniger Gewicht. Er gewinnt damit also zusätzlich ein Stück Deutungshoheit über sein Leben.

Die Art, seine unzähligen Unternehmen der Virgin-Gruppe zu führen, nennt er den »Virgin Style«, sein Motto lautet: »Screw it, let's do it«, was so viel heißt wie Egal, wir machen's einfach!. Seine Erklärung: Seine Mutter habe ihrem niedergeschlagenen Sohn nach einem missratenen Cricket-Match gesagt, er würde ohnehin jeden Schuss verpassen, den er nicht annehme. Bedeutet: Man muss es immer versuchen, sonst hat man von vornherein verloren. Wer Herausforderungen annimmt, kann auch scheitern. Branson ist ohnehin der Meinung, dass Menschen Fehler machen und deswegen jeder eine zweite Chance verdiene – beispielsweise Ex-Knackis, die nach ihrer Entlassung nur wenig Chancen auf einen Job haben. Nach seinem Gefängnisaufenthalt als Jugendlicher verbrachte er vor einigen Jahren eine Nacht in einem australischen Hochsicherheitsgefängnis, dieses Mal allerdings freiwillig und auf Anregung einer Freundin, die sich für die soziale Wiedereingliederung von Gefangenen engagiert. Nach seiner Rückkehr gab Branson die Parole an das Virgin-Management aus, Ex-Knackis anzustellen, wann immer es möglich ist. »Ich habe ebenfalls Fehler gemacht. Ich hätte ganz leicht für Steuerhinterziehung ins Gefängnis wandern können. Dann hätte ich es schwer gehabt, einen Job zu finden. Virgin wäre vielleicht nie gegründet worden und hätte nicht die 60.000 Leute einstellen können, die es heute hat. Aus menschlicher Sicht habe ich also Verständnis (für diese Leute).«[231] Diese Einstellung hilft ihm sicher, Raumfahrt zu betreiben, in der kleinste menschliche Fehler katastrophale Auswirkungen haben können.

Branson sieht und gibt sich als Philanthrop, der die Familie ins Zentrum seines Lebens stellt und deswegen seine Angestellten drängt, das Firmenhandy am Wochenende auszuschalten. Das unterscheidet ihn sicherlich von Musk, über den im Netz viele seiner Mitarbeiter stöhnen, wegen des hohen Einsatzes, den ihr Chef von ihnen fordert.[232] Paradoxerweise zelebriert Branson seine Familienfreundlichkeit gern öffentlich. Die Branson-Clan-Mitglieder sind regelmäßig bei Events und Präsentationen dabei und werden zudem zur PR eingesetzt, wenn Branson etwa sagt, seine Familie würde mit ihm ins All reisen, sobald SpaceShipTwo einsatzbereit sei.

Das zentrale Motiv für seine unternehmerischen Tätigkeiten ist aber die Freude an ihnen selbst. Branson spricht ganz profan von »fun«, also Spaß haben. Womit er meint: Nur, wer etwas gern macht, macht es gut. Wie in allen profanen Weisheiten liegt das Problem nicht in der Erkenntnis, sondern in ihrer Umsetzung. Die Spannbreite und die bisweilen bizarren Geschäftsmodelle seines Mischunternehmens zeigen jedoch, dass er seine Weltanschauung ernst nimmt.

Diese anpackend lebensbejahende, menschliche und fürsorgliche Art macht Branson zu einem Menschenfänger und zu einem Liebling der britischen und internationalen Medien, eine Kombination von Faktoren, die es ihm selbst und seinen Mitarbeitern ermöglicht, auch nach schweren Rückschlägen wieder Tritt zu finden. Was ihn mit Musk verbindet, sind seine Vorstellungen, wann er ein Ziel erreichen möchte. Es ist im Nachhinein zwar billig, sich über ambitionierte Pläne lustig zu machen, die nie Realität geworden sind. Andererseits fragt man sich schon, warum er angesichts der Erfahrungen seiner Vorgänger und Konkurrenten in der Raumfahrt im März 2007 ankündigte, dass sein Raumschiff zwölf Monate später fertig und zwei Jahre später mit den ersten Passagieren abheben würde.[233] Hat er sein Unternehmen womöglich gar nicht als echtes Raumfahrt-Projekt ernst genommen, wie manche Kritiker ihm vorwerfen? Das ist nicht zu beantworten. Selbst wenn er so gedacht hätte, würde und könnte er es nicht zugeben, schließlich verkauft er ja Flüge in den Weltraum.

Was Timelines betrifft, scheint er sich des Problems unterdessen zumindest bewusster zu sein. »Wir haben aufgehört, Termine zu nennen«, sagte er in einem Interview im Frühjahr 2017. Und konnte dann doch nicht anders. »Aber ich wäre enttäuscht, wenn wir das Programm nicht Ende 2018 starten würden.«[234]

KNOTENPUNKTE INS ALL

Falls Virgin Galactics Raumgleiter tatsächlich abheben, könnte der Spaceport America, der kommerzielle Weltraumbahnhof in New Mexico, doch noch seinen Zweck erfüllen. Denn ursprünglich hatte Virgin Galactic einmal angekündigt, mehrmals am Tag zu starten. Doch seit seiner Eröffnung im Oktober 2011 wartet der kühne Bau des Büros von Norman Foster vergeblich auf Virgin-Galactic-Raumschiffe und Astronauten-Anwärter. Das Gebäude sieht aus der Luft aus wie ein halb eingegrabenes Klingonen-Kampfschiff, und das soll keine Bosheit sein, ganz im Gegenteil. Erstens weil klingonische Raumschiffe äußerst eindrucksvoll daherkommen, und zweitens weil »die tiefliegende Form sich in die Landschaft bückt, die thermale Masse (des Untergrunds) nutzend, um das Gebäude gegen die Extreme des Klimas New Mexicos zu puffern«, wie das Foster & Partner selbst schreibt.[235] [I] Das Architektenbüro ist für eindrucksvolle Bauten wie das Mary Axe Building (die Londoner nennen es *the gherkin,* die Gurke), das Wembley Stadion, aber auch den Commerzbank-Tower in Frankfurt bekannt. Hinter der runden und sanft geschwungenen Fassade befinden sich Hangars, Festsäle und Trainingsräume für die Passagiere.

Zur Einweihung hatte sich Richard Branson mit einer Flasche Champagner die Fassade abgeseilt[236] – und erneut ein langlebiges Bild für sein Unternehmen produziert. Dabei gehört gar nicht ihm der Weltraumhafen, sondern dem Bundesstaat New Mexico. Sein Gouverneur hatte dafür gesorgt, dass der Bau mit 225 Millionen Dollar vom Steuerzahler bezahlt wurde. Im Gegenzug pachtete Branson für 20 Jahre das Gelände, das nicht weit vom White-Sands-Testgelände entfernt liegt, auf dem die US-Armee die erste Atombombe zündete und die erbeuteten deutschen V2-Geschosse startete. Weil das SpaceShipTwo bisher nur zur Einweihung einflog, ist die Anlage zu einem Streitobjekt der regionalen Politik geworden. Bisher müssen die Steuerzahler die jährlichen Millionenbeträ-

---

I Offenbar empfinden die Besucher diese Landschaft über alle Zeiten hinweg als heiß und menschenfeindlich. In der Nachbarschaft des Spaceports, keine 20 Kilometer entfernt, verläuft ein historischer Pfad, der von Mexiko-Stadt in den heutigen Süden der USA führte. Die Konquistadoren, die spanischen Eroberer Amerikas, nannten den Abschnitt nahe des Spaceports vielsagend »Jornada del Muerto«, etwa Wegstrecke des Toten oder einfacher: Reise des Todes.

ge für den Leerlaufbetrieb aufbringen, denn die Pacht von Virgin Galactic allein reicht nicht aus, um den Startplatz zu unterhalten. Vorgesehen war, dass er zwischen 50.000 und 100.000 Dollar pro Raumflug einnehmen würde – das wäre ein gutes Geschäft gewesen angesichts der angekündigten Startfrequenz. Stattdessen reibt sich die kalifornische Regierung jedes Mal die Hände, wenn wieder einmal über einen Versuch berichtet wird, weitere Kunden nach New Mexico zu locken. Sie hatte dem Mojave Airport lediglich einen Kredit über elf Millionen Dollar gewährt, um einen Hangar und ein Trainingszentrum zu bauen. Allerdings sind Geiz und Häme vielleicht fehl am Platz. Denn sollte SpaceShipTwo eines Tages starten, werden Justin Bieber und Paris Hilton auf ihren Selfies lieber Spaceport America im Hintergrund sehen wollen als die Wellblech-Hangars von Mojave. Wohl unter anderem deswegen plant Virgin Galactic, nach den ersten Flügen in Mojave nach New Mexico umzuziehen. Das gefiel Burt Rutan einst gar nicht, er schimpfte. »Wenn ich aus der Atmosphäre raus bin, will ich Ozeane und Berge betrachten, und nicht diesen Mist, den man in New Mexico sieht.«[237] Allerdings überlegt sich Virgin Galactic ohnehin, einfach immer da zu fliegen, wo es gerade etwas zu sehen gibt. Das Unternehmen hat beispielsweise bereits mit der schwedischen Regierung verhandelt, um vom weit nördlich gelegenen Kiruna aus zu starten, um sich die Polarlichter anzuschauen.[238]

Obwohl Rutan nicht unmittelbar mit von der Partie ist, lässt sich hier ein weiterer Claim des Goldrauschs im All erkennen. Denn mittlerweile konkurriert eine ganze Reihe von privaten und staatlichen Weltraumbahnhöfen um Kunden, ganz so wie die Verkehrsflughäfen für Flugzeuge. Selbst ehrwürdige Orte wie das Kennedy Space Center der NASA und die benachbarte Cape Canaveral Air Force Station an der Ostküste sowie die Vandenberg Air Force Base suchen ihren Platz in der zukünftigen privaten Raumfahrt.

SpaceX hat ebenfalls Interesse bekundet, auf dem etwa zehn Kilometer großen Areal in der Wüste von New Mexico wiederverwendbare Stufen zu testen. Obwohl die Kalifornier dort sogar eine Rampe bauten, ist es aber nie dazu gekommen.[239] Die einzigen Fahrzeuge, die vom Spaceport America bisher den Raum erreichten, waren einige suborbitale Raketen des kleinen Unternehmens UP Aerospace. Kurioserweise transportierte eine davon die Asche von Mercury-Astronaut Gordon Cooper und von

Star-Trek-Schauspieler James Doohan alias Scotty für einige Minuten in den Weltraum.

Bezos vs. Branson: Wettlauf der Systeme

Vom Spaceport America sind es nur vier Stunden Autofahrt zu Blue Origins Startrampe in Van Horn in Texas, das ist keine große Entfernung in den USA. So klein der geografische Abstand zwischen den beiden Orten, so gering der Abstand im Rennen um ihren ersten Touristen im All. Es ist noch nicht einmal eindeutig, wer die Nase vorn hat.

Man könnte meinen, Bezos hätte in den vergangenen Jahren mächtig aufgeholt. Möglicherweise lag er jedoch schon immer sehr weit vorn, ohne dass sich seine Konkurrenten dessen bewusst waren. Erst als die New-Shepard-Rakete Ende 2015 aus dem Weltraum zurückkehrte – nachdem sie sich zuvor erfolgreich von einer Raumkapsel getrennt hatte –, wurde der ganzen Welt schlagartig klar, wie fortgeschritten Blue Origins System in Wirklichkeit ist. Branson dürfte den Flug mit Sorgenfalten registriert haben. Der Flug der Kapsel katapultierte Bezos nicht nur in die erste Reihe der bemannten Raumfahrt, sondern außerdem in die der Raumfahrt-Touristik. Und das weiche Aufsetzen ließ erahnen, dass der Termin nicht mehr fern war, dass Weltraumhungrige ein Ticket bei Bezos anstatt bei ihm kaufen. Branson selbst stand noch unter dem Eindruck des verheerenden Abschlussberichts zum Absturz von VSS Enterprise. Seine Techniker sollten zudem noch drei Monate benötigen, um das neue SpaceShipTwo fertigzustellen.

In einem Aspekt spiegeln die unterschiedlichen Systeme erstaunlich passend die branchenspezifischen Eigenheiten ihrer Besitzer wider. Der Raumgleiter von Fluglinien-Betreiber Branson wird von zwei Piloten gesteuert. In der Kapsel des Internet-Verkäufers Bezos hingegen fliegen die Passagiere ohne professionelle Begleitung ins All. Sie wird wie die Paketdrohnen von Amazon vollautomatisch gesteuert. Eine Art Raum-Animateur am Boden, »Crewmitglied Nummer Sieben« genannt, betreut während des Fluges die Passagiere und sagt ihnen, wann sie sich in ihre Sessel zurückbegeben sollen.[240]

Das ist indessen eher ein Nebenjob, denn das Flugerlebnis in Bezos' Kapsel ist deutlich kürzer als bei Virgin Galactic – auch wenn die Zeit in der Schwerelosigkeit, vier Minuten, die gleiche ist. Die Kapsel steigt mit der Rakete auf und trennt sich schon zweieinhalb Minuten von ihr. Sie steigt mit dem restlichen Schwung, also abnehmender kinetischer Energie, hoch ins All, wo sie nach dem Scheitelpunkt zur Erde zurückfällt und am Fallschirm auf der Erde landet. Von der Zündung der Motoren bis zum Aufsetzen der Kapsel dauert es nur elf Minuten. Das ist nicht viel länger als ein Karussell-Trip auf dem Rummel und weniger als eine Schulpause. Die Anreise an den abgelegenen Ort dürfte die meiste Zeit in Anspruch nehmen.

Die Kapsel ist zwar auf den ersten Blick kein Blickfang, denn sie sieht aus wie viele andere Kapseln auch. Doch näher betrachtet kann sie in allen Belangen mit Bransons Touristen-Raumflieger mithalten oder sie sogar ausstechen. Sie hat etwa ein Volumen von 15 Kubikmetern. Das ist fast zehn Mal mehr, als dem echten Shepard damals zur Verfügung stand.[241] Dafür starten – wie im SpaceShipTwo – sechs zahlende Passagiere in etwas mehr als 100 Kilometer Höhe, knapp über der Definitionsgrenze des Weltraums. Damit sie die Kräfte von 3 g beim Abheben und bis zu 5,5 g bei der Rückkehr besser aushalten, liegen die Passagiere mehr, als dass sie sitzen; oder mit ein bisschen Bosheit: Sie liegen so bequem wie beim Zahnarzt, und der Stress ist vermutlich ebenfalls der gleiche. Alle haben ein eigenes Fenster, laut Blue Origin die größten, die bisher in ein Raumschiff eingebaut worden sind.[242] Allerdings: Wer glaubt, er würde hier so etwas wie einen Insel-Rundflug über Sylt buchen, der hat sich schwer vertan.

Beim letzten Flug im Jahr 2017 testete Blue Origin das erste Mal die zukünftige Touristen-Kapsel mit Panoramafenstern, hinter denen »Mannequin Skywalker« saß, ein mit zahlreichen Sensoren ausgestatteter Test-Dummy in einem blauen Anzug.[243] Eine Kamera im Inneren der Kapsel zeigt, wie die gezündeten Triebwerke Skywalker zunächst in heimelig-orangefarbenen Kaminfeuerschein tauchen, bis die Rakete ihn gen Himmel schießt. Es ist verblüffend, wie schnell die Kapsel den Weltraum erreicht und sich das Blau über der Wüste New Mexikos in das Schwarz des Alls verwandelt. Nachdem sich die ausgebrannte Rakete von der Kapsel trennt, ist deutlich zu erkennen, wie sich die Kapsel in ein Raumschiff verwandelt. Lose Teilchen schweben durch die Kapsel und das gleißende Sonnenlicht wirft harte Schatten, wie es nur in der Luftleere des Raums möglich ist. Während die Geräuschkulisse beim Aufstieg eine technische war – das Dröhnen der Triebwerke, das Pumpen von Hydraulikflüssigkeit und Piepen elektrischer Geräte –, kündet nur wenig später ein gespenstisch ansteigendes Heulen vom dramatischen Abstieg in die Atmosphäre. Vor den doppelt verschraubten und zweifellos riesigen Fenstern fliegt die ausgedörrte Landschaft New Mexicos der abwärts rasenden Kapsel entgegen, bis ein Ruck durch die Kapsel geht, wenn die Fallschirme sich öffnen und die Kapsel mit dem reglosen Skywalker anschließend einigermaßen unsanft und begleitet von einer Staubwolke auf der Erde absetzen.[244] »Er hatte einen guten Flug«, twitterte Bezos zufrieden.[245] Ein Video, das den Abstecher ins All zusammenfasst, endet mit einem Einblender: »Ready to fly?«[246]

Der Flug von Mannequin Skywalker zeigt eindrucksvoll, dass Bezos' Kapsel-Trip nichts für zarte Seelen ist, und da er nur so kurz dauert, muss Bezos sich noch etwas einfallen lassen, um einen Preis wie den von Virgin Galactic zu rechtfertigen. Bisher verkauft Blue Origin noch keine Tickets, und Bezos hat es vermieden, auch nur eine Preisvorstellung zu nennen. »Ich weiß noch nicht, wie hoch der Preis sein wird, wir arbeiten daran«, sagte Bezos beim *Space Symposium* in Colorado Springs 2017. Er hatte die erste Test-Kapsel mitgebracht und auf dem Außengelände aufgestellt, sodass jeder Normalsterbliche sie besichtigen konnte. Sie war ein Star. »Die Besucher standen während der gesamten Konferenz in langen Schlangen an, ob nun die Sonne schien oder es schneite, nur um hineinzukommen«, beschrieb ein Artikel den Ansturm auf die Kapsel.[247]

»Wir haben Zeit. Es ist nicht dringend, weil wir sowieso noch nicht so weit sind, um Tickets zu verkaufen. Wir werden vielleicht damit anfangen, wenn wir kommerziellen Flügen ein bisschen nähergekommen sind.«[248] Eine typische Bezos-Aussage: Bloß nicht konkret werden, aber im Einklang mit dem Unternehmensmotto von Blue Origin: »gradatim ferociter!« (Schritt für Schritt, doch fest entschlossen!). Denn Bezos versucht in Sachen Zeitplan zu bremsen: »Ich erinnere das Team immer daran, dass wir kein Rennen fahren. Dieses Fahrzeug soll Menschen transportieren. Wir werden es so sicher wie möglich machen.«[249] Das ist sicher nur eingeschränkt richtig. Bezos kann es sich leisten, ein paar Monate länger in New Shepard und die Kapsel zu investieren. Und er will mit Sicherheit einen Unfall wie den des SpaceShipTwo vermeiden. Doch würde es Bezos' Ego und der angestrebten Rentabilität des Unternehmens guttun, wenn seine Kapsel als erste den kommerziellen Betrieb aufnimmt. Deswegen ist dies auch für Bezos eine wichtige Frage. Trotz aller Verschlossenheit öffnen sich manchmal unerwartet verborgene Türen der Information von ganz allein. »Wir hoffen, dass wir 2018 bemannte Flüge absolvieren«, sagte Clay Mowry, stellvertretender Leiter der Verkaufsabteilung von Blue Origin, den Teilnehmern einer Satelliten-Konferenz. Es ist nicht denkbar, dass Mowry da einfach aus dem Nähkästchen geplaudert hat. Angesichts der diszipliniert zugeknöpften Art des Unternehmens und Bezos' persönlichen Engagements ist eher anzunehmen, dass Mowry instruiert wurde, mit dieser Nachricht Blue Origin im Gespräch zu halten und die Konkurrenz unter Druck zu setzen. Dabei ist es ja nicht so, dass Bezos und seine Manager weitsichtiger wären als Branson oder Musk – und der Rest der privaten Raumfahrt-Gemeinde, die termintechnisch gewöhnlich in Wolkenkuckucksheim wohnt. Wir erinnern uns: 2007 ging Blue Origin davon aus, dass drei Jahre später die ersten Hobby-Astronauten abheben würden: voraussichtlich etwa 52 Mal im Jahr; also jede Woche.[250] Später verschob sich der Start auf 2012, dann auf 2018.

Wer sich jetzt fragt, warum Bezos all diesen Aufwand für eine verhältnismäßig kleine und nur suborbitale Rakete betreibt, nur um ein paar Astronauten ins All zu tragen, obwohl er doch mit der New Glenn ein viel größeres Transportsystem besitzt: Der Raumfahrt-Tourismus ist nur eine Spielwiese für ihn, um eben die Erfahrungen zu sammeln, die für die viel teurere New Glenn essenziell sind. »Für uns ist New Shepard wirklich ein Fahrzeug, mit dem wir uns selbst beibringen, wie man launcht, wie man etwas aufbaut, wie man die Rakete wieder startklar macht und wie man wieder fliegt«, erklärt sein Mitarbeiter Mowry. »Und das zu deutlich niedrigeren Kosten als mit einem orbitalen Fahrzeug; vielleicht zu einem Fünfzigstel einer orbitalen Mission.«[251]

Bezos hat noch einen anderen guten Grund, ein Raumschiff für Privatleute zu bauen – und seine Leute anzutreiben. Er möchte selbst in den Weltraum. Immerhin hat er ja Blue Origin nur deswegen gegründet, weil er für die Sache brennt. »Leute, die im Weltraum waren, haben mir erzählt, dass es eine Erfahrung war, die sie verändert hat«, erzählte Bezos vor Jahren. »Ich möchte auf jeden Fall in den Weltraum fahren – aber in einem Raumschiff von Blue Origin.«[252]

Hotellabor Erdblick

Davon träumt jeder Hotelier. Für die teuer zahlenden Gäste muss er einfach ein Zelt aufblasen, weil sie nicht den Komfort, sondern die Atmosphäre darin schätzen. Jetzt kommt der Haken: Das Zelt fliegt durch den Weltraum, und die Anfahrt kostet mindestens 20 Millionen Dollar.

Natürlich geht es hier nicht um ein gewöhnliches Zelt, sondern um ein hochkomplexes aufblasbares Raumstations-Modul, das auf der Erde eng zusammengepackt wird und sich erst im Weltraum zu voller Größe entfaltet. Der Vorteil dieser Bauweise ist, dass solche Module deutlich leichter sind, dafür sogar noch größer als starre Module aus Aluminium.[253] Während herkömmliche Stationsteile nicht größer sein können als die Ausmaße der Nutzlastverkleidung, begrenzen diese Dimensionen Bigelows aufblasbare Station nur im zusammengefalteten Zustand. Die volle Größe erreicht sie erst im Weltraum.

Ist es eine gute Idee, in einem Zelt, so hochentwickelt es sein mag, in den Weltraum zu fliegen? Der Amerikaner Robert Bigelow glaubt daran und hat vor einigen Jahren eine bereits bestehende Technik (»TransHab«) der NASA abgekauft und entwickelt sie nun weiter. Er dürfte wissen, was er sich da vorgenommen hat, und das nötige Kleingeld hat er auch. Bigelow ist Besitzer der Hotelkette Budget Suites of America und »nur« Multimillionär. Bigelow ist kein Unbekannter in der Raumfahrt-Szene, aus einem bizarren Grund: Er glaubt fest daran, dass Außerirdische die Erde besuchen, und ist ein wichtiges Mitglied der weltweiten UFO-Szene. Bigelow ist Gläubiger, seit seine Großeltern ihm von einem Erlebnis auf einer Landstraße außerhalb von Las Vegas erzählten, das sie als Kontakt mit Außerirdischen interpretierten. »Es wurde immer schneller und kam ihnen entgegen, bis es die gesamte Windschutzscheibe ausfüllte. Dann hob es ab und schoss im rechten Winkel davon«, erzählte Bigelow einer ungläubig dreinschauenden Fernsehreporterin.[254] Das Gesicht war sicher nur aufgesetzt, sie musste wissen, dass Bigelow ihr diese Geschichte erzählen würde. Der als exzentrisch bekannte Bigelow gründete und finanzierte das *National Institute for Discovery Science* (Institut für Entdeckungswissenschaften). Die NASA leitete zeitweilig alle ihr gemeldeten vermeintlichen UFO-Sichtungen an dieses Institut weiter, der Ritterschlag unter Ufologen. Das Gespräch mit der CBS-Reporterin Lara Logan zum Thema Außerirdische ist wahrhaft unterhaltsam:

Logan: Glauben Sie an Außerirdische?
Bigelow: Ich bin absolut überzeugt, kurz und bündig.
Logan: Glauben Sie auch, dass Außerirdische die Erde besucht haben?
Bigelow: Es gab und gibt eine Präsenz von Außerirdischen. Ich habe Abermillionen ausgegeben, ich habe auf diesem Gebiet vermutlich mehr ausgegeben als irgendwer sonst in den Vereinigten Staaten.
Logan: Ist es riskant, in der Öffentlichkeit zu sagen, man glaube an UFOs und Außerirdische?
Bigelow: Da gebe ich einen Scheiß drauf. Das ist mir egal!

Bigelow kann es sich erlauben, in Kauf zu nehmen, dass ihn womöglich jemand nicht ernst nimmt, denn er macht selbst Ernst. Er hat erklärt, einen Großteil seines Vermögens für aufblasbare Raumstationen auszugeben, knapp 300 sind es schon. Dafür beschäftigt er zahlreiche Spezialisten und ehemalige NASA-Mitarbeiter. Sein Alien-Erforschungs-Institut hat er inzwischen geschlossen. Bigelows Überzeugung lebt als riesige Alien-Zeichnung auf einer Halle seines Unternehmens Bigelow Aerospace in Las Vegas weiter, keine zehn Kilometer Luftlinie vom berühmten Las Vegas Strip entfernt.

Abseits dieser kuriosen Neigung hat Bigelow auch ohne die Hilfe Außerirdischer bereits Meilensteine in Sachen Weltraumcamping gesetzt. Derzeit hängt sein Test-Modul Beam aufgeblasen an der ISS und wird auf seine Raumtauglichkeit getestet. Schließlich weiß jeder Camper, was passiert, wenn das Wetter auf ungemütlich umschlägt: Die wenigen steifen Teile verbiegen sich auf ungesunde Weise, und irgendwann tropft es sogar hinein. Ein Weltraumzelt hat nicht ganz unähnliche Probleme, wobei natürlich die Konsequenzen weitaus dramatischer enden können als mit einer durchwachten Nacht im klammen Schlafsack. Die Wände sind zwar mehr als mehrere Zentimeter stark, aber die Astronauten testen regelmäßig, ob das ballonartige Zelt die Luft hält, die gefährliche Weltraumstrahlung und durchs All irrende Mikropartikel abwehrt. Tatsächlich haben die Sensoren im Inneren schon einige Aufschläge registriert. Gute Nachrichten für Bigelow: Die Mikrometeoriten konnten die Hülle nicht durchschlagen, und die Strahlung ist ebenfalls nicht höher als im Inneren der restlichen Station.[255] Ohnehin würde das Beam nicht platzen, sondern höchstens mehr oder weniger langsam seine Luft verlieren.[256] Die Luke zur ISS bleibt indessen die meiste Zeit geschlossen, sicher ist sicher. Allerdings ist das quasi nur das Seepferdchen unter den Strahlungstests. Raumfahrt im Erdorbit ist hart, dahinter wird es noch härter. Die Station fliegt unter dem Schutz des Strahlungsgürtels der Erde, in dem ein Großteil der Weltraumstrahlung eingefangen wird, ultraschnelle Protonen, Helium- und Atomkerne. Wer da hinaus will, muss sich noch dicker einpacken, auch Bigelows Beam. Und Bigelow will hoch hinaus.

Wenn das Beam hält, und davon gehen die Ingenieure von Bigelow Aerospace im Moment aus, dann startet 2020 das deutlich größere Modul BA 330 mit einer Atlas V, der Vertrag ist unterschrieben.[257] Die Nummerierung gibt die Zahl der Kubikmeter Innenraum an, das Modul ist also großzügig bemessen, quasi die Familienvariante eines Weltraumzelts. Zum Vergleich: Das europäische Modul Columbus ist 75 Kubikmeter groß.[258] Was angesichts der klaustrophobischen Verhältnisse in der bemannten Raumfahrt großzügig erscheint, hat einen Haken: Den Raum müssen sich bis zu sechs Personen teilen, so viele wie gegenwärtig in der ISS. Falls es zu eng wird, so Bigelows Plan, lässt sich das BA 330 an bestehende Stationen andocken oder modular untereinander verbinden.

Bigelow scheint trotz seiner hochfliegenden Pläne ein Unternehmer mit Bodenhaftung zu sein. Journalisten präsentieren Bigelow zwar gern als Weltraumhotelier, er selbst glaubt jedoch, dass es nicht genug reiche Gäste gibt, die sich das leisten können. Statt eines teuren Hotels plant er eine preiswerte private Raumstation für diejenigen, die sich eine eigene Station nicht leisten können (oder wollen). Er will sie also als Forschungsstationen an Staaten und Unternehmen vermieten, eine Art Airbnb-Labor im Weltraum. Der Clou seiner Entwicklung ist eine separate Antriebseinheit, mit der das Beam sich zu einem echten Raumschiff verwandelt. Es könnte dann nicht nur aus eigener Kraft den Orbit halten; alle Raumfahrzeuge in der Nähe der Erde zieht es ja wegen der Reibung mit den äußersten Teilchen der Atmosphäre irgendwann gen Erde.

In Bigelows Halle steht außerdem ein Mockup für das BA-2100 »Olympus«, eine wahre Kathedrale von einer Raumstation. Es lassen sich mehrere Ebenen darin einziehen, Laboratorien, Wohn- und Freizeitbereiche sowie sogar eine kleine Krankenstation für die 16 Personen Besatzung.[259] Die Hauptschwierigkeit: Es gibt bisher keine Rakete, die das 70 Tonnen schwere Teil in den Orbit wuchten kann. Denn bisher war weniger die eigene Entwicklung das Problem, sondern eine ausreichend starke Rakete, die seine Stationen und deren Besatzung in den Raum befördert. Deshalb lobte er den America's Space Prize mit 50 Millionen Dollar für denjenigen aus, der einen privaten bemannten Transport in den niedrigen Orbit, also zu seinen Stationen oder der ISS, ermöglichen würde. 2010 verfiel der Preis, weil sich niemand fand, der seine Bedingungen erfüllte. Doch dürfte er mittlerweile ganz froh sein, dass dies niemandem gelang: Das SLS der NASA könnte sogar den Olympus stemmen. Mit Musks Dragon 2 und Boeings Starliner bekommt er zudem bald gleich zwei Weltraumtaxis.[260]

Obendrein hat sich eine neue Perspektive eröffnet, ähnlich der Situation, in der sich Musk befand, als die Shuttles in den Ruhestand versetzt wurden. Das Ende der ISS ist nicht mehr fern, und statt eine ähnlich strukturierte Nachfolgerin zu entwickeln, verfolgt die NASA nun andere Pläne. Zwar ist erst 2016 beschlossen worden, die Station bis 2024 weiterzubetreiben, als Forschungsstation wird sie weithin als Erfolg gewertet. Doch der ist teuer erkauft. Ihre Bau- und Betriebskosten in Höhe von 100 Milliarden Dollar sind ein ständiger Kritikpunkt, vor allem bei den einflussreichen Gruppen in allen US-Regierungen, die für die kommerzielle Raumfahrt kämpfen. Sie wollen den erdnahen Orbit ausschließlich der privaten Raumfahrt überlassen und der NASA im Wesentlichen nur Forschung und Raumtransport darüber hinaus erlauben. Bigelow entwickelt also eine durchaus denkbare Alternative für den Erdorbit, an der schon sechs Staaten, darunter die Niederlande, Schweden und selbst Japan Interesse gezeigt haben, obwohl es derzeit ein eigenes ISS-Modul betreibt.[261]

Bigelow hat sogar die Chance, bei einem der wichtigsten Pläne der NASA mitzumischen, dem *Deep Space Gateway and Transport Plan*. Er ist Teil einer größeren Strategie, die mit einer bemannten Marsmission ihren Höhepunkt finden soll. Also das, was Elon Musk seinerzeit vergeblich gesucht hat. Inzwischen muss er bei Google nur »NASA«, »Mars« und »Plan« eingeben oder den richtigen zwei Links auf der NASA-Homepage folgen, um auf einen 36-seitigen Marsplan von 2015 zu stoßen.[262] [263] Detaillierter ist hingegen der neuere Gateway-Plan, der weit in die nächsten Jahrzehnte reicht und die NASA auf eine Mission in den interplanetaren Raum vorbereitet.[264] Darin plant die NASA, mit dem SLS bis 2025 nach und nach eine modulare Raumstation, Deep Space Gateway (auf Deutsch etwa Tor zum tiefen Weltraum), in einer Mondumlaufbahn aufzubauen. Sie wird deutlich kleiner und nicht ständig bemannt sein. Dafür hat sie bereits sechs Unternehmen ausgesucht, die so etwas bauen könnten, darunter Bigelow mit einer weiterentwickelten Version des BA 330, dem XBase (Expandable Bigelow Advanced Station Enhancement).

Falls sich das XBase durchsetzen sollte und das Modul einen eigenen Antrieb erhält, was geplant ist, dann würde Bigelow zu einem erlauchten Kreis von Individuen aufschließen, zu den Musks und Bezos, die in der Lage sind, Menschen im Weltraum von Himmelskörper A nach Himmelskörper B zu bringen. Und mit Sicherheit würden sich Menschen finden, die bereit wären, viel Geld zu zahlen, Bigelows Modul zu besuchen – aus reinem Vergnügen.

5 Wettlauf zum Mond 2.0

»Got a ticket to the Moon, I'll be rising high above the Earth so soon.«

Zeile aus »Ticket To The Moon« vom Album »Time« der Band Electric Light Orchestra

Die Renaissance des Mondes

Der Mond galt seit den Apollo-Missionen weitgehend als abgehakt, frei nach dem Touristen-Motto *seen it, done it.* Doch hat sich der Blick in den Himmel in den vergangenen Jahren wieder entscheidend geweitet, und dabei ist der Mond als erdnächster Himmelskörper wieder ins Blickfeld von Raumfahrt-Agenturen, privaten Unternehmen und sogar des Raumtourismus geraten. Elon Musk und Jeff Bezos mischen hier entscheidend mit, wie kann es anders sein. Zusätzlich zu diesen Leitfiguren sorgt ein weiterer Preis von Peter Diamandis für ein neues Rennen zum Mond, das spannender nicht sein kann. Das ist schon deswegen erstaunlich, da es als ausgemachte Sache galt, dass lediglich der Erdorbit künftig das Feld der privaten Raumfahrt sein würde, der Rest dahinter aber das der Agenturen mit ihren wissenschaftlichen Deep-Space-Programmen. Doch die Macht des Faktischen hat diese Vorstellung schon längst überholt. Es gibt mittlerweile sogar eine Nachfrage für den Transport von Lasten zum Mond. Wie immer ist es lediglich eine Frage des Preises. Doch nicht nur das. Private Raumfahrt-Unternehmer betrachten diverse Himmelskörper unter anderem als Rohstoffquelle. Der Mond hat sich in dieser Hinsicht bisher nicht gerade aufgedrängt. Doch seit Apollo haben sich neue Erkenntnisse und Techniken ergeben, die den Erdtrabanten in einem neuen Licht erscheinen lassen. Das gilt umso mehr, seitdem die Sonde Lunar Reconnaissance Orbiter am Südpol eine dünne Schicht Wassereis detektiert hat.[265] Und Wasser ist nicht nur eine Ressource für Menschen, sondern auch für Raumschiff-Antriebe. Damit könnte der Mond bei einem Problem Abhilfe schaffen, das die Raumfahrt bis heute quält: Die Schwierigkeit, Treibstoff aus dem Schwerefeld der Erde in den Weltraum zu transportieren. Da die

Schwerkraft auf dem Mond nur knapp ein Sechstel der Erde beträgt, ist der Abtransport von Lasten vom Mond energetisch viel günstiger als von der Erde (hin ebenfalls).

Der Mond hat weitere Eigenschaften, die ihn auf kuriose Weise interessant machen. Seine fehlende Atmosphäre lässt die Weltraumstrahlung ungefiltert auf seine Oberfläche prasseln. Er ist unglaublich kalt und schmutzig. In den Regionen der Mondnacht sinkt die Temperatur auf weniger als minus 100 Grad Celsius – und in den tiefen Kraterböden an den Polen, die die Sonne sogar während des Mondtages nicht sehen, noch darunter. Sein Staub ist so fein, dass die Apollo-Astronauten nach der Arbeit aussahen wie kleine Jungs, die vom Spielplatz kommen. Sie hatten in ihrem Mondmodul alle Mühe, sich vom stark haftenden Staub zu befreien. Er war überall und mutmaßlich die Ursache für einen kurzen Fieberanfall von Apollo-17-Moonwalker Harrison Schmitt und Gene Cernan.[266] Die Astronauten bekamen sogar Probleme mit überhitzten Instrumenten, weil der schwarze Staub das Sonnenlicht absorbierte.[267] Heißt: Wer die Technologie meistert, dauerhaft die Eiseskälte und den Schmutz auf dem Mond zu überstehen, schafft es womöglich auch anderswo.

Das hört sich an wie das perfekte Trainingsgelände für Elon Musk. Er selbst hat schon gesagt: »Was die Leute wirklich begeistern würde, ist eine Basis auf dem Mond, und dann später in einem weiteren Schritt Leute auf den Mars zu bringen.«[268] Ursprünglich wollte er gar keine Energie auf Trabanten verschwenden. In Mexiko hatte er noch ein Jahr zuvor gesagt: »Ich habe nichts gegen den Mond, aber es ist schwer, sich dort zu einer multiplanetarischen Spezies zu entwickeln. Er ist viel kleiner als ein Planet. Der Mond hat keine Atmosphäre, er ist nicht so rohstoffreich, und ein Mondtag dauert 28 Erdtage – der Marstag dagegen Biorhythmus-freundliche 24,5 Stunden.«[269] Doch seitdem er die riesige BFR entwickeln möchte, hat sich diese Abneigung relativiert. Laut Musk könnte das Raumschiff seines Allzwecksystems dort landen und wieder starten.

Bis das Realität wird, wird es allerdings noch dauern. Bis dahin wird er womöglich erste Erfahrungen gesammelt haben, die er sogar bezahlt bekäme. Musk wurde von zwei Privatpersonen angesprochen, ob er sie zum Mond fliegen würde. Der Plan: Die im Schnelldurchgang ausgebildeten Privat-Astronauten starten in einer modifizierten Dragon 2 auf einer Falcon Heavy für eine Woche zum Mond. Sie fliegen im Panoramamodus an ihm vorbei und schießen noch eine Weile in den leeren Raum hinein, bis die Schwerkraft des Mondes und der Erde die Dragon umkehren und zurückfliegen lässt.[270] Offenbar ist das ein ernstgemeintes Geschäft – und Musk damit gleich im Topsegment des Raumfahrt-Tourismus angekommen. Die beiden Interessenten haben eine Anzahlung auf den Reisepreis geleistet, der nur ein wenig über dem liegt, den Musk für den Fährtrip zur ISS verlangt – also gut 20 Millionen Dollar.

Wenn das wahr ist, handelt es sich um ein wahres Schnäppchen. Denn Musk ist nicht der erste im wahrhaft exklusiven Mondtourismus. Das Unternehmen Space Adventures ist ebenfalls dabei, einen Rundflug zum Mond zu verkaufen, mit dem russischen Sojus-Raumschiff. Da die Kapsel für drei Personen ausgelegt ist, hat neben den zwei Personen ein Pilot Platz. Noch ein nicht ganz unerheblicher Unterschied aus Sicht der Passagiere: Das Return Ticket kostet pro Nase 150 Millionen Dollar. Dafür gibt es mehr zu erleben als bei Musk. Die Sojus-Kapsel soll zunächst an der ISS andocken. Die Passagiere genießen dann etwa zehn Tage den Ausblick auf die Erde, bis ein weiteres Sojus-Schiff mit dem Mondraumschiff andockt und die Reisenden zum eigentlichen Rundflug abholt.[271]

Das ist weniger fantastisch, als es sich liest. Das Unternehmen hat bereits mehrere Reisen von Privatleuten zur ISS organisiert und eigenen Angaben zufolge bereits ein Ticket verkauft. Allerdings hat Space Adventures ein eklatantes Problem, ganz abseits aller technischen Unwägbarkeiten: Es ist vollständig abhängig von der Gunst der staatlichen russischen Raumfahrt-Behörde Roskosmos und ihrer Infrastruktur. Sollte die Behörde ihre Pläne unerwartet ändern, nützen alle privaten Vereinbarungen und Millionen nichts. Dieses Problem hat Musk nicht, denn er nutzt ja seinen eigenen Fuhrpark. Wohl deswegen gibt Space Adventures nicht bekannt, wann der Rundflug stattfinden könnte. Das russische Unternehmen RKK Energija, das Sojus und das dazugehörige Mondmodul baut, nennt einen Termin in den frühen 2020ern und stellt zudem Musks Pläne infrage. »So, wie die Dinge in Elon Musks Unternehmen stehen, wird es schwierig, so eine Mission 2018 und sogar 2020 auszuführen. Niemand hat bisher einen Entwurf gesehen. Es gibt keine Rakete und kein Raumschiff. Die bemannte Dragon-Kapsel ist für Missionen zur ISS gedacht. Sie und die Falcon 9 sind Welten von den Fahrzeugen entfernt, die man braucht, um zum Mond zu fliegen«, sagte Wladimir Solntsev, Generaldirektor von Energija in einem Interview. Der Wettbewerb hat offenbar bereits voll eingesetzt. »Ich denke, die Leute vertrauen uns mehr.

Wir haben 141 bemannte Starts auf dem Buckel. Wir sind immer noch in einer besseren Position. Wir werden sehen.«[272] Wohl wahr, Musk plant ja nicht mit der Falcon 9, sondern mit der Falcon Heavy, und hatte außerdem bereits angedeutet, dass die Dragon so konstruiert ist, dass mit ihr Deep-Space-Missionen möglich sind. Beispielsweise soll der Hitzeschild die viel höheren Rückkehrgeschwindigkeiten von Mars- und Mondmission aushalten können.[I] [273] Space Adventures und RKK Energija bekommen nicht nur Konkurrenz für touristische Mond-Rundflüge. Die russische Raumfahrt-Agentur selbst hat Pläne für ein 5-Sterne-ISS-Modul mit Panoramafenstern, Privatkabine und WLAN veröffentlicht. Kostenpunkt pro Erste-Klasse-Trip: 40 Millionen Dollar mit Option auf einen Space Walk für weitere 20 Millionen.[274] Zudem hat auch Boeing angekündigt, in Zusammenarbeit mit der NASA Touristen zur ISS zu transportieren.[275] Darauf besaßen die Russen bisher ein Monopol, da die NASA Weltraumtouristen weder im Shuttle noch in der Station erlaubte. Perdu.

Google Lunar X-Prize

Peter Diamandis war seit dem Erfolg des SpaceShipOne – was ja in gewisser Weise auch sein Erfolg war – nicht untätig. Das Ergebnis seiner rastlosen Arbeit ist wieder ein Rennen beziehungsweise sind viele Rennen. Seine X-Prize-Stiftung hat indessen etwa 15 Preise ausgeschrieben, die meisten davon Technologie-Preise, von denen nur drei Raumfahrt-Preise sind.

Der erste, der Ansari X-Prize, ist beendet. Ebenso die Lunar Lander Challenge, bei der ein raketengetriebenes Fahrzeug 50 Meter hoch und 100 Meter weit hin- und zurückfliegen sollte.[276] Von den sieben Teilnehmern war das Unternehmen Armadillo Aerospace eines der bekanntesten. Sein bereits erwähnter Besitzer John Carmack hatte das Start-up 2004 gegründet. Carmack ist ein erfolgreicher Spieleentwickler und bekannt für Videospiele wie Wolfenstein 3D und Doom. Er steckte aus pri-

---

I Raumfahrzeuge im niedrigen Orbit tauchen bei ihrer Rückkehr mit einer Geschwindigkeit von etwa 7,6 Metern pro Sekunde in die Erdatmosphäre ein, etwa 28.000 Stundenkilometer. Zum Vergleich: Die Apollo-11-Kapsel war etwa elf Meter pro Sekunde schnell, das sind 39.600 Stundenkilometer.

vater Tasche jährlich bis zu einer Million Dollar in sein Raketenabenteuer und konnte mit seinen Landern immerhin mehr als eine halbe Million Dollar an Preisgeldern gewinnen.[277] Dabei legten die Fahrzeuge immer wieder spektakuläre Unfälle hin, Explosionen ließen Trümmerteile 60 Meter weit umherfliegen. Letztlich waren es offenbar ein paar Crashs zu viel. Carmack versetzte sein Unternehmen in den »Winterschlafmodus«, aus dem es bisher nicht mehr erwacht ist.[278] Das ist das Gegenteil, was Diamandis mit seinem X-Prize bezweckt. Der Preis sollte eine Initialzündung für die teilnehmenden Unternehmen sein und sie nicht erschöpfen. Neben den Misserfolgen gab Carmack als Ursache für das Aus zudem an, er habe sich ständig mit seiner Frau über das viele Geld für Armadillo streiten müssen. Das dürfte sicher nicht das Geringste seiner Probleme gewesen sein. Immerhin gibt es das Gewinnerteam von 2009, Masten Space Systems, immer noch. Es baut in Mojave, schräg gegenüber von Scaled Composites, recht erfolgreich raketengetriebene Landefahrzeuge und entwickelt sogar Antriebstechnik für die NASA, unter anderem Motorenteile im 3-D-Druck.[279] Hier hat Diamandis' Idee funktioniert.

Während die Lunar Lander Challenge auf der Erde stattfand, sorgt der aktuelle Preis von Diamandis dafür, dass die alten Landestellen von Apollo bald Besuch bekommen könnten. 20 Millionen sind ausgesetzt für den, der mit einem Rover 500 Meter auf dem Mond umherfährt und dabei Bilder und Videos auf die Erde funkt. Bedingung: Er muss zu 90 Prozent private Sponsoren und ein gültiges Ticket für die Reise zum Mond vorweisen.[280]

Wie beim Ansari X-Prize hat Diamandis ins Schwarze getroffen. Als die Anmeldefrist 2010 abgelaufen war, hatten sich 32 Teams aus der ganzen Welt angemeldet, mehr als die Hälfte nicht US-amerikanisch. Dieses neue Rennen zum Mond könnte sich eines Tages als historisch herausstellen, als Initialzündung für die dauerhafte Erschließung des Erdtrabanten, und nicht nur als Stippvisite der zweifellos historischen Apollo-Missionen und der anschließenden vereinzelten Besuche wissenschaftlicher Sonden.

Dass ausländische Teams überhaupt teilnehmen können, war nicht immer klar. Denn Diamandis stand außerdem mit der NASA als Sponsor in Verhandlung. Dann aber hätten nur amerikanische Raumschiffe starten dürfen, denn als Behörde darf die NASA bei Preisen kein Geld an ausländische Projekte ausschütten.[281] Diamandis fand würdigen Ersatz: die Google-Gründer Sergey Brin und Larry Page, derzeit die Halbgötter im gegenwärtigen Technologie-Universum und mittlerweile in der Raumfahrt aktiv. Der neue Name: Google Lunar X-Prize. Sie waren so spendabel, dass die X-Prize-Foundation das Preisgeld von 20 auf 30 Millionen heraufsetzen und zahlreiche Unterpreise, sogenannte Terrestrial Milestone Prizes, für erbrachte Leistungen auf der Erde ausschreiben konnte: Preise für den besten Mondlander, die besten Mondrover, die besten Mondkameras und Sendesysteme für die »Mooncasts«. Nun gab es nicht nur das ganze Geld für einen einzigen Gewinner, sondern es wurden schon vorher die besten Teams für ihre Entwicklungen belohnt, mit immerhin sechs Millionen Dollar.

Dieses System erzeugt eine gewollte positive Rückkopplung, denn es fördert die ohnehin schon besten Teams im Feld, trennt also die Spreu vom Weizen. Und es erhöht die Wahrscheinlichkeit, dass jemand am Ende den Hauptpreis überhaupt gewinnt. Bisher ist zumindest nicht bekannt, dass eines der Teams einen Sponsor besitzt, der es mit fast unbegrenzten Mitteln ausstattet wie Musk, Bezos und Allen. Das heißt nicht, dass gutbetuchte Unternehmer hier nicht mitmischen. Das israelische Team SpaceIL hat mit Sheldon Adelson einen der reichsten Männer der Welt für sich gewinnen können, der sie mit über 16 Millionen Dollar fördert. Allerdings ist das nicht als ein Lebensprojekt im Sinne eines Bezos zu sehen, der der Zukunft der Menschheit einen neuen Weg bereiten möchte. Dafür ist es viel zu wenig Geld angesichts seines Alters. Adelson ist Mitte 80. Vielmehr fühlt er sich Israel verbunden und unterstützt andere israelische Organisationen ebenfalls mit hohen Summen.[282] [283]

SpaceIL ist eines von fünf Teams, die noch im Rennen sind, alle anderen mussten aufgeben oder sind freiwillig ausgeschieden. Die entscheidende Hürde war der Transit zum Mond. Wer bis Ende 2016 nicht vertraglich nachweisen konnte oder wollte, dass sein Mondauto ein Raketentaxi gefunden hat, dass es starten und zum Mond schießen würde, war raus. Ob die Rover der verbliebenen fünf tatsächlich abheben, wird sich herausstellen. Während drei als Sekundärlast der bewährten Falcon 9 und der indischen PSLV (Polar Satellite Launch Vehicle) starten, müssen zwei ihre Lieblinge auf der Spitze völlig unerprobter Raketen befestigen. Synergy Moon, ein internationales Team aus Weltraumenthusiasten, hat beispielsweise einen Vertrag mit Interorbital Systems. Das kleine Unternehmen entwickelt in Mojave in einer fensterlosen Halle die Neptun. Die

Rakete ist eine Besonderheit in der Raumfahrt-Landschaft. Ihr Konzept geht auf den 2017 verstorbenen deutschen NewSpace-Pionier Lutz Kayser zurück, der in den 70er-Jahren eine riesige Billig-Rakete entwickelte und damit die Weltpolitik so sehr erschütterte, dass sogar Sowjetführer Breschnew beim damaligen Bundeskanzler Helmut Schmidt dagegen intervenierte. Seine Raketen hoben ab, erreichten aber nie den Weltraum. Zuletzt lebte Kayser mit seiner Frau auf einer kleinen Insel in der Südsee und versuchte, seine Technik von damals an den Mann zu bringen. Falls die Neptun mit dem Synergy Moons Lunar Lander und dem Tesla-Rover an der Spitze erfolgreich abheben sollte, wäre das eine späte Bestätigung seines Lebenswerks.

Inzwischen zeigt sich eine für die Raumfahrt typische Erscheinung: Alles dauert viel länger als geplant. Ursprünglich sollte der Preis bis 2012 errungen werden. Doch weder Diamandis noch die Google-Gründer wollten bisher zulassen, dass der Preis verfällt. Sie verlängerten die Frist bereits mehrmals. Es sind sogar einige Unterpreise hinzugekommen, allerdings liegt deren Messlatte nun deutlich höher, denn ihre Meilensteine liegen nicht mehr auf der Erde, sondern auf dem Mond. Die Teams, die ihn überhaupt erreichen, dürfen sich 1,75 Millionen Dollar teilen; diejenigen, die noch eine sanfte Landung hinlegen, sogar drei Millionen – runter kommt ja jeder.[284]

Zahlreiche Journalisten spotten schon, angesichts der Geschwindigkeit der Entwicklung könne man wohl kaum von einem Rennen zum Mond sprechen. Doch da liegen sie falsch. Nicht die Teams arbeiten zu langsam, so die Kritik vieler Teilnehmer, sondern die Zeitvorgabe des Preises ist zu knapp. »Viele der im X-Prize verbliebenen Teams nehmen monströse Risiken in Kauf und ehrlich gesagt: Ihre Pläne sind unrealistisch«,[285] meint beispielsweise John Thornton, Chef von Astrobotic, einem Team, das freiwillig aus dem Wettbewerb ausgeschieden ist. Und das, obwohl es insgesamt 1,75 Millionen Dollar an Unterpreisen abräumen konnte[286] und weiterhin an einer Mondmission arbeitet.

Die Teams und vor allem ihre Sponsoren riskieren in der Tat einiges, denn ihre Einsätze sind hoch. Zwei Teams aus Indien und Japan, Team Indus und Hakuto haben 30 Millionen Dollar gezahlt, um ihre Lander gemeinsam mit einer indischen PSLV zum Mond zu schicken.[287] Moon Express, das Team des umstrittenen Silicon-Valley-Entrepreneurs Naveen

Jain[I] [288] hat bereits 53 Millionen Dollar eingesammelt.[289] Weniger als diese Beträge dürfte es also nicht kosten, einen Rover zum Mond zu schicken, eher mehr. Wie anderen Teams geht es Jain nicht nur darum, das Preisgeld einzusammeln. Das würde ohnehin nicht reichen, um eine Landefähre plus Rover zu bauen. Bob Richards, der Chef von Moon Express, betrachtet den Mond wegen seiner Wasservorkommen quasi als Tankstelle auf dem Weg ins All. Richards, ein Schüler des legendären Astrophysikers Carl Sagan, ist ebenfalls ein Jünger der Expansion des Menschen in den Raum. »Die Frage ist nicht, ob, sondern wann«,[290] sagte Richards auf der kanadischen Tech-Konferenz Ideacity 2017 in Toronto. Langfristiges Ziel von Moon Express sei es daher, die Ressourcen des Mondes zu erschließen. Der Lunar X-Prize ist da lediglich selbst ein Meilenstein. In Anlehnung an Kennedy meint Richard: »Wir fahren nicht zum Mond, weil es einfach ist, sondern, weil es profitabel ist.«[291] [292] Richards hat einerseits guten Grund, optimistisch zu sein. Moon Express hat seinen Lander auf der Electron-Rakete von Rocket Lab gebucht. Das ist ein vielversprechendes Start-up, dem es Ende Januar 2018 schon beim zweiten Versuch gelang, seine Rakete mit drei Kleinstsatelliten in den Orbit zu fliegen. Schon der erste Start war im Grunde erfolgreich. Die Triebwerke wurden nur deswegen in über 200 Kilometer Höhe absichtlich zu früh abgeschaltet, weil die Electron fehlerhafte Bahndaten von der Bodenstation empfing.[293] Andererseits ist sein Lander für die kleine Electron womöglich zu schwer, wie manche Beobachter behaupten.

Am Ende könnte der Preis also ohne Gewinner verfallen. Denn es mehren sich die Anzeichen, dass Google die Geduld verliert und keinen weiteren Aufschub mehr gewähren möchte. Dennoch: Der Lunar X-Prize ist ein eigenes Buch wert. Ein Team verdient einen näheren Blick. Es gehört zwar nicht mehr zu den Top Five der Endrunde, doch es mischt im Rennen zum Mond kräftig mit – und es baut sein Raumschiff quasi vor unserer Haustür.

I Naveen Jain wäre beinahe selbst in den erlauchten Kreis der Space Billionaires gestoßen. Sein Dotcom-Unternehmen InfoSpace war um die Jahrtausendwende zeitweilig 36 Milliarden Dollar wert und Jains Anteile auf acht Milliarden. Das Unternehmen ging in der platzenden Blase unter, und sein Vermögen schrumpfte auf 220 Millionen Dollar. Wie reich er nach den anschließenden, zahlreichen verlorenen Gerichtsverfahren noch ist, weiß er vermutlich nur selbst.

Das Raumschiff aus Marzahn

Wenn die Anwohner der Märkischen Allee in Berlin auf den Balkon ihres renovierten Plattenbaus treten, glauben sie, auf ein Autohaus mit angrenzender Werkstatt zu schauen. In Wirklichkeit betrachten sie eine Fabrik für Raumschiffe und Mondrover. In die Halle sind die Part Time Scientists eingezogen, ein echtes deutsches Raumfahrt-Start-up und bis vor Kurzem erfolgreicher Teilnehmer am Lunar X-Prize. Der eigenwillige Name, zu Deutsch Teilzeit-Wissenschaftler, stammt aus den Gründungstagen, als es sich die Nachwuchsingenieure noch nicht leisten konnten, Vollzeit an ihrem Projekt zu arbeiten. Das hat sich einstweilen erledigt. »Zu PT kann man auf Italienisch ›Pieno Tempo‹ für Vollzeit sagen«, meint Elektronik-Chef Karsten Becker halb im Scherz. »Das muss man einfach umdefinieren.« Inzwischen schreibt das Start-up »Part Time« einfach nicht mehr aus und nennt sich PTScientists.

Das Aufregende an dem jungen Unternehmen: Es hat Ambitionen und Ziele wie die berühmten Namen aus den USA. Schon 2019 wird eine Falcon 9 mit Alina, dem PTS-Raumschiff von Cape Canaveral in den Erdorbit starten. Von dort nimmt Alina Schwung: Es zündet seine Triebwerke und fliegt zum Mond. Dort setzt es im Taurus-Littrow Valley, ganz in der Nähe der Landestelle von Apollo 17 auf und lädt zwei Mondautos ab. Es sind deswegen zwei, weil das nicht nur die Wahrscheinlichkeit erhöht, dass eines davon funktioniert, sie können sich dazu noch gegenseitig filmen, wenn sie mit einer Höchstgeschwindigkeit von drei Stundenkilometern umherfahren und mit ihren Kameras Bilder schießen.[294] So der Plan. Dem Apollo-Landeplatz selbst dürfen sie nicht näher als 250 Meter kommen, denn er gehört zum Weltkulturerbe.

Man kann den Marzahnern ihre Unwissenheit nicht verübeln, dass mitten in ihrem Stadtviertel ein gehyptes Start-up in Reinräumen an einer Mondmission arbeitet. Die Halle ist schmuck- und fensterlos. Immerhin prangt an der Halle mittlerweile ein großes Schild »PTScientists«. Anfangs versteckte sich das Unternehmen in einem kleinen »PTS«-Klingelschild neben einer noch unauffälligeren Tür auf der Gebäuderückseite. Lediglich die Straße auf der anderen Seite der Halle lässt Großes ahnen, dort verläuft die Allee der Kosmonauten. Die PTScientists haben daher schon über eine entsprechende Briefkastenadresse nachgedacht, klingt für ein Raumfahrt-Unternehmen zweifellos besser als Märkische Alle.

Natürlich ist das eine Oberflächlichkeit, aber um an die notwendigen Ressourcen zu gelangen, sind Symbole ebenso wichtig für ein Start-up wie konkrete Inhalte. Doch offenbar ist das für die Marzahner Raumschiffbauer kein Problem. Ihr Mondmobil ist derart ausgereift, dass es selbst bei den Experten der NASA für Aufregung sorgt. »Als wir den Rover im Jet Propulsion Laboratory in den USA zeigten, bildete sich sofort eine Traube Ingenieure darum«, erzählt Karsten Becker. Eine Mission zum Mond lässt sich natürlich nicht mit einer Handvoll mäßig gefüllter Privatschatullen und überdurchschnittlicher Leidenschaft bewerkstelligen. Erst als Audi als Sponsor und technischer Partner einstieg, war klar: Jetzt kann PTA abheben.

Die PTScientists profitieren vom Autohersteller enorm, beispielsweise von Audis 3-D-Aluminium-Drucker in Ingolstadt, um die Schaufelräder des Rovers im 3-D-Drucker zu bauen. Name des Rovers: ALQ, Audi lunar quattro (er hat einen Vierradantrieb). Damit er nicht auf dem Mond stecken bleibt, übt der ALQ vorläufig in Berlin – in einem Testbett aus »Mondsand« aus der Eifel. Der ist dem Mondregolith ähnlich und hat ein »gutes Fahrgefühl«, wie Becker sagt. Zudem unternimmt er nun sogar Touren im nördlichen Japan. Dort ließ Audi einen Werbefilm mit dem Rover drehen. Es ist ein Geben und Nehmen.

Mittlerweile geben sich die Journalisten der Republik bei dem knapp 40 Köpfe zählenden Team die Hand. Der Medienrummel zahlt sich aus, seither haben die PTScientists einen zweiten großen Sponsor gewonnen, Vodafone. Das ist vermutlich eine gute Wahl. Denn selbst wenn Alina erfolgreich landet, die zwei Rover auf dem Mond umherfahren und fleißig Bilder schießen: Diese Bilder müssen ja noch auf die Erde geschickt werden, und das lässt sich mit 4G auf 360.000 Kilometer Entfernung nicht machen. Selbst Musks Dragon-Kapsel braucht für eine Mondumrundung eine extra Deep-Space-Funkausstattung. Vodafone als Mobilfunkunternehmen ist natürlich ein Spezialist für mobile Datenübertragung, und daher wollen seine Ingenieure einen Funkstandard benutzen, den jeder Handybesitzer kennt: LTE. Vodafone plant tatsächlich, die Rover zu einer Art mobilen Mobilfunkstation zu machen. Allerdings brauchen sie das Raumschiff Alina im Mondorbit, um die Daten dann zur Erde weiterzuleiten. Wenn für die PTScientists alles rundläuft, sieht die Welt eines Tages im Livestream, wie Alina und der ALQ mit den Logos der beiden Sponsoren gebrandet auf dem Mond landen und umherfahren. Für Audi, bekannt für seinen Slogan »Vorsprung durch Technik«, und Vodafone, das nicht zuletzt an der Empfangsqualität seines Netzes gemessen wird, scheint das ein gutes Geschäft.

Allerdings wollen die Jung-Ingenieure nicht ihre Ideale vergessen und haben sich überlegt, wie man dem Projekt einen epischen Touch geben könnte. »Wir wollten so was machen wie die Disk auf der Voyager-Sonde. Wir haben uns überlegt, was das moderne Äquivalent dazu wäre, und sind draufgekommen, dass wir eine Kopie des Menschheitswissens mitnehmen müssten: Wikipedia!« Wikipedia fand die Idee ebenfalls gut. Nun soll mit Alina eine 20-GB-Datendisk aus strahlungsresistenter Keramik mitfliegen, um ausgewähltes Wiki-Wissen auf den Mond zu transportieren. Becker ist sichtlich stolz auf den Deal und zeigt während eines Rundgangs durch die PTA-Büros auf eine etwa ein Meter große Papp-Rakete. Die ist ganz offensichtlich mit der Hand ausgeschnitten. Das bedeutet, bei der weltberühmten Wikipedia Foundation hat jemand den PTAs mit Schere, Klebstoff und Farbfolie eine Rakete gebastelt und eine DVD draufgeklebt.

Trotz dieses Nerd-Gimmicks steckt hinter der visionären Mondmission der PTScientists eine Geschäftsidee. Alina soll nämlich als Raumtransporter dienen und Nutzlasten auf den Mond befördern. Der Rover kann ebenfalls fünf Kilogramm Nutzlast tragen. »Die Lasten kommen von Universitäten und Instituten«, erzählt Becker. Manchmal auch von Herstellern von Präzisionsunternehmen, die ihre Instrumente in extremen Umgebungen testen wollen. Deswegen nimmt Alina ein Gravitometer mit. »Mit einem solchen Gerät haben die Apollo-Astronauten die Schwerkraft gemessen, bis auf ein paar Nachkommastellen genau. Wir wollen ja unter anderem zur Landestelle von Apollo 17. Da gab es eine Auffälligkeit bei den Messungen. Nun wollen wir schauen, ob es da wirklich etwas Ungewöhnliches gibt oder ob es nur ein Messfehler war.« Mond-Business hat also womöglich eine größere Zukunft als gewöhnlich angenommen. »Was wir bereits jetzt an Anfragen haben, können wir nicht bedienen«, sagt Becker.[295] »Voraussichtlich bauen wir Alina daher sogar größer als ursprünglich geplant.«

ALLE MANN ZUM MOND

Unterstützung für den Mond als Ziel staatlicher und privater Raumfahrt kommt unter anderem vom Generaldirektor der ESA, Jan Wörner. Der gelernte Bauingenieur hat ein Lunar Village ins Gespräch gebracht, als Kern seiner Space 4.0 genannten Strategie. Das Dorf mit 3D-gedruckten Unterkünften und bis zu 100 Bewohner bis 2040 soll jedoch nicht etwa die ESA selbst bauen. Wörner schwebt eine Ansammlung von verschiedenen Projekten unterschiedlicher Herkunft vor. »Es werden die Amerikaner dabei sein, die Russen, Chinesen, Inder, Japaner und andere Länder mit kleineren Anteilen«, sagt Wörner.[296] Statt einer einheitlichen Dorfgemeinschaft ist sein Plan als eine internationale Wohngemeinschaft zu verstehen, die auf gemeinsame Ressourcen zugreift, aber jeweils eigene Ziele verfolgt. Der Mond ist ja nicht ausgeforscht und beispielsweise für Astronomen als Standort eines Radioteleskops interessant, denn auf der erdabgewandten Seite ließe sich ungestört ins All horchen.

Eine Landung auf dem Mond sähe heute ganz anders aus als 1969, selbst im Auftrag von NASA, ESA und anderen großen nationalen Agenturen. Damals durften die großen Raumfahrt-Unternehmen die Raumschiffe zwar bauen, doch die NASA hatte den Hut auf. Wer als Unternehmen nicht exakt die Pläne der NASA ausführte, wurde nicht mehr berücksichtigt. Heute haben die privaten Unternehmen deutlich mehr Freiheiten. Das geht so weit, dass die großen US-Player Boeing und Lockheed Martin nicht nur eigene Pläne für eine Mondmission entwickeln, sondern sie darüber hinaus öffentlich propagieren.[297] [298] Allerdings ist es unwahrscheinlich, dass sie auf eigene Faust zum Mond aufbrechen, solange sie nicht einen Auftrag der NASA erhalten oder sich ein anderes Geschäftsmodell ergibt. Das unterscheidet sie von den Enthusiasten, die nicht zuallererst an die Marge denken – falls sie es sich leisten können.

Jeff Bezos beispielsweise hat der NASA seinen Blue Moon Lunar Lander als Transporter angeboten. Der Lander ist erst im Konzeptstadium, soll aber schon 2020 mit allen gängigen schweren Raketen starten können, also dem SLS der NASA, der Atlas V und natürlich der eigenen New Glenn. »Wir haben der NASA diese Idee vorgeschlagen und würden gern einen Transportdienst aufbauen«, berichtete Bezos einer Gruppe von Schülern am Luftfahrt-Museum in Seattle.[I]

Bezeichnend ist, dass Bezos seinem vierbeinigen Lander den Start mit eigenem Geld erleichtern möchte. »Wir sind gewillt, in seine Entwicklung im Rahmen einer öffentlich-privaten Partnerschaft zu investieren«, so Bezos' Blue-Origin-Chef Robert Meyerson.[299] Falls das Realität wird, hat Bezos es definitiv auf Augenhöhe mit Musk geschafft – oder ihn sogar übertrumpft. Meyerson erklärte sogleich, warum Bezos Interesse am Mond hat. »Wir glauben, dass die Mondoberfläche wertvolle Ressourcen zu bieten hat und als Ort geeignet ist, um wichtige Technologien zu entwickeln. Und wir denken, dass der Mond in einer Abfolge für die längerfristige Erforschung des Sonnensystems steht – auch des Mars. Das sind die ersten Schritte, um unsere Vision wahrzumachen, dass Millionen von Menschen im Weltraum leben und arbeiten.«[300]

Das hört sich gut an, allerdings sorgen die Mondpläne vor allem in den USA für Zündstoff. Denn sie sind Teil der Raumfahrt-Strategie der Regierung Donald Trump. Die Ziele der NASA sind gewöhnlich Streitpunkt vieler sich widersprechender Stimmen in der Raumfahrt. Das Gezanke um Missionen tritt meistens dann zutage, wenn in den USA ein neuer Präsident gewählt wird. Jede neue Regierung möchte der Raunfahrt ihren Stempel aufdrücken und erteilt der NASA neue Aufträge – beziehungsweise storniert gleich die ihrer Vorgängerin. Ein Beispiel für den programmatischen Zickzackkurs war der Versuch der jungen Administration Obama, die Pläne von Georg W. Bush kaltzustellen. Der hatte 2004 in einer »Vision for Space Exploration« angekündigt, innerhalb weniger Jahre eine Schwerlastrakete samt Raumschiff und Lander zu bauen, um damit zunächst zum Mond und später zum Mars zu fliegen. Um

---

I Ein Video dazu, aufgenommen vom Technikmagazin Geekwire, zeigt Bezos vor den Saturn-V-Triebwerken, die er vor einigen Jahren in den Tiefen des Atlantiks suchen und herausfischen ließ. Bezos erzählt detailliert von seinen Plänen, während die Gruppe der Kleinsten im Vordergrund herumzappelt. Einige heben artig den Arm, um Bezos eine Frage zu stellen. Doch der spult im Präsentationsmodus seine Rede ab und antwortet erst, als der Frageteil kommt. »Ist das Raumschiff ins Wasser gefallen und untergegangen?«, fragt ein Junge schüchtern. »Das ist exakt das, was passiert ist. Die Saturn V ist ein dreistufiges Fahrzeug. Die ersten zwei Stufen fielen in den Ozean, der dritten Stufe passierten verschiedene Dinge. Ich denke, es gibt eine dritte Stufe der Saturn V, die jüngst in die Nähe der Erde zurückkehrte.« Offensichtlich ist es Bezos nicht gewohnt, seine Zukunftsvisionen Fünfjährigen zu präsentieren.

das bezahlen zu können, sollten die Amerikaner 2017 sogar aus der ISS aussteigen. Obama hingegen verlängerte zur Erleichterung der Europäer den Betrieb der ISS und stellte außerdem Bushs »Constellation« genannte Programm weitgehend ein. Der Mond war passé.[301] 2017 erfolgte die erneute Volte: Die neue Regierung Trump richtete die NASA wieder Richtung Mond aus. Der Mars bleibt zwar als langfristiges Ziel erhalten, dürfte aber in weite Ferne rücken, wenn das begrenzte Budget in den kommenden Jahren für eine Mondlandung verwendet wird. Hier geht es allerdings weitgehend um die Deep-Space-Missionen der NASA. Die Regierung Trump wird die vergleichsweise günstige kommerzielle Versorgung der ISS sicher nicht infrage stellen – selbst wenn sie weitgehend das Ergebnis der Regierung Obama ist.

Für den Riesen-Organismus NASA ist es nicht immer einfach, die politisch motivierten Schwenks ihrer Auftraggeber mitzugehen. Als wissenschaftliche Organisation mit vielen hellen Köpfen verfolgt sie naturgemäß eigene Ziele. »Jedes Mal, wenn wir einen neuen Präsidenten bekommen, wird uns ein neuer Kurs vorgegeben. Das erzeugt viel unnützen Aufwand«, klagte Scott Kelly in einem Interview mit der Washington Post. Kelly ist mit 520 Tagen im All bislang Rekordhalter unter den amerikanischen Raumfahrern. »Ich hoffe, dass wir eines Tages einen Präsidenten haben, der sagt: ›Wir lassen die NASA machen und schauen, was sie erreicht, wenn sie freie Hand bekommt‹.«[302] So etwas wünschen sich wohl alle Angestellten – auch die, die nicht bei der NASA arbeiten.

6 Die jungen Wilden: Kampf der Micro Launcher

»Wer zuerst eine Rakete fertig hat, macht das Geschäft!«

Raúl Verdú, CTO des spanischen Raketen-Start-ups PLD Space

Panoptikum der Raketenbauer

Im Eingangsbereich von PLD Space, eines der erfolgversprechendsten Raketen-Start-ups Europas, befindet sich ein kleiner Schrein, so wie man ihn gern in thailändischen Restaurants findet. Er ist aber nicht mit Blumen und einem Bild des Königs geschmückt, sondern mit ausgedienten Teilen kleiner Hobby-Raketen, einer Autogrammkarte des NASA-Astronauten Leland Melvin (»To Raúl and much success«), Missionsaufnähern und sogar einem Astronauten-Arbeitsanzug – allerdings für die Arbeit auf der Erde.

Hingucker im Raum ist indessen eine Raketenattrappe, die sich fast über die gesamte Länge des Großraumbüros erstreckt. So behalten die knapp 30 Leute stets im Blick, warum sie überhaupt hier arbeiten und was ihr Ziel ist. Aus dem Mockup so schnell wie möglich eine echte Rakete zu machen und zu starten.

Denn während sich Elon Musk, Jeff Bezos und die herkömmlichen Anbieter um die großen Nutzlasten der Zukunft balgen, läuft im Hintergrund ein mindestens ebenso hart umkämpftes Rennen um den schnellsten und günstigsten Zugang zum All. Er findet auf dem Feld der Micro Launcher statt, Raketen für kleine Nutzlasten von weniger als 500 Kilogramm. Wenn Musk und Bezos zukünftig die Containerschiffe bauen, sind die Micro Launcher quasi die Paketdienste unter den Raumtransportern. Normalerweise handelt es sich bei den Paketen um kleine Satelliten für den erdnahen Orbit. Sie fliegen zum überwiegenden Teil als zweite Nutzlast quasi huckepack auf großen Raketen ins All. Sie spielen stets die zweite Geige, wenn es um Starttermine geht und um den Zeitpunkt, zu dem die Satelliten in den Orbit entlassen werden. Manchmal fliegen sie sogar ganz runter, falls dem Hauptkunden etwas nicht schmeckt. Nur ein verschwindend kleiner Teil der Mini-Satelliten fliegt mit kleinen Raketen ins All. Allerdings waren sie bisher ein Nischenmarkt, mit deutlich weniger als einer Milliarde Euro Umsatz.[303] Doch findet hier gerade eine explosionsartige Entwicklung statt, denn die Digitalisierung hat dafür gesorgt, dass auf der Erde schon bald durch Tausende kleine fliegende Augen nichts mehr unbeobachtet bleibt. Dazu kommen Unternehmen wie OneWeb und SpaceX, die mit einer Armada an Satelliten Internet in entlegenste Gebiete strahlen wollen, auf Bahnen, die die Erde in ein geometrisches Muster einteilt (siehe Bildteil). All diese Satelliten wollen ins All transportiert und in ganz bestimmten Umlaufbahnen abgesetzt werden. Das lässt sich als sekundäre Last, also als Anhang großer Satelliten, die viel teurer und daher entsprechend Vorrang besitzen, nicht gut machen. Die Folge: Die Betreiber buchen entweder eine ganz große Rakete, wenn sie es sich leisten können – wie es OneWeb schon getan hat –, oder warten verzweifelt, dass eine kleine und preiswerte Rakete ihre Minisatelliten startet. In diesem Umfeld ist ein Rückstau entstanden, der verhindert, dass die Betreiber ihre Mini-Satelliten wie gewünscht starten können. »Wir fliegen mit jedem, der fliegt«, meint beispielsweise Peter Platzer, Chef des Kleinstsatelliten-Betreibers Spire. »Wir sind auf jeder Rakete drauf, die in den niederen Erdorbit geht.«

Wir werfen einen kurzen Blick auf die Welt der neuen Micro Launcher, denn sie ist aus einem weiteren Grund ein spannendes Panoptikum: Hier werden die künftigen Stars geboren und stoßen sich die Hörner ab wie einst Musk mit seiner ersten Rakete Falcon 1. Es ist eine Liga, in der ambitionierte Amateure mit Milliardären wetteifern, ehrgeizige Start-ups mit großspurigen Klitschen ohne Substanz. Wie im echten Fußballleben haben meistens diejenigen mit dem meisten Geld Erfolg – aber manchmal auch Underdogs mit besonderem Ideenreichtum, Einsatz und Durchhaltewillen. Weltweit gibt es mindestens ein Dutzend vielversprechender Unternehmen (deutlich mehr als hier aus Platzgründen beschrieben werden), einige sind schon dabei, ihre Prototypen zu starten, andere testen noch ihre Triebwerke, und ein nicht kleiner Rest sucht verzweifelt nach Investoren (siehe Abbildung 7 »Kommerzielle Launcher in Entwicklung«, S. 169). Allen gemeinsam ist: Ihnen läuft die Zeit davon.

Kommerzielle Raketen in Entwicklung (Auswahl), ihre Kapazitäten und Transportpreise

Name der Rakete	Betreiber/Hersteller	Geplante Preis pro Start in Millionen US-Dollar ($)	Bereiche der Nutzlast-Kapazität (Kilogramm)	Kosten pro Kilogramm (US-Dollar)
Ariane 6	Arianespace	75 Mil. $	7.000 (800Km SSO) / 4.500 (GTO)	-
Arion 2	PLD Space	6 Mil. $	150 (250km LEO)	40.000 $
Bloostar	Zero-2-Infinity	-	120 (400 km LEO 30 Grad*) / 90 (400 km SSO)	-
Electron	Rocket Lab	4.9 Mil. $	150 (500km SSO)	33.000 $
Falcon Heavy	SpaceX	90 (GTO)	63.800 (LEO) / 26.700 (GTO)	3.400 $ (GTO)
Haas 2CA	ARCA Space Corporation	1 Mil. $	100	10.000 $
Intrepid-1	Rocketcrafters	9 Mil. $	376 (400km SSO)	24.000 $
LauncherOne	Virgin Galactic	10 Mil. $	500 (230km 0 Grad LEO) / 300 (500km SSO)	20.000 $ (LEO) 33.000 $ SSO
Minotaur VI	Orbital ATK	60 Mil. $	2.600	23.000 $
NEPTUNE N5	Interorbital Systems	0.5 Mil. $	40	12.500 $
New Glenn	Blue Origin	Noch unbekannt	45.000** (LEO) / 13.000** (GTO)	-
Terran 1	-	10 Mil. $	1.250 (185km LEO) / 900 (500km SSO)	8.000 $ (LEO) / 11.100 $ (SSO)
Sea Serpent	Ripple Aerospace	18 Mil. $	2.600**	7.000 $
Space Launch System (SLS) Block 1***	NASA	Noch unbekannt	70.000 (LEO/ 28.000 (Mond)	-
Stratolaunch	Stratolaunch Systems	Noch unbekannt	3.000	-
Vector-H	Vector Space Systems	3 Mil. $	160 (200km Grad LEO) / 95 (450km SSO)	19.000 $ (LEO) / 32.000 $ (SSO)
Vector-R	Vector Space Systems	1.5 Mil. $	70 (200km LEO) / 30 (450km SSO)	21.000 $ (LEO) / 50.000 $ (SSO)
Vulcan (561)	United Launch Alliance	99 Mil. $	40.000 (LEO) / 15.100 (GTO)	2.500 $ (LEO) / 6.600 $ (GTO)

* bei Start von den kanadischen Inseln
** in der wiederverwendbaren, zweistufigen Version
*** bisher keine kommerzielle Verwendung geplant

Quelle: GAO / Bryce Space und Technology (früher Tauri Group) / Unternehmens-Angaben

Abbildung 7: Die meisten der hier aufgeführten Raketen in Entwicklung sollen bis 2021 starten. Sie lassen sich nur eingeschränkt direkt miteinander vergleichen, da sie unterschiedliche Aufgaben übernehmen. Raketen mit kleinen Nutzlast-Kapazitäten (Micro Launcher) wie die kurz vor der kommerziellen Routine stehende Electron zielen vor allem auf den niederen Erdorbit (LEO) beziehungsweise den sonnensynchronen Orbit (SSO). Große Raketen wie die Falcon Heavy, die Vulcan und die New Glenn transportieren eher große Satelliten in den geostationären Transfer-Orbit (GTO) oder fliegen noch weiter, zu Mond und Mars. Um in den GTO zu gelangen, muss eine Rakete erheblich mehr Energie aufwenden als für den LEO. Daher sind die Nutzlast-Kapazitäten für den GTO naturgemäß geringer – und die Kosten pro Kilogramm entsprechend höher. Das SLS der NASA ist zwar kein kommerzieller Launcher, aber als bisher stärkstes Startsystem zum Vergleich aufgeführt.

Raketen-Hipster

»Der Punkt ist, dass derjenige, der zuerst fertig ist, einen Großteil des Geschäfts machen wird«, sagt Raúl Verdú, technischer Leiter von PLD Space. Verdú und sein Partner Raúl Torres könnten vormittags einen Latte in Berlin-Prenzlauer Berg schlürfen und würden dort als zwei ganz gewöhnliche Hipster durchgehen.

In Wahrheit haben die beiden an der Universität von Elche, einer kleinen Stadt im Süden Spaniens, ein Unternehmen gegründet, um eine Rakete für kleine Lasten zu bauen. Sie sind so erfolgreich, dass sie aus ihren engen Räumen an der Uni ausziehen und ein deutlich größeres Quartier beziehen konnten. Außerdem, und das wiegt deutlich schwerer, besitzen »Los Raúles«, wie sie in Elche genannt werden, einen eigenen Teststand am Flughafen Teruel im dünnbesiedelten Aragonien und erproben dort das Triebwerk für die Arion 1. Die einstufige Rakete soll von einem Gelände des spanischen Militärs direkt an der spanischen Atlantikküste starten, 250 Kilometer steil aufsteigen und nach wenigen Zehnerkilometern in den Atlantik fallen. PLD plant, die Arion irgendwann wieder herauszufischen. »Ob wir sie beim ersten Mal zurückholen können, ist nicht klar. Wir denken darüber nach. Erst einmal soll sie starten, das ist das Wichtigste.« Die Geschäftsidee: Eine 200 Kilogramm schwere Nutzlast soll bis zu sieben Minuten lang schwerelos schweben. Dafür gibt es eine recht große Nachfrage, vor allem von Universitäten.

Wenn alles gut läuft, können sich zahlreiche Deutsche ab 2020 einen PLD-Start im Urlaub anschauen, denn das Unternehmen plant, ihre dreistufige Weiterentwicklung Arion 2 von den kanarischen Inseln aus zu starten. Ist das zu ambitioniert? »Wir haben den Vorteil, dass wir ein Triebwerk haben. Das ist das Wichtigste in der Raumfahrt. Ich mag keine PowerPoint-Präsentationen, mit denen kann man alles zeigen.« Ebenso wichtig ist sicher, dass PLD Vorbestellungen in Höhe von mehr als 50 Millionen Euro vorweisen kann. Denn für beide Raketen nimmt PLD Buchungen entgegen, ohne dass nur eine von ihnen geflogen ist. Außerdem hat das erst 2011 gegründete Start-up bereits fast zehn Millionen Euro eingesammelt[304] und bekommt finanzielle Unterstützung von der ESA.[305] Bei aller Abneigung gegen PowerPoint hat Verdú erfahren, wie wichtig es ist, eine Idee gut zu konzeptionieren. Als die beiden Raúls ihrem zukünftigen Investor, dem Technologie-Unternehmen GMV ihr Konzept vorstellten, überreichten sie ihm ein 5.000 Seiten starkes und offenbar lückenloses Dokument. »Die haben uns zum Schluss gesagt: ›Hier ist das Geld, aber bitte keine weiteren Seiten mehr!‹ Wir mussten an unserem Konzept bisher nichts ändern.«

Es ist nicht so, dass es keine Micro Launcher gäbe, da ist beispielsweise die kleine Pegasus-Rakete. Für einen Start berechnet ihr Hersteller, das Raumfahrt-Unternehmen Orbital ATK aus dem US-Bundesstaat Virginia, jedoch fast 40 Millionen Dollar.[306] Arianespace verlangt für die Vega, die kleinste Rakete in ihrem Portfolio, etwa 32 Millionen Euro, und das nur, um mit ausgemusterten und kommerzialisierten, russischen Mittelstreckenraketen konkurrieren zu können.[307] Allerdings kann Vega 1.500 Kilo in den Orbit transportieren; auch wenn es keine allgemeingültige Definition gibt, ist sie kein echter Micro Launcher mehr und daher nicht für den Einzelstart eines Kleinsatelliten geeignet.

Für Satelliten-Start-ups, selbst wenn sie erfolgreiche Finanzierungsrunden hinter sich haben, sind diese Summen außerhalb ihrer finanziellen Reichweite. Wohl auch deswegen ist die Vega von 2012 bis 2017 nur zehn Mal geflogen (fairerweise muss man sagen, dass die Startfrequenz steigt). PLD hingegen plant, seine orbitale Arion 2 für lediglich knapp sechs Millionen Euro anzubieten.[308] Auf den Kilopreis Nutzlast umgerechnet ist das die Hälfte von dem, was Orbital ATK für den Start einer Pegasus verlangt. Diese erheblichen Differenzen haben überall auf der Welt junge Ingenieure dazu veranlasst, in diesem Geschäft mitzumischen.

Der Drache aus dem Meer

Der Norweger Kristoffer Liland trägt auf seinem rechten Unterarm ein Meeresungeheuer aus der nordischen Sagenwelt. Es handelt sich um die Midgardschlange, die im Urmeer lebt und die Welt umspannt. Er hat es sich stechen lassen, drei Jahre nachdem er mit seinen Partnern Ripple Aerospace gegründet hatte und die erste Finanzierung stand, die »Belohnung für harte Arbeit«, wie er sagt.[309] Das Untier ziert zugleich das Logo des Raumfahrt-Start-ups, das an einer Rakete arbeitet, die an jedem beliebigen Punkt der Erde aus dem Wasser starten kann. Der Wegfall teurer Startrampen und der energetisch günstige Abschuss unmittelbar am Äquator sollen den entscheidenden Wettbewerbsvorteil in der Startkosten-Kalkulation bringen. Die Sea Serpents (Seeschlangen) soll eines Tages 2.600 Kilogramm ins All transportieren, mehr als die üblichen Micro Launcher, weniger als die Falcon 9 von SpaceX. »Bei den Micro Launchern gibt es bereits acht oder neun Anbieter, da wird es zu einem erbitterten Preiskampf kommen. Dann gibt es noch ein paar Anbieter für schwere Lasten wie SpaceX oder Blue Origin. Wir wollen die Nische dazwischen füllen, hinsichtlich Preis und Transportfähigkeit.« Mit solchen Zahlen wäre er unmittelbarer Konkurrent zur Vega der ESA. Allerdings orientiert sich Ripple eher an SpaceX und dessen Kilopreisen. Eine Falcon 9 kostet 62 Millionen Dollar. Macht bei 22.800 Kilogramm Nutzlast in den Erdorbit einen Preis von umgerechnet etwa 2.700 Dollar. Und Ripple? Darüber mag Liland nicht sprechen. »Wir sind da vorsichtig. Als junges Unternehmen wollen wir nicht zu viel versprechen.«[310] Zumindest laut der Webseite peilte das Unternehmen noch 2016 einen Kilopreis von mehr als 7.000 Euro pro Kilogramm an. Diese Angaben sind indessen nicht mehr zu finden.

Die Idee wäre nicht ungewöhnlich, wenn ihr nicht eine so scheinbar kuriose Starttechnik zugrunde läge. »Wasserstarts wurden schon erfolgreich getestet«, erzählt Liland und meint das Sea-Dragon-Programm aus den 60er-Jahren. Ripples Plan ist interessant, weil es zeigt, wie teils jahrzehntealte Konzepte heute wieder aufgegriffen und weiterentwickelt werden können, weil die prinzipielle Technik der Raumfahrt sich nicht geändert hat. Und es macht klar, wie junge Unternehmen denken, mit neuen Verfahren und modernen Bauteilen die alten Schwächen überwinden zu können.

Anfang der 60er-Jahre hatte die US-Marine eine Machbarkeitsstudie für Raketenstarts aus dem Wasser in Auftrag gegeben. Der Ingenieur und ehemalige US-Marine-Captain Robert Truax[I] entwickelte daraufhin eine kleine Test-Rakete, die Sea Bee (Meer-Biene), die er mehrere Male erfolgreich aus dem Wasser startete. Sie sollte der Vorläufer für die deutlich grö-

---

I Truax wurde später einer breiteren Öffentlichkeit bekannt, als er den Stuntman Robert Craig »Evel« Knievel Jr. mit einer Wasserdampfrakete über die Schlucht des Snake Rivers schießen wollte. Sie erreichte die andere Seite aber nicht, weil sich der Fallschirm zu früh löste, Evel Knievel stürzte ab. Er ertrank nur deswegen nicht, weil er nicht in den Fluss, sondern auf einem kleinen Felsvorsprung am Ufer landete. Zudem plante Truax die X-3 »Volksrocket«, mit der Touristen ins All reisen sollten. Sie wurde nie gebaut.

ßere Sea Dragon (Meer-Drachen) sein, fast 150 Meter hoch und 23 Meter im Durchmesser. Als die Amerikaner all ihre Kräfte auf Apollo bündelten, wurde das Projekt trotz einiger Erfolge kleinerer Testmodelle weitgehend eingestellt. Wäre sie gebaut worden, wäre sie bis heute die größte Rakete der Welt. Laut Plan hätte ein Flugzeugträger die zweistufige Sea Dragon bei einer Werft abgeholt und zum Startpunkt geschleppt. Im Gegensatz zu den heutigen U-Boot-Feststoff-Raketen, die ebenfalls aus dem Wasser starten, wenn das U-Boot gerade taucht, wäre die Sea Dragon vor Ort mit flüssigem Treibstoff befüllt worden und später aus dem All zurückgekehrt.

Schon damals stellte Truax heraus, dass die wiederverwendbare Stufe nur sieben Prozent einer neuen Stufe kosten würde. Aus heutiger Sicht also ein durchaus modernes Konzept. Die Vorteile scheinen so attraktiv, dass seit der Sea Bee mehr als 20 Konzepte entwickelt wurden, wie man Wasserstarts abseits der militärischen Verwendung verwirklichen könnte. Nun also Ripple Aerospace, dessen Konzept nicht viel anders aussieht wie das der alten Sea Dragon.

Interessanterweise betont Liland die ökologischen Vorteile seines Konzepts, etwas, was man nur selten in der Raumfahrt hört. Er wolle Norwegen nach den Jahren des Öls einen Weg zu einer nachhaltigen Industrie ebnen und so seiner Tochter eine Zukunft eröffnen, die auf grüne Technologien baut. Die Rakete soll daher nicht nur mit den sauberen Treibstoffen Wasserstoff und Sauerstoff (= Wasser) befeuert werden. Der Wasserstart soll zudem den sonst üblichen ohrenbetäubenden Startlärm dämpfen. Eine Barriere aus Netzen um die Startstelle herum soll verhindern, dass zufällig vorbeischwimmendes Meeresgetier bei der Zündung wie Hummer gar gekocht wird. Ohnehin sei das Wasser am Äquator so sauerstoffarm, dass es dort kaum Leben gäbe, so Liland.

Ob ökologische Aspekte in der Raumfahrt Investoren davon überzeugen können, in die Raumfahrt zu investieren? Eher fraglich. Das mag vielleicht in einer ungewissen Zukunft ein Pluspunkt sein, wenn täglich Raketen in den Himmel starten. Dann könnte die Raumfahrt in den Blickpunkt einer breiten und kritischen Öffentlichkeit rücken und muss sich voraussichtlich unangenehme Fragen gefallen lassen: Was für Treibstoffe werden da verbrannt und sind sie giftig? Welche Rolle spielen sie beim Klimaschutz? Wie wirken sich Hunderte und vielleicht Tausende verglühende Satelliten auf den Zustand der Atmosphäre aus? Es wird dann zu einer Diskussion führen, ähnlich der über die zunehmende Vermüllung der Orbits, die mittlerweile immer größere Kreise zieht.

Derzeit steht aber die reine Wirtschaftlichkeit von Raumfahrt-Unternehmen im Vordergrund, und von der muss auch Liland potenzielle Investoren überzeugen. Denn er braucht Geld, sehr viel Geld. Aus diesem Grund sitzt der Norweger im Februar 2017 während des Disrupt Space Summit, einer Konferenz für europäische Raumfahrt-Gründer, auf einem Hocker im Berliner Haus Ungarn unweit des Alexanderplatzes und wartet, dass jemand kommt, um sich an seinem Unternehmen zu beteiligen. Um seine Idee zu präsentieren, hat Liland wie etwa zwei Dutzend anderer Start-ups einen kleinen Stand aufgebaut, ein Tisch, eine Sitzgelegenheit und ein Poster. Trotz seiner jugendlichen 30 Jahre, der Tätowierung und des Fehlens aller üblichen Stilmittel, die normalerweise gebräuchlich sind, um Geld anzulocken (Liland trägt ein Blümchenhemd statt Sakko), ist es gar nicht so unwahrscheinlich, dass er bei seiner Suche nach Kapital Erfolg hat. Zwar braucht sein 15-köpfiges Team für die Umsetzung des Konzepts einen zweistelligen Millionenbetrag, doch kann es bereits mit deutlich mehr aufwarten als mit ein paar Blaupausen. Mit einer Anschubfinanzierung von der norwegischen Regierung kann sich Ripple Aerospace den Bau einer Testrakete leisten und entwickelt zusammen mit einem Partner in Dänemark eigene Motoren. Der sieben Meter hohe »Demonstrator« ist bereits gebaut, startet aus dem Wasser und steigt fünf Kilometer weit auf. Schon 2020 soll die erste kommerzielle Sea Serpent starten. In Zeitnot sieht Liland sein Unternehmen nicht, und er kann dies mit höchst detaillierten Zahlen begründen. »Wir sind nicht in Eile. Unsere Analysen zeigen, dass die durchschnittliche Wartezeit für einen Kunden im kommenden Fünf-Jahres-Zeitraum durchschnittlich 4,02 Jahre beträgt, um in den Orbit zu kommen. Dieses Jahr sind es 4,8. Der Markt müsste schon sehr schnell wachsen, damit es für uns unbehaglich wird. Ich hoffe sogar auf mehr Starts, weil das bedeutet, dass der Markt nicht kleiner wird.«[311]

In Zeitlupe gen Himmel

Der Antagonist zum Drachen aus dem Meer ist vielleicht Bloostar[I], der aus der Luft startet. Zwar ist das nicht ganz außergewöhnlich, Pegasus startet ja ebenfalls aus der Luft. Aber keine Rakete startet so träumerisch freischwebend in den Himmel wie der Micro Launcher von Zero-2-Infinity, eines weiteren spanischen Start-ups. Die ersten Stunden verbringt sie an einem dünnen Seil unter einem großen Höhenballon, unter sich das Blau des Mittelmeers, und schwingt je nach Windstärke sanft durch die Atmosphäre in eine Höhe von 25 Kilometern. Dort trennt sie sich vom Ballon, zündet und rast ins All (siehe Bildteil). Das ist keine theoretische Beschreibung, so sieht es aus. Zero-2-Infinity hat Bloostar bereits getestet und dabei gefilmt. Ein Boot war mit dem Ballon aufs Meer gefahren und hatte ihn von dort gestartet.

Es handelte sich aber nur um einen kurzen Testflug. Der finale Plan ist ebenso ungewöhnlich wie der sanfte Start am Ballon. Die Rakete besteht nämlich aus drei ineinander gesetzten Ringen, ganz ähnlich den Luftreifen, mit denen Kinder am Meer spielen. In den Ringen befindet sich allerdings Sauerstoff und Methan, tiefgekühlt und flüssig, und sie befeuern mehrere Triebwerke an der Unterseite. Wenn der äußere Ring ausgebrannt ist, löst sich der innere Ring und fliegt weiter. Am Ende erreicht nur der Kern mit der Satelliten-Nutzlast den Orbit – für vier Millionen Euro. Die wenig raketenartige Form ist möglich, weil Bloostar auf seiner Starthöhe keine Rücksicht mehr auf die Luft als aerodynamisches Hindernis nehmen muss.

Zero-2-Infinity residiert in einer Gewerbehalle in einem unscheinbaren Vorort von Barcelona, knapp 20 Kilometer von den Ramblas entfernt. Es ist nicht einfach zu finden, denn es weist kein großes Schild auf das Unternehmen hin, und es nimmt zudem nur einen kleinen Teil der großen Gewerbehalle in Beschlag, in der es eingemietet ist. In seinen Büroräumen herrscht eine ähnliche Atmosphäre wie bei PLD. Es geht entspannt zu, junge Leute sitzen lässig in ihren Bürostühlen, ein Astronautenanzug liegt auf dem Sofa des Empfangsbereichs, Zeich-

---

I Spielerische Wortschöpfung aus »Bloon« für engl. »balloon« und »star«. Bloon bezeichnet einen Höhenballon, ein anderes Produkt von Zero-2-Infinity. Laut ausgesprochen ergibt sich die Bedeutung »blue star«.

nungen und Skizzen an den Wänden. In einem abgetrennten Bereich arbeiten Techniker an Elektronik-Bauteilen, auf einem Tisch steht ein 3-D-Drucker.

Im Bürobereich des Hallenlofts liegt Dimitris Bountolos in einem Stuhl mehr, als er sitzt, und erklärt Zero-2-Infinity. »Wir haben Letters of interest im Wert von 500 Millionen Dollar«, erzählt Bountolos. »Es gibt großen Bedarf an kleinen Launchern.« Problem: Um Bloostar zu bauen, fehlen die nötigen Mittel. Daher leitet Bountolos das operative Geschäft, während Gründer José Mariano López-Urdiales rastlos umherreist und nach Investoren sucht.

Im Gegensatz zu anderen Start-ups hat Zero-2-Infinity ein Brot-und-Butter-Geschäft, das es am Leben erhält und eine langsame, beständige Entwicklung von Bloostar erlaubt. Es baut Höhenballone, die auf bis zu 35 Kilometer aufsteigen. In dieser Höhe lässt sich nicht nur Atmosphärenforschung betreiben, sondern auch Raumfahrt-Technik testen. »Vor einigen Jahren kamen Satelliten-Betreiber zu uns und haben gesagt: ›Hört mal, wollt ihr nicht unsere Satelliten testen?‹ Die Bedingungen in dieser Höhe sind dem Weltraum sehr ähnlich, es herrscht ein Quasi-Vakuum, und die Temperatur und Strahlung sind ebenfalls fast die gleichen. Die können da ihre Systeme testen, Satelliten, Laser, Optiken. Das ist billiger als später im Orbit.«[312] Zero-2-Infinity hat sich quasi den Bereich zwischen der Reiseflughöhe von Flugzeugen und der Umlaufbahn von niedrig kreisenden Satelliten als Arbeitsgebiet ausgesucht. Die Heliumballone haben jedoch nicht viel mit den Heißluftballonen gemeinsam, die in der Abenddämmerung so hübsche Motive abgeben. Es sind Hightech-Geräte, die theoretisch bis zu zwölf Tonnen in die Höhe ziehen und ganze Raumfahrzeuge testen können. »Ein solcher Ballon wäre so groß wie ein Fußballstadion, technisch aber machbar«, sagt Didier Burton, technischer Projektleiter bei Zero-2-Infinity. »Derzeit starten wir allerdings nur etwa eine halbe Tonne.« Die Frage des Gewichts ist lediglich eine Frage des Kundenwunsches.

Angesichts der Nähe zum Weltraum lag der Gedanke für ein weiteres Geschäftsmodell nicht fern: Warum nicht gleich eine Druckkapsel als Gondel benutzen und Menschen an die Grenzen des Weltraums befördern? Daher entsteht in der Werkhalle von Zero-2-Infintiy die Ballon-Plattform »Bloon«. Die mit großen Panoramafenstern ausgestattete Bloon-Kapsel erreicht zwar nicht per definitionem den Weltraum.

Aber der Himmel über ihr zeigt schon die Schwärze des Alls. Außerdem werden die vier Passagiere und zwei Piloten darin eine deutlich entspanntere Nah-Space-Erfahrung erleben als ihre Pendants im SpaceShipTwo. Und länger: Die Fahrt mit dem steuerbaren Ballon dauert fünf Stunden, zwei davon schwebt er auf Maximalhöhe.[313] Selbst Schwerelosigkeit ist für kurze Zeit machbar, denn die Gondel steigt nicht mit dem Ballon ab, sondern trennt sich von ihm und fällt herab, bis sie von Fallschirmen gebremst wird. Die Kosten werden voraussichtlich im Bereich eines SpaceShipTwo-Tickets liegen, mehrere Hunderttausend Euro.

Ein weiterer Vorteil des Ballon-Geschäfts: Das Unternehmen erwirbt sich damit einen Großteil des Know-hows, das es für die Entwicklung seiner Rakete benötigt. »Technisch ist Bloostar kein Problem mehr, wir müssen es nur noch zusammensetzen«, sagt Bountolos. Wenn sich das nötige Geld dafür findet.

Tabellenführer mit Standortvorteil

Auch wenn die hier vorgestellten Start-ups den Eindruck erwecken, Europa sei gut aufgestellt, zumindest in der Welt der Micro Launcher, dem Orbit am nächsten ist ein Unternehmen in Los Angeles: Rocket Lab. Was PLD noch vor sich hat, eine orbitale Rakete zu starten, hat Rocket Lab schon hinter sich. Und es hat nicht zehn Millionen wie PLD, sondern 75 Millionen Dollar zur Verfügung, um die »Electron« zu entwickeln und zu starten. Diese Summen verdeutlichen den entscheidenden Unterschied zwischen den USA und dem Rest der Welt. In den Vereinigten Staaten gibt es Geld für Start-ups, sogar für Raketen-Start-ups. Das gilt nicht unbedingt für Europa. Raúl Verdú von PLD erklärt, warum das ursprünglich aus Neuseeland stammende Rocket Lab eine Entscheidung getroffen hat, die ihm bei der Entwicklung möglicherweise einen ausschlaggebenden Entwicklungsvorsprung vor seiner Konkurrenz verschafft hat.

»Wir waren vor Kurzem in Palo Alto, also im Silicon Valley in den USA. Dort haben wir mit ungefähr fünf Investoren gesprochen. Die haben uns gesagt: ›Wir geben euch Geld, aber ihr müsst in die USA kommen‹«, erzählt Verdú.[314] »Wir haben uns jedoch für den Standort Europa entschieden. Denn wir müssen als europäisches Unternehmen mit weniger Beschränkungen kämpfen als die Amerikaner.« Grund sind die ITER-Bestimmungen, die den Export von US-Technologie ins Ausland kontrollieren, ein großes Handicap für US-Unternehmen. Wer seinen Sitz in den USA hat, darf seine Raketen nicht ohne Weiteres irgendwo anders in der Welt starten. Vereinfacht gesagt muss sich ein internationales Unternehmen entscheiden, ob es den amerikanischen Markt bedienen möchte oder den Rest der Welt. Rocket Lab hat sich für das Investoren-Geld entschieden. »Rocket Lab ist von Neuseeland nach Amerika gezogen«, meint Verdú. »Die sind jetzt eigentlich ein amerikanisches Unternehmen.« So ziehen die USA zahlreiche Unternehmen und Talente aus aller Welt an, und je mehr kommen, desto größer werden der Technologie-Vorsprung und die Anziehungskraft. Dabei hat PLD im Vergleich zu Zero-2-Infinity sogar Glück gehabt mit seinen Millionen. Dessen Manager Bountolos erkennt einen allgemeinen Mangel an Risikokapital, nicht nur für seine eigene Firma. »Die nächsten Jahre sind für Europa kritisch. Die Politik muss jetzt die Rahmenbedingungen schaffen, sonst läuft Europa Gefahr, dass NewSpace nur in den USA stattfindet.«

Rocket Lab dürfte es recht sein, wenn seine europäischen Konkurrenten ein wenig langsamer takten. Seine 17 Meter lange Electron trägt etwa 150 Kilogramm Ladung in den sonnensynchronen Orbit[I], das Zielgebiet von Wetter- und Erdbeobachtungssatelliten.[315] Das ist etwa die gleiche Kapazität wie die von PLDs Arion 2, und ihr Start kostet laut Rocket Lab etwa das Gleiche, umgerechnet knapp fünf Millionen Euro. Und wer zuerst kommt, der räumt ab. Interessanterweise hat sich Rocket Lab Gedanken gemacht, ob der Lärm einer startenden Rakete jemanden stören könnte, und schreibt, dass der größte Lärm nur 30 Sekunden lang dauern werde. »In den Häusern außerhalb der Sperrzone auf der Halbinsel wird der Lärmpegel voraussichtlich der gleiche sein wie der eines Staubsaugers und in Māhia Township wie der eines Gesprächs in einem leisen Büro.«

I In sonnensynchronen Umlaufbahnen umkreisen Satelliten die Erde gewöhnlich in etwa 600 bis 800 Kilometer Höhe von Pol zu Pol. Wegen der Erdabplattung dreht sich aber auch die gesamte Ebene, in welcher der Satellit sich bewegt. Wenn man ihn in einer ganz bestimmten Höhe positioniert, dreht sich diese Ebene einmal im Jahr um genau 360 Grad. Das hat unter anderem den erfreulichen Effekt, dass der Satellit nie in den Erdschatten gerät und immer ausreichend Sonne für seine Solarzellen erhält.

Māhia Township ist die nächstgelegene Ortschaft etwa 20 Kilometer Luftlinie vom Startplatz an der Südspitze einer Halbinsel entfernt und auf einem spektakulären Kliff gelegen.

Diese Beispiele geben nur einen Ausschnitt aus dem Spektrum neuer (und einiger ältere) Unternehmen wieder, die Micro Launcher und kleine Raketen bauen. Denn es geht ja nur darum zu zeigen, wie diese Unternehmen funktionieren, wie vielfältig ihre Ideen sind und welche Ziele die Menschen haben, die für sie arbeiten. Allen ist gemeinsam: Sie treten gegen das Geld zweier sehr reicher Männer an: Richard Branson und Paul Allen. Ihre Raumfahrt-Leidenschaft führte beide Männer in Mojave beim SpaceShipOne zusammen. Im Augenblick des Triumphs standen sie gemeinsam auf der Sieger-Tribüne des X-Prize und ließen sich bejubeln. Es war der Zeitpunkt, an dem sich die Wege der beiden wieder trennten, scheinbar. Beide begannen, jeweils an einem Vorhaben zu arbeiten, dessen Ausmaße spektakulärer nicht sein könnten. Und es könnte sein, dass sich ihre Wege bald wieder kreuzen, aber dann werden sie sicher nicht gemeinsam auf einer Bühne stehen.

Paul Allens Fabelwesen

2017 gebar eine der Wunderfabriken von Mojave ein neues Baby – ein Riesenbaby. Die Halle von Paul Allens Firma Stratolaunch Systems hatte ihre Tore von epischer Breite geöffnet, damit zwei Schleppfahrzeuge das größte Flugzeug der Welt ans Tageslicht ziehen konnten.[316] Seine Schöpfer, der unvermeidliche Rutan und Geldgeber Allen, hatten lange ein Geheimnis um das Flugzeug gemacht, das als gigantischer Träger für eine 250 Tonnen schwere Rakete dienen soll.

Bei einem seltenen Pressetermin hatten es Journalisten zuvor während des Baus betrachten dürfen, kaum sichtbar, nur die Pilotenkanzeln ragten aus den mehrstöckigen Baugerüsten heraus. Doch ließ sich damals schon erahnen, dass die Zuschauer beim ersten Roll-out staunen würden. Das Flugzeug besitzt wie Rutans SpaceShips zwei Rümpfe, in deren Mitte die Rakete und vielleicht einmal ein Raumschiff hängen werden. Die Rümpfe stehen auf 28 Rädern und sind 73 Meter lang. Unter den Flügeln mit einer Spannweite von 117 Meter hängen gleich sechs Jumbo-Jet-Motoren, die den vollbeladenen 500 Tonnen schweren Carrier in die Luft bringen. Usain Bolt bräuchte hochgerechnet zwölf Sekunden, um von einer zu anderen Flügelspitze zu gelangen, aber nur, wenn er in Weltrekordgeschwindigkeit liefe. Ein gemächlicher Fußgänger benötigt dagegen eineinhalb Minuten. Zum Vergleich: Ein Airbus 380 ist knapp 80 Meter breit, die legendäre Hughes H-4 Spruce Goose 100 Meter. Was das Scaled Composites Model 351[I] mit der Spruce Goose (Fichten-Gans[II]) gemeinsam hat, ist eine Assoziation: Der Raketen-Carrier sieht aus wie zwei Gänse auf ihrem Zug nach Süden, mit abgesenkten Köpfen, trotz der riesigen Ausmaße schlank und stromlinienförmig. Allerdings trägt das Flugzeug den Spitznamen »Roc«, auf Deutsch Roch, nach einem mythischen Fabelwesen aus den Geschichten von Tausendundeine Nacht. Darin bindet sich Sindbad an ein Bein des Riesenvogels und lässt sich von einer einsamen Insel tragen. Eine passende Analogie (Insel = Erde) und deutlich würdevoller als ein Vogel, der nicht selten im Ofen landet. Für den Bau des Flugzeugs hatten die 300 Stratolaunch-Mitarbeiter zwei Boeing 747 ausgeschlachtet, darunter die Turbinen und alle Räder. Ursprünglich sollte das Flugzeug auch die Cockpits der Jumbo-Jets bekommen, doch die Ingenieure entschieden sich für die Konstruktion einer neuen Kanzel, die sich an die Form der Rümpfe anpasst.

Es wird immer wahrscheinlicher, dass der Roc bald starten wird. Die Maschine rollte Ende 2017 bereits über die Startbahn und testete Triebwerke und Bremsen.[317] Doch lange stand nicht fest, was eines Tages als Nutzlast zwischen den Rümpfen hängen soll. Vor Jahren verhandelte Stratolaunch unter anderem mit SpaceX, das eine Falcon 9 Air bauen sollte, eine abgespeckte Version mit weniger Motoren. Später kündigte das Unternehmen an, statt einer großen gleich drei kleine Raketen zu starten. Wie der Rest der Micro-Lauchner-Community spekuliert Stratolaunch auf den Boom der Erdbeobachtungssatelliten.[318] Das sieht nach einem verzweifelten Versuch aus, eine Fehlplanung zu korrigieren. In der digitalen Welt, aus der Allen ja stammt, ist das aber gar nicht ungewöhnlich. Falls das ursprüngliche Geschäftsmodell floppt oder der Markt sich ändert, wird das Unternehmen eben neu ausgerichtet. Die Amerikaner

---

I Das Flugzeug wurde von Scaled Composites für Paul Allens Unternehmen Stratolaunch Systems gebaut.

II Das riesige Flugboot war aus Holz gebaut, allerdings aus Birke.

nennen das einen Pivot, eine wirtschaftliche Drehung um die eigene Achse um 180 Grad. Das passiert auch in der Raumfahrt, und entsprechend hat Allen reagiert. Ohnehin kann das Flugzeug Lasten aller Arten transportieren, am Ende ist es lediglich eine Frage des technischen Aufwands. Ende 2014 dachten Stratolaunch und die Sierra Nevada Corporation darüber nach, vom Roc sogar die Raumfähre Dream Chaser auf der Spitze einer Rakete zu starten. In einer erneuten Volte entwickelt Stratolaunch nun eine eigene Rakete. Dafür hat Allens Unternehmen SpaceX bereits einen seiner Topingenieure abgeworben und bei der NASA einen Triebwerksteststand gebucht.[319]

Das kosmische Mädchen

Richard Branson hat bewiesen, dass nicht nur Elon Musk ein Talent hat, seinen Fahrzeugen originelle Namen zu geben. Den Virgin-Jumbo, der Bransons Rakete Launcher One auf Abwurfhöhe transportiert, hat er auf den Namen »Cosmic Girl« getauft. Das ist gleich doppelt bemerkenswert: Erstens fehlt darin der Begriff »Virgin« und zweitens hieß die Boeing schon so, als sie noch im Liniendienst für Virgin Atlantic flog. Es ist nicht bekannt, ob die Bezeichnung sein eigener Einfall ist, aber das ist ihm vermutlich nicht wichtig. Selbst der Name seiner Virgin-Gruppe, das gibt er selbst zu, stammt nicht von ihm, sondern von einer seiner ersten Mitarbeiterinnen. Das seltsame an dem Jumbo als Startplattform ist dagegen nicht sein hübscher Name, sondern dass er statt des WhiteKnight-Two zum Einsatz kommt. Denn die Idee, überhaupt ins Transportgeschäft einzusteigen, beruhte ja auf dem durchaus einleuchtenden Gedanken, das teuer entwickelte Trägerflugzeug des SpaceShipTwo über die Touristen-Flüge hinaus für andere Zwecke zu nutzen. Alles, was es dazu bedurfte, war eine geeignete Rakete – und fertig war der Business Case.

Dazu lässt sich sagen, dass Branson am Anfang nur das SpaceShipTwo und Weltraumtourismus im Sinn hatte. »Ich habe nie über Satelliten nachgedacht. Ich hatte einfach den persönlichen Wunsch, in den Weltraum zu reisen, und habe versucht, diesen Traum wahrzumachen. Erst als ich anfing, mich damit zu beschäftigen, habe ich plötzlich realisiert, dass es noch etwas ganz anderes auf sich hat und genauso aufregend ist.«[320] Man könnte auch sagen, dass Branson ganz offensichtlich ziemlich naiv an die Raumfahrt herangegangen ist. Bezos dagegen hat es umgekehrt gemacht. Er benutzt den suborbitalen Weltraumtourismus als Vehikel für den ersten Schritt ins All, als Teil einer durchdachten Strategie. Hier tritt ein deutlicher Unterschied zwischen den beiden Charakteren zu Tage. Branson hangelt sich von einem ihn interessierenden Projekt zum nächsten. Dabei wird er vom vorherigen gern inspiriert.[321] Bezos hat in der Regel schon den fertigen Plan im Kopf. Selbst als Amazon noch ausschließlich Bücher verkaufte, sprach er schon von einem Online-Portal, das alles verkauft. Und so ist es ja dann auch gekommen.

Man muss Branson zugutehalten, dass er seinen fehlenden Weitblick mit Engagement kompensiert. Als Virgin Galactic beschloss, die Nutzlast zu erhöhen, und das neu entwickelte Triebwerk NewtonThree das schließlich zuließ, stellte sich heraus, dass der WhiteKnightTwo das Gewicht nicht mehr tragen konnte. Die Rakete war zu schwer geworden, denn es mussten die Tanks der Launcher One verlängert werden, um den zusätzlichen Treibstoff aufzunehmen. Also beschloss Virgin Galactic 2015, eine 747 aus dem eigenen Haus dafür umzurüsten. Nun hängt die Rakete nicht mehr in der Mitte zweier Rümpfe, sondern unter dem linken Flügel des Cosmic Girl, an einer Aufhängung, die Boeing normalerweise benutzt, um bei Bedarf Triebwerke zu überführen.[322]

Mit der Launcher One unterm Flügel steigt das weiß gestrichene Cosmic Girl auf elf Kilometer, die übliche Reiseflughöhe einer 747, und klinkt die Rakete aus. Am Steuer sitzt voraussichtlich Kelly Latimer, ehemalige Testpilotin der NASA und Oberstleutnant a.D. der U.S. Air Force.[323] Launcher One zündet Sekunden später ihre erste Stufe, dann eine zweite und bringt ihre bis zu 400 Kilogramm schwer Fracht in eine niedrige Umlaufbahn. Preis pro Flug: etwa zwölf Millionen Dollar. Das ist umgerechnet auf ein Kilogramm mehr, als SpaceX berechnet. Da Virgin einen anderen Markt bedient, fällt das nicht ins Gewicht, solange sie preiswerter sind als beispielsweise die Pegasus von Orbital ATK.

Die von Branson und Allen gewählte Startvariante von einem Flugzeug ist nicht unumstritten. Zwar bedeutet der Abwurf aus Reiseflughöhe, dass die Rakete sich einen Gutteil des strapazierenden Wegs durch die dichten Luftschichten spart und sie die Geschwindigkeit des Trägerflugzeugs als Startkapital mit auf den Weg bekommt. Doch es gibt nicht wenige, die für Allens Projekt keine Zukunft sehen. Stefanos Fasoulas von der Universität Stuttgart ist Professor für Raumtransporttechnologie. Es ist sozusagen sein Job, die Effizienz von Startsystemen zu beurteilen. Er sieht keinen Vorteil eines Flugzeugstarts. »Die Rakete muss ja immer noch mindestens 400 Kilometer weiter aufsteigen. Die zehn Kilometer Höhe und 800 Stundenkilometer Geschwindigkeit, mit denen das Flugzeug sie anhebt und beschleunigt, machen nicht den entscheidenden Unterschied zu herkömmlich startenden Systemen.«[324] Trotz dieses Einwands fliegt dieses Träger-System bereits. Allens Ingenieure müssen nur aus dem Fenster schauen, um sich die Lockheed L-1011 TriStar »Stargazer« anzuschauen, die manchmal neben der Halle von Orbital ATK geparkt ist. Von diesem Flugzeug mit der charakteristischen Turbine unter dem Höhenleitwerk wird die Pegasus-Rakete abgeworfen, bereits 43 Mal. Allerdings seit 1990, was dann nicht mehr besonders häufig erscheint.[I] Das System hat neben dem womöglich vernachlässigbaren Höhen- und Geschwindigkeitsbonus zwei weitere Vorteile. Raketen, die in dieser Höhe starten, entgehen einem hohen Max-Q-Wert, dem maximalen Luftwiderstand, dem sie auf ihrem Weg durch die Atmosphäre trotzen müssen. Rutan, der schon die Stummelflügel der Pegasus-Rakete entworfen hat, gibt sich, kaum verwunderlich, von dem Prinzip überzeugt. »Wir wissen seit Langem, dass der Launch von einem Flugzeug (quasi) als erste Stufe Flexibilität und außerdem Sicherheit bringt. Dieses System kann auf jeder Breite starten, es fliegt einfach irgendwo hin und startet. Ein Jet ist die sicherste Art, sich durch die Atmosphäre zu bewegen. Der gefährlichste Ort für eine Rakete ist der Start in niedriger Höhe.«[325] Zu guter Letzt braucht es statt einer teuren Startrampe nur eine schnöde Startbahn für das Trägerflugzeug. Das bringt einen nicht zu unterschätzenden Zeitvorteil. So ein Flieger kann ja theoretisch mehrmals am Tag abheben und eine Raketenlast abwerfen. Landgestützte Rampen hingegen müssen bisher nach jedem Start wochenlang wiederhergerichtet werden – oder fast neu errichtet, wenn mal wieder eine Rakete explodiert ist.

Zumindest die Kunden von Bransons Launcher One haben mit der Luftstarttechnik kein Problem. Für sie zählt ohnehin fast ausschließlich der Preis und die Verfügbarkeit. Sie stehen bereits Schlange, darunter OneWeb mit sagenhaften 39 Flügen. 2020 soll die erste Launcher One fliegen, zunächst zehn-, später 20 Mal im Jahr.

I Bei drei Fehlschlägen und drei Teilerfolgen.

DIE KILLER-VISIONÄRE

Branson und Allen haben also einen Wettbewerbsvorteil vor allen anderen. Sie müssen sich nicht erst auf eine zeit- und energieraubende Investoren-Suche machen. Sie greifen in die Portokasse und können die Entwicklung ausgefeilter Raumtransport-Systeme energisch und ohne Verzögerung vorantreiben. Da sie bestens vernetzt sind und ihr Reichtum ihnen Kredit- und Glaubwürdigkeit verleiht, haben sie es zudem leichter, Investoren ins Boot zu holen, was wiederum ihr eigenes Risiko vermindert und die Entwicklungsgeschwindigkeit steigert.

Laufen die Kosten unerwartet aus dem Ruder, können sie aus privater Schatulle nachschießen, ohne weitere Anteile verkaufen zu müssen oder den Laden gleich dichtzumachen. »Ich denke, 2016 fliegen wir«, sagte Chuck Beames 2015, Allens damaliger Raumfahrt-CEO. Zwei Jahre später war der Roc noch immer nicht in der Luft, stattdessen hatte das Unternehmen viel Geld ausgegeben.[326] Wie viele Raketen der Roc starten muss, um seine Kosten wieder einzuspielen, ist nicht klar. Allen hat bislang nicht verlautbart, was sein fliegendes Monster kostet. Es dürften einiges sein. Der Fachjournalist und Boeing-747-Experte Clive Irving schätzt, dass es am Ende eine halbe Milliarde Dollar ist,[327] und das ist selbst für einen spendierfreudigen Multimilliardär wie Allen viel Geld. Ultrabilliger Zugang zum All sieht anders aus. Es ist ja noch nicht einmal klar, ob sein Supervogel jemals nur einen einzigen Dollar wieder reinholt. Auch wenn man Allen unterstellen darf, dass er seinen persönlichen Bastelspaß am Bau des weltgrößten Flugzeugs hat, kann man davon ausgehen, dass er zumindest darauf spekuliert, sich damit einen Teil des kommerziellen Satelliten-Start-Kuchens zu sichern. Doch letztlich zählt für Allen wohl die innovative Kraft, die vom Roc ausgeht, und das hat eine unerwartete Konsequenz für die Konkurrenz. Was den Geschäftsmodellen vieler Raketen-Start-ups ohne solch monumentale Kapitaldecke gefährlich werden kann, ist nicht nur das viele Geld der Milliardäre. Es ist die visionäre Natur von Leuten wie Paul Allen. Sie könnte den Jungunternehmern den wirtschaftlichen Boden unter den Füßen wegziehen.

Denn Allen gibt seine Millionen nicht aus, um sie später wieder mit Gewinn einzusammeln. »Seine Vision ist, die Welt für den Menschen zu verändern«, ließ er Jean Floyd ausrichten, Beames' Nachfolger als Chef seiner Weltraumsparte. »Er macht das nicht, um Geld zu verdienen, und ebenso wenig, um sein Investment wieder reinzuholen. Ich will nicht sagen, dass er damit Geld verlieren möchte, aber Paul Allen hat mich nie gefragt: ›Wie viel kann ich verdienen, wenn ich diese Sache durchziehe?‹«[328] Es ist also das gleiche Motiv wie das von Bezos und Musk.

Streng genommen verlässt Allen mit dieser Philosophie den Kreis der NewSpacianer, also der kommerziellen Raumfahrt. Er nutzt nur ihre Mechanismen, um ein übergeordnetes Ziel zu erreichen. Wenn man das weiterdenkt, sind das schlechte Nachrichten für alle, die auf die üblichen Marktmechanismen vertrauen. Es bedeutet, dass Allen immer bereit sein wird, die Preise der anderen zu unterbieten, damit sein Projekt weiterlebt. Angesichts der vielen Start-ups, die derzeit neue Raketen entwickelt haben oder dabei sind – es dürften schätzungsweise 40 sein –, müssen ohnehin viele davon aufgeben. Für so viel Transportkapazität gibt es gar nicht ausreichend Fracht.[329] Doch dass die Unternehmen von Branson und Allen darunter sind – unwahrscheinlich.

7 Exkurs: Auf der Suche nach dem Wow!-Signal

»Ihr seid eine interessante Spezies. Ihr seid zu wundervollen Träumen fähig, und zu fürchterlichen Alpträumen. Ihr fühlt euch so verloren, abgeschnitten und allein. Das seid ihr gar nicht. Auf unserer Suche nach dem, was die Leere erträglich macht, haben wir nur eins gefunden – einander.«

Außerirdische Lebensform aus *Contact* zu seiner irdischen Besucherin Ellie Arroway alias Jodie Foster

Für Wissenschaftler ist das eine eher ungewöhnliche Aufgabenstellung: Die Suche nach etwas, das sich nicht natürlich erklären lässt. Das zu finden würde für Juri Milner und Stephen Hawking die Antwort auf eine Frage bedeuten, über welche die Menschheit seit ihrer Menschwerdung nachdenkt. Um den Leser nicht weiter zu verwirren: Es geht um die Suche nach Funksignalen außerirdischer Intelligenzen und dem Rätsel, ob wir die einzigen Intelligenzen im Universum sind. Juri Milner ist die Lösung mehr als 100 Millionen Dollar wert. Der russische Milliardär hat Mitte 2015 zusammen mit dem britischen Physiker Hawking und anderen Wissenschaftlern die Breakthrough Initiatives gegründet, um das All systematisch nach Signalmustern abzusuchen, die von extraterrestrischen Zivilisationen und nicht von natürlichen physikalischen Vorgängen im Universums stammen könnten. Das Ziel ist, zehn Jahre lang etwa eine Million Sterne auszuhorchen. Mit dem Geld hat die Initiative vergangenes Jahr die besten Radioteleskope der (Erd-)Welt gebucht, darunter das Green-Bank-Observatorium in West Virginia und das Parkes-Observatorium in Australien.[330] Theoretisch ließen sich damit in den 1.000 nächsten Sternsystemen Artefakte aufspüren, die eine Signalstärke haben, die ein (irdisches) Flugzeugradar aussendet.

Das viele Geld von Milner gibt SETI, der Suche nach extraterrestrischer Intelligenz, einen unerwarteten Kick. Das Programm besteht aus einer Reihe unterfinanzierter Projekte, die seit 1960 den Himmel nach auffälligen Signalen absuchen. Es begann, als der Astrophysiker und SE-

TI-Veteran Frank Drake das Green-Bank-Teleskop auf die Sterne Tau Ceti und Epsilon Eridani richtete, um zu schauen, ob von dort vielleicht etwas Auffälliges gesendet würde. Es wurde nicht. Trotzdem war die damals etwa 2.000 Dollar teure Untersuchung der Auftakt einer Reihe von zahlreichen Deep-Space-Lauschaktionen, die aber bisher kaum etwas zutage gefördert haben. Den vielleicht spannendsten SETI-Moment erlebte am 15. August 1977 Jerry Ehman, als sein »Big Ear« genanntes Teleskop einen Signal-Peak aus Richtung des Sternbildes Schütze aufzeichnete. Der Astrophysiker war so aufgeregt über das unerklärliche Signal, dass er auf den Ausdruck der Aufzeichnung den Peak mit einem Stift einkreiste und »Wow!« danebenschrieb. Seitdem ist das »Wow!«-Event Legende unter SETIs. Die Erklärungen reichen von vorbeifliegenden Flugzeugen über Kometen bis hin zur Explosion eines Neutronensterns. Genau klären konnte es bis heute keiner.

SETI-Wissenschaftler sind womöglich die vorstellungsstärksten Menschen in der Raumfahrt-Gemeinde. Zumindest muss die Imaginationskraft, sich außerirdisches Leben vorzustellen, sehr stark sein, um die Karriere einer Suche zu widmen, die in den vergangenen 55 Jahren ohne Ergebnis verlaufen ist – und womöglich bleiben wird. Trotzdem sind die hypothetischen Mutmaßungen über den Aufbau außerirdischer Kreaturen nicht unlogisch. Denn um das Suchfeld aus ökonomischen Gründen möglichst stark einzuschränken, lauschen die Wissenschaftler beispielsweise gern in Sternsystemen mit erdähnlichen Planeten. Hier ist die Wahrscheinlichkeit groß, dass es dort flüssiges Wasser gibt, was wiederum essenziell für einen Stoffwechsel wie den der Erdbewohner ist. Diese Annahme ist allerdings teilweise als »Kohlenstoff-Chauvinismus« verpönt, weil sie davon ausgeht, dass Leben da draußen so funktioniert wie bei uns auf der Erde. Denkbar wären ja auch Silizium-basierte Organismen. Diskussionsrunden von Exobiologen folgen offenbar nicht immer der reinen Diskursethik.

Hollywood hat sich dieses Thema nicht entgehen lassen. *Contact* ist einer der spannendsten Filme, die diese Suche beschreiben. Im Film entdeckt Jodie Foster (Achtung Spoiler!) als unterfinanzierte SETI-Wissenschaftlerin ein außerirdisches Signal. Mithilfe eines – jetzt kommt's – milliardenschweren Unternehmers, der gleichzeitig Ingenieur ist, entschlüsselt sie die Signale als Bauplan für eine interstellare Transportkapsel, welche die Menschen bauen, um am Schluss mit den glücklicherweise friedfertigen Außerirdischen Kontakt aufzunehmen. Vermutlich würden Projekte wie SETI und seine wissenschaftlichen Fragen nicht so viel öffentliche Unterstützung erfahren, wenn nicht Drehbuchschreiber und Schauspieler diese Stoffe derart fantasievoll verarbeiteten – ganz unabhängig davon, wie meilenweit die Filme wissenschaftliche Realität verfehlen.

Juri Milner, selbst Physiker, dürfte alle Aspekte und Kritiken kennen. Trotzdem ist er bereit, einen guten Teil seines Vermögens dieser Suche zu widmen. Und zwei noch deutlich fantastischeren Projekten! Die Breakthrough Initiatives beinhalten zwei weitere Vorhaben, die allerdings nicht so schnell und einfach umzusetzen sind: Breakthrough Message und Breakthrough Starshot. Das erstere stellt demjenigen eine Million Dollar in Aussicht, der eine digitale Nachricht so formuliert, dass sie eines Tages theoretisch von einer Alien-Spezies verstanden werden kann. Absenden will sie die Initiative jedoch vorerst nicht. Wer weiß, wie die Aliens so drauf sind, die sie empfangen. Mit den Worten von Stephen Hawking: »Eine Zivilisation, die eine unserer Nachrichten liest, könnte uns Milliarden Jahre voraus sein. Und wenn dem so ist, wären sie ungeheuerlich viel mächtiger als wir und könnten uns womöglich als nicht viel nützlicher einschätzen als wir etwa Bakterien.«[331] Das sitzt, vor allem wenn es einer der führenden Kosmologen unserer Zeit sagt.

Breakthrough Starshot sieht vor, eine Flotte von 1.000 Mini-Raumschiffen Richtung Proxima Centauri zu schicken, dem nächsten Sternsystem in der Galaxis von der Sonne aus gesehen. Damit es nicht so lange dauert, soll die Flottille aus federleichten Mini-Raumschiffen (mehr oder weniger Raum-Chips) per gigantischem Laser auf 15 bis 20 Prozent der Lichtgeschwindigkeit beschleunigt werden. Da Proxima Centauri mehr als vier Lichtjahre entfernt ist (für Autofahrer: etwa 40.000 Milliarden Kilometer), würde die Reise nur noch 20 bis 30 Jahre dauern. Bis die ersten Bilder auf der Erde eintreffen, wird es noch einmal vier Jahre dauern, denn die Bild-Information muss ja mit Lichtgeschwindigkeit wieder zurückreisen. Wenn alles klappt, was nach Stand der Technik eher unwahrscheinlich ist. Zum einen benötigt der Plan einen Laser, der die Energie von vielen großen Kernkraftwerken verbrauchen würde, zudem muss der erdgestützte Laser die nur vier mal vier Meter großen Sonnensegel der Space-Chips im Weltraum anvisieren. Stefanos Fasoulas, Professor für Raumtransporttechnologie, formuliert es aus der Sicht eines Ingenieurs:

»Das Problem ist, das Ziel zu treffen. Rein regelungstechnisch stelle ich mir das ziemlich anspruchsvoll vor.« Das hört sich nach einer meisterbaren technischen Herausforderung an. Man muss sich Professor Fasoulas als einen äußerst zurückhaltenden und höflichen Menschen vorstellen. Mit anderen Worten: Er hält die Idee für Unsinn, ohne dies direkt sagen zu wollen.

Wie gesehen ist die Suche nach außerirdischem Leben, ob auf dem Mars oder in fernen Sternsystemen, nichts Neues. Das Besondere ist die Dimension, mit der das Thema wie in anderen Bereichen der Raumfahrt wieder an Fahrt aufnimmt, und zwar aufgrund des Engagements eines einzelnen Privatmenschen. Der kommt, und das ist kein Zufall, ebenfalls aus der Gründerszene des Internets. Juri Milner ist das Masterbrain der russischen New Economy und machte Mail.ru zu einem russischen Internet-Giganten mit 3.000 Angestellten. Wie viele der digitalen Superreichen ist der 56-jährige Milner ursprünglich ein Techniker. Vor seinem Leben als kongenialer Investor (Facebook, Groupon, Twitter und Spotify) arbeitete er als Doktorand beim späteren Physik-Nobelpreisträger Witali Ginsburg. Wie Elon Musk ließ er seine Promotion jedoch sausen (er war eigenen Angaben zufolge »enttäuscht von seinem mangelnden Talent als Physiker«).

Die Frage ist, warum ein russischer Milliardär plötzlich die Suche nach Intelligenz im Weltraum fördert. Eine mögliche Antwort: Er möchte einerseits als Physiker Technik und Wissenschaft fördern, andererseits sucht er Aufmerksamkeit (wer ihn trotzdem noch übersehen sollte, wird vermutlich auf seine Frau Julia aufmerksam. Die Modedesignerin, mit der er zwei Kinder hat, überragt Milner um Haupteslänge). Denn zweifellos hat sich Milner einer der größten Fragen der Menschheit angenommen und das lässt ahnen, welchen Anspruch sein Ego verfolgt. Der Beweis, dass Leben nicht nur auf der Erde existiert und wir womöglich nicht die einzigen intelligenten Wesen im All sind, würde das Fundament von Weltreligionen untergraben und das bisherige Selbstverständnis des Menschen auf den Kopf stellen. Die Erkenntnis würde nicht weniger markieren als ein neues Zeitalter für Religion, Philosophie und Naturwissenschaft. Das ist nicht weniger, als aus dem Menschen eine multiplanetare Spezies zu machen.

SETI-Epilog: Der Film-Milliardär Hadden in *Contact* hilft Jodie Foster zwar bei der Entzifferung des Alien-Codes und finanziert das Projekt. Er selbst erlebt die Kontaktaufnahme nicht mehr (analog zum biblischen Abraham, der sein Volk zwar ins Gelobte Land führt, es selbst jedoch nicht mehr betreten darf). Hadden baut zwar die komplizierteste Maschine aller Zeiten, es gelingt ihm aber nicht, die Natur zu besiegen. Er stirbt an Krebs.

8 Space-Miner –Billionäre aus dem All?

»I stole a ride on a passing star,
Not knowing where I was going,
How near or how far,
Through years of light, lands of future and past.«

Aus dem Song »Starrider« von Foreigner

Unendliche Zahlen

»Da oben gibt es einen 20-Billionen-Dollar-Check, der nur darauf wartet, eingelöst zu werden!«, soll Peter Diamandis den Teilnehmern der International-Space-Development-Konferenz 2006 zugerufen haben.[332] Diamandis, der Tausendsassa der Raumfahrt, ist bekanntlich Berufsoptimist, der seit Jahrzehnten alles Erdenkliche tut, um NewSpace einen Weg zu bahnen. Nun lockt er die Entrepreneure also mit dem größten Preis seit Menschengedenken, dem Billionen-Scheck.

Und wirklich, den Raumfahrt-Milliardären wird nachgesagt, sie könnten zu dem Unternehmerkreis gehören, der eines Tages den ersten Billionär stellt. Zur Erinnerung: Eine Billion sind 1.000 Milliarden. Die Popkultur fordert ja stets neue Brüche im kulturellen Kontinuum und lässt dabei auch nicht den Maßstab für Reichtum außer Acht. Während Marilyn Monroe sich in den 1950ern noch unbedingt einen Millionär angeln wollte, fand Justin Timberlake alias Sean Parker in »The Social Network« nicht weniger als eine Milliarde Dollar cool. Nun also die Jagd auf die Billion, im Englischen noch exotischer nach Onkel Dagobert klingend, trillion. Dabei sind diverse Branchen im Visier der Reichtums-Propheten und Zukunftsdeuter, allen voran die künstliche Intelligenz und eben die Raumfahrt.

Die Zahl war nicht einfach quasi aus dem luftleeren Raum gegriffen. Diamandis bezog sich vielmehr auf John S. Lewis und sein Buch »Mining the Sky«. Darin rechnet der Autor aus, dass der theoretische Wert der Rohstoffe, die man von einem kleinen Asteroiden mit dem schönen Namen 3554 Amun gewinnen könnte, auf der Erde etwa 20 Milliarden Dollar betrüge. Das ist zwar enttäuschende 1.000 Mal weniger als die 20 Billionen Dollar, von denen Diamandis sprach, aber wollte man die gleiche Menge Rohstoffe in den Weltraum transportieren, ist schnell die Billion erreicht.[333] Lewis wiederum ist kein Unbekannter. Der Kosmologe ist Professor für Planetologie an der Universität von Arizona und ein ausgewiesener Fachmann für Asteroide und andere Himmelskörper. Gleichzeitig ist er der Chef-Wissenschaftler der Weltraumminengesellschaft Deep Space Industries.

Eine Weltraumminengesellschaft? Was bisher Kulisse für Science-Fiction-Streifen wie »Moon« und »Avatar« war, versuchen gleich zwei Unternehmen in die Tat umzusetzen. Planetary Resources aus Redmond im Bundesstaat Washington (ebenfalls Sitz von Microsoft) will 2020 die erste Sonde Richtung Asteroiden-Gürtel schicken. Zudem möchte das Unternehmen, Rohstoffe per 3-D-Drucker unmittelbar im All veredeln.[334] Das andere Unternehmen, Deep Space Industries aus San José im Silicon Valley, plant unter anderem, Satelliten nachzutanken, und zwar mit Treibstoff, den sie aus Asteroiden-Wasser gewinnen wollen (ein Plan, den die NASA übrigens auch verfolgt, allerdings mit Treibstoff von der Erde).[335] Was beide Unternehmen langfristig im Blick haben: Ein in sich geschlossener Wirtschaftskreislauf im All – und der Mensch mittendrin.

Was auf den ersten Blick surreal erscheint, bekommt Relevanz, wenn man erfährt, wer und wie viel in diese Ideen investiert. Planetary Resources hat bereits über 50 Millionen Dollar eingesammelt, unter anderem von Richard Branson. Dazu gesellen sich weitere Milliardäre, und diese sind gleichzeitig die Crème de la Crème der Digitalwirtschaft[336]: Google-Gründer Larry Page, Alphabet-Chairman und Ex-Google-Chef Eric Schmidt sowie der ehemalige Microsoft-Superentwickler Charles Simonyi (Word und Excel). Als Berater dient Regisseur James Cameron, in dessen Film *Avatar* sich die Bewohner des Planeten Pandora ironischerweise gegen den zerstörerischen Rohstoffabbau der Menschen wehren. Luxemburg hat sich ebenfalls in die Investoren-Liste eingetragen.[337] Das ist kein Witz! Oder einer, welcher der luxemburgischen Regierung 200 Millionen Euro wert ist.[338] So viel will der Mini-Staat – als Anfang – in Forschung und Raumfahrt-Start-ups investieren (25 Millionen davon in Planetary Resources). Mit Deep Space Industries hat Luxemburg ebenfalls schon eine Absichtserklärung (»Memorandum of Understanding«) unterschrieben, um die Entwicklung ihrer Asteroiden-Sonde finanziell zu

Abb. 1: Eine Rakete mitten in L.A. Nicht weit vom Flughafen von Los Angeles liegen die Werkhallen von SpaceX im Stadtteil Hawthorne. Vor dem Haupteingang steht die wiedergelandete Hauptstufe einer Falcon 9.

Abb. 2: Hawthorne ist ein Stadtteil mediokrer Lebensqualität. Die SpaceX-Ingenieure dürften in der Mittagspause wenig Lust verspüren, das Firmengelände zu verlassen. Wer es doch tut, findet leicht zurück: Die Falcon-9-Stufe weist den Weg.

Abb. 3: Die zurückgekehrte Hauptstufe einer Falcon 9 rollt auf einem Schwertransporter durch Florida. Lastwagen und Rakete sind so hoch, dass über die Straße verlaufende Leitungen angelupft werden müssen, damit das ungewöhnliche Gespann passieren kann.

Abb. 4: Der ersten Stufe einer Falcon 9 mit dem Namen B1021 gelingt nach ihrer Rückkehr von der Grenze zum Weltraum am 8. April 2016 die erste Landung einer Hauptstufe auf einer schwimmenden Plattform, der »Of Course I Still Love You« im Atlantik.

Abb. 5: Die Falcon-9 B1021 hebt am 30 März 2017 erneut ab, mit dem SES-10-Satelliten an der Spitze. Gut zu erkennen: Die Wassermassen, die auf die Plattform gespült werden: Sie sollen den enormen Lärm der Raketentriebwerke dämpfen und den empfindlichen Satelliten vor Schallwellen schützen.

Abb. 6: Die Falcon-9-Hauptstufe B1021 baumelt am 4. April 2017 in Port Canaveral am Haken eines Krans, der sie von der Landeplattform »Of Course I Still Love You« an Land hebt. Das Besondere an der sichtlich verschmauchten Stufe: Ihr gelang nicht nur die erfolgreiche erste Landung auf einem Schiff. Sie ist auch noch die erste Hauptstufe, die jemals ein zweites Mal verwendet wurde.

Abb. 7: Stolzer geistiger Vater: Elon Musk posiert 2014 in den SpaceX-Hallen von Los Angeles vor einem Modell der Dragon-2-Kapsel. Auf der Spitze einer Falcon 9 soll das Raumtaxi eines Tages Astronauten zur ISS befördern. Sie wird zwar automatisch an die Station andocken, bei ihrer Rückkehr aber am Fallschirm baumelnd im Wasser landen. Und nicht wie ursprünglich geplant per Raketenantrieb auf dem Land.

Abb. 8: Eingegrabenes Klingonen-Kampfschiff in der Wüste New Mexicos: Erst aus der Luft kommt das ungewöhnliche Gebäude-Ensemble von Spaceport America zur Geltung. Um der Hitze möglich wenig Fläche zu bieten, haben es seine Architekten teilweise im Boden versenkt.

Abb. 9: »Können Sie sich vorstellen, wie Alan Shepard sich damals gefühlt hat?« Amazon-Gründer Jeff Bezos erklärt beim Space Symposium in Colorado Springs im April 2017 sein New-Shepard-Raumfahrtsystem, mit dem Touristen an die Grenze des Weltraums reisen sollen. Die einstufige Rakete ist, wie unschwer zu erkennen, bereits geflogen – als erste suborbitale Rakete, die nach einem Trip in den Weltraum per Raketenantrieb wieder gelandet ist.

Abb. 10: Illustration eines Stanford-Torus und Zukunftsvision der 1970er-Jahre. Mit 1,8 Kilometern Durchmesser wirkt er für Weltraum-Dimensionen angenehm weitläufig. Doch das Donut-ähnliche Gebilde ist nicht nur deswegen so groß, damit seine etwa 10 000 Bewohner ausreichend Platz haben, sondern auch, damit er sich so langsam drehen kann, dass einem darin nicht schwindelig wird. Theoretisch muss sich der Torus nur einmal Mal in der Stunde drehen, um eine erdähnliche Gravitation zu erzeugen.

Abb. 11: Elon Musk in Mars-Pose. In Mexiko stellt der gebürtige Südafrikaner einem frenetischen Publikum 2016 seine Pläne für eine Mission zum Nachbarplaneten vor.

Abb. 12: »Ich war zu großzügig mit der Soße!« Elon Musk als er selbst in *The Big Bang Theory*. Musk absolvierte zahlreiche Cameo-Auftritte, darunter in *Iron Man*, *Machete Kills* und in *Young Sheldon*. In Letzterem schickt *Big-Bang-Theory*-Protagonist Sheldon Cooper als kleiner Junge seinem Helden Musk einen Plan für wiederverwertbare Raketen, erhält aber nie eine Antwort. In der letzten Szene der Episode sieht man, wie Musk heimlich in Sheldons Plan liest.

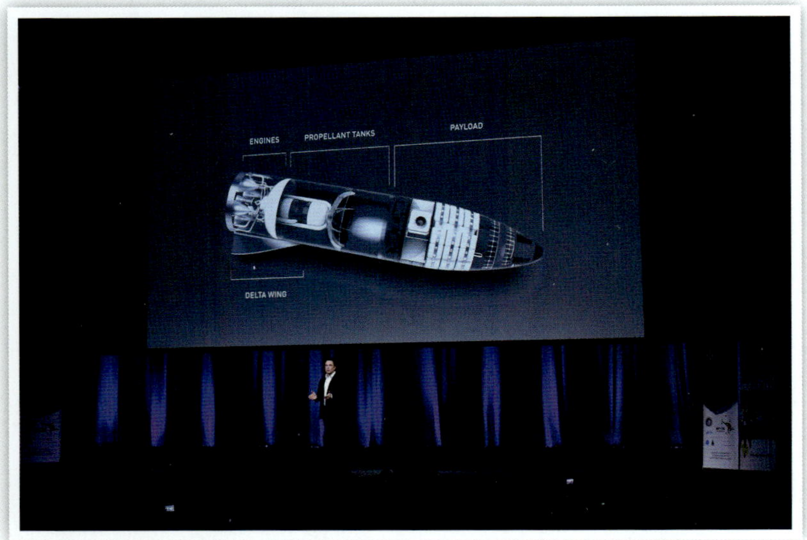

Abb. 13: Elon Musk erklärt Ende 2017 in Adelaide die Marsrakete BFR. Die »Big F... Rocket« soll schon bald die Falcon 9 und sogar die noch gar nicht im kommerziellen Einsatz befindliche Falcon Heavy ablösen – und damit zur Finanzierung von Musks Marsplänen beitragen.

Abb. 14: Mahnmal für NewSpace: Das Roton-Testvehikel an der Einfahrt zum Mojave Air & Space Port in der Wüste nördlich von Los Angeles. Hinter den Büschen verbirgt sich ein kleiner Memorial-Park zum Gedenken an die Piloten, die in den vergangenen Jahrzehnten abgestürzt sind – darunter SpaceShipTwo-Pilot Michael Alsbury.

Abb. 15: Der Erbauer der SpaceShipOne und sein Finanzier: Burt Rutan und Paul Allen stehen im Oktober 2005 im National Air and Space Museum in Washington, DC, unter dem ersten privaten Raumschiff, das die Grenze zum All überwunden hat. Dort hängt es zwischen Charles Lindberghs Flugzeug »Spirit of St. Louis« und dem ersten Überschallflugzeug, der Bell X-1.

Abb. 16: Der erste Flug eines privaten Raumschiffs in den Weltraum am 21. Juni 2004 war eine Sensation, die viele Menschen in die Wüste von Mojave fahren ließ. Im Hintergrund ist der Flugzeugfriedhof von Mojave zu erkennen.

Abb. 17: PR à la Richard Branson. Als der Brite 2011 in Sydney das Jubiläum eines seiner Unternehmen feierte, verkleidete er sich als Astronaut und kündigte ein Preisausschreiben an, dessen Gewinner einen Flug mit Virgin Galactic gewinnen sollte.

Abb. 18: Comeback: In blaues Licht gehüllt und von epischen Klängen begleitet präsentiert Richard Branson im Februar 2016 das neue SpaceShipTwo VSS Unity. Vergessen ist alle zweiflerische Krämerei. Der Philanthrop wählt lieber große Worte: »Zusammen können wir den Weltraum zugänglich machen und so das Leben auf der Erde zum Besseren wenden.«

Abb. 19: Richard Branson feiert die Einweihung des Spaceport America 2011 am Seil hängend mit einer Flasche Champagner. In der Fassade spiegelt sich die heiße Landschaft von New Mexico. Besonders im Sommer dürften die Passagiere die klimatisierten Räumlichkeiten bei ihren Vorbereitungen zur Eroberung des Raums bevorzugen.

Abb. 20.: Das Trägerflugzeug White Knight Two hebt im April 2013 mit dem Raketenflugzeug VSS Enterprise in der Mitte zu einem Testflug ab. Eineinhalb Jahre später wird die VSS Enterprise abstürzen und einer der beiden Piloten sterben, der andere knapp überleben.

Abb. 21: Das Innere eines SpaceShipTwo-Mockups während einer Roadshow in London 2007.

Abb. 22: Blick auf die Attrappen aufblasbarer Stationsmodule in die Hallen von Bigelow Aerospace in Las Vegas. Die hausgroßen Modelle sind zwar geräumig für Raumfahrtverhältnisse, dafür sollen aber auch mehrere Astronauten gleichzeitig darin leben und arbeiten.

Abb. 23: Auge in Auge mit einem Mond-Rover. Karsten Becker von den PTScientists steht vor dem Rover, den bereits die NASA-Ingenieure vom Jet Propulsion Laboratory bewunderten. Seine Aluminium-Räder kommen aus einem 3D-Drucker und sind weitgehend hohl.

Abb. 24: Der Audi lunar quattro besucht das Mondauto von Apollo 17. So stellen sich die PTScientists aus Marzahn in einer künstlerischen Darstellung die Mission ihres Rovers vor. Allerdings werden sie dem Mondauto nicht so nah kommen dürfen. Der Landeplatz von 1972 ist mittlerweile Weltkulturerbe.

Abb. 25: Blick mit der Fischaugenlinse in 26 073 Meter Höhe: Nur einen Augenblick nach dem Ausklinken vom Ballon düst Bloostar davon. Beim Test im März 2017 zündete allerdings nur eins der 13 Triebwerke.

Abb. 26: So könnten nach Ansicht des Weltraum-Bergbau-Unternehmens Deep Space Industries in ferner Zukunft Asteroiden eingefangen werden, um sie an einen Ort zu schleppen, an dem sie verwertet werden können.

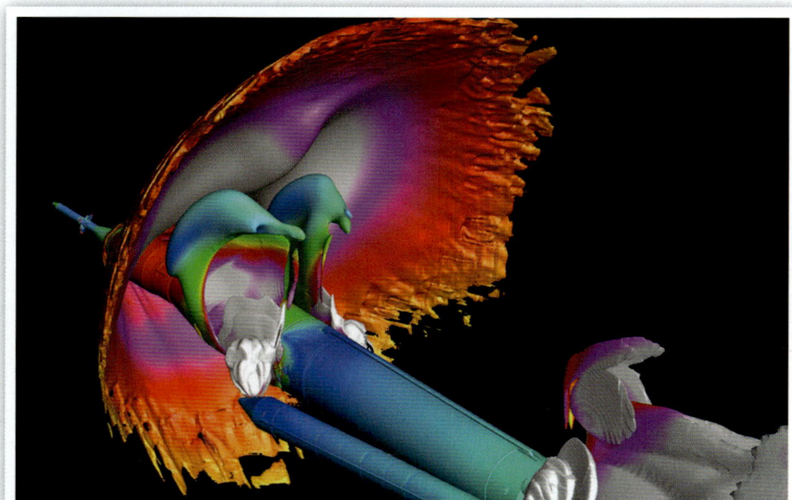

Abb. 27: Durchbruch: Am Ames Research Center der NASA simulieren Wissenschaftler mithilfe des Superrechners Pleiades die aerodynamischen Kräfte, die beim Start auf das Space Launch System (SLS) einwirken, während sich die zwei Hilfs-Booster von der Hauptstufe trennen. Das SLS ist das neue und schwere Raumtransportsystem der NASA für schwere Forschungssonden und die Deep-Space-Kapsel Orion.

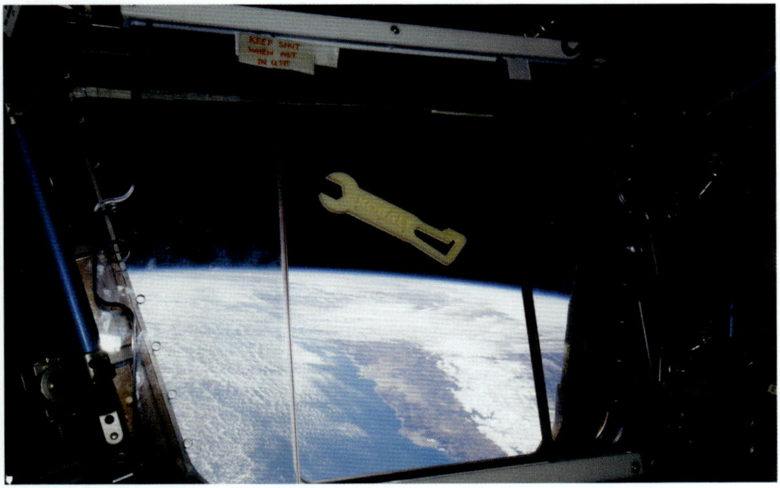

Abb. 28: Ein Schraubenschlüssel aus dem 3D-Drucker von Made In Space schwebt durch den Ausguck der ISS. Ob es sich bei dem Zettel mit dem Hinweis »Bitte geschlossen halten, wenn nicht in Gebrauch« um einen Astronauten-Scherz handelt oder er einen anderen Hintergrund hat, ist auf den ersten Blick nicht ersichtlich. Sehr wahrscheinlich ist damit die Blende gemeint, nicht das ganze Fenster.

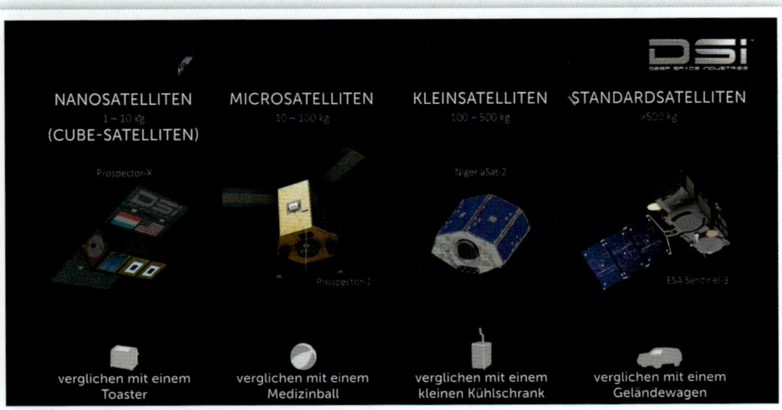

Abb. 29: Die Gewichtsklassen von Satelliten und im Vergleich dazu jeweils ein Alltagsgegenstand.

Abb. 30: Der moderne Kommunikationssatellit Sky Muster II noch auf der Erde in Palo Alto beim Akustik-Test. Er ist einer von zwei Satelliten, die vom geostationären Erdorbit aus ländliche Gegenden in Australien mit Internet versorgen. Der 6-Tonnen-Satellit ist ein Riese im Vergleich zu den Cube-Satelliten, die gewöhnlich auf einem erdnahen Orbit unterwegs sind.

Abb. 31: Bahnen und Abdeckung der OneWeb-Satellitenkonstellation. Die Antennen von Satelliten im erdnahen Orbit erreichen jeweils nur einen kleinen Teil der Erdoberfläche. Erst eine große Anzahl von Trabanten deckt sie lückenlos ab.

unterstützen.[339] Der Plan ist, nicht weniger als das »Silicon Valley for space resources« zu werden, so Luxemburgs stellvertretender Premierminister Etienne Schneider.

Damit alles seine Richtigkeit hat, Raumkorsare die edlen Güter nicht etwa ganz legal rauben oder jemand seinen Anteil vor internationalen Gerichtshöfen einklagt, hat Luxemburg vorsorglich ein Gesetz erlassen,[340] wonach die abgebauten Rohstoffe rechtmäßig dem Asteroiden-Schürfer gehören. Was zunächst klingt wie ein Space-Joke, ist für einen Wissenschaftler wie Professor Spohn gar nicht abwegig. Spohn ist der ehemalige Direktor des Instituts für Planetenforschung beim Deutschen Luft- und Raumfahrtzentrum, einer Institution, die seriöser nicht sein kann. »Luxemburg ist besonders clever«, sagt Spohn. »Die haben frühzeitig in Kommunikationssatelliten investiert. Und heute führen sie den Markt an. Anscheinend haben die einen Riecher für so etwas. Die springen nicht auf irgendeinen Zug, sondern setzen ihn sogar auf die Schienen.«[341]

Auch John S. Lewis ist sich der Gefahr bewusst, in die Ecke der Verrückten gestellt zu werden. In seinem aktuellen Buch zum Thema, »Asteroid Mining 101: Wealth for the New Space Economy«, schreibt er halb im Spaß, halb im Ernst: »Meine Position impliziert die Verantwortung, dieses Thema nicht überzuverkaufen. Ich komme dem nach, indem ich meine Ideen kritisch hinterfrage. Sie haben dieses Buch vermutlich nicht gekauft, um von einem Schwätzer geblendet zu werden. Falls doch, hoffe ich, Sie werden bitter enttäuscht und empfehlen das Buch nicht an gleichgesinnte Freunde weiter.«[342]

Die selbstkritische Sicht auf sein Buch ist nötig, angesichts der darin angegebenen, hypothetischen Rohstoffwerte, die auf den bekannten erdnahen Asteroiden ihrem Abbau entgegenschlummern. Lewis schätzt Masse und Wert des abbaufähigen Eisens auf erdnahen Asteroiden auf 37 Billionen Tonnen (das sind 37.000 Milliarden) mit einem gegenwärtigen irdischen Marktwert von elf Billionen US-Dollar. Dazu kommen 2,5 Millionen Tonnen Nickel, 200.000 Tonnen Kobalt und 1.800 Tonnen Platinmetalle, jeweils etwa 70 Billionen Dollar wert.[343] Natürlich ist Lewis nicht so dumm anzunehmen, er würde diese Summen bezahlt bekommen, würde er Metalle in solcher Menge auf der Erde verkaufen wollen. Ihm ist völlig bewusst, dass jeder Markt dabei sofort zusammenbräche. Stattdessen möchte er damit nur deutlich machen, dass Asteroiden ein unerschöpflicher Quell an Ressourcen darstellen. Außerdem glaubt er gar nicht daran, dass diese Rohstoffe jemals auf der Erde verwendet werden sollten, dazu später. Was steckt dahinter? Ist der Weltraumbergbau das nächste große Ding, das die Investoren der ersten Stunde noch reicher macht, als sie ohnehin schon sind?

Zunächst: Was hat es mit den Asteroiden auf sich, die Lewis für seine Berechnungen benutzt hat? Asteroiden sind Gesteinsbrocken, die in allen Größen und Formen um die Sonne kreisen, die meisten von ihnen zwischen Mars und Jupiter. Dieser Asteroiden-Gürtel genannte Raum wird in Filmen häufig als enges Labyrinth gezeichnet, in dem die Verfolger der Helden am Ende zerschellen. In Wahrheit liegt viel Nichts zwischen den einzelnen Asteroiden. Stände man auf einem beziehungsweise hielte man sich an ihm fest – denn sie sind meistens zu klein, um eine wahrnehmbare Schwerkraft zu verursachen –, dann würde der nächstgelegene vermutlich gar nicht zu sehen sein.[344]

Als sie entdeckt wurden, gaben ihnen die klassisch ausgebildeten Wissenschaftler noch altehrwürdige Namen aus der antiken Mythologie. Die größten Asteroiden, die als Erste gefunden wurden, heißen Ceres, entdeckt 1801 und benannt nach der römischen Göttin des Ackerbaus; Pallas (Athene), 1802, griechische und multifunktionale Hauptgöttin für Weisheit, Strategie, Kampf und Kunst; und Vesta, 1809, römische Göttin von Heim und Herd (und Schwester von Ceres). Seitdem sind aber so viele weitere entdeckt worden, dass ihren Entdeckern die Götter ausgegangen sind. Statt dem Pantheon wird nun unter anderem die *Rock'n'Roll Hall of Fame* ausgeschlachtet, um die mehr als 100.000 katalogisierten Brocken zu benennen: 8749 Beatles, 4147 Lennon, 4148 McCartney, 4149 Harrison, 4150 Starr (die vierstellige Zahl beschreibt zudem einige Eigenschaften).[345]

Da Asteroiden als Meteoriten kontinuierlich auf der Erde herabregnen und bisweilen die Oberfläche erreichen, wissen Wissenschaftler ziemlich gut über die Zusammensetzungen von Asteroiden Bescheid und sind deswegen überhaupt erst auf die Idee gekommen, sie als Rohstoffquelle zu betrachten. Es gibt unzählige Typen von Asteroiden, und alle Jahre müssen die Planetologen Ordnung in ihr Ordnungssystem bringen. Doch klar ist: Es gibt einige Arten von Asteroiden, die wahre Schätze in sich bergen, je nachdem, was der Mensch gerade braucht. Zum einen gibt es Asteroiden, die zu einem großen Anteil aus Metallen bestehen, sogar in elementarem Zustand. Im Wesentlichen sind dies Metalle wie Eisen, Nickel, Cobalt und in kleineren Mengen die so kostbaren Metalle der Platingruppe Iridium, Osmium, Palladium, Platin, Rhodium und Ruthenium. Andere Asteroiden-Typen enthalten zum Teil Wasser und zahlreiche organische Kohlenstoffverbindungen.

Doch Lewis, seine Kollegen bei Deep Space Industries und die Gründer von Planetary Resources sehen für fast alle dieser Rohstoffe einen ganz anderen Verwendungszweck, als viele annehmen würden, und schon gar nicht den Superreichtum eines Einzelnen. Zuallererst seien diese Rohstoffe dazu geeignet, langfristig einen geschlossenen Stoff-Kreislauf für eine Zivilisation im Weltraum aufzubauen. Das ist genauso groß gedacht wie gesagt. »Was wir als Frage sehen: Bleiben wir auf einem Planeten hängen wie gerade jetzt, oder wird eines Tages eine bedeutende Anzahl von Menschen an anderen Orten wohnen? Das ist die langfristige Vision«, erklärt Peter Stibrany von Deep Space Industries die Überlegungen seines Unternehmens. »Die nächste Frage ist: Können diese Menschen überleben, ohne dass sie Ressourcen aus dem Weltraum im Weltraum nutzen? Die Antwort lautet: Nein, das ist nicht möglich. Wir haben diese Erfahrung schon gemacht. Wenn man alles mitnimmt, Kleidung, Essen Trinken, dann kommt man nach zwei Tagen wieder zurück. Genau wie bei der Mondlandung. Man muss also die Ressourcen vor Ort verwenden.«[346]

Eisen ist für Lewis und Stibrany vor allem ein ausgezeichnetes Baumaterial im All. Wer jetzt denkt, das sei viel zu schwer, sollte bedenken: In der heutigen Raumfahrt wird nur deshalb zu Aluminium und Kohlenstofffasern gegriffen, weil es so teuer ist, Masse von der Erde ins All zu transportieren. Auf einem Asteroiden abgebaut ist das Eisen ja bereits im Weltraum und muss nur noch an den Ort seiner Verwendung transportiert werden (siehe Bildteil).

Platinrausch

Während es für die Eisen-Metalle noch keinen Markt im Weltraum gibt, dürfte Asteroiden-Platin hingegen reißenden Absatz finden. Im Gegensatz zu Eisen, Nickel und Kobalt ist es wertvoll genug, um es aufwendig durch den Raum und die Atmosphäre auf die Erde zu transportieren. Für ein Kilogramm Platin gibt es gut 31.000 Euro. Auch für die anderen Metalle der Platingruppe gibt es gutes Geld. Palladium kostet 26.000 Euro das Kilogramm, Rhodium 45.000 Euro. Wer es also schafft, ein paar Hundert Tonnen dieser Metalle abzubauen und zu verkaufen, wird reich. Vielleicht schafft er es nicht gleich zum Billionär, aber sicher zum Millionär, wenn nicht Milliardär. Vorausgesetzt, er bringt nicht den Markt aus dem Gleichgewicht, denn die Preise schwanken schon ohne Weltraumimporte erheblich. Der Wert für Platin beispielsweise ist in den vergangenen fünf Jahren um etwa 40 Prozent gefallen, der für Palladium und Rhodium hingegen um 75 Prozent gestiegen (Stand Anfang 2018).[347]

Im Moment ist Platin also eine Mangelwirtschaft. Da es ungefähr so teuer ist wie Gold, muss man sich sorgfältig überlegen, wie man es einsetzt. Am bekanntesten ist seine Verwendung in Autokatalysatoren, zudem ist es heiß begehrt unter anderem als Härter von Goldkronen, Beschichtung von Flugzeugturbinen und natürlich als Schmuck. Niemand käme auf die Idee, daraus einen Alltagsgegenstand zu formen, sagen wir, einen nicht anlaufenden, schweren Kerzenständer. Doch diese Frage würde sich stellen, wenn man auf einmal große Mengen davon zur Verfügung hätte.

»Die Leute sprechen über Platin, weil es offensichtlich wertvoll ist. Hätten wir mehr davon, könnten damit auf der Erde womöglich interessante Technologien entwickelt werden«, meint Stibrany. »Wie es beispielsweise bei Aluminium der Fall war. Das war auch extrem selten. Napoleon III. aß beispielsweise von Aluminium-Tellern. Alu war damals wertvoller als Gold. Die Leute, die diese Teller sahen, waren wahnsinnig beeindruckt. Heute ist es wegen industrieller Herstellungsweisen spottbillig. Es ist ein Beispiel dafür, dass viele Technologien ohne dieses Leichtmetall nie stattgefunden hätten. Vielleicht hätten wir noch nicht einmal Flugzeuge ohne Aluminium, jedenfalls keine großen. Kohlenstofffasern gibt es ja erst seit Kurzem. Aluminium hatte also einen enormen Einfluss. Die Theorie ist: Wenn ein Material mit zahlreichen Eigenschaften auf einmal in großen Mengen zur Verfügung steht, sehen wir vielleicht bald erstaunliche, neue Technologien.«

Allerdings steht dem angehenden Weltraum-Platin-Milliardär ein weiter Weg bevor, denn der Abbau des Edelmetalls wird vermutlich ganz anders ablaufen als gewöhnlich beschrieben. »Es gibt zwei schwerwiegende Missverständnisse bei diesem Thema, die im Wochentakt in der Presse auftauchen«, schreibt Lewis. »Dass wir in den Weltraum fahren, nur um Platin-Metalle abzubauen und auf die Erde verschiffen, und dass Asteroiden eine Quelle für Seltene Erden seien.«[348] In der Tat schreiben auch deutsche Zeitungen, keineswegs unseriöse, von Seltenen Erden auf Asteroiden und berufen sich dabei auf ungenannte Experten.[349] Laut Lewis gibt es keine Seltenen Erden auf Asteroiden. Vermutlich haben die Autoren die Metalle der Seltenen Erden wie Cer und Neodym und die seltenen Metalle der Platingruppe in einen Topf geworfen. Es sei ihnen verziehen.

Viel gravierender ist die Tatsache, dass die Platinmetalle ein Nebenprodukt der Eisen-, Kobalt- und Nickelgewinnung sind. Das bedeutet: Erst wenn es irgendwann einmal eine florierende Eisen-Wirtschaft im All gibt, kann ein Asteroiden-Minenbetreiber ein einträgliches Zusatzgeschäft mit dem anfallenden Platin machen.[350] Alles Gerede über Platin sei PR, meint Stibrany. »Platin ist extrem schwierig zu gewinnen, nicht nur auf der Erde. Die Idee, dass man hinfährt und es einfach abbaut, ist Quatsch. Es erfordert einen Verarbeitungsprozess«, erklärt Stibrany. »Platinum wird von einigen Leuten als Story benutzt. Wenn man genau hinhört, dann erfährt man immer ein ›Irgendwann‹. Das bedeutet: Wenn man im Weltraum eine industrielle Infrastruktur aufgebaut hat, die außerdem komplizierte Prozesse möglich macht. Das ist der entscheidende Punkt. Wenn man den Leuten ein konkretes Beispiel gibt und sagt, ›das wird eines Tages möglich sein‹, dann fangen sie an, das als Anker in der Zukunft zu begreifen. Dann sagt jeder, diese unglaubliche Technologie wird kommen. Wenn man aber sagt, ›wir wissen es nicht‹, dann gibt es auch keinen Anker, an dem sie sich festhalten können. Vom Standpunkt des Marketings macht es reichlich Sinn, zu sagen, die Dinge sind alle da draußen. Selbst wenn sie sehr weit draußen sind.«[351]

Es ist also wichtig festzuhalten, dass Eisen und Platin als Rohstoffe aus dem Weltraum eine Verheißung auf die Zukunft sind, jedoch schon heute gern als greifbare Ressource verkauft werden, weil sie eine so schöne Geschichte sind. Nicht nur in den Ohren derjenigen, die es erzählen, sondern auch bei denjenigen, die es sich gern anhören, ohne nachzufragen.

NEAs: So nah und doch so fern

Asteroiden sind in der Tat sehr weit weg – meistens zumindest. Wie beschrieben kreisen die meisten von ihnen auf Bahnen zwischen Mars und Jupiter um die Sonne. Diese Gürtel-Asteroiden sind aber viel zu weit entfernt von der Erde, um auf ihnen sinnvoll nach Rohstoffen zu suchen. Der Weg dorthin ist zu lang. Das Schwerefeld des Gasriesen Jupiter schmeißt jedoch regelmäßig Asteroiden aus der Bahn[352] und sorgt dafür, dass ein Teil von ihnen in einer erdnahen Umlaufbahn landet. Das macht sie für uns als potenzielle Rohstofflager interessant. Wissenschaftler brauchen ja immer eine eindeutige Definition, in diesem Fall muss ein Asteroid der Sonne 1,3 AUs[I] nahekommen, um als NEA zu gelten, englisch für Near-Earth Asteroid, erdnaher Asteroid. Da Himmelskörper in der Regel nicht auf kreisrunden, sondern auf leicht gestreckten Bahnen bewegen, kreuzen diese NEAs teilweise den Weg der Erde um die Sonne. Einige kommen der Erde sogar unangenehm nahe, wie beispielsweise der Asteroid 2012 TC_4, der am 12. Oktober 2017 nur 44.000 Kilometer an der Erde vorbeiraste – quasi in Sichtweite geostationärer Satelliten und ein Katzensprung in astronomischen Maßstäben.

Für eine Landung auf solch einem Asteroiden ist das aber hilfreich. Das Maß für die Erreichbarkeit eines Himmelskörpers ist in der Regel die Menge des Treibstoffs, der dafür notwendig ist. Der Energieaufwand, um beispielsweise eine Sonde von einer niedrigen Erdumlaufbahn zu einem erdnahen Asteroiden zu schicken und auf ihm zu landen, ist in vielen Fällen sogar niedriger als zum Mond zu reisen (siehe Abbildung 8 »Menge des benötigten Treibstoffs für verschiedene Wege im Weltraum«, S. 199). Man muss nicht tief in die Himmelsmechanik eintauchen, um diesen Aspekt zu verstehen. Um von einem Himmelskörper auf einen anderen zu gelangen, muss man je nach deren unterschiedlicher Bahngeschwindigkeit und ihrer Masse einen bestimmten Geschwindigkeitsunterschied

I Eine AU (astronomical unit) ist eine astronomische Einheit und entspricht dem mittleren Abstand der Sonne zur Erde, knapp 150 Millionen Kilometer (149.597.870.700 Meter).

überwinden.[I] Um beispielsweise von der ISS[II] aus der niedrigen Erdumlaufbahn zum Mond zu fliegen und auf ihm zu landen, braucht es laut Lewis einen Geschwindigkeitsunterschied von etwa 5,9 Kilometer pro Sekunde, das sind gut 20.000 Stundenkilometer. Für Hunderte Asteroiden, welche die Bahn der Erde kreuzen, liegt sie dagegen bei weniger als 5,6 Kilometer pro Sekunde. Von den Ende 2017 gut 17.500[353] bekannten erdnahen Asteroiden sind etwa 2.200 mit weniger Treibstoff zu erreichen als der Mond, 200 davon haben einen Durchmesser von mehr als einem Kilometer.[354]

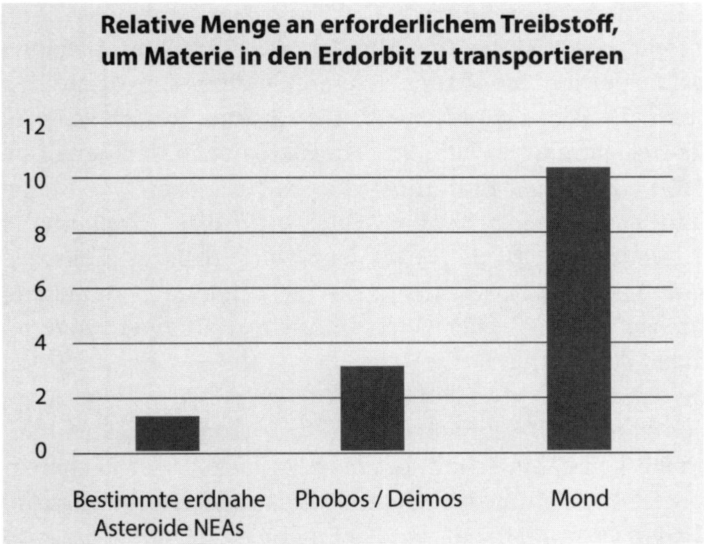

Abbildung 8: Es bestehen erhebliche Unterschiede an Treibstoffbedarf, um die gleiche Masse, beispielsweise Wasser oder Eisen, von unterschiedlichen Orten im Weltraum in den niedrigen Erdorbit zu transportieren. Quelle: Deep Space Industries / David Gump.

I Die Geschwindigkeitsdifferenz steigt mit der dafür erforderlichen Energie aber nicht im Gleichschritt an. Aus physikalischen Gründen ist der zusätzliche Energieaufwand proportional zum Quadrat der Geschwindigkeit. Wenn sich also die Geschwindigkeit einer Reise verdoppelt, steigt die erforderliche Energie hingegen dazu im Quadrat an. Sie vervierfacht sich also.

II Es braucht natürlich noch einmal einen erheblichen Energieaufwand, um in den Orbit der ISS zu gelangen. Lewis verwendet ihn als Referenz, weil der Aufwand wiederum abhängig vom Startpunkt einer Rakete ist.

Auch die Rückkehr verbraucht aus diesem Grund vergleichsweise wenig Treibstoff. Da Asteroiden quasi keine relevante Anziehungskraft ausüben, kann eine Sonde mit nur wenigen Zündungen zur Erde herüberfliegen, wenn der Asteroid sich ihr wieder nähert.[355] Dort tritt sie entweder in die Atmosphäre ein und landet, oder bremst in ihr ab und schwenkt in einen stabilen Orbit ein.[356] Interessanterweise braucht ein Raumfahrzeug nicht viel weniger Energie, um von einer niedrigen Erdumlaufbahn in 400 Kilometern Höhe zu einer geostationären Umlaufbahn in 35.786 Kilometer Höhe über der Erde zu gelangen. Der Geschwindigkeitsunterschied beträgt etwa vier Kilometer pro Sekunde.[357] Für Raum-Spediteure und -Bergbauer bedeutet das: Eine Rakete, die einen großen Satelliten in einen solchen Orbit transportiert, kann auch eine Sonde zu einem Asteroiden schicken. Elon Musks Falcon 9 setzt bereits bis zu sechs Tonnen schwere Satelliten in die sogenannte geostationäre Transferbahn ab, von denen sie dann in der Regel aus eigener Kraft ihren Zielorbit erreichen. Die Falcon Heavy ist sogar für mehr als 25 Tonnen Nutzlast für diese Umlaufbahn ausgelegt. Das Gleiche gilt für die New Glenn von Jeff Bezos. Sollte sie eines Tages starten, kann sie etwa 13 Tonnen Fracht in eine geostationäre Umlaufbahn transportieren – oder eines Tages sogar zu einem Asteroiden, wenn jemand dafür zahlt.

Natürlich ist das alles nicht so einfach, wie es sich erzählt. Wenn Captain Kirk den unfallfreien Befehl gibt: »Zulu, bringen Sie uns raus hier, Warp 3!«, dann stecken dahinter mindestens 270 Jahre harter Rechenarbeit (bekanntermaßen beginnt das deutsche Intro mit »Der Weltraum. Unendliche Weiten. Wir schreiben das Jahr 2200.«). Schon jetzt kann sich aber jeder anschauen, wie wir auch ohne Warp-Antrieb Asteroiden und Planeten erreichen können. Auf der Webseite Trajectory Browser[358] des NASA Ames Research Centers kann man errechnete Flugbahnen und -termine für mehr als 14.000 Himmelskörper im Sonnensystem anschauen. Auf Wunsch als Vorbei-Flug oder gern als Rendezvous-Manöver, bei dem man auf dem Objekt landen kann, und das ist ja das Ziel eines Space-Miners. Aufgrund von himmelsmechanisch sich ergebenden Flugbahnen dauert solch ein Aufenthalt dann einige Wochen bis viele Monate. Er sollte es sich indessen nicht allzu gemütlich machen. Wer den Abflug verpasst, bleibt ein paar Jahre, wenn er Pech hat. Denn die Zeitfenster für energetisch günstige und kurze Rückflüge öffnen sich nur alle paar Monate oder Jahre. Ohnehin dauern solche Reisen Jahre, je nach Treibstoff-

Vorrat und Konstellation von Erde zu Zielobjekt. Die Flugbahnen sind wunderschön anzuschauen und ein Genuss für jeden Fan Kepler'scher Himmelsmechanik. Natürlich sind hinter der webbasierten Anwendung extrem komplizierte Berechnungen verborgen, welche die gravitativen Einflüsse von Sonne, Planeten und Monden, den Sonnenwind und anderes berücksichtigen.

Die Reise zu einem Asteroiden ist nicht das größte Problem. Es ist noch nicht einmal das erste, mit dem sich eine Weltraumbergbaugesellschaft beschäftigen muss. Denn zuallererst muss sie wissen, auf welchen Asteroiden sich die gewünschten Rohstoffe befinden. Asteroide sind sehr unterschiedlich zusammengesetzt, und die Tatsache, dass sich auf einem Eisen und Nickel findet, bedeutet noch lange nicht, dass sich ihr Abbau lohnt. Die Konzentration eines Rohstoffs macht die wertvolle Lagerstätte, alles andere nennt man lediglich Vorkommen.[359] Außerdem spielt die Form eine große Rolle, in der die Rohstoffe vorliegen. Enthält ein Asteroid einen großen Wasseranteil, bedeutet das noch lange nicht, dass es einfach ist, dieses Wasser in den Tank eines Triebwerks zu bekommen. Wasser liegt häufig nicht einfach als (schmutziges) Eis herum, sondern ist als Hydrat in Mineralen gebunden. Das heißt: Zunächst muss man Erkundungssonden aussenden, um geeignete Asteroiden zu finden. Das ist wie beim irdischen Bergbau nicht der billigste und einfachste Posten.

Schatzkarte für Wasser

Um überhaupt zu wissen, wohin die Reise gehen soll, arbeiten Deep Space Industries und das andere bekannte Space-Mining-Unternehmen Planetary Resources zuerst daran, Erkundungsmissionen vorzubereiten. Es gilt, eine Schatzkarte über die Asteroiden anzulegen, auf denen es etwas zu holen gibt. Die gedankliche Dimension über die Zukunft des Menschen im All mag groß sein, ihr praktischer Anfang ist klein. Bisher beschränken sich die Missionen auf kostengünstige Cubes in der Erdumlaufbahn. Planetary Resources hat immerhin schon zwei Erkundungssatelliten gelauncht. Der Arkyd-3 ist ein kleines Cube-Raumschiff, um Software, Steuerung und Flugeigenschaften zu testen. Sein Nachfolger Arkyd-6 ist in der Lage, mit einem Infrarotsensor die Wärme eines Objekts zu erfassen und vor allem: Ob es darauf womöglich Wasser gibt. »Die Ressource, die den Schlüssel für die Eroberung des Weltraums darstellt, ist das Wassermolekül«, sagt Chris Lewicki, CEO von Planetary Resources. Das ist logisch, denn als Treibstoff ermöglicht Wasser, die Reichweite von Raumfahrzeugen zu erhöhen, Basis für alle weiteren Aktivitäten. Wenn Eisen der Baustoff einer fernen und noch relativ ungreifbaren Zukunft im All ist, lässt sich Wasser vielleicht als das Transportmedium in diese Zukunft begreifen.

Wie das Unternehmen Wasser gewinnen will, hat es bereits in einer Animation dargestellt. Darin schließt eine Sonde einen kleinen Asteroiden ein und heizt ihn mit Sonnenenergie auf. Das Wasser fängt dann an, als Gas aus dem Asteroiden zu entweichen und schlägt sich an einer anderen, kalten Stelle im Bauch der Sonde als Wassereis nieder.[360] Der Asteroid schwitzt dabei wie ein Käse, den man an einem heißen Tag abzuräumen vergisst. Man kann eher von Wasserausdünstung sprechen als von Wasserabbau. Die Gewinnung von Wasser ist ebenfalls das erste Ziel im langfristigen Plan von Deep Space Industries.

Treibstoff fürs All

Neben dem Rohstoff Metall wird womöglich auch Wasser zunächst nicht so verwendet werden wie vielfach angenommen – in Form seiner zerlegten Bestandteile Sauerstoff und Wasserstoff. Stattdessen kann Wasser auch ungespalten in einem elektrothermischen Triebwerk als Treibstoff dienen. In diesen Resistojets genannten Motoren wird der Treibstoff nicht chemisch verbrannt, sondern verlässt die »Ofenkammer« mit hoher Geschwindigkeit als ultraheißes Gas. Sie gehören zusammen mit den sogenannten Kaltgastriebwerken, in denen beispielsweise unter Druck stehender Stickstoff ausgestoßen werden, zu den besonders verlässlichen Triebwerken. »Kaltgastriebwerke und Resistojets sind einfach und kosten nicht viel, das macht sie erst einmal attraktiv«, sagt Stibrany. »Allerdings sind sie nicht besonders effizient.«

Das ist richtig. Wie leistungsfähig ein Treibstoff ist, lässt sich über die Geschwindigkeit angeben, mit welcher die Abgase die Düse verlassen – je schneller, desto besser. Dieser sogenannte Massenspezifische Impuls (ISP) wird ganz einfach in Meter pro Sekunde angegeben, wie beispielsweise die Windgeschwindigkeit.[I] Er macht klar, wie viel stärker chemische Treibstoffe im Vergleich zu unverbrannten Gasen sind. Die Abgase des verbrennenden Wasserstoff-Sauerstoff-Gemischs verlassen die Brennkammer des Vulcain-Motors der Ariane 5 im Mittel mit 4.248 Metern pro Sekunde. In simplen Kaltgastriebwerken liegt dieser Wert bei etwa 600 bis 700.[361] Bei Resistojets ist es nicht viel besser. Das ist wie eine laue Brise im Vergleich zu einem Orkan. Allerdings lassen sich diese Antriebe nicht praktisch vergleichen. Schließlich ist das Vulcain gebaut worden, um eine Rakete ins All zu schießen. Kaltgasmotoren und Resistojets werden dagegen für die Lageregelung, also zum Drehen von Raumfahrzeugen eingesetzt. Resistojets gelten jedoch als Stromfresser und werden daher nur selten eingesetzt.[362] Deep Space Industries setzt trotzdem darauf und hat ein solches Triebwerk entwickelt. Stibrany: »Es funktioniert, weil wir eine bessere Leistung erzielen als andere. Wir schaffen etwa 1.750 bis 1.950 Meter pro Sekunde.« Das ist nicht mehr weit entfernt von Hydrazin, einem gängigen Treibstoff für Satelliten-Triebwerke. Dieser Stoff zerfällt bei Hitze von selbst und stößt heiße Abgase mit etwa 2.000 Metern pro Sekunde aus der Düse. »Aber traditionelles Hydrazin ist ein extrem scheußliches Zeug. Es ist nicht nur giftig, sondern auch noch karzinogen und mutagen. Wir sind also etwa bei 80 Prozent der Leistungsfähigkeit von Hydrazin, aber bei 20 Prozent der Kosten.«

Ein Modell davon steht bei Deep Space Industries auf dem Besuchertisch im Eingangsbereich. Es passt in jeden kleinen Einkaufsrucksack und das muss es auch, denn es ist für Cube-Satelliten gedacht. »Es hat sich herausgestellt, dass dieses Antriebssystem eine Nische für Satelliten im niedrigen Orbit ausfüllt«, erzählt Stibrany. »Niemand baut einen kleinen Satelliten und befüllt ihn mit einem superteuren und giftigen Treibstoff. So etwas wird in großen, kommerziellen Kommunikationssatelliten ver-

---

I In den USA teilt man diesen Wert noch einmal mit der Erdbeschleunigung (9,81 Meter/Sekunde im Quadrat). Herauskommt der gewichtsspezifische Impuls in Sekunden, dessen Wert also ungefähr um den Faktor 10 kleiner ist. Leider veranschaulicht diese Angabe die Qualität eines Treibstoffs nicht ganz so plastisch. Mit diesem Trick lassen sich aber eine Menge Einheiten herauskürzen, was angesichts des transatlantischen Einheiten-Durcheinanders von Vorteil ist. 1999 stürzte die über 100 Millionen Dollar teure Marssonde Mars Climate Orbiter auf dem Mars ab, weil Lockheed Martin bei der Programmierung die amerikanische Einheit *Pounds of Force* anstatt Newton verwendete. Das führte dazu, dass der Orbiter zu tief in die Marsatmosphäre eintauchte und dabei überhitzte.

wendet. Für Betreiber kleiner Satelliten macht das keinen Sinn. Deshalb ist das Triebwerk nicht nur Teil unseres langfristigen Technologie-Plans, sondern deshalb verkaufen wir es außerdem.«

Warum nicht besser das Wasser elektrolytisch zerlegen, um damit einen viel besseren Wirkungsgrad zu erzielen? Schließlich gibt es Sonnenenergie en masse im Weltraum. Diese Idee ist einleuchtend, birgt jedoch einen unerwarteten Hintergrund. Denn dem Plan, Rohstoffe im Weltraum zu gewinnen, mangelt es laut Stibrany an Glaubwürdigkeit. »Das Problem ist: Es ist sehr esoterisch und schwierig, darüber zu sprechen, ohne sich dabei lächerlich zu machen«, meint Stibrany. »Sogar schon mit jemandem Kontakt aufzunehmen, ist schwierig. Sobald jemand hört: ›Ich fahre zum Mond‹ ..., okay, alles klar! Die Kommunikation dieser Ziele ist eine echte Herausforderung. Wasser dient daher als ideales Kommunikationsmedium. Jeder kennt Wasser, jeder weiß, dass man Wasser fürs Leben benötigt. Wasser ist immer ein Einstiegspunkt für ein Gespräch. Sie trinken es, ich trinke es, Pflanzen brauchen es auch. Und dann kann man immer sagen: ›Und übrigens, aus Wasser kann man Sauerstoff produzieren!‹ Wir atmen Sauerstoff! Das ist also gut und einfach zu verstehen. Zudem kann man es in Wasserstoff und Sauerstoff zerlegen. Das ist Treibstoff! Das Spaceshuttle hat das benutzt, noch etwas, was man mit Wasser machen kann. Jeder kann sehen, wie wichtig es ist, Wasser zu gewinnen.« Wie beim Platin gilt für Wasser: »Marketing-Botschaft erfolgreich verkündet, Mission accomplished!«

Die Wirklichkeit, so Stibrany, sehe anders aus. Sie sei komplizierter, vor allem technisch gesehen. »Wasserstoff und Sauerstoff, das ist ein wirklich äußerst schwieriges Treibstoff-System und sehr teuer. Die Tiefkühlung ist schwierig. Der Grund, warum wir noch keine Wasserstoff-Wirtschaft haben, ist der, dass es so schwierig ist, damit umzugehen. Es diffundiert überall durch, sogar durch Metall, und verdunstet einfach. Stellen Sie sich vor, Sie haben einen großen Tank und jedes Jahr gehen ein paar Prozent von ihrem Produkt verloren. Sauerstoff ist ebenfalls schwierig. Das ist der Grund, weshalb Firmen, die damit arbeiten, Warnschilder haben müssen, die den flüssigen Sauerstoff als Gefahrenstoff ausweisen. Das zweite Problem ist, dass es sehr viel Energie braucht, um Wasser zu zerlegen. Woher soll die Energie kommen? Die Standard-Antwort lautet: Solarzellen. Doch Solarzellen sind teuer! Es ist also nicht so zwingend, wenn man sich damit näher beschäftigt. Ingenieurstechnisch ist es nicht notwendigerweise die richtige Lösung. Trotzdem spricht jeder drüber, weil es so einfach zu verstehen ist, und weil Wasser es einfacher macht, sich mit Leuten darüber zu unterhalten. Es ist eine Marketing-Geschichte.«[363]

Die Kompliziertheit dieser Treibstoff-Kombination ist unter anderem ein Grund, weshalb die Motoren von Branson, Musk und Bezos das weniger effiziente Treibstoff-Gemisch Sauerstoff und Kerosin verbrennen.[I] Es ist deutlich einfacher zu handhaben – und das auf der Erde, nicht im Weltraum, wo die Dinge noch um einige Dimensionen komplizierter liegen. Das Gleiche gilt für Musks Mars-Tankstelle, für die er vor Ort Methan statt Wasserstoff gewinnen will.

Nach ersten kleinen und erdnahen Cube-Sat-Missionen plant Deep Space Industries eine erste Asteroiden-Mission für 2020. Dann soll eine kleine Sonde zu einem Asteroiden fliegen, auf ihm landen und seine Beschaffenheit erkunden. »Wir haben eine Auswahl-Liste von Asteroiden«, sagt Stibrany. »Da ständig neue Asteroiden entdeckt werden und wir selbst an optimierten Flugbahnen arbeiten, geraten immer mehr in Reichweite.«

Staatliche Hilfsdienste

Zum großen Glück der Deep-Space-Bergbau-Unternehmer sind Asteroiden und ihre Verwandten, die Kometen, ein begehrtes Ziel der Wissenschaftsgemeinde. Der japanischen Sonde Hayabusa (Wanderfalke) gelang es 2005 nach mehr als zweijähriger Reise, ein Stück vom Asteroiden (25143) Itokawa zu ergattern. Nach ihrer Rückreise verglühte die Muttersonde meteoritengleich in einem spektakulären Feuerwerk, während die feuerfeste Kapsel mit den eingesammelten Proben im australischen Outback niederging. Solche Missionen sind für Weltraumbergbau-Unternehmen goldwert, denn alles, was die großen Raumfahrt-Agenturen mit ihrer Milliarden- und Wissenschaftspower herausbekommen, müssen sie nicht

I Eine Ausnahme ist das BE-3-U-Triebwerk, was in Blue Origins Touristen-Rakete New Shepard und der dritten Stufe der New Glenn zum Einsatz kommt. Bei Oberstufen von Raketen ist das effiziente Treibstoff-Gemisch Wasserstoff und Sauerstoff am sinnvollsten, da sie in der Regel die höchste Geschwindigkeitsdifferenz überwinden müssen, bei einem relativ großen Nutzlast-zu-Treibstoff-Verhältnis.

selbst erforschen. Itokawa weist beispielsweise eine niedrigere Dichte auf, als sein Gestein erwarten ließ. Offenbar ist der Asteroid kein kompakter Brocken, sondern eher eine lose zusammenhängende Ansammlung von Schutt und Staub, schlussfolgerten die Wissenschaftler. Das ist für Space-Miner eine gute Nachricht. Auf der Erde müssen die abgebauten Mineralerze in der Regel in monströsen Steinbrechern gemahlen werden, um sie verarbeiten zu können. Dieser aufwendige Verarbeitungsschritt würde im Weltraum entfallen. In diesem Fall hat die Natur als Steinmühle fungiert, da ein Teil des Gesteins nach Millionen Jahren Beschuss kosmischer Partikel zu Regolith zerfallen ist, so nennen Geologen das staubartige Material auf der Oberfläche von Himmelskörpern.

Die Europäer schickten die Sonde Rosetta und ihren Lander hingegen zu einem Kometen mit dem unaussprechlichen Namen Tschurjumow-Gerassimenko. Er wird deshalb meistens nur Tschuri genannt (selbst Offiziellen der ESA will der volle Name manchmal nicht über die Lippen gehen). Kometen sind ein Spezialfall, da sie zwar wie viele Asteroiden aus Eis, Staub und lockerem Geröll bestehen, aber vom Rand des Sonnensystems stammen. Ihre Bahn kommt der Sonne so nahe, dass das Eis auf ihnen schmilzt und als Gase einen sichtbaren Kometenschweif bildet. Und das ist eben der Stoff, aus dem die Träume sind. Der nächste Höhepunkt für die privaten Asteroiden-Fahrer kommt vermutlich, wenn die milliardenteure und fast eine Tonne schwere Sonde OSIRIS-REx[I] ab 2018 den dunklen und kohlenstoffreichen Asteroiden Bennu unter die Lupe nimmt. Es ist nicht ausgeschlossen, dass Bennu genau der Typ Asteroid ist, der einmal als Deep-Space-Quelle für Wasser dienen könnte. Nach sieben Jahren Reise soll OSIRIS-REx 2023 mit 60 Gramm Asteroiden-Material zur Erde zurückkehren. Ein weiterer Plan, der die Herzen in Redmond und San José höherschlagen lässt, ist die vielsagende Asteroid Redirect Mission (ARM). Hier soll sich eine Sonde von einem großen Asteroiden einen tonnenschweren Stein greifen und in einen Mondorbit bugsieren. Das wäre quasi der wissenschaftliche und von der NASA geadelte Beweis, dass die Gewinnung von Asteroiden-Material technisch möglich ist.[364] Die Trump-Administration stellte die Mission 2017 aber

I Lieber nicht in Gänze aussprechen: Origins Spectral Interpretation Resource Identification Security-Regolith Explorer aus Kostengründen vorerst ein[365] (nachdem die NASA schon mehr als 100 Millionen Dollar dafür ausgegeben hatte).[366]

Schmutz als Tarnung

Natürlich versuchen Wissenschaftler bereits jetzt schon, von der Erde aus so viel wie möglich über die Eigenschaften von Asteroiden herauszubekommen. Doch das ist nicht einfach, weil Asteroiden verhältnismäßig klein sind – und auch sein müssen, wenn sie von einem Gefährt wie die ARM-Sonde eingefangen werden sollen. Laut Lewis dürfte ein Asteroid dafür nicht mehr als 1.000 Tonnen Masse haben, etwa sieben Meter Durchmesser. Wenn er nicht besonders nah an der Erde vorbeifliegt, lässt sich seine Oberfläche spektroskopisch nicht bestimmen, und der Asteroid bleibt wissenschaftlich und kommerziell ein Blinde Date.[367]

Dazu kommt, dass gerade die wasserhaltigen Asteroiden wie Bennu durch – nicht biologisch entstandenes – organisches Material dunkel gefärbt sind, nicht viel anders als Grillkohle. Das macht es noch einmal schwieriger, sie überhaupt aufzuspüren. Doch selbst dann bleiben viele Eigenschaften aus den oben genannten Gründen verborgen. Häufig erkennen Astronomen kleine Körper überhaupt erst dann, wenn sie gerade nahe an der Erde vorbeifliegen. Für solch einen Fall schlägt Lewis vor, Sonden vorsorglich in der Erdumlaufbahn zu parken und den vorbeifliegenden Asteroiden quasi abzufangen.

Wasser, aber kein Durst

Es gibt also auf technischer Seite erst einmal jahrelang Gelegenheit, viel Geld auszugeben, um überhaupt wasserhaltige Asteroiden zu finden, bevor sich das Wasser auf ihnen quasi ernten lässt. Doch selbst eine ausgereifte Technologie würde nicht automatisch bedeuten, dass es plötzlich zu einem schwunghaften Wasserhandel käme. Ausgerechnet Asteroidenwasser-Fan Stibrany erklärt, warum es derzeit noch an Voraussetzungen fehlt, um eine Wasserwirtschaft im Orbit zu betreiben. »Wir haben nicht nur ein technologisches Problem, sondern noch ein regulatorisches. Derzeit gibt es keine Regierungsbehörde, die den Start einer kommerziellen

Deep-Space-Mission erlauben könnte. Ich denke zwar, dass wir eines Tages einen internationalen Konsens erzielen, wie wir es schon einmal mit den Funkfrequenzen im geostationären Orbit erreicht haben – solange du da ein Raumfahrzeug betreibst, wird dir keiner die Frequenz wegnehmen. Was schon einmal möglich gewesen ist, wird also wieder möglich sein. Falls aber eine Regierung sich entscheidet, so etwas nicht zu unterstützen, wird es auch nicht stattfinden. Ohne eine Erlaubnis wird sich kein Anbieter finden, der dorthin startet. Jeder Startanbieter braucht eine Lizenz nach den Gesetzen des Landes. Wenn er die nicht hat, macht er sich strafbar.«

Während Stibrany also annimmt, dass die internationale Gemeinschaft oder zumindest die nationalen Regierungen einen Weg finden werden, um kommerzielle Deep-Space-Missionen bei Bedarf zu ermöglichen, sieht er ein weiteres Problem. »Nehmen wir an, Sie haben die technologische Fähigkeit und die Erlaubnis, bauen 50 Tonnen Wasser ab und bringen es zurück in den Erdorbit. Wer kauft Ihnen das ab? Es gibt keinen Markt. Wie soll man die Qualität des Wassers beurteilen, wie soll man es an den Käufer übergeben? Heute gibt es niemand, der Wasser-basierte Antriebe im Orbit benutzt. Klar, es gibt Leute, die sagen: ›Wow, es gibt einen riesigen Markt im Orbit, weil Wasser ist ja Treibstoff!‹ Aber das stimmt nicht. Keiner der (gegenwärtigen) Satelliten ist so konstruiert, dass er Wasser als Antrieb benutzen könnte. Der einzige, winzig kleine Markt ist der für Trinkwasser auf der ISS. Man hat also ein Marktproblem.«[368] Das stimmt. Fragt man bei etablierten Anbietern von Satelliten nach einer solchen Option, erhält man eine vergleichsweise unwirsche Antwort. So etwas sei noch nicht einmal geplant, hört man beispielsweise bei Thales Alenia Space. Das Unternehmen will noch nicht einmal mehr flüssigen Treibstoff verwenden. Stattdessen setze man auf Ionen-Triebwerke, die seien viel effektiver. Das ist korrekt. In diesem Antriebstyp werden geladene Teilchen in einem elektrischen Feld extrem beschleunigt und mit hoher Geschwindigkeit ausgestoßen, viel schneller, als es irgendein chemisches Triebwerk vermag. Das kostet zwar viel Strom, jedoch nur wenig Treibmasse, häufig das Edelgas Xenon. Das macht sie ungeeignet für Raketen, die in kurzer Zeit viel Schub entwickeln müssen, aber umso wertvoller für Raumfahrzeuge auf langer Mission, wie beispielsweise die erwähnte Raumsonde Hayabusa – und zahlreiche Satelliten.

Außerdem: »Satelliten haben schon marktbedingt eine begrenzte Lebensdauer. Kunden auf dem asiatischen Markt wollen immer das neueste Modell. Wir können denen nicht sagen, diese Entwicklung hier ist 15 Jahre alt«, sagt ein Vertreter von Thales Alenia Space. Mehr als 15 Jahre müsse daher ein Satellit ohnehin nicht halten, da er dann sein Geld verdient habe. Das gilt vor allem vor dem Hintergrund der neuen Schwarmkonstellationen. Hier sind die Satelliten so billig und von begrenzter Lebensdauer, dass sie eher ständig durch neue ersetzt werden. »Die Technologie für eine solche Betankung und ein solches Andock-Manöver gibt es ja außerdem noch gar nicht, und wenn, wäre sie sehr aufwendig.« Zweifellos ist das eine sehr gegenwartsfokussierte Einschätzung, und es gibt vor allem hinsichtlich der Lebensdauer von Satelliten andere Meinungen. Doch gibt sie Aufschluss über die Denkweise potenzieller Kunden von Weltraumwasser.

Bis es einen Markt für diese 50 Tonnen gibt, und noch weitergedacht, bis es einen Verwendungszweck für die vielen Tausend Tonnen Asteroiden-Metalle gibt, müssen also zahlreiche technologische, politische und wirtschaftliche Mechanismen ineinandergreifen. Dazu kommt: Die hier aufgeführten Probleme sind nur ein Ausschnitt der bekannten Probleme, dazu kommen noch die bisher nicht entdeckten. Es ist wie mit den dunklen Asteroiden: Es gibt viel mehr davon, als man denkt.

Übrigens: So fern sie sein mag, einen äußerst erfreulichen Nebeneffekt hätte eine groß angelegte Asteroiden-Wirtschaft noch. Wir wüssten bestens über die herumirrenden Brocken Bescheid, die der menschlichen Zivilisation auf der Erde gefährlich werden könnten. Denn die Erdnähe der NEAs bedeutet Gefahr. Ampeln gibt es ja an den Bahnkreuzungen im All nicht, und ein Asteroid kann je nach Größe auf der Erde unvorstellbare Verwüstungen anrichten bis hin zum Massensterben irdischer Organsimen. Wer sich auf den Weg macht, um die lukrativsten Asteroiden zu finden, kartiert natürlich gleich zudem die mit, die den Weg der Erde womöglich verhängnisvoll kreuzen. Lewis gibt an, dass etwa ein knappes Drittel aller erdnahen Asteroide, durch die Schwerkraft der Erde angezogen, in der Atmosphäre – oder auf der Erdoberfläche – enden. Es wird zwar immer wieder angenommen, der Mond kesche die Asteroiden raus, bevor sie die Erde erreichen. Davon kann aber nicht die Rede sein. Nur einer von 100.000 landet auf dem Mond.[369]

Die Grenzen des Reichtums

Um den Kreis zu schließen: Anfangs lautete eine Frage, ob es eine realistische Chance gibt, dass die Gründer und Investoren von Deep Space Industries und Planetary Resources mit den Schätzen des Weltraums reich werden. Antwort: Nein. Sie selbst werden das sehr voraussichtlich nicht mehr erleben, wenn überhaupt die dritte oder vierte Erbengeneration. Vorausgesetzt, die Menschheit bekommt alle genannten Probleme gelöst, wird es ja immer noch lange dauern, bis eine florierende Raumfahrt-Wirtschaft entsteht. Lewis geht davon aus, dass es mindestens zwei Jahrhunderte dauert, falls die erdnahen und vielleicht auch die Gürtel-Asteroiden als Rohstofflager robotisch erschlossen werden. Und 1.000 Jahre, wenn es nicht ohne bemannte Raumfahrt, sprich menschliche Fingerfertigkeit geht.[370] Es gibt natürlich noch die denkbare Situation, dass sich der Marktwert dieser Unternehmen allein aufgrund der Perspektive potenziert, in mehr als 100 Jahren unermessliche Reichtümer zu erwirtschaften – so wie das ja bei Facebook und Tesla der Fall war. Doch hier war der zeitliche Horizont für einen Return vielleicht maximal zehn Jahre, nicht mehrere Hundert. Außerdem sind die Summen, die derzeit in diesen Zweig der Raumfahrt investiert werden, kaum 100 Millionen Euro groß, noch viel zu klein, um ihn in großen Schritten voranzutreiben.

Man erkennt an diesen groben Schätzungen, dass sie nicht mehr viel mit einer von der gegenwärtigen in die Zukunft extrapolierten Entwicklung zu tun haben. Sondern vielmehr mit einer Annahme, die auf einem vieler möglichen Szenarios basiert. Um die Lage zu beurteilen, muss man klar trennen, zwischen dem Jetzt und was man daraus realistisch für die kommenden Jahre ableiten kann – und dem, was in einer fernen und nicht näher definierten Zukunft denkbar ist. Und das ist ziemlich viel, weil sich kaum etwas so sicher ausschließen lässt, wie es umgekehrt sicher eintreten wird. Es ist sehr wahrscheinlich, dass die großen Raumfahrt-Agenturen in den kommenden 20 Jahren größere Mengen an Asteroiden-Material zur Erde bringen werden, und wir werden immer mehr Details über die erdnahen Asteroiden erfahren. Aber ob daraus ein geschlossener wirtschaftlicher Kreislauf entsteht – wer weiß? Selbst anerkannte Experten scheitern auf ihren ureigenen Feldern daran, zeitlich naheliegende Entwicklungen treffend zu prognostizieren. Bill Gates zweifelte 1993 genauso an der Zukunft des Internets (»nur ein Hype«) wie noch 2001 der sogenannte Zukunftsforscher Matthias Horx (»Das Internet wird kein Massenmedium«).[I] [371]

Auch zu den irdischen Rohstoffvorräten gibt es eine bekannte, aber umstrittene Prognose. In der vom staatstragenden »Club of Rome« in Auftrag gegebenen Studie »Die Grenzen des Wachstums« wurde an einigen Stellen angedeutet, die Vorräte für Metalle wie Zink, Zinn, Blei, Silber und Gold würden schon vor der Jahrtausendwende ausgehen und die meisten restlichen bis Ende 2100.[372] Seither sind immer wieder neue Lagerstätten gefunden worden, und der Zeitpunkt, an dem die Ressourcen der Erde versiegen, werden regelmäßig in die Zukunft verschoben. Was die zweifellos klugen Verfasser der Studie nicht berücksichtigt hatten, ist die Tatsache, dass die Aussagen der Geologen, man würde keine bedeutenden Lagerstätten mehr finden, falsch waren, und zudem, dass technischer Fortschritt aus vormals wirtschaftlich wertlosen Vorkommen ausbeutbare Lagerstätten machen würde (zum Beispiel das Fracking von Schiefer, um Erdgas zu gewinnen. Die Frage der Nachhaltigkeit ist eine andere.). Die diversen Nachfolgestudien hüten sich seither davor, konkrete zeitliche Prognosen zu treffen.

Nun kann man die Lehren aus »Die Grenzen des Wachstums« so deuten, wie man es gerade will, entweder im Sinne von, »die erwartete Zukunft kommt weniger schnell als gedacht« – und somit das, was wir uns als Zukunft im Weltraum vorstellen. Oder als »der technische Fortschritt wird unsere Prognosen sogar überholen« – und damit das Vordringen in den Weltraum beschleunigen. Aber genau diese Wahlmöglichkeit ist eben der Kern des Problems bei Zukunftsprognosen.

I Horx behauptete 2010 sogar, dass soziale Netzwerke weit über ihren Höhepunkt hinaus seien. Der Wiener Standard zitiert ihn mit den Worten: »Von Facebook wird in fünf bis sechs Jahren kein Mensch mehr reden.« Horx versuchte zwar in den darauffolgenden Jahren, seine Aussagen zu relativieren (»aus dem Zusammenhang gerissen«), aber seine Aussagen werden auch im Nachhinein nicht richtiger, wenn er sie ausführlich erläutert. Heute haben alle Unternehmen, die im weitesten Sinne soziale Netzwerke bilden, die höchsten Unternehmenswerte.

TEIL 2 – NEWSPACE – DIE NEUE RAUMFAHRT

1 Einfacher, billiger, schneller

»Wie können wir unser dynamisches System kompetitiver privater Unternehmen in der Raumfahrt dazu benutzen, die neu entdeckten Ressourcen der Menschheit nutzbar zu machen?«

Ralph J. Cordiner, Vorsitzender von General Electric und Vordenker der kommerziellen Raumfahrt 1961

Nährboden für die neue Raumfahrt

Wenn die Milliardäre, diese Propheten der Neuzeit, das neue Zeitalter des Menschen im Weltraum sehen, warum gerade jetzt? Reiche Menschen gab es doch schon vor 30 Jahren oder zu Zeiten Apollos. Die Antwort heißt NewSpace. Genauer gesagt, die aktuelle Version von NewSpace. Der Begriff beinhaltet mehr oder weniger die wirtschaftliche, technische und prozessuale Grundlage, auf der Musk, Bezos und Branson ihre Raumfahrt-Unternehmen gründen. NewSpace bedeutet kommerzielle, private und selbstständige Raumfahrt. Nicht der Staat ist ihr Initiator, sondern private Unternehmer, die Raumfahrt seit etwa 15 Jahren mit einer für die Branche unkonventionellen Ökonomie betreiben. Diese beinhaltet unter anderem erschwingliche Technologien, mit deren Hilfe selbst relativ kleine Unternehmen heute Raumfahrzeuge bauen können: Kleine und leistungsfähige Rechner, ein breites Spektrum an spezieller Software, 3-D-Druck für die Produktion von Satelliten- und Raketen-Teilen und einer Vielzahl industrieller Bauteile, die man einfach kaufen kann, statt sie teuer entwickeln zu müssen. Um das NewSpace genannte Phänomen und die dazugehörige digitale Infrastruktur geht es in diesem Teil des Buches. Beides gab es in dieser Form vor wenigen Jahrzehnten noch nicht. Raumfahrt war stattdessen größtenteils riesigen Luft-und Raumfahrt-Tech-Konzernen vorbehalten. Heute hingegen können NewSpace-Unternehmen winzige Start-ups sein, mit einigen wenigen Gründern, die einen neuen Motor entwickeln, aber auch etablierte Firmen wie SpaceX, die schon im

Weltraum unterwegs sind. Die Größe spielt keine entscheidende Rolle, eher die Denk- und Herangehensweise.

Schaut man, was diese NewSpace-Unternehmer derzeit machen, fallen zwei große Bereiche auf. Da gibt es diejenigen, die klassische Raketen entwerfen und – falls sie die Mittel haben – auch bauen und starten. Wir haben sie schon kennengelernt: Musk, Bezos, Branson, und Start-ups wie Rocket Lab und PLD. Sie machen in Raumtransport und seiner Logistik, das Kerngeschäft also. Ohne sie gäbe es Raumfahrt gar nicht. Daneben gibt es den großen Block derjenigen, die aus dem Kapital schlagen (wollen), was der Zugang zum Weltraum an wirtschaftlichen Chancen bietet. In erster Linie sind das Daten von Satelliten, die zum Beispiel für Ortsbestimmung, Wetter und Erdbeobachtung verwendet werden. Mag sein, dass eine Software, um damit den Füllstand von Supermarkt-Parkplätzen und somit deren Kundenaufkommen zu ermitteln, nicht so spannend ist wie die Marspläne von SpaceX – wenn sie überhaupt noch etwas mit Raumfahrt zu tun haben. Aber sie sind der Nährboden für NewSpace und geben Raketenbauern überhaupt erst eine Zukunft. Denn diese Unternehmen erzeugen mit ihrem Hunger nach Satelliten-Daten für die entsprechende Nachfrage nach Starts und sorgen dafür, dass Kapital in den Raumtransport fließt. Zur Veranschaulichung: Im Satelliten-Bau werden 17 Milliarden Dollar umgesetzt, im Wirtschaftsbereich der satellitengestützten Ortsbestimmung 81 Milliarden Dollar. Selbst die Bodensysteme für Satelliten-Kontrolle und alles, was dazu gehört, erwirtschaften einen Umsatz von 28 Milliarden Dollar. Zusammengenommen ist das 40 Mal mehr als der Umsatz im Launch-Service.[373]

Dieses Buch beschäftigt sich mit beiden Bereichen, denn sie sind beide für NewSpace unentbehrlich und ihre Vertreter in ihrem Denken wesensverwandt.[I] Ebenso verhält es sich mit der Frage, ob Raumfahrt eher bemannt oder unbemannt Sinn macht. NewSpace nimmt dabei aus kommerzieller Sicht keine vorgezeichnete Position ein. Es ist zunächst eine

I Gut erklären lässt sich das mit den Wirtschaftsbegriffen »Upstream« und »Downstream« beispielsweise aus der Erdöl-Industrie. Während die Upstream-Prozesse sich mit der Suche und der Förderung von Erdöl beschäftigen, bezeichnet man alles als Downstream, was man aus Öl herstellen und machen lässt, also Benzin oder Kunststoff. Die Begriffe sind eine schöne Verständnis-Eselsbrücke für die Raumfahrt, wenn man beispielsweise einen Satelliten betrachtet. Der Transport des Satelliten in den Raum ist ein Upstream-, das Fernseh-Signal, das der Satellit auf die Erde überträgt ein Downstream-Prozess.

wirtschaftliche Frage, ob es sich lohnt, als Mensch in den Weltraum zu fahren – sei es, um eine Weltraumfabrik zu überwachen, einen Satelliten zu reparieren oder als vergnügter Weltraumtourist.

Wenn man an eine Sache näher herantritt, erscheint sie plötzlich komplexer, vielfältiger und komplizierter. So ist es auch mit NewSpace. Der Begriff ist mehr als ein ökonomisches Attribut. In seiner gegenwärtigen Form ist NewSpace, häufig Space 2.0 genannt, ein Versprechen auf die Zukunft des Menschen im Weltraum. NewSpace soll Raumfahrt einfacher, billiger und schneller machen, als wir sie in den vergangenen 60 Jahren erlebt haben. Ob NewSpace und seine Milliardäre dieses Versprechen einlösen, werden wir in den nächsten zehn Jahren sehen, wenn das Geld, das derzeit investiert wird, technologische Früchte trägt – oder nicht. Gleichzeitig ist dieses Versprechen eine enorme Herausforderung für die etablierte Raumfahrt-Industrie, die jahrzehntelang im beständigen Regen staatlicher Auftragsmilliarden stand. Die ULA und Arianespace konkurrieren hart mit neuen und preiswerteren Anbietern wie Musks SpaceX um Aufträge – und ziehen schon jetzt häufig den Kürzeren. Der Vergleich mit den Billigfluglinien in der Luftfahrt drängt sich förmlich auf.

NEUE HELDEN

Das neue NewSpace ist zudem die Hoffnung der Raumfahrt-Community. Sie hofft auf Impulse für eine neue Raumfahrt, die außerhalb von staatlichem Dirigismus und der mit ihm verbundenen Großunternehmen stattfinden soll, allgemein und etwas despektierlich »OldSpace« genannt. Natürlich hat auch die herkömmliche Raumfahrt mit den Raumfahrt-Agenturen an der Spitze frenetische Anhänger. Ihre Helden sind Regierungsangestellte: die 550 Astronauten und Kosmonauten, die den Weltraum erreicht haben.[I] [374] Vielen Enthusiasten geht es gleichwohl zu langsam voran, auch ihre Ziele sind nicht selten in der Kritik. Sie set-

I Nur zehn Prozent der bisherigen Astronauten sind Frauen. Die Sowjets haben 1963 die erste Raumfahrerin ins All geschickt, Walentina Tereschkowa. Die USA haben erst 20 Jahre später nachgezogen. Sally Ride reiste am 18. Juni 1983 als erste Amerikanerin und als dritte Frau insgesamt mit dem Spaceshuttle Challenger ins All. Als Astronaut gilt, wer höher fliegt als 100 Kilometer (in den USA sind es nur 80 Kilometer).

zen daher auf die Kräfte, welche eine entwickelte kommerzielle Raumfahrt-Wirtschaft freisetzen könnte, um Ziele wie den Mars schneller zu erreichen. Die neuen Helden sind Unternehmer, allen voran Elon Musk und Jeff Bezos, aber auch Raumfahrt-CEOs wie Peter Beck von Rocket Lab, Robert D. Richards von Moon Express oder Rick Tumlinson von Deep Space Industries.

Bei allen Unterschieden zu halbstaatlichen Strukturen ist NewSpace auf individueller Ebene ein unscharfer Begriff. Es ist ja nicht so, dass sich die »OldSpacianer« nicht für Raumfahrt begeistern würden und keine persönlichen Ziele hätten. Sie sind lediglich in größere und starrere Strukturen eingebunden, in denen sie außerhalb ihres Aufgabengebiets keine eigenen Ziele verfolgen können und weniger Spielraum haben als in kleinen und neuen Unternehmen. Viele der Menschen, die jetzt für Bezos und Musk arbeiten, waren vorher bei der NASA und anderen großen Raumfahrt-Unternehmen. Vor allem die erfahrenen Ingenieure haben fast alle eine OldSpace-Vergangenheit. Der jugendhafte George T. Whitesides, Chef von Virgin Galactic, war unter anderem Stabschef des NASA-Direktors. Gwynne Shotwell, Elon Musks Geheimwaffe, arbeitete zehn Jahre lang für die halbstaatliche Aerospace Corporation. Das ist ein sehr anspruchsvoller Arbeitgeber für Ingenieure, und Shotwell arbeitete dort im Zentrum der Raumfahrt – unter anderem untersuchte sie, wie sich die Temperaturschwankungen in der Ladebucht des Spaceshuttles auf das dortige Equipment auswirken. Doch die Arbeitsweise der 1960 gegründeten Institution wurde ihr zu langatmig, sie wollte lieber »ein Raumschiff konstruieren und bauen«[375], wie sie der Los Angeles Times verriet. Nach einer Zwischenstation bei der kleinen Firma Microcosm wurde sie von Elon Musk als Mitarbeiter Nummer sieben bei SpaceX angestellt. Das Magazin Forbes platzierte Shotwell auf ihre 2017er-Liste[376] der mächtigsten Frauen der Welt auf Platz 70.[I] Kleine Ironie der Geschichte: Shotwell ist verheiratet, und ihr Mann arbeitet ebenfalls in der Raumfahrt – am NASA Jet Propulsion Laboratory.

Unternehmen, die sich selbst NewSpace zuordnen, fischen also häufig im Pool der etablierten Unternehmen und Institutionen. Dort gehen ihnen häufig diejenigen an den Haken, die von der visionslosen Lang-

---

I Nicht schlecht bei 3,75 Milliarden Frauen. Drei Jahre zuvor war sie auch schon gelistet, aber »nur« auf Platz 90, ein Platz hinter Gisele Bündchen.

samkeit großer Unternehmen angeödet sind und ihr Berufsleben nicht mit der Entwicklung eines winzigen Raumschiffteils verbringen wollen. »Wir haben auch Leute von der ESA und Airbus. Bei uns zu arbeiten heißt, die Gelegenheit zu bekommen eine Rakete zu bauen«, erzählt Raúl Verdú vom Start-up PLD. »In der konventionellen Raumfahrt-Industrie, beispielsweise bei Airbus, arbeitet man ein Leben lang an einer kleinen Schraube.« Das muss er bei PLD nicht befürchten – dafür reicht die Anzahl der Ingenieure einfach nicht aus.

Teil der Raumfahrt-Familie

Bei allen Unterschieden muss man sich NewSpace als integralen Bestandteil der Raumfahrt-Gemeinde vorstellen. Er ist wie die neue, unkonventionelle Partei im Parlament, die den Anspruch erhebt, anders zu sein als die etablierten Parteien, sich aber verfassungskonform den Regeln des Parlamentsbetriebs unterwirft. Und wie in Parteien gibt es auch bei NewSpace unterschiedliche Strömungen und Flügel, die mehr oder weniger radikal sind. Beispiel: Als der Raumfahrt-Tausendsassa Peter Diamandis in den frühen 90ern einen Staatsauftrag an Land zog, um sein notleidendes Unternehmen International Microspace zu retten, drohte ein Investor sein Geld aus dem Unternehmen zurückzuziehen, weil er auf rein privatwirtschaftliche Aktivitäten ohne staatlichen Einfluss bestand.[377] Das sind die Revolutionäre, denen der Weg wichtiger ist als das Ziel.

Anders der Realo Jeff Bezos: Sein Biograf Brad Stone berichtet, wie Bezos reagierte, als er fragte, ob die Gründung von Blue Origin eine Antwort auf die Schwerfälligkeit der NASA sei. Bezos: »Die NASA ist ein Nationalheiligtum, und es ist ein absoluter Quatsch, dass jemand von der NASA frustriert sein sollte. Der einzige Grund, weshalb ich mich für den Weltraum interessiere, ist, weil sie mich inspirierte, als ich fünf Jahre alt war. Wie viele Behörden können Sie mir nennen, die Fünfjährige inspirieren? Die Arbeit, die die NASA leistet, ist superanspruchsvoll und von ihrem Wesen her riskant, und sie leistet nach wie vor Hervorragendes. Kleine Raumfahrt-Unternehmen haben nur deshalb die Möglichkeit, sich auf diesem Gebiet zu betätigen, weil sie auf den Schultern von NASAs Leistungen und Genialität stehen dürfen.«[378]

2 COTS – PREISWERT INS ALL

»Space is hard!«

Binsenwahrheit der Raumfahrer

DAS ZAUBERWORT DER SATELLITEN-BAUER

Ein Zauberwort von NewSpace heißt *commercial off-the-shelf*,[I] (englisch für Handelsprodukte aus dem Regal), kurz COTS. Das sind elektronische Bauteile, die nicht für die Raumfahrt, sondern zum Beispiel für Unterhaltungselektronik produziert werden. Ein massenhaft hergestellter Chip für Haushalts-PCs ist naturgemäß billiger als ein intensiv für den Weltraum getesteter Chip. COTS hingegen eröffnen daher vor allem Ingenieuren von Satelliten im niedrigen Orbit ungeahnte Möglichkeiten.[II]

Laut der deutschen Raumfahrt-Agentur DLR machen Tausende elektronische Bauteile teilweise mehr als ein Drittel aller Teilekosten eines Satelliten aus. Beim Wettersatellit MSG-4[III] kostet allein die Elektronik etwa 24 der insgesamt 135 Millionen Euro Baukosten.[IV] [379] Bei Raketen liegt der Anteil niedriger. Die elektronischen Bauteile einer Ariane 5 kosten nur etwa 1,5 Millionen Euro bei schätzungsweise 115 Millionen Euro für ihren Bau (zu den groben Kostenstrukturen einer Rakete siehe Abbildung 9 »Gewichtsanteile und Kosten einer Rakete am Beispiel einer Atlas V«, S. 99).[380] Man muss stets im Hinterkopf behalten, dass Raketen und Satelliten jeweils ganz unterschiedliche Anforderungen an die Ingenieure

I Es wird auch der Begriff *components off-the-shelf* verwendet.

II In den meisten Fällen dreht es sich dabei um Elektronik, im Fachjargon EEE genannt, für elektrische, elektronische und elektromechanische Teile.

III MSG-4 ist der vorerst letzte einer Baureihe von Wettersatelliten, die etwa 20 Mal mehr Daten liefern als die Vorgänger-Generation (so viel zu überlangen Lebenszeiten). Die Satelliten werden von EUMETSAT betrieben, eine zwischenstaatliche Organisation mit 30 europäischen Mitgliedern und Sitz in Darmstadt.

IV Bei Raketen liegt der Anteil niedriger. Die elektronischen Bauteile einer Ariane 5 kosten nur etwa 1,5 Millionen Euro.

stellen. Raketen halten sich wenige Stunde und Tage im All auf, Satelliten manchmal Jahrzehnte. Preis und Qualität elektronischer Hardware sind daher vor allem wichtige Aspekte bei Satelliten.

Aber es ist nicht nur der niedrige Preis der Hardware von der Stange. »Seriengefertigte Teile ermöglichen überhaupt erst, Satelliten-Technik zu miniaturisieren«, erklärt Frank Baumann. Der Ingenieur arbeitet als wissenschaftlicher Mitarbeiter am Institut für Luft- und Raumfahrt an der TU Berlin und entwickelt selbst Kleinsatelliten. Wer auf aktuelle Technik zugreift, kann zugleich die kleinste Technik nutzen, denn die Dimensionen haben sich vor allem bei elektronischen Bauteilen in den vergangenen Jahren extrem verkleinert, während deren Leistung stark anstieg. Besonders deutlich ist das bei integrierten Schaltkreisen zu beobachten, also Computerchips. Intel-Mitbegründer Gordon Moore sagte Mitte der 1960er-Jahre, die Anzahl an Transistoren auf einem Chip gleicher Größe würde sich alle ein bis zwei Jahre verdoppeln. Seine 50 Jahre alte Prognose stimmt bis heute.

Die Miniaturisierung hat vor allem auf die Raumfahrt einen enormen Schub ausgeübt. Während die Apollo-Astronauten noch mit etwa der Rechenpower eines C64 zum Mond starten mussten, steckt in jedem heutigen Computerchip ein Vielfaches an Leistung. Raumfahrt ist deshalb für private Raumfahrt-Unternehmen erst möglich geworden. Sie können ihre Raumfahrzeuge nun für relativ wenig Geld mit leistungsstarken Steuerungseinheiten ausstatten. Moderne Elektronik hat eine weitere erfreuliche Konsequenz. Die neuen Mini-Chips verbrauchen viel weniger Strom als die alten. Ein iPhone 6 benötigt beispielsweise 100 Mal weniger Energie als ein gewöhnlicher Desktop-Computer.[381] Das spart viel Gewicht und Energie für andere Verbraucher.[I] Voll zum Tragen kommt dieser Vorteil bei Kleinstsatelliten. Die sogenannten Cube-Satelliten beispielsweise sind nur 10 x 10 x 10 Zentimeter groß (manchmal auch 10 x 10 x 11,35), da ist nicht viel Platz für aufwendige Elektronik. Die Solarpanelen von Cubes

I Wer erinnert sich nicht an die Filmszenen aus *Apollo 13*, in der eine Heerschar von Ingenieuren sich darum bemüht, so viele Geräte im Raumschiff wie möglich und am Ende sogar die Heizung abzuschalten, damit die lebensnotwendigen Systeme mit Strom versorgt werden können, unter anderem der Bordrechner. Der Film stellt die katastrophale Apollo-13-Mission nach, bei der ein beschädigter Thermostat dazu geführt hatte, dass ein Sauerstofftank im Versorgungsmodul explodiert war. Der war dazu gedacht, eine Wasserstoffzelle für die Stromerzeugung zu versorgen.

sind häufig auf ihren Außenseiten angebracht, die sie außerdem noch mit Antennen und den Geräten teilen, deretwegen sie überhaupt ins All geschossen werden, Kameras etwa. Mehr als einige Watt springen dabei nicht heraus. Cubes gibt es also nur deswegen, weil moderne Elektronik viel weniger Strom verbraucht als früher.

»Kleiner zu bauen bedeutet, die Startkosten zu senken«, so Baumann. »Dann kann man ganze Satelliten-Schwärme auf einmal starten, also Mega-Konstellationen. Das geht erst mit diesen kommerziellen Bauteilen, die gar nicht für den Weltraumeinsatz gedacht sind. Sie müssen natürlich darauf untersucht werden, ob sie verwendbar sind. Und man macht vielleicht Abstriche in der Performance. Das heißt ihre Lebensdauer ist dann vielleicht nicht zehn Jahre, sondern nur fünf Jahre oder weniger. Doch für viele Anwendungen reicht es.«

Abwehrschlacht gegen die Naturgewalten

Wenn Serienprodukte für so viel Begeisterung in der Branche sorgen, warum hat man sie nicht schon viel früher eingesetzt? Und warum werden sie nicht im großen Maßstab in allen möglichen Raumfahrzeugen verwendet?

Tatsächlich tobt um elektronische Bauteile aus der »normalen« Industrieproduktion schon lange eine hitzige Diskussion mit einer geradezu ideologischen Dimension. Dabei geht es nicht nur um die Verlässlichkeit von Bauteilen, sondern um viel Geld. Um die Raumfahrt herum hat sich eine Zuliefererindustrie gebildet, die unter anderem Weltraum-geprüfte Elektronik aller Art anbietet. COTS bedrohen ganz unmittelbar deren wirtschaftliche Grundlage. Wer erfahren möchte, welche Bedeutung dieser Typ Hardware hat, muss darauf achten, mit wem er spricht. Entweder sind sie die seligmachende Verheißung der neuen Raumfahrt oder des Teufels, die zukünftig für eine Menge neuen Weltraumschrotts sorgen. Die Wahrheit liegt irgendwo dazwischen, und wie immer hängt es vom Einzelfall beziehungsweise davon ab, wo COTS zum Einsatz kommen sollen und können. Und wie immer und vor allem im Weltraum steckt der Teufel im Detail. Und dazu muss man erst einmal wissen, warum um die Qualität von Hardware im Weltraum so ein Aufheben gemacht wird.

Rajan Bedi ist CEO von Spacechips, einem Beratungsunternehmen für Weltraumhardware. Vor einigen Jahren nahm er an einem Workshop teil, bei dem es um Entwicklungssoftware für Mikrochips ging, also um Halbleiter im Nanobereich. Naturgemäß tauschten sich die Entwickler über die neuesten Rekorde in der Miniaturisierung von Chips aus. Bedi schildert in einem Blog, wie ein Vertreter eines bekannten Halbleiter-Herstellers reagierte, als er ihm die Dimensionen eines Weltraumchips erläuterte: »Ihr seid ja Dinosaurier! Ich dachte, ihr Raketenwissenschaftler würdet immer die neueste und fortschrittlichste Technologie benutzen!«[382] Er konnte nicht falscher liegen. Elektronik im All muss deutlich robuster gebaut sein als auf der Erde, schließlich herrschen dort auch für leblose Dinge extreme Bedingungen. Das gilt zwar für jedes einzelne Ding an Bord eines Raumfahrzeugs, ganz besonders aber für Mikrochips, weil sie am empfindlichsten sind (mal abgesehen von Menschen, wenn welche mitfliegen). Das führt dazu, dass Satelliten-Bauer andere Leistungskriterien an Chips legen als beispielsweise ein Tablet-Hersteller, der eine möglichst hohe Leistung aus einem möglichst kleinen Chip herausholen will. Im Weltraum geht es darum, dass Teile überhaupt funktionieren, denn es gibt viele Einflüsse, die dafür sorgen, dass sie es recht schnell nicht mehr tun. Um das zu verhindern, wird viel Aufwand betrieben.

Der IBM RAD6000 beispielsweise ist ein Raumschiff-Bordrechner, der unter anderem den Mars Polar Lander, die Mars-Rover Spirit und Opportunity und etwa 200 andere Raumfahrzeuge steuert. Er hat eine Taktrate von maximal 33 Megahertz. Prozessoren ganz gewöhnlicher PCs takten heute mit mehr als 3,5 Gigahertz, also mehr als 100 Mal schneller. Das ist nicht weiter verwunderlich, stammt der Space-Chip aus dem Jahr 1997. Der Clou: Der RAD6000 wird heute noch verwendet. Sein Nachfolger RAD 750 mit 200 Megahertz flog 2005 das erste Mal ins All. Dafür übersteht sein Prozessor minus 55 und plus 125 Grad Celsius. Zudem hält er bis zu 100.000 Rad Strahlung aus[I]. Zum Vergleich: Ein Rad reicht gewöhnlich aus, um einem irdischen Durchschnitts-Mikrochip den Garaus zu machen. Das hat seinen Preis: Raumfahrt-Bordcomputer kosten je nach Ausführung mehrere Hunderttausend Euro. Genau um dieses Maß an Aufwand und Geld geht es im Streit um Weltraum-qualifizierte und COTS-Hardware.

I Rad ist zwar keine von den Physikern verwendete SI-Einheit, aber das in der Raumfahrt-Branche verwendete Maß für eine Strahlendosis, die ein Körper absorbiert. Die entsprechende SI-Einheit ist Gray. 100 Rad = 1 Gray = 1 Joule pro Kilogramm.

Hersteller von Weltraumchips schieben ihre Kunststoff-umkapselte Hardware schon mal in einen Teilchenbeschleuniger, um sicherzustellen, dass sie die harte Weltraumstrahlung überstehen.[383] Denn es sind mittlerweile eine ganze Reihe Phänomene bekannt, auf welche Art Strahlung Elektronik stört oder zerstört. Recht häufig ist der *Single Event Upset* (SEU), also der Aufprall eines Protons oder Ions auf einen Halbleiter. Während die Atmosphäre uns auf Meereshöhe vor solchen Kollisionen schützt, prallen Teilchen im Weltraum und sogar noch in Reiseflughöhe von Flugzeugen mit großer Energie auf elektronische Speicherbausteine und führen zu Fehlfunktionen. Während solche Fehler noch korrigierbar sind, führt der nächstschlimmere Fall, der *Latch-Up* zu einer Art Kurzschluss und zerstört die ganze Platine. Der Teilchenbeschuss war noch relativ vorhersehbar. Völlig unerwartet war für die Satelliten-Bauer der Anfangszeit ein anderes Problem. Denn die in Satelliten verarbeiteten Kunststoffe begannen im Vakuum zu entgasen und belegten empfindliche Sensoren mit einer Schicht Gaskondensat. Für alle Teile an Bord sind die extremen Temperaturschwankungen des Weltraums von mehr als 200 Grad ein Problem und lassen sie spröde werden, bedingt durch das Wechselspiel von direkter Sonnenstrahlung und eiskaltem Erdschatten.[I] Auf der Erde würden die Ingenieure einfach einen Ventilator einbauen, um das Temperaturgefälle auszugleichen, also kalte Luft an die heißen Stellen transportieren und umgekehrt. Im luftleeren Raum macht das natürlich keinen Sinn.

Dieser kleine Ausschnitt an technischen Problemen zeigt die Bedingungen, die Teile im Weltraum überstehen müssen. Der erste Härtetest für jedes Teil an Bord einer Rakete ist allerdings der Start. Die Ariane 5 beschleunigt mit Boostern in der Spitze mit 4 g, also der vierfachen Erdbeschleunigung. Im Vergleich: Das ist, als würde ein Superporsche in zehn Sekunden auf über 1.400 Kilometer pro Stunde beschleunigen. Für Menschen ist das viel, für leblose Teile ist das aber noch nicht einmal der eigentliche Knackpunkt. Problematischer sind die Schwingun-

---

I Abgesehen vom Temperaturgefälle ist häufig nicht die absolute Überhitzung ein Problem für Satelliten, sondern Unterkühlung. Denn während sich Sonnenstrahlen relativ leicht durch eine geeignete Folie reflektieren lassen und überschüssige Wärme über Radiatoren abgestrahlt wird, frieren Satelliten und ihre Elektronik im Erdschatten und müssen manchmal sogar beheizt werden.

gen, die Schocks bei der Stufentrennung und der Höllenlärm beim Start, wenn sie mehrere Tonnen Treibstoff in der Sekunde verbrennen. Auf der Spitze einer Ariane ist es bis zu 135 Dezibel laut, in etwa die Laustärke eines startenden Militärjets in wenigen Metern Entfernung. Beim Start von Raketen werden nicht deswegen Hunderte Tonnen Wasser unter die Düsen gespült, um den Startplatz zu kühlen, sondern um den immensen Lärm zu absorbieren und damit die empfindlichen Satelliten zu schützen.[384] Die ESA beschallt in ihrem niederländischen Technologie-Zentrum in Noordwijk Satelliten mit einem Riesenhorn, um sicherzustellen, dass diese später den Startlärm aushalten.

Daher müssen Teile, die beispielsweise auf militärischen US-Raketen und -Satelliten ins All geschossen werden, extrem strengen Qualitätsstandards genügen, die unter anderem in verbindlichen Handbüchern des amerikanischen Verteidigungsministeriums (den sogenannten »MIL-SPECs«) festgelegt werden. Auch die Raumfahrt-Agenturen von Frankreich und Deutschland haben ein solches Dokument (ECSS-Standards), das vorschreibt, wie ein Bauteil das heilige Siegel der Weltraumbefähigung (»space qualified parts«) erhält (diese Dokumente lesen sich – wenig überraschend – nicht gerade wie Kriminalromane).

Wobei dieser Begriff natürlich relativ ist. Der Weltraum ist ja quasi der »Rest des Universums ab einer Höhe von 100 Kilometern«, wie der Raumfahrt-Ingenieur Dan Friedlander treffend bemerkt.[385] Die Bedingungen fallen je nach Ort im Universum naturgemäß äußerst unterschiedlich aus. Eine Mission in der Nähe der Sonne kämpft mit Strahlung und Hitze, während die Umgebung der äußeren Planeten kalt und dunkel ist, wo die Sonne kaum noch Energie liefert. Es gibt also keine allgemein raumfahrttauglichen Bauteile, sondern nur Teile, die für eine bestimmte Aufgabe qualifiziert sind.

Als Elektronik-Fundus dienen häufig für die militärische Luftfahrt entwickelte Teile, denn die müssen in Ansätzen ähnlich harte Bedingungen erfüllen wie die in der Raumfahrt[I]. NASA und ESA sammeln eigens alle Teile in einer Datenbank, die auch für die Raumfahrt infrage kommen könnten.[386] Doch dieser kostbare Schatz ist nicht ohne Probleme. Die Zahl

I Unter anderem muss manche Elektronik sogar die Explosion einer Atombombe in unmittelbarer Nähe aushalten. Bei der Qualifizierung nennt man das »strategic radiation hardened«, auf Deutsch etwa strategisch strahlungsgehärtet.

an Bauteilen, die für die Raumfahrt infrage kommen, ist vergleichsweise übersichtlich. Sie sind extrem teuer[387] und noch schlimmer: Schon nach kurzer Zeit gehören sie hinsichtlich ihrer Leistung zum alten Eisen[388] (siehe wieder Moore'sches Gesetz), weil sie nicht weiterentwickelt werden.

In welchem Maß COTS in Raumfahrt (und Luftfahrt) zum Einsatz kommen, entscheidet nicht zuletzt das amerikanische Militär. Es setzt die entscheidenden Qualitätsstandards – und nicht etwa die NASA, wie man meinen könnte. Elon Musk beklagte einst, dass seine Raketen gut genug für die NASA seien, aber nicht für die Luftwaffe. Damit legte er die Verhältnisse offen.

Dabei hat die traditionelle Beschaffung von Hardware für den Weltraum schon einmal eine harte Wende erlebt, als der damalige US-Verteidigungsminister William Perry dem amerikanischen Militär 1994 befahl, wenn möglich nur noch COTS zu kaufen, anstatt selbst teuer zu entwickeln – und den Heiligen Gral des Qualitätsmanagements, die MIL-SPECs ein Stück weit vor die Tür stellte. Das hatte auch für Europa und den Rest der Welt Konsequenzen, denn ein Großteil aller weltweit verwendeten Raumfahrt-Elektronik kommt aus den USA. Selbst heute importiert Europa noch etwa 50 Prozent seiner Elektronik aus den USA.[389] Offenbar wurde diese Anweisung bisher nur eingeschränkt umgesetzt. Die US-Generäle haben 2017 ausgerechnet, dass es mit dem derzeitigen Tempo bis 2032 dauern würde, bis sie ihr Kommunikationssystem, bestehend aus Satellitenflotte und Bodenkontrolle, modernisiert haben. Die Not der Soldaten ist so groß, dass sie nun noch mehr COTS einkaufen wollen als bisher. »Der kommerzielle Bereich hat uns längst überholt. Ihren Vorsprung werden wir niemals aufholen«, sagte beispielsweise Brigadegeneral James Mingus vom sogenannten *Army Mission Command Center of Excellence* bei einer Armee-Konferenz zum Thema. »Wir können jetzt nicht weiterhin Sachen anschaffen, die erst in acht Jahren in Betrieb gehen und dann 20 Jahre arbeiten sollen. Die sind ja veraltet, bevor wir sie überhaupt da draußen haben.«[390]

Selbstverständlich hat Hardware aus industrieller Produktion eine Kehrseite. Sie arbeitet weniger verlässlich beziehungsweise: Man muss annehmen, dass sie weniger verlässlich ist. Da sie nicht bis ins letzte Detail auf ihre spezielle Weltraumtauglichkeit geprüft worden ist, weiß man häufig gar nicht, wo ihre Grenzen liegen. Besonders einer ihrer großen Vorteile, die Miniaturisierung, entpuppt sich im Weltraum als Schwäche.

Denn Weltraumstrahlung wirkt umso zerstörerischer, je kleiner die Elektronik ist. Unternehmen, die COTS verwenden, müssen sich mit etwas herumschlagen, was jeder Otto Normalverbraucher kennt: die Gewährleistung. Die Hersteller von »normaler« Hardware sichern vielleicht die Zuverlässigkeit auf der Erde zu, doch nicht für den beinharten Einsatz im All. Zwar bieten manche Hersteller eine Art COTS+ mit erweitertem Einsatzradius an, aber dafür steigen dann auch die Preise.[391] Zudem passiert hier das Gleiche wie bei echter Weltraumelektronik: Da in der Konsumbranche die Modelle schnell aussortiert werden, sind sie in vergleichsweise kurzer Zeit nicht mehr verfügbar.

Übrigens spielt Umweltschutz in der Raumfahrt ebenfalls eine Rolle, da internationale Richtlinien den Einsatz von Blei in elektronischen Bauteilen weitgehend verbieten und daher Ersatz erforderlich ist. Daraus resultiert eines der bizarrsten Problem von COTS, die sogenannten Tin Whisker. Das sind winzige Haarkristalle aus Zinn, die in der Schwerelosigkeit aus den Lötstellen wurmartig in den Raum hineinwachsen und Kurzschlüsse auf den Platinen erzeugen, wenn sie auf stromführende Bereiche treffen.[392]

Die Erfolge vieler Missionen, in denen Serien-Hardware verbaut sind, geben ihrer Verwendung am Ende recht. Dan Friedlander, ehemals Leiter der Raumfahrt-Teileentwicklung beim israelischen Luft- und Raumfahrtkonzern IAI, sagt sogar voraus, dass viele Entwickler von kleinen Satelliten gar keine andere Wahl haben, als spezielle COTS (beispielsweise *Plastic Encapsulated Microcircuits*, PEMs, plastikumhüllte Chips) einzusetzen. »Ironischerweise werden diese fortschrittlichen COTS als Herz des Systems dienen!«[393]

Gretchenfrage: COTS oder *Space Proved*?

Warum wehren sich also viele Raumfahrt-Unternehmen und Satelliten-Betreiber immer noch, COTS im großen Stil einzusetzen? »Die Antwort ist, dass wir noch der Philosophie der Qualität von Militär-Elektronik anhängen, der traditionellen Methodik, die PEMs in der Raumfahrt bestraft«, schreibt Friedlander in einem Beitrag für das Fachmagazin Intelligent Aerospace.[394] Kein Verfahren aber könne Fehlschläge vermeiden, auch nicht die herkömmlichen. Friedlander sieht die Behauptung, nur das traditionelle Qualitätsmanagement für Elektronik ermögliche erfolgreiche Missionen, als Mythos: »Es gibt heute ausreichend Belege in der amerikanischen, privaten Raumfahrt-Industrie, dass ein liberaler Ansatz ein Weg zum Erfolg ist. Unglücklicherweise sind die gläubigen Verfechter der veralteten Verfahren unempfänglich für Neuerungen!«[395] Das ist mehr oder weniger das gleiche Argument, das Bezos seinen Zweiflern entgegenschleuderte, als diese meinten, die Konkurrenz würde Amazon einfach überrollen – mit dem Unterschied, dass er deren Unbeweglichkeit als Glücksfall für sich empfand. Doch offenbar ist der mangelnde Wille zur Anpassung auch in der Natur dieses Wirtschaftszweigs tief verwurzelt. Start-up-Gründer Raúl Verdú beschreibt das Problem so: »Der Raumfahrt-Sektor ist sehr konservativ. Was einmal fliegt, wird nicht mehr geändert, da wird keine Hand mehr angelegt.« Das liegt nicht an Ideenlosigkeit, sondern an der Furcht vor einem Rattenschwanz an Prozessen, die sich an Änderungen anschließen. Jedes neue oder modifizierte Teil muss wieder eine gesamte Qualifikation durchlaufen. Das ist langatmig und teuer. Außerdem birgt es die Unsicherheit, ob das neue oder veränderte Teil dann funktioniert. Daher gilt das Motto *never change a running system*.

Doch nicht nur das. Der alten Raumwirtschaft wird kurioserweise häufig der Vorwurf gemacht, sie würde ihre Raumfahrzeuge »zu gut« bauen. Ein Beispiel: Am 16. September 1987 ließ die ESA einen Versuchs-Kommunikationssatelliten namens ECS-4 ins All schießen. Mindestens sieben Jahre sollte er die Härten des Weltraums überstehen, so die Überlegungen seiner Erbauer. Erst dann sollte er seinen Geist aufgeben dürfen. Doch der Satellit verfehlte diese Erwartung deutlich. 15 Jahre später übermittelte ECS-4 immer noch zuverlässig Daten. Sein Ende war nicht ein kaputtes Relais oder eine Sonneneruption: Die ESA schaltete ihn ab und parkte ihn in einem Friedhofsorbit.[396]

Ganz offensichtlich war ESC-4 so gut konstruiert, dass er viel länger gelebt hat, als er sollte. Für die Ingenieure war der Satellit ein großartiger wissenschaftlicher Erfolg.

Was sollte daran falsch sein? Nun, Langlebigkeit hat im Weltraum einen hohen Preis. Man könnte sagen, dass sein langes Leben der Beweis dafür ist, dass die Ingenieure übers Ziel hinausgeschossen sind und zu viel Aufwand in seine Langlebigkeit investiert haben. Bernd Leitenberger, ein im Netz bekannter Raumfahrt-Enthusiast, stellt dazu fest: »Wäre Elektronik auf der Erde so zuverlässig wie an Bord der Raumsonden Voyager 1 und 2[I], so würde ein 1977 eingeschalteter Apple II heute immer noch arbeiten.« Für wissenschaftliche Sonden macht es vielleicht Sinn, dass sie länger funktionieren als geplant, für einen Apple II sicher nicht. Und für einen Satelliten der 80er-Jahre? Für die Verfechter einer stringenten, quasi auf Konsum ausgerichteten Raumfahrt ist das der falsche Weg. Die zu viel ausgegebenen Mittel wären ihrer Ansicht nach besser in den Bau eines Nachfolgers mit mehr Leistung geflossen. Wer will schon heute einen Rechner oder eine Digitalkamera aus den 90er-Jahren benutzen, selbst wenn die damals *state of the art* waren?

Doch diese Denkweise macht nicht an allen Orten im Weltraum Sinn. Der ECS-4 tat weit draußen in der geostationären Umlaufbahn seinen Dienst. Das ist eine Umgebung mit deutlich höherer Strahlungsbelastung als nahe der Erde, wo bisher der Großteil der kleinen und preiswerten Cube-Satelliten mit COTS-Technik unterwegs ist. Satelliten in hohen Orbits müssen daher eine ganz andere Qualitätslatte überspringen als ein Erdbeobachtungssatellit in 600 Kilometern Höhe. Das macht die Einschätzung seiner Lebensdauer nicht einfacher, zumal die Betreiber vom Satelliten eine Mindestlebensdauer fordern, sonst drohen Geldstrafen.

Außerdem: Satelliten lassen sich nicht direkt mit Computer vergleichen, denn für Satelliten gelten andere Regeln. »Wenn die Leistungsfähigkeit ihrer Hardware ausschlaggebend wäre, dann würden viel mehr Satelliten vor ihrem Lebensende abgeschaltet werden«, gibt Nico Feldmann zu bedenken, Raumfahrt-Ingenieur und Consultant für einen großen europäischen Satelliten-Betreiber. »Das passiert allerdings so gut wie nie. Im Gegenteil, man versucht so viel aus einem Satelliten herauszuholen, wie eben nur möglich und betreibt ihn so lang, wie es wirtschaftlich Sinn macht. ESC-4 war ein Testsatellit und hatte für die ESA seine Funktion erfüllt. Erdbeobachtungs- und Kommunikationssatelliten werden we-

I Die 1977 von der NASA gestarteten Forschungssonden Voyager 1 und 2 sollten das äußere Sonnensystem erforschen. Dank Tausender gestochen scharfer Bilder wissen wir nun, wie weit entfernte Planeten wie Uranus und Neptun aussehen. Sie haben mittlerweile die Grenze zum interstellaren Raum überschritten und sind die am weitesten entfernten vom Mensch hergestellten Artefakte. Berühmt sind die Sonden, weil sie beide die sogenannte Voyager Golden Record mit sich tragen, eine goldüberzogene Kupferplatte, auf der grafische Informationssymbole über die Erde und die Menschen eingraviert sind – falls eines Tages Außerirdische die Sonden entdecken sollten.

sentlich länger betrieben, meistens haben sie eine Mindestlebensdauer von 15 Jahren. Es gibt inzwischen sogar Konzepte von Firmen wie Orbital ATK, Service-Missionen zu starten, um sie noch länger zu betreiben. Intelsat ist schon als erster Kunde für 2019 an Bord. Man baut also lieber einen Satelliten, um einen 15 Jahre alten Satellit länger zu betreiben, als alle paar Jahre einen neuen ins All zu schießen.« Selbst die alten Meteosats der ersten Generation aus den 70er-Jahren seien bis 2016 betrieben worden, so Feldmann, da ihre Instrumente noch immer Daten lieferten. Sie wären einfach umpositioniert worden und über dem Indischen Ozean für die dortige Tsunami-Frühwarnung eingesetzt. Mehr noch, sie versorgten Indien und Mittelasien mit Wetterdaten, da sie dort nur über wenige Erdbeobachtungsatelliten verfügen. »Es ist wie mit Autos. Ich kaufe mir nicht jedes Jahr ein neues Auto, nur weil ein neueres, besseres Model auf dem Markt kommt. Ich werde mein altes Auto so lange fahren, wie es wirtschaftlich für mich Sinn macht, selbst wenn es über zehn Jahre alt ist.«

Feldmann verweist auf den entscheidenden Punkt: Es muss wirtschaftlich Sinn machen. Solange es viele Millionen kostet, einen großen Kommunikationssatelliten für den geostationären Orbit zu bauen und ihn dorthin zu transportieren, wird jeder Hersteller und jeder Betreiber dafür sorgen, dass er solange hält wie möglich und dafür viele Extramillionen in Kauf nehmen. Es macht keinen Sinn, bei Bau und Start einige Millionen zu sparen, um dann den ganzen Satelliten zu verlieren, wenn er frühzeitig seinen Geist aufgibt. Im niederen Erdorbit und mit Kleinsatelliten verhält es sich völlig anders. Sie sind viel preiswerter zu bauen und auch ins All zu transportieren. Hier lohnt es sich offenbar vielmehr, kostengünstige Serien-Hardware zu verwenden. COTS sorgen derzeit vor allem im niederen Erdorbit für einen Boom. Allein die kleinen Erdbeobachtungssatelliten machten mehr als die Hälfte der 2016 gestarteten 126 Satelliten aus. Sie stellten aber nur zwölf Prozent des Wertes aller Satelliten dar.[397]

Überall in Wirtschaft und Industrie gilt die Devise, Produkte nur so aufwendig zu bauen wie nötig. Dieses Prinzip ist für jedes Unternehmen eine Grundregel, um nicht für etwas Geld auszugeben, was der Kunde nicht will. Wer einen Ford Fiesta kauft, erwartet darin keinen hochtourigen Turbomotor. Daher baut Ford auch keinen ein, sondern einen mit kleiner Drehzahl und für kleines Geld. Letztendlich ist das nichts anderes als eine spezifische Form des Einfachheitsprinzips, nachdem nichts komplizierter sein sollte, als es muss.[398] Nicht anders ist es in der Raumfahrt. Allerdings gilt auch der umgekehrte Fall, dass nichts einfacher sein soll als erforderlich. »Space is hard!«, heißt es in der Raumfahrt-Branche. Hardware aus der industriellen Serienproduktion ist deswegen nicht überall im gleichen Maße einsetzbar. Daher liegen zahlreiche Kritiker falsch, wenn sie pauschal behaupten, dass in der bisherigen Raumfahrt die Anforderungen übererfüllt werden. Auch weit draußen im All im Dauerbetrieb verlangen die Richtlinien für die Qualitätsstandards von Weltraumbauteilen, dass diese lediglich so zuverlässig sein sollen, damit sie ihren Zweck erfüllen – nur dort sind es eben andere als im niedrigen Erdorbit für einen kleinen Beobachtungssatelliten mit einer Lebenszeit von fünf Jahren.

Aus diesem Grund ist die Verwendung von kommerziellen Bauteilen in der bemannten Raumfahrt eine ganz andere Frage. NASA und ESA, die ja Astronauten zur ISS schicken, verwenden sie, haben aber strenge Leitlinien definiert, wie und wo sie eingebaut werden dürfen. Meistens kommen sie dann zum Einsatz, wenn die herkömmlichen Weltraum-qualifizierten Teile zu leistungsschwach sind. Interessanterweise gewährt die NASA Ausnahmen, wenn sie in Bereichen eingesetzt werden, die die Mission nicht gefährden,[399] beispielsweise die Laptops in der ISS. Nicht wenige Ingenieure haben Vorbehalte. Um herauszufinden, ob weniger ausführlich getestete COTS in bemannten Raumschiffen zum Einsatz kommen könnten, hat die NASA unterschiedliche Testverfahren miteinander verglichen und kommt – nicht weiter verwunderlich – zum Schluss, dass es »ernsthafte Bedenken gibt, Teile-Screening durch Systemtests zu ersetzen«.[400] Was ihre Ingenieure damit meinen: Es sollten auf keinen Fall Teile verwendet werden, die nicht bis ins Detail geprüft worden sind. Sonst droht die Gefahr, dass sich bei einem Blackbox-Test Teile in die Hardware schmuggeln, ohne dass es einer bemerkt, weil sie als Ganzes zunächst gut funktioniert – bis das schwächste Glied der Kette ausfällt. Das ist im Grunde nichts anderes als das, was Friedlander weiter oben ausführt, vielleicht ein wenig konservativer. Die NASA ist nicht ohne Grund so vorsichtig. Wenn es um Leben und Tod geht, gelten verständlicherweise ganz andere Anforderungen an die Verlässlichkeit von Bauteile eines Raumschiffs. So mancher COTS-Fan und Kritiker der angeblich überteuerten Raumfahrt dürfte spätestens dann schlagartig verstummen, wenn er sich selbst in ein Raumschiff setzen sollte, das aus ungeprüfter Supermarkt-Technologie besteht.

Plädoyer für die Kompliziertheit

Wer die Abläufe in der Entwicklung hochwertiger Geräte und Maschinen nicht kennt, wundert sich in der Regel, wie ihre wahnwitzig hohen Baukosten zusammenkommen. Nicht wenige Menschen kritisieren diese dann häufig pauschal, aber ohne besondere Sachkenntnis. In Deutschland kennt man das von der satellitengestützten LKW-Maut-Erfassungs-Technik, die Jahre zu spät in Betrieb ging, und vom Berliner Hauptstadt-Flughafen und seiner technisch offensichtlich anspruchsvollen Brandschutzanlage. Das gilt in besonderem Maße für die Raumfahrt. In den USA ist es die NASA, die gern und häufig als Beispiel für teure und unnötige Entwicklungen herhalten muss. Was von ihren Kritikern übergangen wird, sind die technischen Details. Sie bekommen in öffentlichen Diskussionen selten einen Platz, weil sie für viele zu langweilig und/oder kompliziert sind – oder einer voreingenommenen Ansicht zuwiderlaufen.

Ein unfreiwilliges Beispiel, wie man schnell zu kurz springt, wenn man sogar scheinbar simple technische Sachverhalte zu sehr vereinfacht, lieferte vor einigen Jahren Rick Tumlinson, ein bekannter Vertreter der neuen Raumfahrt sowie Mitbegründer der Space Frontier Foundation und Deep Space Industries. In einer Anhörung vor dem US-Kongress hielt er den Abgeordneten einen Karabinerhaken entgegen und beklagte sich, dass die NASA kommerziellen Lösungen gegenüber feindlich gesinnt sei. Karabiner sind zwar keine klassischen COTS-Bauteile, weil seine Überlegungen aber bis heute eine weitverbreitete Meinung und außerdem das Gefühl vieler Raumfahrt-Unternehmer widerspiegeln, gebe ich sie hier zu einem guten Teil direkt wieder.

»Vergessen Sie den Mond, vergessen Sie den Mars, vergessen Sie die Grenze zum Unbekannten da draußen. Die größte Grenze für die NASA ist sie selbst. Die NASA ist gefangen in einem sich selbst erhaltenden System aus kulturellen Traditionen, Ineffizienz und einem System, das unnützen Aufwand und Kosten maximiert. Ich möchte Ihnen ein Beispiel geben. Dies ist ein Karabiner. Dieses kleine Werkzeug benutzen Bergsteiger jeden Tag auf der ganzen Welt. Sie hängen dran und vertrauen ihm ihr Leben an. Astronauten benutzen solche Geräte, um sie an die Raumstation anzubinden. Nun können Sie zu REI[I] gehen und dieses Teil für 20 Dollar kaufen. NASA hingegen zahlt ungefähr 1.000 Dollar für das gleiche. Warum? Es ist nicht so, dass irgendein Unternehmen die NASA betrügt; es ist das Prinzip von Fixpreis plus Gewinnmarge; es ist das System von Papierproduktion anstatt von Produkten selbst; es ist die Mentalität des »Ist-nicht-von-uns-kann-nicht-gut-sein« und ein Misstrauen gegenüber der privaten Wirtschaft, solche Teile zu liefern. Ein Mensch, der so etwas an die NASA verkauft, muss einen riesigen Berg Papiere bearbeiten, Wochen über Wochen, und dokumentieren, wo das Metall darin verhüttet und abgebaut worden ist. Das maximale Gewicht, das an diesem Gerät im Weltraum hängt, wiegt vielleicht 50, maximal ein Paar 100 Pfund.[II] Die REI-Version ist auf 6.500 Pfund ausgelegt. Das ist die Art des Denkens, die sich ändern muss, oder wir werden nicht in der Lage sein, zu den Kosten und mit dem Zeitplan zum Mond zurückzukehren oder zum Mars zu fliegen, über die wir reden.«[401]

Diese Vorwürfe wären vermutlich in der Flut der Kritik an der vermeintlich verfehlten und überteuerten Beschaffungspolitik der NASA untergegangen, wenn nicht Keith Cowing genauer hingehört hätte und sich die technischen Details der Klage näher angeschaut hätte. Keith Cowing ist ebenfalls kein Unbekannter der Raumfahrt-Szene, im Gegenteil. Der Astrobiologe war einst bei ihr angestellt, gilt als ausgewiesener NASA-Kritiker und betreut den Blog NASA Watch. Doch in diesem Fall gingen ihm offenbar die Vorwürfe zu weit. Unter dem Titel »The Danger of Perpetuating False Urban Myths in Space«, auf Deutsch etwa: »Von der Gefahr, falsche Legenden der Raumfahrt immer zu weiterzutragen«, nahm er die Vorwürfe Stück für Stück auseinander, bis von ihnen nichts mehr übrig blieb.[402]

Abgesehen davon, dass Karabiner dieser Art gar nicht bei Außenbordeinsätzen eingesetzt würden, seien sie tatsächlich recht stabil und gut für kalte Regionen geeignet. Aber für die Temperatur-Extreme des Weltraums mit mehreren Hundert Grad über- und unterhalb von null, und das innerhalb weniger Minuten, bräuchte es ein besonderes Materi-

I Eine große amerikanische Kaufhauskette für Outdoor-Ausrüstung.

II Ein Pfund sind 453,592338 Gramm.

al, so Cowing. Das Aluminium in kommerziellen Karabinern würde bei dem ständigen Hin und Her von heiß und kalt auf Dauer spröde werden. Ein anderer Punkt: Die Handschuhe eines Raumanzuges seien nicht unbedingt für ihre Flexibilität bekannt. Keith Cowing führte mit der erkennbaren Wonne des selbstsicheren Rechthabers aus, es sei zu erwarten, dass ein Astronaut mit Standard-Raumanzugshandschuhen seine Probleme mit einem Standard-Karabiner hätte. Nach ein paar weiteren, nicht weniger schlüssigen Einwänden schlägt er Tumlison endgültig K.o., indem er darauf hinweist, dass im Weltraum die Gesetze der Schwerkraft nicht gälten und die erwähnten 50 Pfund kaum so stehen bleiben könnten. »Gegenstände im Weltraum haben eine Masse, und die Kräfte der Trägheit werden durchaus relevant, wenn man anfängt Dinge hin- und herzubewegen.«

Die Dinge liegen also nicht immer so einfach, wie sie auf den ersten Blick erscheinen – oder wie man sie gern hätte. Zudem sind wir hier nicht nur bei der Verlässlichkeit eines Teils. Sondern auch bei der Sicherheit, die Ausrüstung den Menschen garantieren soll, die auf sie angewiesen sind. So sehr, wie der Bergsteiger sich auf seinen Bergsteiger-Karabiner verlassen möchte, so wenig will ein Astronaut sich davor fürchten, dass sein Weltraumkarabiner zerbröselt, weil er ein paar Male zu häufig auf minus 150 Grad Celsius heruntergekühlt wurde. Das zu vermeiden, hat seinen Preis. Das gilt übrigens auch für COTS, egal ob elektronisch oder nicht: Teile aus dem Supermarkt-Regal müssen immer für die Aufgabe qualifiziert sein, die sie erfüllen sollen – das muss noch nicht einmal im Weltraum sein. Cowing berichtet, dass er selbst einmal seinen damaligen NASA-Kollegen den Vorschlag gemacht hatte, Teile aus einem Outdoor-Katalog zu bestellen. Es ging dabei um die Vorrichtung, mit der sich NASA-Techniker in das Spacelab in der Ladebucht des Spaceshuttles abseilten, um es kurz vor dem Start zu beladen. Die Antwort: Gute Idee, wir müssen allerdings gleich ein paar Dutzend Geschirre bestellen, denn wir müssen sie erst einmal ausgiebig testen, um die (Regierungs-)Anforderungen zu erfüllen.

Wenn wir über den Einsatz von Bauteilen in der Raumfahrt sprechen, müssen wir also stets überlegen, was sie können müssen und weniger, woher sie kommen. Ein Konsumenten-Laptop mit einem Durchschnitts-Prozessor im Inneren der ISS macht Sinn, der gleiche Chip außerhalb des abgeschirmten Bereichs nicht. Und es ist eine Frage von Mensch und

Maschine. Es macht einen Unterschied, eines kaputten Chips in der Temperatursteuerung einfriert oder ein Astronaut erfriert. Die Einwürfe von Tumlinson haben einen Hintergrund. Es gibt nicht wenige, die meinen, die staatliche Raumfahrt würde es mit der Sicherheit für ihre Astronauten übertreiben. Zwei der prominentesten Vertreter dieser Ansicht sind Peter Diamandis und Robert Zubrin. Diamandis forderte in einem TED-Vortrag 2005 ganz offen mehr Bereitschaft zum Risiko. »Jeder Shuttle-Start kostet uns eine Milliarde Dollar. Das ist eine schreckliche Zahl und sie ist unvernünftig. Beim Ansari X-Prize haben wir die Herausforderung angenommen, mit mehr Risiko zu leben. Wenn wir da rausgehen und die Grenzen zum Unbekannten überschreiten, sollten wir uns erlauben, Risiken in Kauf zu nehmen. Wir sollten jeden beiseiteschieben, der dagegen ist.«[I] Robert Zubrin, Präsident der stimmmächtigen Mars Society versucht sogar, diese Überzeugung in Zahlen zu fassen. In seinem Buch »Mars direkt« schreibt er, dass Leben zwar an sich unbezahlbar sei, die Gesellschaft aber in einen Astronauten während seiner Ausbildung insgesamt Dutzend Millionen Dollar investiere. Dieser hohe Betrag sei immer noch gering angesichts zahlreicher teurer Missionen, für die Menschen aber essenziell seien – beispielsweise für eine dringende Reparatur des Weltraumteleskops Hubble nach der Jahrtausendwende. Nach dem Absturz der Columbia habe der NASA-Chef Sean O'Keefe trotzdem verfügt, so Zubrin, dass es für die Astronauten zu gefährlich sei, zu Hubble zu fliegen – und riskierte damit den Absturz des milliardenteuren Geräts. Zubrin vergleicht den Fall mit einem Befehlshaber eines ebenso teuren, sinkenden Flugzeugträgers, der den Einsatz von Freiwilligen (bei einem statistischen Risiko eines Shuttle-Flugs) ablehnt, um das Schiff zu retten. »Solch ein Offizier würde vors Kriegsgericht gestellt und zudem mit allgemeiner Verachtung bestraft«, schreibt Zubrin.[II] Das mag zunächst plausibel klingen. Doch wie bereits angemerkt: Es ist leichter, in einem Buch mehr Risiko-Bereitschaft einzufordern, als sich anschließend in eine Kapsel zu setzen, die nach ebendiesen Forderungen konstruiert wurde.

I TED-Vortrag im Juli 2005. TED: Peter Diamandis: Taking the next giant leap in space. YouTube.com.

II Robert Zubrin. Mars Direct: Space Exploration, the Red Planet, and the Human Future. Penguin Publishing Group. Positionen 387–450.

Übrigens hat Tumlinson direkt eine Replik aufs Cowings Kritik geschrieben. Seine Antwort: Ja, was den Karabiner betrifft, habe Cowing recht und er selbst unrecht. Dann, ganz im Stile seiner Kongress-Rede, beginnt er wieder, pauschal über die überteuerten Spaceshuttles und die ISS zu klagen. Dabei kümmerte er sich nicht weiter darum, dass unter anderem genau die Teile diese Missionen teuer gemacht haben, aufgrund derer er sich ein paar Absätze zuvor wegen eklatanter Unwissenheit oder vielleicht auch bewusster Unschärfe blamiert hatte. Das ist eine ideologische Seite von NewSpace, die gleichwohl mit dem konkreten Tagesgeschäft eines Raumfahrt-Ingenieurs nicht viel zu tun hat. Dort gilt die Devise: Wer die Details nicht ehrt, ist der Sache nicht wert. Das gilt für OldSpace wie für NewSpace, für große und kleine Unternehmen. Blue Origins Leitspruch »gradatim ferociter!« impliziert ja, dass technische Entwicklung mühsam und kleinteilig ist. Der lateinische Wahlspruch des Start-ups PLD, »paulatim ergo certe«, langsam, aber sicher, bedeutet nichts anderes. Tumlinsons pauschale Ungenauigkeiten tun der neuen Raumfahrt also keinen Gefallen.

Es ist also nicht richtig, den Einsatz preiswerter Serien-Elektronik als System von alter und neuer Raumfahrt-Wirtschaft zu beschreiben. Es ist eher eine Beschreibung von alten und neuen Anforderungen und Weltraumumgebungen, auf die sich die Ingenieure einstellen müssen. COTS bedeuten nicht, dass die Ingenieure nun alle Zügel fallen lassen können und befreit von allen Auflagen und allem Papierkram ihre Raumschiffe mit billigen Wunderteilen zusammenbauen können. Auch Friedlander gibt zu bedenken, dass nicht jede Elektronik und jeder Hersteller für die Raumfahrt taugt.[403] »Die größte Herausforderung für Ingenieure ist es, die richtige COTS-Elektronik für die Raumfahrt zu finden.« Auch COTS müssen zahlreiche Tests bestehen, Anforderungen erfüllen und einen Familien-Stammbaum nachweisen können. Das Leben eines Raumfahrt-Ingenieurs wird weiterhin von strengen Qualitätsstandards gekennzeichnet sein.

3 Im digitalen Raum

»Die Raumfahrt von heute basiert zweifellos auf der Digitalwirtschaft!«

Peter Platzer, CEO von Spire

Neue digitale Infrastruktur

Wie dargestellt ist NewSpace neuerdings deswegen so erfolgreich, weil elektronische Hardware ausreichend geschrumpft ist, um kleine Satelliten zu bauen. Und dazu sind ihre Preise derart gefallen, dass auch nicht milliardenschwere Unternehmen sie finanzieren können. Nicht zu unterschätzen ist zudem die Tatsache, dass es inzwischen einen großen Pool an Leuten gibt, die damit umgehen können. Die Arbeit mit Elektronik ist kein Hexenwerk mehr, sondern technologische Routine. Das Gleiche gilt für den Programmcode, mit dem sie gesteuert wird. Das Zusammenspiel aus leistungsfähiger Hardware und intelligenter Software bilden das Rückgrat der Digitalisierung von Wirtschaft und Gesellschaft. Ohne diese Symbiose wäre auch die neue Raumfahrt-Wirtschaft undenkbar.

Ehrlicherweise muss man sagen, dass fast jedes Technologie-Unternehmen heute gleichzeitig ein digitales Unternehmen ist. Der ehemalige Chef von General Electric Jeff Immelt brachte es in einem Interview mit McKinsey auf den Punkt. »Ein Düsentriebwerk besitzt vielleicht 100 Sensoren. Diese Sensoren erzeugen unentwegt Daten über Temperatur, Treibstoff-Verbrauch, Abnutzung der Turbinenschaufeln und Flugbedingungen. Ein Flug von New York nach Chicago produziert Terabytes an Daten. Industrieunternehmen sind also im IT-Business, ob sie wollen oder nicht!«[404]

Die Abhängigkeit oder besser die Kraft der Digitalisierung wird in der Raumfahrt besonders deutlich. Dort ist jegliche Aktivität mit überproportionalem, man könnte auch sagen unverhältnismäßigem Aufwand verbunden. In der quasi vor-digitalen Zeit brauchte es einen Superpiloten wie Neil Armstrong, um auf dem Mond zu landen. Beim Abkoppeln vom Mutterraumschiff Columbia hatte die Mondlandefähre Adler einen leicht anderen Kurs eingeschlagen als ursprünglich beabsichtigt, weshalb das Landeprogramm den Autopiloten auf ein Geröllfeld eines Meteoriten-Kraters steuern ließ. Armstrong musste im sprichwörtlich letzten Augenblick selbst eingreifen, überflog den Krater und setzte den Adler 60 Meter daneben auf, und das alles während unentwegt Warnsignale aus den Lautsprechern tönten. Anschließend zeigte der Tank noch Sprit für 20 Sekunden an (Es wäre ein wenig mehr gewesen. Das Instrument zeigte zu wenig an, weil der Treibstoff im Tank hin- und herschwappte). Möglicherweise ein letzter Triumpf des Piloten über die Maschine. Mit einer höher entwickelten Software, die Unebenheiten auf dem Mond rechtzeitig erkennt, würden heute vermutlich vergleichsweise durchschnittliche Piloten eine Mondlandung hinkriegen, falls sie überhaupt noch das Steuer übernehmen müssten. Tatsächlich übernehmen Astronauten zunehmend weniger Pilotenaufgaben. Die Versorgungskapsel Dragon 1 wird bisher noch auf den letzten Metern vom Roboterarm der ISS eingefangen. »Dragon 2 wird direkt an die ISS andocken«, kündigte Musk 2017 in Adelaide an.[405] »Ohne irgendeine menschliche Unterstützung. Man drückt nur den Los!-Knopf, und sie legt an.«

Digitale Technologie steuert aber nicht nur Raumschiffe im All, sondern kann bereits im Vorfeld überprüfen, ob sie intakt ankommen werden, jedenfalls virtuell. Am Ames Research Center, im Herzen des Silicon Valley, steht der Supercomputer Pleiades und rechnet mit fast sechs PetaFLOPs[I] die anspruchsvollsten Aufgaben der NASA und der Astronomie durch. Dazu gehören akademische Fragestellungen wie die Simulation der Geburt der Milchstraße und das Verhalten von dunkler Materie innerhalb von Galaxien. Und eben das Verhalten von ausgebrannten Boostern, wenn sie von der Hauptstufe einer Rakete abgesprengt werden. Dafür haben Ames-Wissenschaftler eine preisgekrönte Software geschrieben, Pegasus 5, um die Aerodynamik von Raumfahrzeugen beim Start zu simulieren (siehe Bildteil). Sie wird laut Ames nicht nur von der NASA,

I Damit steht Pleiades an 13. Stelle der Superrechner. Ein PetaFLOP ist eine Angabe über die Rechenleistung von Supercomputern, die immer noch ganze Etagen einnehmen. Sie sind nicht mit den Rechen-Dinosauriern der 60er-Jahre zu verwechseln. Ein PetaFLOP bedeutet, eine Quadrillion sogenannter Gleitkomma-Operationen in der Sekunde (auf englisch: **flo**ating-**p**oint operations), eine Zahl mit 15 Nullen. Diese Einheit ist nicht mit der Taktgeschwindigkeit eines Prozessors zu verwechseln, sondern bezieht sich auf die Leistung des gesamten Computers. Ihre Berechnung ist wie ein Supercomputer selbst: superkompliziert.

sondern auch von privaten Raumfahrt-Unternehmen wie Boeing, SpaceX und der Sierra Nevada Corporation verwendet.[406]

Auch abseits von Supercomputern und der NASA unterstützt die Digitalisierung NewSpace-Unternehmen, teilweise in ganz unerwarteten Nischen. Zero-2-Infinity beispielsweise, das mit Höhenballonen Touristen-Gondeln an die Grenze des Weltraums steigen lassen möchte, hat dafür eine Flugbahn-App entwickelt. Damit kann das Unternehmen ermitteln, wo es am besten den Ballon startet, damit er später – wahrscheinlich – in einem bestimmten Korridor landet. »Die Route ist vor allem vom Wind abhängig«, erläutert Marta Lebrón Gaset von Zero-2-Infinity.[407] »Es ruft meteorologische Daten ab und errechnet daraus eine dreidimensionale Route.« Der Landepunkt ist logischerweise wichtiger als der Startpunkt, der ja weitgehend frei gewählt werden kann. Denn die Gondel mit wertvollen Testgeräten, in der Regel Satelliten-Bauteile, sollen weder Flugrouten von Verkehrsflugzeugen kreuzen noch im Meer enden. Und statt der landenden Gondel hinterherzufahren, erwarten die Mitarbeiter die Gondel am berechneten Ort. »Wir können sie bei der Rückkehr fast mit den Händen greifen.«

Für viele Aufgaben gibt es Leute, die sich damit auskennen. Wer einen Satelliten bauen und betreiben will, kann die Software also entweder selbst schreiben oder kaufen. Zahlreiche Software-Start-ups haben die Raumfahrt als Nische entdeckt und bieten Spezial-Software für Raumfahrzeuge an, Betriebssysteme, Telemetrie – und Kommunikations-Software, Dokumentation – alles eine Frage des Preises.[408]

Darum bildet sich eine Peripherie aus Raumfahrt-Dienstleistungen aller Art – übrigens nicht nur in den USA, sondern auch in Deutschland: Plug-and-play-Elektronik für Satelliten nach dem »Lego-Prinzip« (SPIN aus München), Logbücher für Satelliten (Innoflair aus Darmstadt), Leichtbaugehäuse für Raumfahrzeuge (Space Structures aus Berlin), Datenübertragung per Laserstrahlen (Mynaric aus München) und ein Start-up, das echtes Brot im Weltraum backen möchte: Bake in Space aus Bremen experimentiert an einer Teigmischung für ein krümelloses Brot.[I] Das Rezept soll schon bald in einem Spezialofen auf der ISS ausprobiert werden.[409] Es gibt sogar eine Space-Enthusiasten-Szene junger Raumfahrt-Ingenieure, die NewSpace-Vorträge und -Tagungen organisiert (NewSpaceVision aus Berlin), quasi die deutschen Jünger von Peter Diamandis.

Raketen aus dem Drucker

Die Ursache, warum auch kleine Unternehmen mittlerweile Satelliten und Raketen konstruieren können, liegt nicht nur in Bauteilen aus dem Elektronik-Supermarkt und geeigneter Software. Die Digitalisierung ermöglicht es ihnen, wichtige Teile auf relativ simple Weise selbst zu bauen. In fast jedem Raumfahrt-Unternehmen, ob SpaceX oder Start-ups wie Zero-2-Infinity, steht inzwischen ein 3-D-Drucker. Rocket Lab druckt beispielsweise Teile der Brennkammer, Düse und Ventile seines Rutherford-Triebwerks und benötigt statt Monaten nur Tage für den Bau.[410] Sogar ein so kompliziertes Teil wie die Turbopumpe des neuen Hochleistungs-Triebwerks Raptor, welches das BFR-Raumschiff von SpaceX zum Mars beschleunigen soll, kommt zu 40 Gewichtsprozent aus dem Drucker.[411]

Was bisher die mechanische Kompetenz einer gut bestückten Feinwerkstatt erforderte, lässt sich nun am Rechner entwerfen und mit Geräten drucken, die schon ab einigen Zehntausend Euro zu haben sind (bei Industrie-Druckern gehen die Preise gern in die Hunderttausende). Wobei gedruckte Teile aber nicht nur preiswerter und schneller zu bauen sind, sie sind überdies häufig leichter. Die Struktur des Mondrovers der Berliner PTScientists kommt zu 80 Prozent aus dem Aluminium-Drucker. Das hat den Vorteil, dass sie bei gleicher Stabilität weniger wiegen. »Es war vor allem der 3-D-Druck, der es uns ermöglicht hat, zehn Kilogramm von unserem Rover runterzubekommen. In den Rädern gibt es

---

I Das letzte Mal, dass Astronauten Brot im Weltraum genießen durften, war 1965 während der Gemini-3-Mission. John Young schmuggelte damals unbemerkt ein Sandwich an Bord der Kapsel. Als Folge flogen Brotkrümel durch das gesamte Raumschiff. Die NASA-Offiziellen waren schwer verärgert über diesen Gag und verboten fortan Brot an Bord von Raumfahrzeugen. Einzige erlaubte Alternative sind Tortilla Wraps.

Hohlräume, außerdem sind sie extrem dünnwandig. Die sind nur einen Millimeter stark und extrem stabil. Das hätten wir mit traditionellen Fertigungsmethoden auf gar keinen Fall hinbekommen«, erklärt Karsten Becker von den PTScientists.[412] Ein gedrucktes Roverrad ist so federleicht, dass es sich kaum wahrnehmen lässt, wenn man es in der Hand wiegt. Dabei ist es so starr, dass es sich mit normaler, körperlicher Kraftanwendung nicht verbiegen lässt. In die Hohlräume können die PTScientists nun Kabel verlegen und sparen gleichzeitig Gewicht. »Das Interessante für uns daran ist, dass wir für unseren Rover Nutzlast verkaufen, etwa eine Million Euro das Kilogramm. Wenn wir also zehn Kilogramm pro Rover sparen, dann haben wir potenziell zehn Millionen, die wir mehr verdienen können.«[413]

Die 3-D-Druck-Technik auf die Spitze treibt das Unternehmen Relativity Space aus Los Angeles. Ihr fünf Meter hoher Drucker Stargate soll in den kommenden Jahren gleich die ganze Rakete drucken. Das Besondere am Stargate ist nicht einmal der Superlativ, der größte 3-D-Metall-Drucker der Welt zu sein, wie seine Erbauer sagen.[414] Das ist ein Rekord, der sicher schon bald passé ist. Was ihn ausmacht, ist vielmehr die zu Ende gedachte Philosophie des 3-D-Druckens in der Raumfahrt. Es ist anzunehmen, dass die Gründer von Relativity Space nicht die einzigen sind, die auf diese Idee gekommen sind, doch bisher hat das zumindest noch keiner angekündigt. Das Unternehmen existiert zwar schon seit 2015, bisher hat es aber im Verborgenen (im »stealth mode«) bereits ein Triebwerk entwickelt beziehungsweise gedruckt und nach Investoren gesucht. Die bisher eingesammelten zehn Millionen Dollar kommen unter anderem vom Internet-Milliardär Mark Cuban, der in Deutschland vor allem als Besitzer der Dallas Mavericks bekannt ist, des Vereins von Basketball-Riese Dirk Nowitzki.

Mit dem Geld möchte das Start-up sich stark vergrößern, weshalb es Ende 2017 aus der Deckung kam und der Welt seine Ziele präsentierte. Davor arbeiteten nur etwa 15 Leute für das Start up, die meisten von ihnen waren vorher bei SpaceX, Blue Origin oder Virgin Galactic. Dabei ist die Vorstellung erheiternd, wie Besucher mit den Gründern von Relativity Space sprechen möchten und in den Räumlichkeiten auf ein paar Mitarbeiter stoßen, die sie nur für Praktikanten halten können. Um dann festzustellen, dass die beiden Chefs vor ihnen stehen. Denn CEO Tim Ellis und CTO Jordan Noone sind beide in den Mittzwanzigern, sie sind also selbst für die Gründerszene noch blutjung. Die beiden haben für ihr Unternehmen bereits Erfahrungen bei Blue Origin und SpaceX mitgebracht und offenbar deren Ambitionen. Während in einer modernen Rakete »nur« Hunderttausende Teile stecken – das Spaceshuttle bestand aus mehr als zwei Millionen –, peilen Ellis und Noone eine Rakete aus weniger als 1.000 Teilen an. Das ist verwegen, selbst ein normales Auto ist aus mehr als 10.000 Einzelteilen verschweißt, verschraubt und verklebt.[415] Schlüssel ihres Plans sind Aluminium-Legierungen, die von Lasern geschmolzen und von drei Roboterarmen Schicht um Schicht zur gewünschten Form aufgetragen werden. Bisher hat Stargate noch keine Rakete gedruckt, dafür einen zwei Meter breiten und vier Meter hohen Tank. Die ganze Rakete namens Terran 1 wollen sie bis 2021 drucken, einen Micro Launcher für kleine Satelliten.

In Filmen entstehen die komplexesten Gebilde in wenigen Sekunden, in Wirklichkeit dauert es länger. Für den Tank benötigt Relativity Space eineinhalb Wochen, für ein Triebwerk ein paar Tage. Das ist aber immer noch wenig und vor allem spart es Manpower, ein beträchtlicher Kostenfaktor in der Raumfahrt. Ist Relativity Space trotz seines Namens überhaupt ein Raumfahrt-Unternehmen? Schließlich ließe sich mit Stargate auch ein Fahrrad oder ein Surfbrett drucken. Die Antwort von Tim Ellis lässt keinen Zweifel aufkommen. »Das Drucken von Raketen ist unausweichlich. Und wenn dem so ist, dann benötigen wir schlanke, intelligente und automatisierte Produktionsprozesse, um Gegenstände auf einem anderen Planeten herzustellen. Unser langfristiges Ziel ist es, die erste Rakete auf dem Mars zu drucken.«[416]

Fabrik im Weltraum

Umso erstaunlicher wiegt diese Tatsache, da die 3-D-Druck-Technologie noch ganz am Anfang steht, vielleicht vergleichbar mit der Computertechnik der 50er-Jahre. Nicht umsonst spinnen bereits zahlreiche Unternehmen an der Idee, viele Dinge direkt im Weltraum zu produzieren, anstatt sie für viel Geld und gegen die Schwerkraft dorthin zu transportieren. Besser noch: Dort sind Produkte denkbar, die sie in der Schwerkraft gar nicht oder nur in schlechterer Qualität herstellen könnten.

Als die US-Astronauten in der ISS im November 2014 die angekommene Dragon-Kapsel auspackten, war eine Besonderheit darunter: Ein 3-D-Drucker. Nachdem Stationskommandant Barry »Butch« Wilmore das Zero-G-Printer genannte Gerät installiert hatte, druckte es das erste im Weltall hergestellte Teil – aus einem Kunststoff, aus dem auch Lego-Bausteine hergestellt werden:[417] Ein abgesetztes Namensschild seines Hersteller-Unternehmens Made In Space. Inzwischen hat Made In Space – *nomen est omen* – einen zweiten und verbesserten Drucker auf die Station geschickt. Die ersten Gegenstände wurden noch auf der Erde probegedruckt und seine Bauanleitung auf einem Stick ins All geschickt. Inzwischen werden die digitalen Pläne einfach hochgebeamt. »Wenn etwas Neues gebaut werden soll, geht das relativ unkompliziert«, sagt Andrew Rush, CEO von Made In Space. »Die NASA ruft uns an und sagt: ›Wir haben hier ein neues Projekt oder wir brauchen das, könnt ihr das machen?‹. Und dann legen wir los und schauen, ob wir das machen können.« Seither haben die Drucker mehr als 70 Gegenstände produziert, darunter Werkzeuge wie ein Schraubenschlüssel und eine Ratsche und sogar medizinische Ausrüstung wie eine Fingerschiene (siehe Bildteil). Die Stabilität der Gegenstände hat mit der von Plastikspielzeug nicht mehr viel zu tun. Der zweite und verbesserte Drucker, die *Additive Manufacturing Facility* produziert Gegenstände aus Polyetherimid und Polycarbonat. Der Kunststoff ist deutlich stabiler, hält höhere Temperaturen aus[418] und wird deswegen sogar in der Luftfahrt-Industrie eingesetzt[419] (vielleicht eine gute Idee für Lego).

»Wir drucken Sachen, die man brauchen kann. Sie sind ein echter Mehrwert für die Crew. Wir wollen zeigen, was man alles herstellen kann, wenn etwas Bestimmtes gebraucht wird.«[420] Was Made In Space und die NASA im Hinterkopf haben, ist nicht nur, das Alltagsleben von Astronauten angenehmer zu gestalten. »Wenn Astronauten auf eine Deep-Space-Mission gehen, zum Beispiel zum Mars oder für sechs Monate in den Mondorbit, muss man sich fragen, welche Dinge sie wohl benötigen werden. Im Moment macht das die NASA so: Sie versucht, alle möglichen Risiken zu identifizieren, und nimmt die entsprechenden Teile mit. Auf der ISS gibt es Ersatzteile im Wert von einer Milliarde Dollar. Das ist viel Masse, und es ist nicht einmal klar, dass sie zum Einsatz kommen. Aber das kostet viel und ist (hinsichtlich des Gewichts) eigentlich verboten, gerade wenn man so etwas wie eine Marsmission unternehmen möchte. Mit einem 3-D-Drucker hingegen müssen wir das alles nicht mitnehmen, wir benötigen nur einen digitalen Plan dafür. Dann produziere ich es eben, wenn ich es brauche. Man muss also nicht vorher entscheiden, nehme ich dieses oder jenes mit, weil es mit einer bestimmten Wahrscheinlichkeit ausfällt.«

Sitz des Unternehmens ist das Moffett Field in Mountain View, auf dem riesigen Gelände des legendären NASA-Ames-Zentrums. Gleich gegenüber ragt der gigantische Hangar One empor, eine Luftschiffhalle aus den 30er-Jahren und einer der eindrucksvollsten Landmarken des Silicon Valley. Seine Besitzer gründeten Made In Space 2010, als sie sich an der nahe gelegenen Singularity University trafen, ein unter anderem von Peter Diamandis gegründeter Think Tank für Visionen (Rush: »Ein guter Ort, um Leute dazu zu bringen, große Herausforderungen anzupacken, beispielsweise ›Wie hilft man, das Leben einer Milliarde Menschen zu erleichtern?‹«). Nun residiert Made In Space in einem recht verlebten Ausgründungszentrum der NASA und kann den Ruhm für sich beanspruchen, die erste, wenngleich sehr übersichtliche Weltraumfabrik gebaut zu haben. Die drei Unternehmer durften ihren 3-D-Space-Drucker sogar schon im Weißen Haus vorstellen.[421]

Trotzdem ist es ungewöhnlich, dass es einem Start-up gelungen ist, bereits zweimal ein Experiment auf die ISS zu schicken, und noch mehr sind bereits fest geplant. Vor wenigen Jahren hatte Made In Space noch weniger als zwölf Mitarbeiter, auch heute sind es gerade einmal 50. An diesem Beispiel lässt sich erkennen, wie die NASA sich gewandelt hat und auch unkonventionelle Projekte angeht. Denn Made In Space definiert sich selbst ganz klar als NewSpace-Unternehmen, nicht als privates Mini-Forschungsinstitut. »Wir sind ein kommerzielles Unternehmen und der 3-D-Drucker auf der ISS besteht zu großen Teilen aus COTS. Deswegen haben wir ein besonderes Standing, aber die NASA-Leute können inzwischen damit leben. Außerdem handelt es sich um eine Technologie-Entwicklung, da nimmt die NASA andere Risiken in Kauf.«[422] Zudem ist es ein vergleichsweise pflegeleichtes Experiment. »Wir versuchen, die Bedienung des 3-D-Druckers so einfach wie möglich zu halten, was uns sehr wichtig ist. Die Astronauten müssen eigentlich nicht viel tun. Wir laden das Druck-Dokument von der Erde aus hoch und sagen der Maschine, dass sie loslegen soll, ohne dass irgendjemand mit ihr etwas machen müsste. Dann druckt sie das Teil, und wenn es fertig ist, gehen es die Astronauten aus dem Drucker holen. Wie ein Weihnachtsgeschenk. Sie machen ihn auf und sagen ›Oh!‹«. Da wäre man gern einmal dabei. Die Besatzung dürfte das vor allem deswegen freuen, weil sie in der Regel sehr beschäftigt ist. Alles, was ihnen Arbeit abnimmt, ist willkommen. »Ab und zu müssen wir aber mit den Astronauten kommunizieren. Das ist wirklich cool. Wir haben dafür einen eigenen Raum. Dort steht allerdings kein herkömmliches Telefon, weil alles über Computer läuft.« Es ist ein Raum, wie man ihn in Hunderten Universitäten findet. Die Bilder, die über die Monitore mehrerer Rechner flimmern, sind jedoch nicht so gewöhnlich. Sie zeigen den Blick aus der ISS auf die Erde in Echtzeit, so ähnlich wie vor vielen Jahren auf Bayern-alpha nach Sendeschluss. Nur dass es hier eine direkte Verbindung zu den Astronauten gibt, wenn man sie anrufen möchte.

Gerade dieser Abstand zur Erde ist die Geschäftsgrundlage für die Produkte des Unternehmens – und eine Reihe anderer, die sich mit 3-D-Druck und anderen Produktions-Prozessen im All beschäftigen. Denn über die höllischen Bedingungen für die empfindlichen Geräte während eines Raketenstarts wurde ja schon berichtet. Rush will sich mit dem 3-D-Druck im All diesen Weg einfach sparen. »Der Start dauert nur zehn Minuten und den Rest des Lebens, zehn, 15 Jahre verbringt die Nutzlast im Weltraum. Das heißt, alle ingenieurstechnischen Leistungen, die man hineinsteckt, um diese Reise zu überstehen, sind dann umsonst. Das ist, als würde man seine Kinder mit dem Panzer zur Schule bringen, weil man durch eine Kriegszone fahren muss«, meint Rush. »Wir ändern dieses Paradigma, indem wir einfach nur Rohmaterial in den Weltraum schicken. Da ist es egal, wie viele Kräfte darauf einwirken.«

Schwerelose Veredelung

Die beschriebenen Produkte sind entweder Gegenstände, die im All nicht zur Hand sind, quasi der Ersatz für Ersatzteile, oder Teile, die so empfindlich sind, dass es ratsamer ist, sie eines Tages im Raum zu produzieren, um den Nebenwirkungen des Starts zu entgehen. Es gibt noch eine weitere Kategorie: Produkte, die sich nur im Weltraum herstellen lassen können, jedenfalls in einer Qualität, mit der das auf der Erde nicht möglich ist. Die Raumfahrt-Wirtschaft ist schon lange auf der Suche nach einem exklusiven Weltraumprodukt, hat aber nicht wirklich etwas gefunden. Jedes Mal, wenn sich etwas fand, ein in der Schwerelosigkeit produziertes Protein etwa, ließ es sich am Ende auf der Erde billiger und genauso gut herstellen.

Eines der wenigen Erfolg versprechenden Materialien, die im Moment Furore machen, sind Glasfasern hoher Reinheit. Mit ihnen lassen sich große Datenmengen transportieren, also ein gefragtes Produkt in Zeiten von wachsendem Internet und Big Data. Auch hier mischt Made In Space in Zusammenarbeit mit einem Glasfaser-Spezialisten mit, eine zwei Millionen Dollar teure Mini-Fabrik ist schon gestartet. Sie produziert mehr als 100 Meter lange Glasfasern vom Typ ZBLAN, einem extrem stabilen Fluorid-Glas mit exzellenten Leitereigenschaften. Da es zu viele Unreinheiten enthält, wenn es auf der Erde hergestellt wird, ist es nicht besonders verbreitet. Das soll sich ändern, denn bei Zero-G-Flügen hergestellte Fasern waren rein und klar. »Wir haben ZBLAN als Testmaterial ausgesucht, weil sein Kilopreis so hoch ist, dass es den Preis für einen Raketenstart rechtfertigt«, sagt Rush. »Außerdem deutet die bisherige Forschung darauf hin, dass es für Weltraum-produziertes ZBLAN einen Markt auf der Erde gibt.«[423] Sollte das Experiment glücken, reisen die Glasfasern zurück zur Erde und werden dort untersucht – für einen Verkauf reicht es noch nicht. Fällt das Ergebnis zufriedenstellend aus, könnte eine Produktion beginnen, welche die Weltraumglasfasern zu den Pionieren für eine künftige Raumfahrt-Wirtschaft machen würden und die Misserfolge der vergangenen 40 Jahre vergessen machen.

Der Highend-Drucker von Made In Space, die *Additive Manufacturing Facility*, kann lediglich Gegenstände drucken, die nicht viel größer als ein kleiner Lautsprecher sind. Aber wenn man seine Idee sprichwörtlich weiterspinnt, lassen sich nicht nur größere, sondern sogar unendliche Strukturen damit erzeugen. Das Ergebnis dieses Gespinstes hängt bereits in kleinem Maßstab unter der Decke in den Räumen von Made In Space: ein langgestrecktes Gerüst in Tetraeder-Struktur, das über den Köpfen der Mitarbeiter die Flure entlangläuft.

Das ist deswegen so interessant, weil sich 3-D-Druck nicht mehr auf Produkte beschränkt, die in der Produktionskammer eines Druckers Platz haben, sondern quasi unendliche Strukturen produziert werden können – Gerüste für Raumstationen etwa. »Diese Geometrie haben wir kürzlich in einer Vakuumkammer gedruckt. Der Polyetherimid-Kunststoff ist sogar ausreichend fest, um die Masse der ISS zu halten.[424] Der Druck-Roboter, der eines Tages in der Lage sein soll, so etwas in größerem Maßstab im Weltraum zu bauen, ist schon in Planung: Er heißt Archinaut und besitzt eine Öffnung, aus der das fertige Teil herausfließt, unterstützt von drei Roboterarmen, die dann die Teile zu komplexen Strukturen zusammensetzen.[425] Das Gerät hat etwas von einer großen Roboter-Spinne, die an ihrem Hinterteil einen dicken Kunststofffaden spinnt. Allerdings ist der Archinaut als Konzept-Plattform zu sehen, denn er wird je nach Bedarf unterschiedlich aussehen. Ein anderer Archinauten-Typ ist beispielsweise selbst Teil eines Satelliten. Erst nach dem strapazierenden Start baut er dann die empfindlichen Solarzellen auf, rekonfiguriert Teile des Satelliten oder repariert ihn bei Bedarf.

Diese Ideen und Konzepte haben letztlich ähnliche Konsequenzen, wie für die hochentwickelten 3-D-Drucker auf der Erde prognostiziert: Sie werden ganze Industrien durcheinanderwirbeln und einige womöglich überflüssig machen. »Diese Konzepte ändern die gesamte Infrastruktur im All«,[426] meint Rush. »Die 3-D-Strukturen sind ein gutes Beispiel, für das man sagen kann: ›Schau mal, es gibt einen deutlich besseren Weg, so etwas im Raum zu bauen‹. Früher sind sie als riesige Teile mit dem Spaceshuttle hochgekommen.« Stattdessen können es in Zukunft deutlich preiswertere Raketen übernehmen, die Rohstoffe ins All zu bringen. Solche Transporter müssen ja nicht so aufwendig gebaut werden, wenn sie nur billige Rohware befördern. Für einen rohen Block Marmor benutzt man ja auch ein anderes Gefährt als für Michelangelos David.[I]

Doch selbst solche Transporte könnten zumindest teilweise überflüssig werden, denn Made In Space hat sich schon im Weltraum selbst nach Druckmaterial umgeschaut, genauer: auf dem Mond. »Wir haben lange Strukturen aus einem Material gedruckt, das Regolith ähnelt, quasi der Dreck vom Mond. Es ist superhart und widerstandsfähig,« meint Rush. Der Regolith benötigt allerdings einen Binder, denn er dient lediglich als Stützmasse wie die Steine im Beton. Der Vorteil: Je mehr Regolith ver-

I Tatsächlich ist die über fünf Meter hohe und etwa sechs Tonnen schwere Figur mehrfach bewegt worden. Nach ihrer Fertigstellung wurde sie zunächst zur Florentiner Piazza della Signoria transportiert. Nachdem sie aber jahrhundertelang Witterung und Tauben ausgeliefert war, suchte man ihr ein Dach über dem Kopf und beförderte sie in die Accademia di Belle Arti.

wendet werden kann, desto weniger Baumaterial muss für teures Geld in den Weltraum geschafft werden, es geht stets um dasselbe. Der Effekt ist umso größer, da daraus nicht notwendigerweise nur Tische oder Stühle herstellt würden, sondern eher Straßen und Landeplattformen.

Wie immer stellt sich die Frage: Wie realistisch ist ein Strukturen im All spinnender Roboter? »Wir haben unseren ersten Kunden für einen Archinauten, und wir arbeiten bereits an ihm. Den Arm werden wir schon bald demonstrieren«, sagt Rush. »Wir sprechen außerdem mit einer Menge Leute, die daran interessiert sind. Es sind keine Regierungsinstitutionen, sondern kommerzielle Unternehmen. Der erste Prototyp könnte in weniger als zwei Jahren starten, aber vermutlich sind es zwei bis fünf Jahre.« Das ist ein Zeitrahmen, den die meisten Leser erleben dürften. Rush glaubt, dass sich innerhalb der kommenden zehn Jahre eine lebendige Produktion im Weltraum entwickeln könnte und dass diese gleichzeitig ein Schlüsselelement sein wird, um eine nachhaltige Wirtschaft im Weltraum zu begründen. In der Tat hat die Idee, den Weltraum als Produktionsstätte zu verwenden, zahlreiche Vorteile. Fabriken im All verbrauchen keine Naturflächen, und sie erzeugen keinen Lärm (wie auch ohne Luft). Falls sie mit gefährlichen Substanzen arbeiten, blieben sie außerhalb der Reichweite von jedweden Organsimen, solange sie nicht in die Atmosphäre eintreten. Das ist eine Idee, von der Bezos schon als Highschool-Absolvent geträumt hat, und die er noch heute immer wieder vorbringt. »Wir müssen diesen Planeten schützen. Der Weg, das zu tun, ist, in den Weltraum zu gehen«,[427] sagte Bezos dem Publikum der Code-Konferenz. »Unsere gesamte Schwerindustrie wird von diesem Planeten wegziehen, und die Erde wird als Wohn- und Leichtindustrie-Zone ausgewiesen werden.« Bezos erntet mit solchen Aussagen Gelächter, aufhalten lässt er sich nicht. »Das macht viel Sinn. Man sollte auf der Erde keine Schwerindustrie betreiben. Der Weltraum verfügt über größere Ressourcen. Man kann dort gigantische Chipfabriken bauen und die fertigen Chips zur Erde senden. Es macht keinen Sinn, sie hier zu bauen. Auf diesem Planeten ist es sehr schwierig, Energie zu erzeugen. Man bekommt hier nur an der Hälfte des Tages Sonnenenergie. Im Raum haben wir Sonne sieben Tage die Woche und 24 Stunden am Tag.«

Während Musk und Bezos und die anderen Raketenbauer an Strukturen für einen kostengünstigen Zugang zum Raum arbeiten, legen Firmen wie Made In Space die Grundlage für die Infrastruktur im All. Das

Ziel ist hingegen das gleiche. »Wir wollen den Menschen ermöglichen, nachhaltig im Weltraum zu leben. Der Unterschied ist, was die Leute dort machen. Wenn man in den Raum reist, um dort zu bleiben, ist das etwas anderes, als wenn man nur kurz bleibt«, sagt Rush. Je nach Einsatzzweck benötige man beispielsweise unterschiedliche Werkzeuge. »Wir bauen die Werkzeuge, die man braucht, wenn man im Raum bleibt. Im Moment kauft die NASA unseren Service. Wir glauben aber, dass unsere Tätigkeit die Basis dafür ist, dass immer mehr Menschen ein Fundament vorfinden, um dort zu leben.[428] Unser langfristiger Traum ist die Kolonisierung des Sonnensystems durch den Menschen.«

Die Demokratisierung der Digitalisierung – gemeint ist die allgemeine und preiswerte Verfügbarkeit von digitalen Produkten wie Software und 3-D-Druckern – stellt für die Raumfahrt etwa eine ähnliche Grundlage dar wie damals die Kreditkarte oder der Computer für Amazon. 3-D-Drucker sind ja nicht für die Raumfahrt entwickelt worden. NewSpace-Unternehmen können sie nutzen, weil sie schon da sind (und immer besser werden). Müssten diese häufig ohnehin schon unterkapitalisierten Unternehmen erst einen 3-D-Drucker entwickeln, es wäre von vornherein unmöglich. Das ist Bezos Gedanke, nur auf die Digitalisierung der Raumfahrt übertragen. Es ist also kein Zufall, dass viele Raumfahrt-Start-ups sich im Silicon Valley und seiner Peripherie gegründet und niedergelassen haben. Hier finden sich einfach so viele Superhirne wie an kaum einem anderen Flecken Erde. Und einige davon haben nicht vor, die Wohn- und Kinderzimmer der Welt zu erobern, sondern den Himmel darüber.

4 Little Big Brother: Die Cube-Sat-Revolution

»Es gibt praktisch keine Möglichkeit, mit Kommunikationssatelliten im Weltall bessere Telefon-, Telegrafen-, Fernseh- und Radiodienste in den USA zu erreichen.«

T.A.M. Craven 1961. Kommissar der amerikanischen Federal Communications Commission (FCC)

Von Cubes und Star-Chips

In einem Beitrag über Mini-Satelliten vor einiger Zeit bei Deutschlandfunk Wissen hatte eine witzige Moderatorin einen Nerd-Alarm eingerichtet. Jedes Mal, wenn einer ihrer Gäste von der Technischen Universität Berlin ein Wort verwendete, das kein Normalsterblicher verstand, drückte sie auf einen Knopf, und es machte »Beeep!«. Das Gadget disziplinierte die akademischen Gäste derart, dass sie auf sehr unterhaltsame Weise deutlich machten, warum Cube-Satelliten die Satelliten-Technik gerade revolutionieren.[429]

Denn wer denkt, das Thema sei ein alter Hut, der irrt. NewSpace, das ist zu einem wichtigen Teil eine Frage von Satelliten. In diesem an sich recht etablierten Bereich der Raumfahrt-Wirtschaft zeigen sich die Effekte der Digitalisierung und der COTS-Effekt in einem ganz besonderen Maß. Während Kommunikationssatelliten bisher schon mal die Ausmaße eines Omnibus erreichten, rangieren die neuen Kleinsatelliten in Dimensionen von weniger als 100 Gramm (»Star-Chips«) bis zu 500 Kilogramm (siehe Bildteil). Unter Satelliten-Start-ups und Forschern sind sie derzeit enorm populär. Durch ihr geringes Gewicht und ihre standardisierten Größen lassen sie sich vergleichsweise günstig und schnell bauen,[I] teilweise sind dafür noch nicht einmal Reinräume nötig. Fallen sie vor ihrem

I Unter tyvak.com/company/ lässt sich in einem 90-Sekunden-Video ansehen, wie ein Cube gebaut wird.

geplanten Lebensende aus, ist das häufig kein Drama. Sie werden in größeren Stückzahlen gebaut; vorausgesetzt, ein Unternehmen rechnet mit einer bestimmten Ausfallrate – und das sollte es –, dann wird der fehlerhafte Trabant beim nächsten Raketenstart eben ersetzt.

Hinzu kommt eine professionalisierte Infrastruktur, in der Unternehmen quasi als Nutzlast-Makler arbeiten. Sie buchen ein Cube-Paket auf einer Rakete und sammeln im Vorfeld die vielen kleine Satelliten-Betreiber ein. Zwar stiegen in den vergangenen Jahren die Preise für kleine Satelliten, die häufig als Sekundärlast neben großen Satelliten ins All fliegen, wo sie dann – wie Seepferdchen-Babys – als Satelliten-Schwärme in ihre Orbits entlassen werden; Rekord war vorläufig eine indische Rakete, die im Februar 2017 nach drei größeren Satelliten innerhalb von elf Minuten sage und schreibe 101 Cube-Satelliten im All aussetzte.[430] Doch angesichts des geringen Gewichts lassen sie sich für immer noch verhältnismäßig kleines Geld in den Orbit schießen, wovon vor allem Universitäten profitieren, an denen dieser praktische Größenstandard um die Jahrtausendwende entwickelt und als Erstes benutzt wurde.[I] Mit der Nachfrage an Cube-Satelliten steigt gleichzeitig die Zahl der Unternehmen, die mit peripheren Anwendungen ihr Geld verdienen wollen, dem Smartphone-Business vergleichbar, für die es Hüllen, Extra-Akkus, Mikrofone und Autohalterungen gibt. Für Cubes gibt es Plug-and-play-Antriebe und Deorbiting-Systeme, damit kaputte Satelliten verglühen, statt als Weltraumschrott den Orbit unsicher zu machen. Andere bieten Geräte an, welche die Cubes im All aussetzen, Steck- und Baukastensysteme oder Steuerungssoftware. Diese Vielfalt und Konkurrenz hat einen Effekt: Sie werden noch preiswerter und einfacher zu bauen.

Die Cube-Sat-Revolution findet aber nicht überall statt, sondern vor allem im erdnahen Orbit – wie im vorangegangenen Kapitel über COTS bereits geschildert. Denn dort können Cubes trotz ihrer vergleichsweise schwachen Sensoren und Solarzellen ihre Aufgaben noch erfüllen. 100 Millionen Euro teure, Bus-große Satelliten braucht es dort nicht. Die geostationäre Umlaufbahn hingegen, viele Tausend Kilometer über der

I Jordi Puig-Suari und Bob Twiggs, Professoren an der California Polytechnic State University und der Stanford University entwickelten die Cubes, damit ihre Studenten schon während des Studiums einen echten Satelliten bauen und betreiben können.

Erde, bleibt zunächst weiterhin die Flur der großen Telekommunikationssatelliten. Dafür eignen sich die weniger robusten Cubes nicht.

Die Zahl der Mini-Satelliten im niedrigen Orbit steigt jedoch nicht nur deswegen so rasant an, weil sie preiswerter und einfacher zu bauen sind. Es ist vor allem die steigende Zahl der Geschäftsmodelle, die für Nachfrage sorgt. Die Satelliten können die Erdoberfläche nicht nur optisch erfassen, sie sehen eine unglaubliche Zahl an Vorgängen mit ihren Sensoren: Gaslecks in Pipelines per Spektrometer,[431] Waldbrände über Infrarot[432] und Eisberg-Drift über Radar. Ganz offensichtlich steigert sich die Fehlprognose von T.A.M. Craven über die Nutzlosigkeit von Satelliten ins Groteske. Der arme Craven geistert als irrlichternder Prophet durchs Internet, dabei galt er in seiner Zeit als ausgewiesener Radio- und Funkexperte und amtierte sogar für zwei Amtszeiten, einmalig in der Geschichte der amerikanischen Aufsichtsbehörde für Kommunikation und Rundfunk.[433] Dass er fundamental danebenlag, dürfte er schon damals schnell eingesehen haben.

Geomonitoring

Die Satelliten-Miniaturisierung ist also dabei, das Wissen über die Erde – beziehungsweise über das, was in Echtzeit auf ihr passiert – zu revolutionieren, aber ganz und gar nicht im Sinne wissenschaftlicher Forschung oder harmloser Wettervorhersagen. Wer sich schon vor Google Street View grauste, sollte besser nicht weiterlesen. Die Satelliten-Daten von morgen, für ein paar Euro zu haben,[434] [435] lassen alle Dämme des Datenschutzes brechen. Ein paar Beispiele: Satelliten und ihre Software überwachen die Routen von Schiffen, Flugzeugen und Zügen. Sie erfassen den Stand der Ernten und wer was wo anbaut. Ziel: Die Bauern können den besten Zeitpunkt vom Büro aus ermitteln, ohne ihre Felder abfahren zu müssen. Erstaunlicherweise kommt die Technik nicht notwendigerweise in vermeintlichen Hightech-Ländern wie Deutschland zur Anwendung. Ursache: Je größer eine Ackerfläche, desto wirtschaftlicher ist es, sie mit einem Satelliten zu überwachen. Vor allem die kleinen Landwirtschaften in Süddeutschland sind hier vergleichsweise ungeeignet.

Entscheidender ist indessen die hochspezialisierte Auswertungssoftware, welche die Unmengen an Daten verarbeitet. Sie ermittelt den Füllstand von Tanklagern, indem sie den Schattenwurf der absinkenden Tankdächer nutzt. Daraus ermitteln sie, wie groß die Ölreserven der Länder sind, in denen sie stehen, China etwa. Sie zählt die Zahl von Containern in Häfen und die Zahl der Autos auf Parkplätzen, um auszurechnen, wie viel Umsatz Umschlagunternehmen und Supermärkte machen. Satelliten bekommen dazu eine politische Dimension, denn ihre Auswertungsprogramme schätzen die Größe von Demonstrationen – sie erfassen Demonstrationen überhaupt![436]

Eine zunehmend größere Rolle dürfte außerdem die künstliche Intelligenz spielen. Bisher verarbeiten Auswertungsprogramme lediglich die Daten mit einer überschaubaren Zahl von Algorithmen. Das bedeutet, dass nur Menschen die häufig feinen Widersprüchlichkeiten in Bildern erkennen, die das Gesamtergebnis einer Analyse zunichtemachen können. Menschliche Arbeit, das bedeutet ein hoher zeitlicher und finanzieller Aufwand. Das ist aber etwas, was eine künstliche Intelligenz zukünftig zu übernehmen vermag. Auch wenn es viele Anhänger der These, der querdenkende Mensch sei am Ende immer klüger, nicht wahrhaben wollen: Künstliche Intelligenz wird schon bald für viele Erdbeobachtungsdaten nicht nur der schnellere, sondern zudem der bessere Auswerter sein.[437]

Ein bisher in der Öffentlichkeit völlig unterschätztes, wenn nicht unbekanntes Problem: Diese Daten werden auf allen Kontinenten in allen Ländern erfasst, ob die Besitzer der fotografierten Objekte das wollen oder nicht. Nun ist das nichts Neues. Spionagesatelliten der Super- und Großmächte leuchten seit Jahrzehnten die Geheimnisse des Gegners aus. Neu ist aber die angestrebte Lückenlosigkeit und Echtzeitqualität der vereinten Schwärme, die sie zu einem Objekt der Begierde aller ambitionierten Geheimdienste machen. Ende 2017 kreisten etwa 1.800 Satelliten[438] um die Erde. In weniger als zehn Jahren könnten es mehr als 10.000 sein, die meisten davon im niedrigen Erdorbit in bester Beobachtungslage. Ein Schelm, wer an eine rein ökonomische Verwertung denkt. Auf die Frage, ob die Daten nicht besonders für Geheimdienste interessant seien, sagt ein Satelliten-Betreiber, der bezeichnenderweise nicht genannt werden will: »Wenn uns ein Dienst aus Deutschland fragt, okay. Einer aus Nordkorea: nein!« Wie mit sicherheitsrelevanten Daten verfahren wird, regeln internationale Abkommen. Spätestens seitdem wir wissen, wie die amerikanischen Geheimdienste das Netz und die Mobilfunkgeräte von Staatsführern befreundeter Mächte anzapfen, kennen wir den Wert solch internationaler Abkommen – und die Grenzen von Bündnisfreundschaften. Ohnehin gibt es eine ganz einfache Methode, um an Daten zu gelangen, die möglichweise in einem Land aus rechtlichen Gründen nicht verkauft werden dürfen. »Ein Gesetz zur Nutzung von Daten bei Erdbeobachtungsmissionen gibt es bisher nur in Deutschland«, sagt Kai-Uwe Schrogl, Honorarprofessor an der Universität Tübingen und Spezialist für Weltraumrecht. »Es nennt sich das Satellitendatensicherheitsgesetz. Es besagt, dass der Staat kontrollieren kann, welche von privaten Satelliten gewonnenen Daten weitergegeben werden dürfen.« Doch das Gesetz von 2007[439] hat einen wunden Punkt. Schrogl: »Hier geht es nur um Satelliten, die in Deutschland gestartet oder betrieben werden. Wer Daten haben will, die in Deutschland nicht erlaubt sind, kauft sie eben woanders.«

Schwarm-Daten

Die neue Satelliten-Epoche bringt überdies etwas mit sich, was die Raumfahrt-Branche in diesem Ausmaß bisher nicht kannte: Satelliten-Schwärme mit mehreren Hundert und sogar Tausenden Satelliten, die im nahen Erdorbit für ein Unternehmen die gesamte Erde abdecken. Hier hat die Zukunft bereits begonnen. Denn auf der erwähnten indischen Rakete im Februar 2017 waren unter anderem 88 »Doves«-Erdbeobachtungsatelliten des Unternehmens Planet.[440] Damit fotografieren mittlerweile über 200 Satelliten von Planet, einige gerade mal schuhschachtelgroß, was unter ihnen auf der Erde vor sich geht, und senden mehrere Terabytes Daten täglich an die Empfangsstationen – und die Unternehmenskunden –, darunter auch US-Geheimdienste. Die Auflösung der Kameras steigt naturgemäß bei jeder ins All geschossenen Satelliten-Generation. Die besten Satelliten des Unternehmens können Gegenstände von unter einem Meter aufnehmen – an jedem Punkt der Erde[441]. Planet entwickelt bereits eine Software, die erkennen kann, ob sich im Vergleich zum Vortag etwas geändert hat.[442]

Auch für die etwa 2.000 Kleinsatelliten des Riesenschwarms von OneWeb sind bereits Verträge mit allen großen und kleinen Anbietern für Raketenstarts unterschrieben![443] Das Ziel von OneWeb: Alle Menschen sollen Internet bekommen – auch diejenigen, die bisher davon ausgeschlossen waren. Das sind vor allem Menschen in armen und strukturschwachen Ländern in Afrika, Lateinamerika und Asien.[444] Der Gründer von OneWeb, Greg Wyler, hat schon die O3B-Satelliten gestartet, eine Konstellation für »the Other 3 Billion«, die drei Milliarden Menschen ohne Internet. 1,7 Milliarden Dollar hat OneWeb schon eingesammelt.[445] Investor ist unter anderem die Virgin Group mit Richard Branson. Es ist eine kleine Welt.

OneWeb arbeitet mit einem alten Riesen der Branche zusammen: Airbus. Doch kommt bei dieser Kooperation ein industrieller Prozess zur Anwendung, den üblicherweise gern moderne NewSpace-Unternehmen für sich reklamieren: die Serien- beziehungsweise Großproduktion von Raumfahrzeugen. Satelliten wurden bisher gebaut wie russische Fabergé-Eier, extrem teuer und in langwieriger Handarbeit. Bei der riesigen Anzahl der OneWeb-Satelliten kommt eine konventionelle Produktion aber deswegen nicht infrage. Stattdessen wandern die werdenden Satelliten in Toulouse durch eine 4.600 Quadratmeter große Fertigungsstraße, in der automatische Trolleys die einzelnen Komponenten an die Tische bringen, an denen die Spezialisten sie montieren. Zwar versucht Airbus mithilfe intelligenter Werkzeuge (Smart Tools) und sogenannter Cobots so viel wie möglich zu automatisieren, doch ohne menschliches Fingerspitzengefühl geht es eben doch noch nicht – zumindest in der Raumfahrt. Eine zweite und größere Satelliten-Fabrik in Florida produziert anschließend die Hauptmasse der Satelliten. Ziel dieser Serienfertigung: Ein einzelner Satellit soll nicht mehr als 500.000 Dollar kosten.

Das Geschäftsmodell von OneWeb ist allerdings umstritten. Die Frage lautet: Wenn die armen Länder dieser Erde bisher kein Geld für eine Internet-Struktur aufbrachten, warum sollten ausgerechnet ihre Bewohner welches haben? So spekulieren manche schon über alternative Erlösmodelle. Jemand aus der Satelliten-Branche sagt: »So ein Netz eignet sich bestens für Langstreckenflüge. Fliegt man zum Beispiel von Europa in die USA, ist der Netz-Empfang bis kurz hinter Großbritannien noch super, dann fängt es bald an zu stottern und ist dann fast weg. Die OneWeb-Satelliten decken aber die ganze Strecke ab.« Und Flugreisende haben mehr Geld in der Tasche als die Bewohner afrikanischer Dörfer. Die Ausweitung des Geschäftsmodells muss nicht schlecht sein, solange diese Menschen ebenfalls in die Reichweite des globalen Wissens gelangen. Auch Elon Musk war mal als Partner im Gespräch. Aber der kündigte stattdessen ein eigenes, noch größeres Satelliten-Internetprogramm an. Die ersten der über 4.000 Satelliten der »Starlink«-Konstellation befinden sich im Bau. 2019 sollen die ersten starten.[446] [447] [448] Daneben haben laut der US-amerikanischen Kommunikationsbehörde FCC zahlreiche weitere Unternehmen Satelliten-Netze beantragt, darunter Boeing mit fast 3.000 und Telesat Canada mit 234 Satelliten.[449]

Die Empfänger

Während OneWeb und Starlink riesige Datenmengen senden und Planet sie sammelt, empfangen die Satelliten eines dritten Unternehmens mit einer Konstellation im nahen Erdorbit lediglich einen Ping. Spire betreibt von San Francisco aus etwa 30 Satelliten, die auf Namen wie Jeff und Chris hören, und auf ausgefallenere wie Satchmo (Spitzname von Louis Armstrong) und Tachikoma (Künstliche-Intelligenz-Figur in einem bekannten Manga-Comic). Irgendwann sollen es einmal über 100 sein. »Wir haben zuhörende Satelliten, keine zusehenden Satelliten«, erklärt Peter Platzer, Physiker sowie CEO und Mitgründer von Spire. Platzer ist Österreicher. Das verwundert nicht in der kalifornischen Start-up-Szene, denn das Silicon Valley und seine Peripherie kennen keine Nationalitäten, solange die Idee stimmt. Technisch gesehen sind Spires Satelliten Weltraumradioempfänger. Die Radiosignale können von GPS-Satelliten kommen, aber auch von Schiffen und Flugzeugen. Das Funk-Prinzip mag physikalisch identisch sein, die Auswertung könnte kaum unterschiedlicher ausfallen. Die Signale von den Schiffen stammen vom sogenannten Automatischen Identifikationssystem (AIS). Das ist ein sprachloses Funksystem, mit dem sich die Berufsschifffahrt weltweit automatisiert über Position, Geschwindigkeit und andere Schiffsdaten austauscht. Das ist eine sehr sinnvolle Einrichtung, denn es hilft Kollisionen zu vermeiden, weshalb Schiffe ab einer bestimmten Größe ein solches Gerät an Bord haben müssen. Wer diese Signale auffängt, ist also einen Klick von den elementaren Daten von etwa 300.000 Schiffen weltweit entfernt, eine Goldgrube. Vorteil: Die Signale kosten nichts, sie sind ja ohnehin schon da. Der Nachteil: Man benötigt eine Satelliten-Konstellation, um sie systematisch aufzufangen. Wenn man die aber wie Spire aufgebaut hat, lassen sich die empfangenen Daten an Reedereien und Versicherungen verkaufen, die wissen wollen, wo ihre kostbaren Schiffe und Güter sich gerade auf See befinden.

»Der Wert der Daten wird nicht über die Größe des Sensors erzeugt, sondern durch die Anzahl der Sensoren. Bei Satelliten-Bildern wird der Wert des Bildes durch die Auflösung der Bilder beschrieben. Je größer die Linse, desto größer ist die Auflösung des Bildes und desto wertvoller ist das Bild«, erklärt Platzer. »Wir machen das nicht. Wenn wir also zum Beispiel alle Flugzeuge tracken wollen, wie das Malaysia-Airline-Flugzeug, brauchen wir 75 Satelliten. Die Abdeckung erzeugt den Wert.« Unglücklicherweise hatte Spire nicht die Möglichkeit, dass 2014 spurlos verschwundene Flugzeug mitzutracken. Das Unternehmen hatte bis dahin gerade erst eine Handvoll Testsatelliten ins All geschickt.

Für seine Gründung 2012 suchten sich die drei Besitzer Peter Platzer, Joel Spark und Jeroen Cappaert eine originelle Geldquelle. Sie schrieben ihre Idee bei der Plattform Kickstarter aus und erhielten von 676 Unterstützern exakt 106.330 Dollar.[450] Das ist nicht viel für ein Raumfahrt-Start-up, mag man denken, doch Platzer findet den Gedanken, Raumfahrt sei ein überteuertes Business ohnehin nicht mehr gerechtfertigt. »Es stimmt nicht, dass Raumfahrt-Unternehmen viel mehr Geld benötigen als andere Unternehmen. Das ist eine dieser althergebrachten Denkweisen, welche überhaupt nichts mehr mit der heutigen Realität zu tun haben. Die Kosten eines Satelliten sind die eines Highend-Servers.« Das liegt daran, dass Spire die Fahne der Cube-Sat-Revolution über unseren Köpfen besonders hoch trägt. »Die Mikroelektronik, die wir hinaufschicken, sind Bauteile, die man in Computern findet, in Handys, Robotern und medizinischen Geräten. Hier auf der Erde gibt es Milliardeninvestitionen in Mikroelektronik, welche kleiner, leichter, energieeffizienter und leistungsfähiger ist. Das sind die gleichen Kriterien, die wir im Weltraum genauso brauchen. Wir entwerfen natürlich unsere eigenen Komponenten, aber wir verwenden dafür die gleichen Bauteile, die zum Beispiel ein Smartphone-Hersteller verwendet«, sagt Platzer. Spire unternimmt noch nicht einmal etwas, um sie vor Strahlung zu schützen. »Diese Bauteile sind meiner Meinung durch ihre Masse so gut. Sie müssen alle funktionieren, dadurch ist die Produktion von einer so hohen Qualität. Wir haben den Onboard-Computer (der Spire-Satelliten) Strahlung ausgesetzt, und nach zehn Jahren Weltraumstrahlung hatte er immer noch funktioniert. Da gibt es kein echtes Risiko. Natürlich hängt das vom Orbit ab. Im niedrigen Erdorbit, 500 bis 600 Kilometer hoch, herrscht ein anderes Strahlungsumfeld als im geostationären Orbit. Doch da wollen wir nicht hin.«

Allerdings ist das zweite Geschäftsmodell von Spire auf die Highend-Satelliten des Globalen Positionsbestimmungssystems (GPS) in 20.200 Meter Höhe angewiesen, denn die Kalifornier sind auf kuriose Weise auch ein Wetterdienst. »Unsere Satelliten erzeugen hochpräzise Wetterdaten über die gesamte Atmosphäre bis hinunter zur Erdoberfläche. Die Technologie nennt sich *gps radio occultation*. Die GPS-Satelliten schicken ein Signal aus, das in der Atmosphäre gebeugt wird. Über die Laufzeitveränderung kann man die Atmosphäre sehr genau beschreiben.« Im Grunde funktioniert das wie die Seismografie bei den Geologen. Normalerweise wäre das einfach ein weiteres technisch anspruchsvolles Gimmick für Wissenschaftler, wenn es sich nicht mitten in einem Konfliktfeld der amerikanischen Regierungspolitik befinden würde. Denn der US-Kongress ist es leid, milliardenteure Satelliten für die Wetterforschung zu finanzieren.[451] Daher übt er seit geraumer Zeit Druck auf die US-amerikanische Wetter- und Ozeanografiebehörde NOAA[452] aus, kommerzielle Unternehmen in die Gewinnung von Wetterdaten einzubeziehen. So erhielt Spire einen Vertrag, um der NOAA fortan Wetterdaten zu liefern. Das ist ein Geschäft mit Aussicht auf mehr. »Der gesamte Markt für Bilder aus dem Weltraum, von hochauflösenden Bildern bis zu Radarbildern, ist ungefähr drei Milliarden Dollar wert. Der Markt, den wir mit unseren Satelliten abdecken, setzt neun Milliarden Dollar um, ein Großteil davon Wetter. Das ist also wesentlich größer«, rechnet Platzer vor. Dazu kommt das Geschäft mit der Position von Schiffen und Flugzeugen. Ist es ein Goldrausch, der da stattfindet? »Das kann man schon sagen, ja«, sagt Platzer.[453] Diese Einschätzung dürfte vor allem die Investoren freuen, die seit der Kickstarter-Geldspritze in mehreren Runden bis Ende 2017 knapp 150 Millionen Dollar in Spire investiert haben.[454]

Auf Kollisionskurs

Die Konstellation beziehungsweise die Anzahl von Spires Satelliten ist derzeit noch übersichtlich. Das gilt nicht notwendigerweise für die im Bau befindlichen und geplanten Riesenkonstellationen von OneWeb, SpaceX und Boeing. Abseits der vielen Fragen zur Ökonomie solcher Schwärme gibt es ein weiteres Problem, das über die Begeisterung über den Boom im All gern vergessen wird, oder andersrum, über das die NewSpace-Community ungern spricht. Alle diese Satelliten wollen ja kontrolliert und gesteuert werden. »Sie alle fliegen in einer relativ dünnen Schicht über der Erde«, bemerkt Rüdiger Ress, Raumfahrt-Ingenieur und lange Zeit bei Airbus tätig. »Um aber die gesamte Erdoberfläche abzudecken, sind sie alle gegenüber der Äquatorebene auf unterschiedlich inklinierten Bahnen unterwegs.« Was Ress damit meint: Nimmt man den Äquator als Bezugsebene, umrundet jeder Satellit die Erde in einem unterschiedlichen Winkel zu dieser gedachten Ebene. Das Resultat ist ein engmaschiges Netz aus Bahnen, sodass die Sendeantennen der auf ihnen fliegenden Satelliten letztlich jeden Punkt der Erde erreichen. »Die Satelliten fliegen quasi kreuz und quer durcheinander, dürfen sich aber nicht treffen. Also muss zu jedem Zeitpunkt ihre exakte Position bekannt sein und ihr Abstand zu allen benachbarten Satelliten – vor allem zu denjenigen, die als Nächstes ihre Bahn kreuzen. Um Zusammenstöße zu vermeiden, müssen alle diese Konstellationen vorausberechnet werden, um dann Ausweichmanöver auszuführen.« Der Knackpunkt: Dieser Kontrollaufwand steigt exponentiell mit der Zahl der Satelliten. Und damit erhöhen sich zugleich die Kosten sowohl für die notwendigen Satellitenlotsen als auch die Software, mit der diese das managen.

Noch komplizierter wird die Sache, wenn Satelliten ausfallen und nicht mehr steuerbar sind. Bei der großen Anzahl eines Schwarms wird das nicht einfach Pech sein, sondern ein statistisch berechenbarer Regelfall. Außerdem ist noch völlig unklar, was mit den erdnahen Satelliten am Ende ihrer Lebensdauer passiert, wenn die Treibstoff-Reserven aufgebraucht sind oder die Technik einfach ausfällt. »Bei den Satelliten im geostationären Orbit löst man das Problem, indem man sie meistens rechtzeitig in einen höheren Friedhofsorbit bringt«, so Ress. »Oberhalb des GEO ist ja praktisch nichts mehr los, da fliegen keine anderen Raumfahrzeuge. Bei Satelliten in einer Umlaufbahn von beispielsweise 1.000 Kilometer Höhe geht das aber nicht. Da ist nirgends ein passender Satelliten-Friedhof vorhanden.« Das bedeutet, dass irgendwann Tausende toter Satelliten unkontrolliert oder vielmehr unkontrollierbar durch den Raum fliegen. »Weltraumschrott ist heute schon ein großes Problem und wächst immer weiter«, meint Ress. »Erst recht, wenn jetzt Tausende von Satelliten in diesem vergleichsweise begrenzten Raumvolumen hinzukommen.«

Diese Aussicht hat unter anderem das Weltraumlagezentrum aufgeschreckt. Diese Bundeswehr-Einrichtung im niederrheinischen Uedem überwacht Objekte im erdnahen Orbit. Da die Bundeswehr selber eine Handvoll Aufklärungssatelliten betreibt, hat sie ein Interesse daran, dass diese unversehrt um die Erde kreisen. »Der erdnahe Weltraum ist durch eine Vielzahl an Objekten verschmutzt«, berichtet Gerald Braun den Teilnehmern der Nationalen Satelliten-Konferenz 2017 in Bonn. Braun ist der stellvertretende Leiter dieser Stelle, allerdings kein Soldat, denn er ist vom zivilen DLR entsandt. »Wir reden im Moment von zirka 17 Millionen Objekten. Im LEO haben wir die höchsten Verschmutzungsraten.« Braun spricht von Verschmutzung, weil der größte Teil dieser Teilchen schlichtweg Weltraumschrott ist. Die Experten nennen ihn Debris, also Trümmer. Das Problem dabei ist, dass von nur einem Teil dieser Objekte bekannt ist, wo und wie schnell er unterwegs ist. Auch im Katalogisieren von Debris sind die Amerikaner weltweit spitze. »Die haben noch aus dem Kalten Krieg ein Netz von Großradaren, mit denen sie kontinuierlich den erdnahen Orbit vermessen und katalogisieren«, sagt Braun. Derzeit kennen die amerikanischen Militärs Position und Geschwindigkeit von knapp 30.000 Objekte, welche die Erde umkreisen. Kommt ein Trümmerstück einem Satelliten nahe, wird dessen Betreiber alarmiert, sodass der sein Fahrzeug aus der Gefahrenzone manövrieren kann. Allerdings umfasst der Katalog der Amerikaner nur Objekte von mehr als zehn Zentimeter Durchmesser, mehr lässt sich derzeit nicht ausmachen. »Wünschenswert wären Objekte ab einem Zentimeter Größe«, meint Braun. Diese haben schon eine solche kinetische Energie, dass sie einen Satelliten vollständig zerstören können. Die Wirkung eines Aufschlags eines nur einen Zentimeter großen Teils auf einen Satelliten ist genauso, als würde man eine Handgranate reinlegen.«

Ursache sind für diese enorme Zahl an Trümmerstücken sind nicht nur ausgebrannte Raketen und alte Satelliten, sondern deren Reste nach Kollisionen und Explosionen. 2009 prallten ein russischer und ein amerikanischer Satellit aufeinander, beide wurden vollständig zerstört. Noch schlimmer war eine Machtdemonstration der Chinesen. Anfang 2007 schossen sie mit einer Rakete einen alten Wettersatelliten ab (nachdem zwei vorangegangene Versuche bereits gescheitert waren). Der folgenreiche Nebeneffekt: Die Explosion war die größte einzelne Verursachung für Weltraummüll und hinterließ ein Trümmerfeld aus geschätzt mehr als 1.000 Teilen mit mehr als zehn Zentimeter Durchmesser, etwa 40.000 Teilen mit bis zu zehn Zentimeter und Millionen Millimeter große Partikel. Sie ziehen nun in etwa 800 Kilometer Höhe für Jahrzehnte, wenn nicht Jahrhunderte als rasende Mikro-Geschoss-Wolke um die Erde. Tatsächlich soll eines der chinesischen Trümmerstücke einen russischen Satelliten getroffen und außer Gefecht gesetzt haben.[455] »Der unvorsichtige Satelliten-Test der Chinesen hat dazu geführt, dass die Zahl gefährlicher Objekte in kritischen Bahnhöhen von 500 Kilometern um mehr als 50 Prozent angestiegen ist«, so Braun. Fairerweise muss man erwähnen, dass die Amerikaner 1985 ebenfalls schon einen Satelliten mit einer Rakete abgeschossen haben.[456]

Die Gefahr ist nicht nur, dass vereinzelte Satelliten von Debris getroffen werden. Die Angst der Experten ist, dass es ab einer bestimmten Debris-Dichte zum sogenannten Kessler-Syndrom[I] kommt. Das bezeichnet eine Kettenreaktion, bei dem jedes Trümmerstück für eine Unzahl neuer Trümmer sorgt, bis der erdnahe Orbit einem gigantischen Trümmerfeld gleicht, in dem sich kein Raumfahrzeug mehr sicher bewegen kann. Es gibt Fachleute, die mutmaßen, dass eines Tages keine Raumfahrt mehr möglich ist, weil kein Gefährt die Erde verlassen kann, ohne mit Weltraumschrott zu kollidieren.

Das ist ein Problem mit Ansage und Braun wählt einen drastischen Vergleich, um die Fahrlässigkeit zu veranschaulichen, mit der es behandelt wird. »In 800 Kilometern Höhe haben wir natürliche Verweildauern von 100 Jahren«, so Braun. »Das sind ähnliche Größenordnungen, mit denen wir im Bereich der Klimaforschung zu tun haben. Auf UN-Ebene wurde Jahrzehnte über die Verschmutzung der Atmosphäre und Meere gesprochen. Man hat versucht, Vereinbarungen zu erzielen, um den CO_2-Ausstoß zu senken. Man wusste damals im wissenschaftlichen Umfeld schon, dass das, was heute in die Atmosphäre geblasen wird, Abbauzeiten von 50 bis 60, ja 100 Jahre hat. Das geschah also bereits unter dem Fragezeichen: ›Sind wir eigentlich noch schnell genug?‹. Genau dieselbe Frage muss man sich stellen, wenn man sich die Verweildauer von Objekten im erdnahen Orbit anschaut. Was wir da haben, das bleibt uns eine ganze Weile erhalten. Und bei den hohen Zahlen sehe ich derzeit technisch keine realistische Möglichkeit, die zehn Zentimeter großen Objekte zurückzuholen.« Das Problem nimmt mit steigender Höhe zu. »Gucken

---

I Nach seinem Schöpfer, dem Astronomen Donald J. Kessler.

sie in 1.000 bis 1.200 Kilometer Höhe, dann sind sie schon bei Verweildauern von 1.000 Jahren.«

Was also ohnehin bereits besorgniserregend klingt, dürfte durch die Aussicht auf mehr als 10.000 neue Satelliten nicht besser werden. »Wir haben bei der US Federal Communication Commission (FCC) nachgeschaut, welche Anträge für Mega-Konstellationen vorliegen und in welcher Bahnhöhe. Wir wissen zwar nicht, wie sich das entwickeln wird. Aber wir können jetzt schon sehen, dass allein die angemeldeten Satelliten den Two-Line-Element-Katalog, den wir als internationale Referenz für Objekte im LEO benutzen, verdoppeln würde.«

Die Satelliten von SpaceX haben etwa die Größe eines Mini Coopers und wiegen 385 Kilo, so Braun. Ihre Lebensdauer betrage fünf bis sieben Jahre. »Nach Ablauf der Mission ist ein Deorbiting binnen eines Jahres geplant. Das heißt, wir können etwa 1.000 mehr oder weniger unkontrollierte Wiedereintritte pro Jahr erwarten.« Damit die Satelliten wieder zurück in die Atmosphäre fliegen können, um dort zu verglühen, müssen die Satelliten-Betreiber einen Teil des kostenbaren Treibstoffs aufsparen. »Es wird gesagt, dass SpaceX 90 Prozent des Treibstoffs für das Deorbiting auf eine Höhe unterhalb von 500 Kilometer reserviert. Das ist in Ordnung, aber man muss bedenken, dass die Bahnhöhen um 500 Kilometer immer noch Verweildauern von über 20 Jahren aufweisen. Und diese Orbits sind die bevorzugten Aufklärungsorbits unserer militärischen Partner und unserer eigenen Satelliten.«

Doch selbst das löbliche Motiv, die Satelliten kontrolliert in die Erdatmosphäre zu lenken, ist nicht ohne Risiko. Denn die Satelliten von One-Web beispielsweise verfügen über einen modernen Elektroantrieb, mit dem sie sich nach dem Absetzen von der Rakete aus 500 Kilometer in ihren Zielorbit in 1.200 Kilometer hochschrauben. Nach dem geplanten Lebensende geht es nach dem gleichen Prinzip wieder Richtung Erde. Zwar arbeiten elektrische Antriebe überdurchschnittlich effizient, aber dafür beschleunigen sie nur sehr schwach. Die kühlschrankgroßen Satelliten bewegen sich also wahnsinnig schnell um die Erde herum, aber nur sehr gemächlich auf sie zu oder von ihr weg. Braun: »Da hat man einen sehr langsamen Durchgang durch die bereits stark verschmutzten 800- bis 900-Kilometer-Bahnen. Das Risiko beim Installieren der Konstellation ist relativ hoch, genauso wie der Abstieg beim Deorbiting.« Dazu kommen noch die Reste der Raketen, die alle diese Satelliten ins All transportieren.

Die Weltraumspäher rechnen damit, dass sich die Objektdichte durch die geplanten Konstellationen in den 800- und 1.200-Kilometer-Umlaufbahnen vervielfachen werden, selbst wenn nicht alle verwirklicht werden. »Wenn man die elektrisch hochspiralenden und absteigenden Satelliten zusammennimmt, dann wird es relativ dicht werden«, so Braun. Das dürfte nicht nur dem US-amerikanischen Militär und den Soldaten im Weltraumlagezentrum Sorgen bereiten, sondern auch den Managern von OneWeb.

Dabei planen noch nicht einmal alle Betreiber so großzügig mit ihrem Treibstoff. Denn diesen für einen kontrollierten Absturz zu reservieren, verringert die Lebensdauer der Satelliten und damit auch die Rendite, die sie erwirtschaften sollen. Zwar sind Satelliten-Betreiber bisher dazu noch nicht gesetzlich verpflichtet, doch das könnte sich schon bald ändern. Aber selbst eine entsprechende Vorschrift wäre noch nicht die endgültige Lösung. Braun: »Selbst wenn ein Prozent der Deorbiting-Aktivitäten fehlschlägt, werden wir ein enormes Problem bekommen.« Für die Besatzung der ISS hat Debris bereits jetzt Konsequenzen. Wenn ein Stück Weltraumschrott der ISS zu nahekommt, müssen die Astronauten sich gelegentlich in die angedockte Sojus-Kapsel flüchten, die als Rettungsboot dient. Dort müssen sie ausharren, bis die Gefahr vorbeigeflogen ist.

Für die Besatzung der ISS hat Debris bereits jetzt Konsequenzen. Wenn ein Stück Weltraumschrott der ISS zu nahe kommt, müssen die Astronauten sich gelegentlich in die angedockte Sojus-Kapsel flüchten, die als Rettungsboot dient. Dort müssen sie ausharren, bis die Gefahr vorbeigeflogen ist.

TEIL 3 – KABALE UND LIEBE – NEWSPACE UND DIE NASA

1 Ohne NASA geht es nicht

»Ohne die NASA wären wir nicht das Unternehmen, das wir heute sind.«

Gwynne Shotwell, Präsidentin von SpaceX

Mission accomplished

Kurz bevor der Mars-Rover Curiosity acht Monate nach dem Start auf dem Mars aufsetzen soll, ist den Missionsanalysten im Kontrollraum auf den ersten Blick gar nicht anzumerken, unter welchem Strom sie stehen. Lediglich der leitende Ingenieur Adam Steltzner tigert ein paar Meter auf und ab, der Rest sitzt scheinbar unbewegt vor seinen Monitoren und überprüft die Daten, die mit fast 14-minütiger Verzögerung vom Mars einlaufen.[457] Curiosity ist 248 Millionen Kilometer von der Erde entfernt, und so lange dauert es, bis das Signal am Jet Propulsion Center in Pasadena eintrudelt. Das bedeutet aber auch, dass die Missionsanalysten nicht viel machen können, falls die Kapsel mit dem Rover darin einen Fehler melden sollte. Bis sie darauf reagieren können, ist ja schon eine halbe Stunde vergangen, weil die Antwort noch zurück zur Sonde reisen muss. Die Chance ist also nicht gering, dass Curiosity bis dahin längst zerschellt ist. Die Mission hat mehr als zweieinhalb Milliarden Dollar gekostet und die Erwartung an Curiosity ist hoch. »Parachute deployed«, meldet die Kommunikation aus dem Off, die Fallschirme sind raus. Klatschen, ein kurzer Jubel mit hochgereckten Fäusten und verhaltenen Yeah-Schreien. Die Spannung entlädt sich für einen Augenblick, als die Sonde wieder einen Meilenstein hinter sich gebracht hat. »We are ready for skykrane«, meldet der Kommunikator. Curiosity macht sich für den letzten und kniffligsten Teil seiner Reise fertig. Um nicht hart am Schirm aufzusetzen, soll der Rover ganz sanft, vom raketengetriebenen Landegefährt gehalten, am Seil zum Marsboden schweben. Dann: »We're safe on Mars!« Die Ingenieure fliegen aus den Sesseln, fallen sich in die Arme, schreien, wischen sich Tränen aus den Augen. Der Kampf gegen die Härten des brutalen Starts, die Eiseskälte des Weltraums, unentdeckte Konstruktions- und Software-Fehler, gegen menschliches Irren aller Art – gewonnen. Die eigentliche Mission von Curiosity kann beginnen, die Erforschung des Mars.

Eine Szene, wie sie die NASA und ihre riesige Öffentlichkeitsabteilung gern sieht. Die Begeisterung für die erfolgreiche Landung auf dem Mars 2012 war und ist riesengroß, denn Curiosity ist nach wie vor unterwegs.[458] Der Rover ist der Superstar unter den extraterrestrischen Robotern und spielt mit Hubble und den Voyager-Sonden in einer Liga.

Und dennoch hat Curiosity für die NASA einen weiteren, fast unbezahlbaren PR-Erfolg errungen, allerdings gänzlich ungewollt. Denn während die Missionsspezialisten ihre Daten kontrollierten, entdeckten die Kameras der Fernsehsender im Kontrollraum den System-Ingenieur Bobak Ferdowsi mit Irokesenschnitt und gefärbtem Resthaar im Stile der US-Flagge. »Wer oder was ist das denn?«, fragten sich nicht nur die Journalisten. In den darauffolgenden Stunden und Tagen rollte eine Meme-Welle durchs Internet, in der die NASA und Ferdowsis steiler Iro in unzähligen manipulierten Bildern auf die Schippe genommen wurde. Ferdowsi, ein attraktiver Sonnyboy Jahrgang 1979, erhielt Heiratsanträge[459] und zählte Zehntausende neue Follower bei Twitter (inzwischen sind es über 100.000).[460] Der Internet-Hype wäre Episode geblieben, hätte nicht Präsident Obama einige Tage später beim Jet Propulsion Center angerufen, um dem Landeteam zu gratulieren. Dabei kam er zudem auf Ferdowsi zu sprechen. »Wie ich gehört habe, arbeitet hier ein Typ mit einem Irokesenschnitt (»Mohawk Guy«) für die Mission. Ich habe selbst schon darüber nachgedacht, mir einen zuzulegen, aber mein Team hat mich bis jetzt davon abgehalten. Jetzt, wo er schon Heiratsanträge bekommt und Tausende Twitter-Follower, werde ich mich noch mal mit meinen Leuten besprechen, ob es nicht doch Sinn macht.« [461] Damit war Ferdowsi von allerhöchster Stelle zum Mohawk Guy und zum hippen Symbol einer neuen NASA geadelt.[I]

I Im selben Kontrollraum saßen übrigens noch zwei weitere ungewöhnliche Erscheinungen, die es zu Medienruhm gebracht habe. Adam Steltzner, ein Entwickler des skykrane-Landesystems, wurde als NASA-Rock'n'Roll-Ingenieur betitelt, weil er Ohrringe, Schuhe aus Schlangenleder und eine Elvis-Tolle trägt. Und der Attitude Control Ingenieur Steve Collins, seit 20 Jahren am Jet Propulsion Center, geistert wegen seiner langen, zerzauselten Haare als NASA-Hippie durchs Netz. http://www.neatorama.com/2012/09/28/Now-Thats-Rocket-Science-An-Interview-with-JPLs-Steve-Colli/

Denn Barack Obama, zweifellos ein begnadeter Entertainer, hatte noch eine weitere Botschaft und die gab der belanglosen Angelegenheit eine Bedeutung. »Es sieht so aus, als hätte die NASA einen weiten Weg hinter sich gebracht, von (den Ingenieuren mit) weißen Hemden, gerahmten Brillen und Pocket Protectoren.[I] Ihr Jungs seid ein wenig cooler, als ihr mal gewesen seid.« Damit hatte Obama indirekt etwas zugegeben, was er vermutlich direkt niemals gesagt hätte. Nämlich, dass die NASA im Ruf steht, ein nicht besonders zeitgemäßer Haufen Nerds zu sein. Und Ferdowsi verkörpert zumindest oberflächlich einen von der Regierung gewünschten Wandel der NASA. Diese Tatsache war ihm vermutlich sogar bewusst, wenn auch nicht ganz geheuer. In einem Interview verriet er, dass er seinen Chef zuvor gefragt hatte, ob der mit seiner Frisur einverstanden wäre. Der sagte: »Bobak, du bist ein Rebell, und Rebellen fragen nicht, ob etwas okay ist oder nicht. (...) Es braucht alle möglichen Typen, um einen Rover auf dem Mars zu landen. Ich hoffe, wir werden am Ende alle nach unserer Leistung beurteilt.«[462]

Fixstern für NewSpace

Dieser unfreiwillige PR-Gag dürfte die NASA insgeheim gefreut haben. Denn die 60 Jahre alte NASA möchte als Institution erscheinen, die in der neuen Zeit angekommen ist und ihre Finger am Puls der Zeit hat. Die Behörde mit ihren etwa 17.000 Mitarbeitern und 18 Milliarden Dollar Budget steht permanent unter dem Druck, ihre Arbeit, Ziele und ihr Budget zu rechtfertigen. Daher spielt die Anpassung an die politischen Gegebenheiten bei der NASA eine große Rolle, und derzeit hat sie unter anderem den Auftrag, der kommerziellen Raumfahrt den Weg zu ebnen – technologisch, logistisch und auch finanziell. Keinesfalls kann es ihr Ziel sein, als Bremser zu erscheinen, denn das würde ihre Deutungshoheit in vielen Bereichen zumindest gefährden. Schließlich ist die NASA keine selbstständige Organisation, sondern eine weisungsgebundene Behörde, die ihr Geld jährlich

I Pocket Protector sind kleine Kunststoffhüllen, die man sich in die Brusttasche des Oberhemds stecken kann, damit Kugelschreiber oder Bleistifte sie nicht beschmutzen können. Dieses typisch amerikanische Accessoire wurde häufig von Ingenieuren benutzt, ihre Träger sind heute Sinnbild des Technik-Nerds.

vom amerikanischen Kongress zugewiesen bekommt. Für die kommerzielle Raumfahrt und damit für NewSpace-Unternehmen sowie für Raumfahrt-Milliardäre wie Musk und Bezos ist die NASA der Fixstern am Himmel der potenziellen Geldquellen. Die Behörde verteilt ihr Budget ja nicht nur an ihre Forschungszentren, sondern auch an ihre Vertragspartner aus der privaten Raumfahrt-Industrie. Um zu verstehen, wie in Amerika und überall auf der Welt die kommerzielle Raumfahrt funktioniert, ist es wichtig zu sehen, welche Rolle die NASA sowie die US-Regierung und das mächtige US-Verteidigungsministerium dabei spielen.

Die Raumfahrt in Amerika ist seit ihrem Bestehen gefangen im vibrierenden Spannungsfeld dieser staatlichen US-Institutionen, deren Interessen manchmal haarsträubend auseinanderdivergieren. Doch lässt sich über die Jahrzehnte hinweg eine klare Entwicklung hin zur Kommerzialisierung der Raumfahrt herauslesen, früher mit weniger, heute mit zunehmend mehr Erfolg. Denn während die NASA zu Beginn keinen privaten Partner auf Augenhöhe duldete, hat die Regierung sie in den vergangenen 30 Jahren mit zahlreichen Gesetzen immer mehr dazu verdonnert, selbst zum Förderer der privaten Raumfahrt zu werden. Für den Riesen-Organismus NASA war es nicht immer ganz einfach, die politischen Schwenks ihrer Auftraggeber und Direktoren konsequent mitzugehen. Als wissenschaftliche Organisation mit vielen hellen Köpfen verfolgt sie naturgemäß eigene Ziele und hat sich manchmal erstaunlich erfolgreich gegen die Forderungen ihrer Regierung gewehrt.

Ihre Privatisierungsversuche konterkarierte die US-Regierung selbst, indem sie ihrer eigenen Weltraumbehörde lange Zeit einen teuren Klotz ans Bein band: das Spaceshuttle. Es hemmte jahrelang die Entwicklung konkurrenzfähiger Systeme, sogar als Europa mit einem deutlich preiswerteren System an den Start ging: der Ariane-Rakete. Erst das Ende der Shuttles und die von amerikanischen Raumschiffen verwaiste ISS markierte die lang erhoffte Chance der neuen privaten Raumfahrer. Bis dahin war ein System aus gegenseitigen Abhängigkeiten entstanden, das seine Gegner als OldSpace bezeichnen. Zunächst also ein Blick auf dessen Ursprünge. Sie machen deutlich, dass es keineswegs selbstverständlich ist, wenn heute reiche Privatleute mit ihrem eigenen Geld Raumschiffe bauen, und dass auch ein Elon Musk sehr wahrscheinlich gescheitert wäre, hätte er SpaceX zehn Jahre früher gegründet.

Treibstoff für das Rennen im All

Als Wernher von Braun einmal gefragt wurde, ob es für die Mondmission nicht sinnvoller sei, wenn die USA und die Sowjetunion kooperierten, antwortete er angeblich: »Wenn Amerikaner und Russen zusammenarbeiten würden, gäbe es überhaupt kein Mondprogramm!«[463] Was er damit sagen wollte: Konkurrenz belebt das Geschäft. Wobei es hier um die Konkurrenz politischer Systeme ging. Es gilt als gesicherte Erkenntnis, dass die Amerikaner ohne die Sowjetunion als Antagonisten sicher nicht umgerechnet mehr als 100 Milliarden Dollar[I] [464] ausgegeben und mehr als 400.000 Menschen beschäftigt hätten, um den ersten Menschen auf den Mond und wieder gesund zurück auf die Erde zu bringen, wie Kennedy 1961 angekündigt hatte.[II] [465]

Die Konkurrenz der Supermächte war also der Hauptgrund für den Beginn der zivilen Raumfahrt. Ein paar Jahrzehnte zuvor gab es die noch gar nicht. Während des Zweiten Weltkrieges meinte man Bombe, wenn man Rakete sagte.[466] Die Generäle in aller Welt und vor allem im Deutschland der Nationalsozialisten hatten schnell gelernt, dass sich Großraketen nicht nur in den Himmel, sondern auch auf weit entfernte Gegner schießen lassen. Die Siegermächte nutzten anschließend die hoch entwickelte deutsche Technik für die Entwicklung ihrer Atomraketen, die wiederum Grundlage der ersten zivilen Raumfahrzeuge waren. Der erste amerikanische Satellit Explorer 1 und der erste Mercury-Astronaut Alan Shepard reisten auf der modifizierten Mittelstreckenrakete Jupiter C ins All. Weil die zweisitzigen Gemini-Kapseln deutlich schwerer waren, wählte die NASA anschließend die schwere Titan-II-Atomrakete als Träger. Diese

---

I Die Kosten der Apollo-Missionen beschäftigt die Gemüter noch heute. Der Kongress stellte 1973 fest, Apollo habe 25,4 Milliarden US-Dollar gekostet. Je nachdem, in welchem Jahr der Berechnungszeitraum startet und was man mit einrechnet, schwanken die Zahlen auf heutige Dollar umgerechnet zwischen 109 (1959–1973, Berechnung von 2010) und 170 Milliarden Dollar (Berechnung von 2005). Interessanterweise waren einmal sieben Milliarden Dollar veranschlagt, heute etwa knapp 60 Milliarden Dollar.

II »First, I believe that this nation should commit itself to achieving the goal, before this decade is out, of landing a man on the moon and returning him safely to the earth. No single space project in this period will be more impressive to mankind, or more important for the long-range exploration of space; and none will be so difficult or expensive to accomplish.« Präsident John F. Kennedy vor dem US-Congress am 25. Mai 1961.

sollte im Kriegsfall die Bunkeranlagen der Sowjets zerstören und wurde erst 1987 ausgemustert.[I] Die zivile Raumfahrt reiste also quasi huckepack auf der Atombombe in den Raum.

Der Höhepunkt des Rennens der Supermächte ins All markiert für viele Raumfahrt-Anhänger im Nachhinein den Beginn eines anhaltenden Niedergangs der Raumfahrt. Damals waren die Menschen zwar überzeugt, die Mondlandung wäre der Aufbruch in eine Raumfahrt-Epoche. Doch mit dem ersten Schritt im lunaren Staub war der Wettstreit der Nationen entschieden, und so erlosch der Antrieb, sich mit der bisherigen Intensität im Raum zu engagieren. Der Kalte Krieg war damit noch lange nicht vorbei, aber Nixon suchte Entspannung mit der kommunistischen Welt. Der Wettlauf im All hatte als Schlachtfeld der technologischen Leistungsfähigkeit ausgedient.[467] Zudem waren die fetten Jahre der Nachkriegszeit vorbei. Die Weltwirtschaft kämpfte mit Problemen, der US-Dollar mit Inflation, und der Vietnamkrieg belastete den Haushalt[468], weshalb schon Präsident Lyndon B. Johnson begann, das NASA-Budget zu kürzen, und sein republikanischer Nachfolger Richard Nixon die Apollo-Missionen sogar vorzeitig beendete.[II] Die zivile Raumfahrt war reduziert auf ein akademisches Interesse und auf den überschaubaren Markt der Satelliten-Kommunikation. Trotz vereinzelter Budget-Spitzen hat die NASA nie wieder ihre alte Bedeutung erlangt, jedenfalls gemessen an den ihr zugestandenen Mitteln. Zur Hochzeit der Apollo-Missionen machte das NASA-Budget mehr als vier Prozent des Staatshaushaltes aus, 1966 waren das etwa 45 Milliarden heutige US-Dollar. Danach sank es bis 1975 auf unter ein Prozent. Heute ist es etwa ein halbes Prozent.[469]

Dennoch ist die NASA mit etwa 19 Milliarden Dollar Budget (2016) die reichste Raumfahrt-Agentur der Welt. Die USA geben mit Abstand von allen Staaten am meisten Geld für Raumfahrt aus. 2016 waren es 44 Milliarden Dollar[470], etwa 1,1 Prozent[471] ihres Haushaltsbudgets.[III] Das ist mehr,

---

I Weiterentwicklungen der Titan beförderten später gegen Geld auch kommerzielle Lasten. Weil die Titan-Raketen so teuer waren, aber ohne besonderen Erfolg.

II Die NASA-Historikerin Joan Lisa Bromberg unterstellt ihm sogar die Gemeinheit, das Apollo-Programm unter anderem deswegen gekürzt zu haben, weil er es mit Kennedy identifizierte, der ihn in den Präsidentschaftswahlen von 1960 besiegt hatte.

III Etwa 25 Milliarden wurden über das US-Verteidigungsministerium für Raumfahrt-Aktivitäten ausgegeben.

als alle anderen Regierungen zusammengenommen für Raumfahrt ausgeben, und ein Siebtel aller Umsätze weltweit. Der Raumfahrt-Markt hat insgesamt eine gewaltige Dimension angenommen – 2016 wurden weltweit umgerechnet etwa 330 Milliarden Dollar umgesetzt, umgerechnet 273 Milliarden Euro, davon waren drei Viertel kommerzieller Natur.[472] In diesen 253 Milliarden Dollar sind allerdings Geldflüsse enthalten, die mit tatsächlicher Raumfahrt nicht unbedingt direkt zu tun haben, beispielsweise die Verträge großer Telekommunikationsunternehmen mit den Satelliten-Betreibern.

Mit insgesamt 76 Milliarden Dollar, umgerechnet 63 Milliarden Euro, spielen die staatlichen Budgets vor allem bei der Entwicklung von Raketen und Raumschiffen daher die entscheidende Rolle bei der zukünftigen Entwicklung der Raumfahrt. In Europa gibt es mit der Ariane 5 bisher nur einen großen Launcher. Zwar wird sie verhältnismäßig erfolgreich kommerziell vermarktet, aber entwickelt wurde sie mit den Geldern der Europäischen Weltraumagentur ESA, die ihr Budget wiederum von den Mitgliedsstaaten erhält. Auch die russischen und asiatischen Großraketen sind allesamt staatliche oder staatlich finanzierte Entwicklungen.

Der größte Teil der privaten Raumfahrt-Unternehmen, die sich mit Raumtransport beschäftigen, OldSpace wie NewSpace, lebt also im Wesentlichen von staatlichen Aufträgen. Um zu sehen, wohin die Reise von NewSpace geht, zumindest im Raketenbau, wirft man also am besten einen Blick auf die NASA und das amerikanische Verteidigungsministeriums, die zwei größten Auftraggeber der amerikanischen Raumfahrt-Industrie, und ihr Verhältnis zur kommerziellen Raumfahrt.

2 Im Bett mit der NASA

»Die Unternehmer in der Raumfahrt sind die Säugetiere. Und der industriell-militärische Komplex – also Boeing, Lockheed, NASA – das sind ganz klar die Dinosaurier.«

Peter Diamandis, ein Jahr nach dem Flug des SpaceShipOne

Legenden im Kreuzfeuer

Es ist schon erstaunlich, wie manche Amerikaner mit den Flaggschiffen ihrer Hightech-Industrie umgehen. OldSpace nennen sie Boeing und Lockheed Martin und Northrop Grumman – alles Giganten der Luft- und Raumfahrt, die das Rückgrat der nationalen Verteidigung bilden. Sie beherrschten jahrzehntelang die Welt der Verkehrsflugzeuge mit fliegenden Legenden wie dem Jumbojet und der markanten L-1011 TriStar mit einer dritten Turbine im Leitwerk. Diese Firmen haben im Auftrag der NASA außerdem die Stars der Raumfahrt gebaut. Aus ihren Hallen stammen die Mondrakete Saturn und die Apollo-Kapsel, das Spaceshuttle, große Teile von ISS und Hubble. Es wird ihnen nicht gedankt. Für viele Jünger der neuen Raumfahrt gehören diese Riesen zu einer ineffektiven und überteuerten Raumfahrt, die sie nicht als privat ansehen, sondern bestenfalls halbstaatlich – mit all ihren Konsequenzen: Sie lägen im Bett mit der NASA, zeigten zu wenig Eigeninitiative und seien abhängig von staatlichen Geldern. Interesse, diese Abhängigkeit zu überwinden, hätten sie auch gar nicht, weil sie sowieso nicht konkurrenzfähig seien. Zweifellos sind Staat und Raumfahrt-Wirtschaft eng miteinander verflochten. Zu Beginn war das allerdings erstens von der US-Regierung so gewollt, und zweitens gab es außerdem niemand anderen als die Regierung, der für ein Raumschiff bezahlt hätte. Es gab ja noch nicht einmal die zivile Raumfahrt. Die Grundlage für die enge Verbindung wurde nach dem Krieg gelegt, als Washington im aufziehenden Kalten Krieg so schnell wie möglich eine funktionierende Raumfahrt beziehungsweise Raumfahrt-Industrie aufbauen musste, koste es, was es wolle. Die Sowjets hatten ihre Atombombe gezündet und Raketen entwickelt, welche die USA erreichen konnten.

Nun ging es darum, den ersten Satelliten und den ersten Menschen in den Weltraum zu bringen. Raumfahrt war eine reine Staatsangelegenheit und von allerhöchster Dringlichkeit. Die Unternehmen, die seit den 50er-Jahren Raumfahrzeuge bauen, hatten daher lange Zeit nur einen einzigen Auftraggeber: den Staat. Gerade in den Anfangsjahren war die Zahl der Unternehmen überschaubar, die größere Projekte wie Mercury und Gemini stemmen konnten. Manche Unternehmen kamen zur Raumfahrt wie die Jungfrau zum Kinde. Die Thiokol Chemical Company produzierte anfangs Dichtungsmittel, bis das kalifornische Jet Propulsion Center entdeckte, dass Thiokols Produkt sich zudem wunderbar zum Stabilisieren von Feststoff-Treibstoffen eignete. Traurige Bekanntheit erlangte Thiokol als Hersteller der Spaceshuttle-Booster, weil es als Hauptschuldiger für das Challenger-Unglück ausgemacht wurde.[I]

Weil einige Projekte so anspruchsvoll waren, taten sich manchmal selbst Konkurrenten zusammen, um bei bedeutenden Ausschreibungen ein gemeinsames Angebot abzugeben. Selbst die Verlierer einer Ausschreibung bedachte die NASA als untergeordnete Vertragspartner mit Aufträgen. Als North American Rockwell den Hauptauftrag für den Spaceshuttle-Orbiter erhielt, sorgte die NASA dafür, dass die unterlegenen Unternehmen ihren Teil bekamen. Grumman sollte die Flügel bauen, Fairchild Industries die Heckflosse, General Dynamics Convair einen Teil des Rumpfs und McDonnell Douglas das Lagekontrollsystem für die Schwerelosigkeit.[473] Selbst Unternehmen, die sich gar nicht an der Ausschreibung beteiligt hatten, bekamen Aufträge. Martin Marietta baute den Außentank nur deshalb, weil NASA-Chef James C. Fletcher dem Unternehmen geraten hatte, sich dafür zu bewerben. Der Grund war einfach: Es sollten möglichst viele Unternehmen Raumfahrt-Know-how aufbauen.

Der Deal: Fixpreis plus Marge

Zu diesem denkbar wenig marktwirtschaftlichen Prinzip kam für Boeing & Co. ein komfortabler Deal. »Bis mindestens in die 80er-Jahre galt bei den meisten Projekten in der westlichen Raumfahrt das *Cost+*-Prinzip«,

I Inzwischen ist das Unternehmen in Orbital ATK aufgegangen.

erläutert Rüdiger Ress, ehemaliger Projektleiter bei Airbus und unter anderem für das europäische Versorgungsmodul ATV der ISS verantwortlich. »Der Auftragnehmer bekam von den Raumfahrt-Agenturen alle belegbaren Kosten ersetzt, plus eine vorher festgelegte Gewinnmarge. Das war für die Raumfahrt-Firmen natürlich ein Goldesel, wenn es gelang, den Agenturen eine bestimmte Sache als unbedingt notwendig zu verkaufen.« Das war angesichts der wenigen Anbieter in der Raumfahrt meistens kein Problem. »Später kam dann das Festpreisprinzip, wobei alle zu erbringenden Leistungen am Anfang exakt fixiert werden. Darauf darf dann eine festgelegte Gewinnmarge erhoben werden, bei der ESA waren es beispielsweise acht Prozent. Aus denen haben die Firmen dann ihren Forschungsetat bezahlt.« Je höher also der vereinbarte Preis, umso höher der Gewinn. Robert Zubrin schreibt in seinem Buch »Mars Direct: Space Exploration, the Red Planet, and the Human Future«, dass während seiner Zeit bei Lockheed Martin Astronautics unter den dortigen Ingenieuren der Witz kursierte, der Verwaltungs-Overhead sei das wichtigste Produkt des Unternehmens. Als Beispiel vergleicht Zubrin die Mitarbeiterzahlen von Lockheed Martin Astronautics in Denver und von SpaceX im Jahr 2013, 15.000 gegen 1.700 (heute sind es etwa 4.000), wobei allerdings die Zahl Mitarbeiter, die tatsächlich konstruieren und bauen, mit etwa 1.300 die gleiche sei.[474]

Ob sich das Produkt langfristig verkauft, spielte für die Auftragnehmer keine entscheidende wirtschaftliche Rolle. Dann wurde die Produktion eben eingestellt; gerechnet hatte es sich bereits, denn die Entwicklung war ja im Preis enthalten. Oder noch besser: Das Produkt wird mangels Alternativen und aus politischen Motiven gekauft, obwohl es erwiesenermaßen überteuert ist, wie es für Boeings Schwerlastrakete Delta IV der Fall ist. Falls die Rechnung nicht aufgeht, schießt der Staat im Zweifelsfall nach, um nicht das gesamte Projekt und die bereits getätigten Investitionen zu gefährden. Dahinter stehen häufig militärische Gründe. Das amerikanische Verteidigungsministerium braucht für seine superteuren Spionagesatelliten zuverlässige und schwere Transporter und lässt sich diese etwas kosten. Marktwirtschaftliche Prinzipien, die normalerweise Unternehmen dazu anhalten, wirtschaftlich zu denken und zu haushalten, sind in diesem Kraftfeld aus Politik, nationaler Sicherheit und technologischem Flaschenhals weitgehend außer Kraft gesetzt. Für die

Unternehmen war dieses System äußerst lukrativ, weil es nur geringe wirtschaftliche Risiken bedeutete.

Strafe und Belohnung

Zu der gegenseitigen Abhängigkeit kam ein ebenso enges Netz aus Kontrollen, das beide Seiten quasi verschmelzen ließ. Die Unternehmen mussten strikt die Vorgaben ihrer Auftraggeber umsetzen. Auf Deutsch hört es sich etwas seltsam an, doch im NASA-Sprachgebrauch ist davon die Rede, die privaten Vertragspartner hinsichtlich Design und Entwicklung zu »penetrieren«.[475] Heißt: Alle Prozesse beim Bau eines Raumfahrzeugs sollten im Detail von NASA-Ingenieuren überwacht werden. Ein schönes Beispiel für das Ausmaß dieses Big-Brother-Prinzips stammt aus der Zeit des Vanguard-Projekts, das den ersten US-Satelliten ins All bringen sollte. Im Team der Glenn L. Martin Company, des Unternehmens, das die Rakete baute, arbeiteten etwa 300 Leute. Diese wurden wiederum von einem Team von 180 Mitarbeitern des Naval Research Laboratory (NRL), davon fast 60 Ingenieure beaufsichtigt.[476] Die 2015 verstorbene NASA-Historikerin Joan Lisa Bromberg beschreibt in ihrem Buch »NASA and the Space Industry«, wie genervt die Martin-Mitarbeiter von ihren Aufpassern waren: »Martin sah das NRL deshalb als Nest von Leuten an, die darauf aus waren, Zeit damit zu verschwenden, die Gründe für jeden Misserfolg oder Erfolg zu analysieren, immer darauf erpicht, das ›besser‹ dem ›gut genug‹ vorzuziehen«. Dieses Beispiel macht die natürliche Bruchlinie deutlich zwischen einer nach technischer Perfektion strebenden Ingenieurs-Gilde und den nach unternehmerischen Prinzipien agierenden Vertragspartnern. Bromberg beschreibt zudem, wie noch 20 Jahre später ein Manager von North American Aviation über die NASA-Ingenieure dachte. »Am Apollo-Programm zu arbeiten war, wie die Pyramiden zu bauen, (...) kein Himmel war zu hoch, nichts war gut genug.«[477] Das bedeutet, dass die staatlichen Stellen ihre industriellen Partner quasi in die Rolle hineingezwungen haben, die man etablierten Raumfahrt-Unternehmen heute gern vorwirft.

Dazu gehört zweifelsohne unter anderem der mangelnde Wille, mit Neuem zu experimentieren. Doch auch hier ist womöglich ein Quasi-Verhalten verantwortlich, das die Regierung ihren Vertragspartnern wie einem ungezogenen Kind antrainierte. Wenn die NASA beispielsweise ein Raumschiff bauen lassen wollte, entwickelten ihre Ingenieure erst einmal eigene Ideen, damit sie wussten, was das neue Gefährt alles können musste. Diese Vorgaben sollten dann die privaten Raumfahrt-Unternehmen als Grundlage für eigene Vorschläge nutzen. Mit der Zeit stellte sich aber heraus, dass die NASA gern Vorschläge auswählte, die sich so eng wie möglich an die ursprünglichen eigenen Ideen hielten. Besonders ausgefallene Entwürfe wurden seltener berücksichtigt und damit indirekt bestraft. Laut Bromberg nannte man die Konzepte in der Branche jeweils »responsive« oder »arrogant«. »Responsive« bedeutete, das Unternehmen ging auf die Vorgaben der NASA ein und entwickelte eng daran weiter. »Arrogant« war ein Konzept, wenn es die Vorgaben in den Wind schoss und mit eigenen Ideen den Eindruck vermittelte, seine Ingenieure wüssten besser, wie man ein Raumfahrzeug baut als die NASA.[478]

So ein Belohnungssystem hat natürlich Konsequenzen, erwünschte wie unerwünschte. Die NASA bekam, was sie wollte. North American, wegen eines »arroganten« Konzepts für die Mercury-Mission noch leer ausgegangen, brachte seine Strategie für Apollo voll auf Linie. Der Leiter der Raumfahrt-Abteilung von North American, Harrison Storms, bestand darauf, einen gänzlich »responsiven« Entwurf abzugeben, weil er meinte, den zuständigen NASA-Ingenieur Maxime Faget und seine Vorstellungen genau zu kennen. Bromberg lässt Storms berichten, wie eng dieser die NASA-Vorgaben umsetzen wollte. »Faget war ein egozentrisches Genie mit sehr genauen Vorstellungen, wie das Endprodukt aussehen sollte. Max hatte schon die Struktur der Mercury-Kapsel persönlich entworfen und jedem eingetrichtert, und alles deutete darauf hin, dass er es mit Apollo genauso halten würde.« Der Vorschlag sollte die Vorstellung der NASA, wie das Raumschiff auszusehen hatte, »wie ein Spiegel reflektieren«. So war es, und North American gewann völlig unerwartet den Auftrag vor der favorisierten Martin Company.

Der tragische Epilog der Geschichte: Trotz der hohen Qualitätsansprüche verbrannten beziehungsweise erstickten die drei Astronauten von Apollo 1 während eines Tests, da ein Kurzschluss in der Sauerstoff-Atmosphäre im Inneren der Kapsel binnen Sekunden ein flammendes Inferno verursachte, welches die Kapsel sogar aufsprengte. Die NASA zeigte mit dem Finger auf North American, welches Harrison Storms als Bauernopfer feuerte, um den Vertrag nicht zu verlieren. Zum Start von Apollo

11 wurde Storms nicht nach Cape Kennedy (heute heißt es wieder Cape Canaveral) eingeladen, und auch die Landung schaute er sich wie ein gewöhnlicher Mensch an: vor dem Fernseher und zu Hause.[479]

Dies ist eine stark gekürzte Wiedergabe des Unternehmenswettstreits um das Apollo-Raumschiff, und die Frage ist, was diese historischen Vorgänge mit dem NewSpace von heute zu tun haben. Ganz einfach: Dieser Aspekt macht auf ein Problem aufmerksam, dass immer dann entsteht, wenn die Regierungsinstitutionen glauben, nur sie seien im Besitz der Wahrheit. Denn mit diesem System verhinderte die NASA jahrzehntelang, dass womöglich innovativere und bessere Ideen aus den zweifellos kompetenten privaten Unternehmen in die Raumfahrt flossen. Unternehmen, die von der NASA Aufträge erhalten wollten, passten sich besser an sie an, als mit kühnen Innovationen zu glänzen.

Der Übergang von der totalen NASA-Dominanz zu mehr unternehmerischer Verantwortung bei der technischen Entwicklung begann langsam in den 1970ern, beschleunigte sich in den 80ern und fand seinen Höhepunkt in den 90er-Jahren. Bei Apollo hatte die NASA noch die volle Kontrolle über jedes Detail. Bei Entwicklung und Bau des Shuttles musste sie ihren industriellen Partnern deutlich mehr Freiheit geben. Das Gleiche passierte bei der Raumstation. Der damalige NASA-Direktor Daniel Goldin war zuvor ein führender Manager des Satelliten-Herstellers TWA gewesen und kannte sich in der Welt der Privatwirtschaft aus. Goldin vergab die Entwicklung an Boeing als Hauptvertragspartner und sorgte dafür, dass anstatt geplanter 3.000 nur noch 1.300 NASA-Mitarbeiter ihren Bau überwachten. Bromberg schreibt dazu: »Boeing wandte betriebswirtschaftliche Praktiken an, um finanzielle Kontrolle zu straffen und zu realistischeren Kosteneinschätzungen zu gelangen.«[480] Das NASA-Kontrollsystem hatte endgültig ausgedient. Die NASA hat sich in den vergangenen Jahrzehnten also enorm gewandelt, und zwar nicht nur was die Frisuren ihrer Mitarbeiter betrifft. So stark der Drang lange Zeit war, kommerzielle Partner an der kurzen Leine zu führen und die Kontrolle über die zivile Raumfahrt in den USA zu behalten, so beharrlich drängten verschiedene US-Regierungen die NASA, eben dies zu tun. Bromberg schreibt. »Es ist bemerkenswert, wie langsam die Dinge sich in den ersten drei Jahrzehnten geändert haben, verglichen zu der Zeit von Goldin.«[481]

Allerdings fehlte Unternehmen wie Boeing im Vergleich zur NASA bis in die 90er-Jahre immer noch etwas, um als wirklich eigenständige Raumfahrt-Akteure zu gelten: die Hoheit über Rakete und Startrampe.

OldSpace darf nicht auf die Rampe

Ein entscheidendes Kriterium, warum die Raumfahrt-Unternehmen der ersten Stunde nicht als selbstständige Akteure in der Raumfahrt gelten – ganz im Gegensatz zu SpaceX, Blue Origin und Virgin Galactic heute: Sie haben zwar Raumfahrzeuge gebaut, aber nicht selbst gestartet und betrieben. Das haben bis Mitte der 80er-Jahre stets diejenigen übernommen, welche die Rechnung bezahlten. Formal gesehen haben NASA und Verteidigungsministerium die Raketen und Raumschiffe gekauft und sie dann auf eigene Faust gestartet. Wie später noch zu sehen sein wird, hatte diese Aufgabenverteilung einen wichtigen völkerrechtlichen Hintergrund. Dazu kam, dass das Verteidigungsministerium seine strenggeheimen Spionagesatelliten lieber selbst starten wollte. Näher betrachtet waren sie enge Partner in der Raumfahrt, unauflösbar ineinander verschlungen, sodass auch die Ingenieure der Privaten auf der Startrampe dabei waren.[482]

Obwohl Lockheed und Martin (damals noch zwei selbstständige Unternehmen) Interesse daran gezeigt hatten, bekam stattdessen die NASA in den 60er-Jahren den Auftrag, die kommerziellen Satelliten ins All zu schießen. Auch damals schon sollte sie das mit einer schwarzen Null erledigen. Die Privaten waren damit raus aus dem Startbusiness.[483] Wer weiß, wie die Raumfahrt-Geschichte verlaufen wäre, wenn man ihnen damals die kommerziellen Starts überlassen hätte. Damit war die Forschungs- und Entwicklungs-Organisation NASA auf einmal ein kommerzieller Startdienstleister (Launch Provider). Als die NASA 20 Jahre später den Auftrag bekam, der kommerziellen Raumfahrt auf die Beine zu helfen, führte das zu einer absurden Situation. Auf der einen Seite bot die NASA mit dem Shuttle Flüge für den freien Markt an. Auf der anderen Seite sollte die gleiche NASA privaten Unternehmen helfen, das Gleiche zu tun, obwohl diese eine direkte Konkurrenz der Shuttles waren.[484]

Erscheint uns die NASA als Launch Provider heute zwar als selbstverständlich, war es das für die damaligen Zeitgenossen ganz und gar nicht. Viele befürchteten, die NASA könne damit in kaufmännische Routine verfallen und ihren wissenschaftlichen Biss einbüßen. Erst in den später 80er-Jahren legte die amerikanische Regierung mit der »Commercial Space Initiative« fest, dass die NASA – wie ihr europäisches Pendant ESA – Starts von privaten Anbietern kaufen sollte.[485] Das war eine entscheidende Wende in der kommerziellen Raumfahrt. Sie brachte bis 1989 private Anbieter wie McDonnell Douglas (heute Boeing) und Orbital Science (heute Orbital ATK) auf die Bühne der Raketenstartanbieter. Keine vier Jahre zuvor hatte das Spaceshuttle noch das Monopol auf den Transport in den Weltraum. Im Vergleich zu den Shuttle-Starts waren diese Anbieter zwar günstiger, jedoch immer noch nicht so preiswert wie gewünscht. Am teuren Provisionssystem hatte sich ja noch nichts geändert. Von NewSpace konnte immer noch keine Rede sein.

Diese Entwicklung vollzog sich zudem auch im globalen Maßstab. Allerdings hatte diese einen weltpolitischen Hintergrund, denn der Kalte Krieg hatte hier das letzte Mal seine Finger im Spiel. Nach dem Zusammenbruch der Sowjetunion entstanden (zeitweise) russisch-amerikanische und russisch-westeuropäische Joint Ventures, die unter anderem die ehemals sowjetische Proton- und Sojus-Rakete kommerziell anboten.[486]

So schwer die neue Zeit

Angesichts der weitverbreiteten Meinung, NewSpace-Unternehmen seien kreativer, preiswerter und schneller, stellt sich die Frage, warum das sogenannte OldSpace sich nicht stärker den Herausforderungen der neuen Raumfahrt stellt. Immerhin haben sie ja schon die besten Mitarbeiter und jahrzehntelang Know-how entwickelt. Faktisch bemühen sich große Raumfahrt-Unternehmen jenseits und diesseits des Atlantiks bereits, ihre Preise zu drücken. Airbus versucht sich im Auftrag der ESA an einer preiswerteren Rakete. Die nächste Ariane-Version 6 wird bei deutlich reduzierten Kosten weniger Last tragen können, mit Absicht. Denn die Ariane 5 ist so groß ausgelegt, dass sie häufig zwei Satelliten mitnehmen muss, was aber die betriebswirtschaftliche und logistische Rechnung verkompliziert. Auch Boeing und Lockheed Martin entwickeln im Rahmen ihrer Raumfahrt-Kooperation ULA eine neue Rakete namens Vulcan. Trotz alledem vermitteln diese Unternehmen nicht den Eindruck, die gleiche Dynamik zu entfalten wie beispielsweise SpaceX oder Blue Origin, die aus dem Nichts heraus konkurrenzfähige Raketen und Kapseln entwickelt haben. Die Ursache dafür liegt in den Eigenschaften, mit denen häufig OldSpace wie ausgeführt assoziiert wird: Eingebettet in historisierte Prozesse nach dem Motto »Haben wir immer schon so gemacht« und gebremst durch ihre Aktionäre und politischen Einfluss. Dimitris Bountolos, Geschäftsführer des Start-ups Zero-2-Infinity, kennt noch einen weiteren Grund, warum sich die Raumfahrt-Riesen nur ungern auf innovative Technologien einlassen, vor allem am unteren Rand ihres Geschäfts. »Große Unternehmen können so etwas nicht machen, sie haben zu viele Regeln, die ihre Prozesse verlangsamen.« Und gerade die Geschwindigkeit sei beispielsweise im Kleinraketen-Business wichtig, da in den kommenden Jahren Tausende Kleinsatelliten starten sollen. Diamandis sprach in diesem Zusammenhang mit der Schwerfälligkeit der alten Raumfahrt-Riesen einmal sogar vom militärisch-industriellen Komplex, der als Dinosaurier zum Aussterben verurteilt sei. Davon kann allerdings keine Rede sein. Die bereits erwähnten jährlichen Gewinne der ULA in Höhe mehrerer Hundert Millionen Dollar und die Zuverlässigkeit ihrer Raketen sprechen bisher jedenfalls für ein längerfristiges Überleben im Biotop der Raumfahrt-Wirtschaft. Boeing und Lockheed Martin schätzen die Aussichten für ULA offenbar für so gut ein, dass sie ein lukratives Übernahmeangebot vor einigen Jahren abgelehnt haben.

3 Gesetze fürs Weltall

»Der Weltraum einschließlich des Mondes und anderer Himmelskörper unterliegt keiner nationalen Aneignung durch Beanspruchung der Hoheitsgewalt, durch Benutzung oder Okkupation oder durch andere Mittel.«

Artikel II des Weltraumvertrages

Angriff auf den Weltraumvertrag

Den Auftakt für echte private Raumfahrt in den USA machte der frühere Hollywood-Westernheld Ronald Reagan, als er am 30. Oktober 1984 den Commercial Space Launch Act unterzeichnete. Kennedy hatte 1962 schon den Markt für private Satelliten-Betreiber geöffnet, allerdings hatte das nicht viel mit Raumfahrt im Sinne von Raumtransport und Raketen zu tun. Das Reagan-Gesetz hingegen sollte es Unternehmen ermöglichen, selbstständig Raumfahrt zu betreiben – eine Revolution. Die Privaten, damals noch alt.space für *alternative space (travel)* genannt, sollten nicht einfach nur zuliefern: Es wurde ihnen unter anderem erlaubt, Raketen zu bauen und zu starten sowie Weltraumbahnhöfe zu betreiben. Und sie sollten Know-how von den Forschungsinstituten der NASA bekommen, um nicht alles noch einmal entwickeln zu müssen, was die NASA schon getan hatte.[I] [487] Um private Raumfahrt zu fördern, stehen Regierungen zwei Hebel zur Verfügung: Gesetze und Geld. Zunächst ein Blick auf die Gesetze.

Reagan war hinsichtlich Raumfahrt kein unbedarfter Politiker. Ein Jahr zuvor hatte seine Regierung den Plan aufgebracht, einen Abwehrschirm zu errichten. Dafür sollten Raketen auf der Erde und im Weltraum stationiert werden und bei einem Angriff sowjetische Atomraketen abfangen, bevor sie amerikanischen Boden erreichen würden. Das Strategic Defense Initiative (SDI) genannte Programm sah unter anderem vor, In-

---

I »... by facilitating and encouraging the utilization of government-developed space technology.«

terkontinental-Raketen mit Röntgenlasern abzuschießen, weshalb es von seinen Gegnern gern als »Krieg der Sterne« und technischer Wahnwitz verspottet wurde. Reagans Regierung investierte fast 30 Milliarden Dollar, bevor SDI zusammengestrichen wurde. Selbst wenn nie ein Weltraumlaser eine russische Rakete abgeschossen hat (die Sowjetunion feuerte ja nie eine auf die USA ab), besteht bis heute in vor allem konservativen Kreisen die Meinung, SDI habe das Ende des Kalten Krieges zumindest beschleunigt, weil die Sowjetunion mit der Hightech-Aufrüstung der Amerikaner nicht Schritt halten konnte. Reagan und seiner Administration dürften die Konsequenzen seines Gesetzes also voll bewusst gewesen sein, wenn er die Voraussetzungen schuf, um Raumfahrt an private Unternehmen auszulagern.

Denn sowohl sein SDI-Programm als auch die Privatisierung der Raumfahrt standen im Widerspruch zum Weltraumvertrag[I] von 1967, den fast 100 Staaten, auch die USA, unterzeichnet hatten. Der Vertrag sah und sieht immer noch vor, dass Raumfahrt ausschließlich in der Verantwortung der einzelnen Staaten liegt, der Weltraum ausschließlich friedlich genutzt werden und niemand Besitzansprüche geltend machen darf. Die amerikanische Flagge, welche die Astronauten während der Apollo-Missionen in den Mondstaub rammten, war also gemäß Weltraumvertrag nicht Symbol einer Besitzergreifung, wie es spanische Konquistadoren und englische Entdecker gern praktizierten. Eher war es juristisch gesehen eine Hinterlassenschaft à la »Neil und Buzz waren hier«, wie man sie an historischen Stätten als eingeritzte Taschenmesser-Gravuren findet – nur eben in einer etwas erhabeneren Form. Genau dieser Punkt ist zudem Gegenstand eines schwelenden Konflikts zwischen den USA und Russland.

Das vorerst letzte Gesetz, das den US-Kongress passiert hat, der Space Act of 2015[II], erlaubt es amerikanischen Bürgern unter anderem, Rohstoffe im Weltraum abzubauen und in Besitz zu nehmen. Der juristische Kniff dabei: Das Besitzrecht bezieht sich nicht auf, sagen wir mal, einen

I Voller Name: Vertrag über die Grundsätze zur Regelung der Tätigkeiten von Staaten bei der Erforschung und Nutzung des Weltraums einschließlich des Mondes und anderer Himmelskörper.

II Voller Name: Spurring Private Aerospace Competitiveness and Entrepreneurship Act of 2015 (H.R. 2262).

Asteroiden samt Erz-Mine, sondern nur auf die abgebauten Erze. Allein diese gehen also in den Besitz der Raumminengesellschaft über. Das ist wie mit dem Fisch und seinem Fischer: Der Ozean gehört allen, der Fisch nur dem, der ihn aus dem Wasser zieht. Dieses Beispiel ist aber keineswegs auf den Weltraum zu übertragen. Der Space Act verbietet es, (theoretische) lebendige Wesen zu verwerten, wenn denn welche entdeckt würden. Fische aus dem Ozean von Jupiters Mond Europa dürften also gefangen, jedoch nicht verkauft werden. Und auch die kommerzielle Jagd oder Ausstellung von Marsmännchen wäre demnach illegal.

Trotzdem: Während die vorangegangenen US-Raumfahrt-Gesetze noch halbwegs mit dem Weltraumvertrag vereinbar waren, gilt der Passus über die Ressourcen-Verwertung im Space Act als Frontalangriff auf den 50 Jahre alten Vertrag. Er wird die internationale Gemeinschaft mit Sicherheit noch auf Jahre hinaus beschäftigen. Dazu gibt es bereits jetzt ein recht kurzweiliges Zwischenspiel: Die UN hat für dieses Thema ein Gremium: *UN Committee on the Peaceful Uses of Outer Space* (alle, die mit ihm zu tun haben, nennen es nur COPUOS). Hier kam das Thema kurz nach dem Inkrafttreten des Space Acts auf. Die russischen Vertreter wiesen darauf hin, dass der Act nicht mit dem Weltraumvertrag vereinbar sei. Das stimmt. Im Vertrag steht, dass Himmelskörper nicht in Besitz genommen werden dürfen, um kommerziell ausgebeutet zu werden.[I] Es ergeben sich daraus interessante Gedankenexperimente: Angenommen, eine Space-Minengesellschaft sucht sich einen kleinen Asteroiden und baut alle auf ihm vorhandenen Erze ab. Was aber passiert, wenn der Asteroid quasi aus Erz besteht und nichts von ihm übrig bleibt? Bleibt dann das Nichts, in dem sich vorher der Asteroid befand, rechtlich unangetastet und seine Materie findet einen Eigentümer? Das ist natürlich Unsinn, faktisch geht der Asteroid in das Eigentum des Abbauunternehmens über. Trotzdem gaben sich die Amerikaner enttäuscht, da sie sich so große Mühe gegeben hätten, ihr Gesetz den internationalen Vereinbarungen anzupassen. Das Branchenmagazin Spacereview berichtete, die amerikanische Seite habe darüber geklagt, ihre Kritiker hätten vermutlich sogar auf die Behauptung »Welpen sind süß« Einwände eingebracht.[488] Das ist

I Artikel II: Outer space, including the Moon and other celestial bodies, is not subject to national appropriation by claim of sovereignty, by means of use or occupation, or by any other means.

vermutlich nicht ganz falsch. Außerdem: Ob die russische Seite noch etwas gegen Space Mining einzuwenden hat, wenn erst einmal russische Unternehmen entsprechende Pläne vorstellen, bleibt abzuwarten. Die Relevanz des Weltraumvertrags wird ohnehin immer fragwürdiger. Die Vereinbarung stammt aus den 60er-Jahren. Potenzielle Eigentumskonflikte lagen technisch bedingt in so weiter Ferne, da war es für Amerikaner und Russen billig, einen Vertrag zum Segen der Menschheit zu schließen.

Am Schluss gilt hier die Macht des Faktischen beziehungsweise die Macht des Mächtigen. Die Amerikaner können sich den Widerspruch zwischen ihrem nationalen Gesetz und dem internationalen Weltraumvertrag leisten, sie sind mächtig genug. Das bedeutet, dass es für amerikanische Firmen wichtig ist, was ihre nationalen Raumfahrt-Gesetze ihnen vorschreiben. »Die amerikanische Industrie bedrängt die Regierung, Korrekturen (am Weltraumgesetz, Anm. des Autors) anzubringen«, sagt Kai-Uwe Schrogl, Weltraumrechtler und Chefstratege der ESA. »Beziehungsweise: Eigentlich ist denen das egal. Das amerikanische Gesetz ist ihnen 1.000 Mal wichtiger als der Weltraumvertrag. Die wollen nur, dass das amerikanische Gesetz in das Weltraumrecht passt – vielleicht ein wenig weit interpretiert, aber letztlich als gültige Interpretation.«[489]

Willkommene Regulierung

NewSpace ist nämlich nicht nur das Objekt sparsamer Haushaltspolitiker, sondern auch banaler Ordnungspolitik, und zwar sowohl auf staatlicher wie unternehmerischer Seite. Wer Milliarden investieren soll, muss wissen, dass er in legalem Raum agiert, wenn er Raketen starten und Satelliten betreibt. Und die Öffentlichkeit möchte wissen, was über ihrem Kopf passiert. Schrogl erklärt es so: »Bis private Unternehmen anfingen, in den 80er- und 90er-Jahren Raumfahrt zu betreiben, waren alle Aktivitäten staatlich, es gab also gar keine rechtlichen Probleme. Erst als die private Wirtschaft selbst aktiv werden wollte, sahen sich die Regierungen vor die Aufgabe gestellt, das zu kontrollieren. Das ist wie im Autoverkehr, für den jeder Fahrer Genehmigungen benötigt.«[490]

Das hört sich erst einmal nach einschränkender Bürokratie an. Aber wer wollte schon, dass jeder beliebige Trucker mit einer cleveren Geschäftsidee, allerdings ohne Haftpflichtversicherung, TÜV und Führerschein auf Deutschlands Straßen herumkurvt. Kurioserweise ist jedoch genau das für die Raumfahrt in vielen Staaten der Fall: In der Bundesrepublik beispielsweise könne jeder ohne Probleme einen Satelliten betreiben, weil es bisher kein nationales Weltraumgesetz gebe, so Schrogl. »In den 90er-Jahren haben einzelne Staaten erkannt, dass Raumfahrt eine nationale Gesetzgebung und Auflagen braucht.« Darunter fallen Registrierung, Frequenzzuteilung für Satelliten-Funk, neuerdings Raummüllentsorgung und, ganz wichtig, Versicherungsschutz.

Denn über den Staaten hing bis dato ein rechtliches Damoklesschwert: die Haftung. Laut Weltraumvertrag sind die Staaten für alle ihre nationalen Raumfahrt-Aktivitäten verantwortlich, auch die von privaten Unternehmen.[491] Fällt also eine amerikanische Falcon-9-Rakete auf ein Hausdach in Hamburg-Altona, stehen die USA für das kaputte Dach gerade. Der Hausbesitzer würde sich also nach internationalem Recht direkt an die amerikanische Regierung in Washington wenden können. Diese kann sich das Geld unter Umständen bei SpaceX zurückholen. Doch nur dann, wenn SpaceX den Schaden überhaupt zahlen kann. Denn die Sache mit der Haftung hat einen Haken: Staaten sind unbeschränkt haftbar und Raumfahrt-Unfälle können teuer werden. Ein Hausdach mag noch bezahlbar sein, aber was ist der Preis für ein Einkaufszentrum voller Menschen oder ein ganzes Stadtviertel? Daher braucht private Raumfahrt wie jede andere Branche ein System von Regeln. Schrogl sieht darin aber keineswegs eine Hürde auf dem Weg in den Raum. »Vor 1984 war alles offen, da wollte sich niemand für private Raumfahrt engagieren, denn keiner wusste, wie man das handhaben sollte. Der Staat wollte das nicht, da er ja unbegrenzt haftbar ist und eines Tages alles auf ihn zurückfällt. Nun gibt es einen Rechtsrahmen, der eine formelle Genehmigung aussprechen kann. Das ist 1.000 Mal besser, als wenn man was im luftleeren Raum macht.«[492]

Schrogl nennt das Förderung durch Regulierung. »Wenn Sie nicht wissen, ob Sie runtergeschossen oder eingesperrt werden, weil Sie gegen etwas verstoßen haben, von dem Sie noch nicht einmal was wissen, dann machen Sie das auch nicht. Sobald Sie aber eine Lizenz in der Hand haben, können Sie Geschäfte machen. Natürlich wäre man schlecht beraten, wenn man die Raumfahrt mit 1.000 Auflagen versieht. Aber so dumm sind Staaten nicht, ihre privaten Raumfahrt-Unternehmen zu knebeln.«

So sorgte die amerikanische Regierung bisher zuverlässig dafür, dass ihre Gesetzgebung die sachte sprießende private Raumfahrt nicht überreguliert. Ein weiteres Raumfahrt-Gesetz, der Commercial Space Launch Amendments Act von 2004, wies die NASA nicht nur an, private Raumfahrt-Flüge zu erlauben, sondern gewährte sowohl eine Haftungsobergrenze als auch eine Art »Lern-Frist«, in der die Unternehmen beispielsweise Erfahrungen beim Transport von Astronauten sammeln sollen.[493] Nachdem SpaceShipOne kurz zuvor den Ansari X-Prize gewonnen hatte, nahm man allgemein an, dass nun bald regelmäßig Touristen ins All starten würden. Die Behörden sollen erst einschreiten, wenn ein Unfall droht oder schon passiert ist. Man könnte argerweise sagen, dass die Unternehmen eine Zeitlang als Starthilfe eine gewisse Narrenfreiheit bekommen haben und es mit der Sicherheit für ihre Angestellten nicht ganz so genau nehmen müssen, weil ohnehin jeder Astronaut weiß, wie riskant sein Job ist.[494] Weil die private Raumfahrt unerwarteterweise schleppend vorankam, wurde diese Frist im Space Act bis 2025 verlängert. Erst dann will Washington über feste Regeln nachdenken. Schrogl: »Die Industrie hat diese Regulierung bisher gewürdigt. Keiner jammert darüber, dass sie etwas hemmt.«[495]

4 Rückschau: Der Staat als Weltraum-Spediteur

»Das Shuttle-Programm hat uns nirgendwohin gebracht.«

Robert Zubrin, Präsident der Mars Society

Das Shuttle als Hemmschuh

Im Kontrast zur gesetzlichen Regulierung, die der Raumfahrt-Wirtschaft als Fundament dienen soll, hatten Regierung und NASA zuvor ein staatlich zementiertes Startsystem geschaffen, das die Bemühungen erschwerte, die private Raumfahrt vom Fleck zu kriegen. Es verhinderte nicht nur die Entwicklung preisgünstigerer Startsysteme, es verteuerte den Start von amerikanischen Satelliten und raubte der NASA den finanziellen Bewegungsspielraum.

Denn im Zentrum aller Entwicklungen im Raumtransport stand ab Ende der 60er-Jahre, noch während der Apollo-Mission, das Spaceshuttle. Der Plan bei Projektbeginn: Zwei geflügelte Raketenstufen, die beide wieder horizontal landen, mit einer Ladebucht für einige Tonnen Fracht. Diese sollte im Wochenturnus starten und landen, Raumstationen beliefern, Satelliten aussetzen und als Weltraumlabor dienen. Für viele Raumfahrt-Ingenieure war das Shuttle technisch nur der konsequente nächste Schritt auf dem Weg ins All. Geplante durchschnittliche Kosten pro Flug (ohne Entwicklungskosten) bei knapp 50 Starts im Jahr: etwa 14 Millionen US-Dollar[496], heute etwa 80 Millionen Dollar. Das war ein Schnäppchen, das auch die Pfennigfuchser in der Regierung zufriedenstellte. Das Shuttle hatte also bereits einen erkennbar kommerziellen Hintergrund und sollte nicht nur eine ebenfalls noch zu bauende Raumstation versorgen, sondern die USA im aufkommenden Satelliten-Markt konkurrenzfähig halten.[497]

Aus dem Plan entwickelte sich ein System aus Feststoff-Boostern und dem Orbiter[I], dessen Triebwerke aus einem riesigen, angehängten Tank gespeist wurden. Denn das Militär verlangte unter anderem eine viel höhere Transportkapazität von mehr als 25 Tonnen. Die ersten Kennziffern ließen sich nicht lange halten. 1980, also ein Jahr vor dem ersten bemannten Flug, hatten sich die theoretischen Startkosten durch eine niedriger geplante Startfrequenz bereits fast verdoppelt.[498] Am Ende startete das Shuttle statt alle sieben Tage in einem Mindestabstand von mehr als eineinhalb Monaten und durchschnittlich sogar nur alle 82 Tage, weil die Fähren nach den Verlusten von Challenger und Columbia jahrelang am Boden bleiben mussten. Auch die transportierte Nutzlast lag im Schnitt nur bei der Hälfte.

Das Spaceshuttle ist ein gutes Beispiel für die in der Raumfahrt häufig anzutreffende enorme Diskrepanz zwischen Anspruch und Wirklichkeit. Da das Shuttle als eierlegende Wollmilchsau konzipiert worden war, das Ansprüche sowohl der zivilen NASA als auch der Militärs gerecht werden sollte, wurde daraus ein unerwartet komplexes System. So sollte der Orbiter beispielsweise nach nur einer Erdumrundung mit einer Abweichung von 2.600 Kilometer von seinem Orbit wieder in die Erdatmosphäre eintreten und auf einem beliebigen Stützpunkt landen können, um möglichen Feindattacken auszuweichen. Andere Bereiche waren nicht weniger teuer, kompliziert – und unfallträchtig. Beispielhaft waren ihre aufwendigen Hitzeschutzschilde und ihre enorm leistungsfähigen Triebwerke: Die Turbopumpe des Spaceshuttles drückte den Wasserstoff mit unvorstellbaren 76.000 PS und mehr als 500 Bar in die Brennkammer, und dreht sich dabei 37.000 Mal in der Minute. Das ist, als besäße ein Supertanker einen Antrieb mit den Ausmaßen eines Automotors. Beim Wiedereintritt musste das Shuttle von mehr als 30.000 Keramikkacheln vor dem Verglühen geschützt werden. Beide Komponenten verzögerten nicht nur die Entwicklung des Shuttles um Jahre, sondern schraubten dazu die Wartungskosten in die Höhe. Statt eines preiswerten Lastwagens bauten die USA eine teure, aber anfällige Limousine.

I Die Raumfähre wird gern als Spaceshuttle bezeichnet. Das umfasst allerdings das gesamte Transportsystem mit allen Bestandteilen. Die Raumfähre selbst wird korrekterweise als Orbiter bezeichnet.

Das Shuttle hatte jedoch von Anfang an ein gravierendes Problem: Ihm war sein Daseinszweck abhandengekommen. Geplant war, mit dem Shuttle eine Raumstation zu versorgen. Allerdings waren die Mittel nach Apollo so begrenzt, dass das Geld nur noch für das Spaceshuttle reichte, aber nicht mehr für die Station. Die improvisierte Raumstation Skylab war längst verglüht, als das Shuttle nach reichlich Verspätung startete. So gab es in den 80er-Jahren eine Fähre ins All, aber keinen Hafen im Orbit. Die populäre Vision von Tausenden Menschen, die in riesigen Raumstationen im All arbeiten – eine Illusion.

Es war allerdings schon früher klar, dass die Rechnung nur mit Mühe aufging. »Wirtschaftliche Analysen zeigten, dass das Shuttle sein Versprechen vom billigen Zugang ins All nur halten konnte, wenn es häufig und mit voller Ladebucht fliegen würde«, schreibt NASA-Historikerin Bromberg. Damit der Raumgleiter immer ausgelastet sein würde, sollte das Shuttle nicht nur die schweren Spionagesatelliten des Verteidigungsministeriums starten. Die NASA verdonnerte alle amerikanischen Satelliten-Betreiber, ihre Satelliten ausschließlich auf dem Shuttle fliegen zu lassen. Das Shuttle sollte ein Monopol für kommerzielle Nutzlasten bekommen. Das bedeutete zudem, dass alle anderen Optionen für Startsysteme vom Tisch waren, weil die NASA die Entwicklung der bestehenden Raketen dafür einstellen wollte. Was heute absurd klingt, fand zunächst sogar Anklang. Die NASA setzte für den Anfang rekordverdächtig niedrige Startpreise an. Die ersten drei Jahre wollte die NASA für den Start eines 500-Kilo-Satelliten etwa elf Millionen Dollar. Gleichzeitig zogen die Preise der bestehenden Raketen an. Bromberg: »Die hohe Inflation der 70er-Jahre, (...) war ein Schuldiger für die steigenden Preise. Ein anderer aber die NASA selbst, welche die verdeckten Subventionen strich, mit der sie die Delta und die Atlas bedacht hatte, wie etwa niedrigpreisige oder kostenlose Startanlagen und Lagerhallen.«[499]

Für die Satelliten-Betreiber war das keine gute Nachricht. Sie hatten ein Interesse daran, dass mit Raketen ein Plan B zur Verfügung stand, wenn das Shuttle ausfiel. Zwar glaubten viele, das Spaceshuttle würde als bemanntes System überdurchschnittlich zuverlässig sein, weil die NASA alles dafür tun würde, damit ihre Astronauten – und damit natürlich auch die Nutzlast – unversehrt blieben; was niedrigere Versicherungspreise bedeutete. Doch würde sie das auf ein einziges Startsystem festlegen, was allen Wettbewerb um niedrige Preise verhindern würde.

Zu diesen Bedenken kamen aber noch eine ganze Reihe anderer Probleme. Die NASA wollte das Shuttle als Satelliten-Reparaturdienst anbieten oder Satelliten nach ein paar Jahren wieder einfangen, um sie zur Reparatur auf die Erde zu bringen. Das hätte nicht nur einen teuren Neustart erfordert. Die Entwickler hätten Satelliten nach einem modularen Baukastensystem konstruieren müssen, damit sich solche Reparaturen gelohnt hätten. Schon damals sollten Satelliten vielleicht maximal zehn Jahre halten, eine Reparatur brauchte es also gar nicht. Geradezu aberwitzig ist die Tatsache, dass viele der teuren Satelliten gar nicht in Reichweite des Shuttles lagen, ein großer Teil umrundet die Erde auf einer geostationären Bahn in 35.786 Kilometern Höhe. Das Shuttle konnte jedoch nicht mehr als knapp 650 Kilometer hochfliegen,[500] seine Aufgabe war es ja von Anfang an, eine Station im erdnahen Orbit zu versorgen (was es später dann tat, die ISS fliegt in etwa 400 Kilometer Höhe[501]). Auch als reiner Satelliten-Starter machte das Shuttle keine gute Figur. Raketen setzen Satelliten in der Regel auf einem extrem elliptischen Orbit aus, einem sogenannten Geotransfer-Orbit (siehe Kasten »Satelliten-Orbits«, S. 74). Ab da manövrieren die Satelliten, ausgestattet mit einem kleinen Antrieb, selbstständig zu ihrem Zielorbit. Das Shuttle setzte die Satelliten indessen nur auf einer schwachen Ellipse aus, sodass diese einen teuren Extraantrieb benötigten, um ans Ziel zu gelangen. Die Absicht, das Shuttle erfolgreich als Satelliten-Transporter und -Wartungsdienst einzusetzen, war von Anfang an mit vielen Nachteilen behaftet, wenn nicht sogar unrealistisch.

Europa hebt ab

Natürlich wollten die Amerikaner das teuer entwickelte Shuttle nicht einfach aufgeben. Damit ihm nicht die Kunden abhandenkamen, senkten sie einfach die Startpreise. Das legte langfristig die Grundlage für die Unfähigkeit, ein konkurrenzfähiges Startsystem zu entwickeln. Das kam der NASA teuer zu stehen, denn das Shuttle hatte neben all diesen Schwächen Konkurrenz bekommen. Nach einem Entwicklungs-Desaster und unendlichen politischen Wendungen hatten es die Europäer schließlich fertiggebracht, eine konkurrenzfähige Großrakete zu bauen: die Ariane.

Sie machte das Shuttle endgültig zum Verlustbringer und Symbol für eine Fehlentwicklung – zumindest als Satelliten-Transporter.

Dabei waren die Europäer in den Jahrzehnten zuvor nicht gerade ein leuchtendes Beispiel für eine innovationsfreudige und schnell getaktete Raumfahrt gewesen, und vor allem zu Beginn spielten sie quasi keine Rolle. Zahlreiche Nationen, die technologisch dazu in der Lage gewesen wären oder sogar kurz zuvor noch führend in der Raumfahrt waren, lagen wirtschaftlich und politisch am Boden, eine vor allem moralisch – Deutschland. Die Raumfahrt der verbliebenen Großmächte auf dem Kontinent war in den 50er-Jahren von nationalen und militärischen Überlegungen geleitet. Das Ziel war zunächst die Atombombe, dann die Mittelstreckenrakete. Auf dieser Basis entwickelten beide Länder anschließend eine Rakete, um einen Satelliten ins All zu bringen, und nutzten ihre schrumpfenden Kolonialreiche, um sie zu starten. Vom australischen Outback brachte die englische Black-Arrow-Rakete den ersten (und einzigen) englischen Satelliten in den Orbit; in Algerien (später in Kourou) startete die französische Diamant mit dem Satelliten Asterix. Beide Länder wollten sich solche Projekte zumindest im Alleingang langfristig nicht leisten.

Die Lösung waren gleich zwei Weltraumorganisationen. 1961 hatten zehn europäische Länder, darunter Deutschland, bereits die European Space Research Organisation (ESRO) gegründet, die recht erfolgreich wissenschaftliche Satelliten baute. Um die Satelliten zu starten, kam die European Launcher Development Organisation (ELDO) hinzu, allerdings mit deutlich weniger Erfolg. Ihr Hauptprojekt, die Europa-Rakete, war ein technisches Symbol der Zergliederung und Schwächen der beginnenden europäischen Einigung. Technisch bestand sie aus verschiedenen Teilen englischer und französischer Raketen, lediglich die Deutschen bauten die dritte Stufe »Astrid« komplett neu. Als es der Europa bei vier Starts nicht gelang, ihre Nutzlast in die gewünschte Umlaufbahn zu transportieren, war die Luft aus dem Projekt raus. Ein Mitglied nach dem anderen stellte die Zahlungen ein, bis nur noch Frankreich und Deutschland übrig blieben und die ELDO 1973 auflösten. Eine Niederlage sondergleichen. Immerhin konnte ein Bauer aus Guyana Teile der letzten Europa, die es nicht mehr auf die Startrampe schaffte, als Verstärkung seines Hühnerstalls verwenden.[502] Umso dramatischer waren die Konsequenzen für Europa. Denn die Rakete sollte ja europäische Satelliten transportieren, um diesen wachsenden Markt nicht vollständig den Amerikanern zu überlassen (die Sowjetunion war damals als kommunistischer Staat in dieser Hinsicht kein Konkurrent). Stattdessen starteten die beiden europäischen Kommunikationssatelliten Symphonie 1 und 2 auf einer amerikanischen Delta-Rakete von Cape Canaveral. Um die europäische Demütigung perfekt zu machen, hatten die Amerikaner den Auftrag nur unter der Bedingung angenommen, dass die Satelliten nicht kommerziell verwendet würden.[503] Stattdessen durften sie die Symphonies nur zu Testzwecken benutzen, unter anderem verbanden sie 1976 bei der Generalkonferenz der UNESCO das Tagungszentrum in Nairobi mit dem Hauptquartier in Paris.

Die Nachfolgerin der Europa sorgte aber erstaunlich schnell dafür, diese Schmach wieder wettzumachen. Schon der erste Start der Ariane 1 an Heiligabend 1979 gelang, und beim dritten Mal brachte sie erfolgreich einen Satelliten ins All, Meteosat 2. Woher auf einmal die Fortune?

Die französische Regierung hatte dafür gesorgt, dass sich die Misere der Europa-Rakete nicht wiederholen würde. Zunächst einmal war die Ariane mehr oder weniger eine französische Rakete, Paris zahlte fast zwei Drittel der Entwicklung, und die französische Firma Aérospatiale übernahm als Hauptvertragspartner den Löwenanteil der Aufgaben und der Verantwortung. Deutschland zahlte lediglich ein Fünftel und baute die dritte Stufe.[504] Frankreich hatte also den Hut auf, was eine erneute Kakofonie der nationalen Ministerien verhinderte. Die Franzosen wählten als Weltraumbahnhof wie schon beim letzten Start der Europa das am Äquator gelegene Kourou[I] statt Australien. Das erbrachte ein paar Kilogramm Nutzlast mehr, was wichtig war, denn Nachrichtensatelliten wurden zunehmend schwerer. Ohnehin war die Ariane von Anfang an als Lastesel für kommerzielle geostationäre Satelliten gedacht und entworfen worden, ein entscheidender Vorteil vor all den vielen anderen Raketen, die gewöhnlich in ihrem ersten Leben einmal als ballistische Raketen dienten, als Träger von Atomsprengköpfen.[505] Das war bei der unterdimensionierten Europa noch nicht der Fall gewesen. Daher hatten ihre nationalen Fi-

I Der Weltraumbahnhof, auf Französisch Centre Spatial Guyanais (CSG), in Französisch-Guayana vor der südamerikanischen Küste ist nur knapp 600 Kilometer vom Äquator entfernt.

nanziers so wenig Elan für sie aufbringen können, einer der Hauptgründe für ihr Scheitern.

Die europäischen Partner wiederum wurden ab 1975 in der *European Space Agency* ESA eingefangen, in der auch die erfolgreichen Satelliten-Entwickler von der ESRO aufgegangen waren. Deren Hauptsitz liegt seitdem nicht ohne Grund in Paris. Was aber auf den ersten Blick ziemlich unkompliziert und glorreich daherkommt, sieht bei näherer Betrachtung ganz anders aus. Die deutsche und französische Regierung rangen unter gegenseitigen Drohungen um den Posten des ersten ESA-Direktors (die Franzosen wollten einen Franzosen, die Deutschen einen Vertreter aus den Benelux-Staaten). Auch in ihren Ländern selbst stritten Wirtschafts-, Finanz-, Außen- und Forschungsminister erbittert um Sinn und Kosten des Ariane-Programms.[506] Bisweilen brauchte es ein Machtwort eines Präsidenten oder Kanzlers, wie beispielweise Helmut Schmidt während einer Konferenz 1974. Damals drohten die Verhandlungen über den Ausbau des Startplatzes in Kourou zu platzen, weil sich die Minister nicht über die Kosten einigen konnten. Niklas Reinke schreibt in seiner »Geschichte der deutschen Raumfahrt-Politik«: »Mit seiner Richtlinienkompetenz überstimmte er den Schatzmeister und sagte den ob des Stockens der Verhandlungen zu einer ausgedehnten Mittagspause genötigten Delegierten telefonisch 50 Millionen DM für den Ausbau von Kourou zu.«

Dabei waren gerade die Deutschen extrem zögerlich gewesen, als es in den 60ern darum ging, eine europäische Trägerrakete zu bauen. Weil die Bundeskanzler Brandt und Schmidt für mehrstufige Raketen keine Zukunft sahen, hatten sie nur einen gedeckelten Beitrag für die Ariane bereitgestellt und den Franzosen das Feld freiwillig überlassen.[507] Damals konnte ja noch keiner wissen, dass Europa dabei war, eine der ersten echten Erfolgsgeschichten der kommerziellen Raumfahrt-Geschichte zu schreiben. Der Clou der Europäer war nämlich 1980 die Gründung von Arianespace, einer privaten Firma, die seit dem neunten Flug der Ariane 1 alle Raketen selbst bauen lässt, startet und vor allem: ihre Dienste verkauft. Das war ein Novum. Zwar waren die wichtigsten Besitzer von Arianespace entweder die europäischen Staaten selbst (vor allem Frankreich) oder Staatsunternehmen, in denen sie das Sagen hatten. Doch der Erfolg gab dieser halbstaatlichen Struktur recht. Noch einmal Niklas Reinke: »Die Zuverlässigkeit des Systems stieg auf bis zu 96,4 Prozent, und Ariane wurde mit über 60 Prozent Marktanteil bald zum erfolgreichsten Träger der Welt. Frankreich demonstrierte damit eindrucksvoll, dass sich staatliche Investitionen in Hochtechnologie langfristig durchaus rentieren können: den bis zur Fortentwicklung zur Ariane 4 bis Mitte der 80er-Jahre getätigten Entwicklungskosten von rund 4,5 Milliarden DM standen gut 90 kommerzielle Starts im Wert von 18 Milliarden DM gegenüber. Der deutsche, staatliche Beitrag zur Entwicklung von Ariane 1 bis Ariane 4 in den Jahren 1973 bis 1986 belief sich auf 570 Millionen DM. Nach Angaben von Arianespace stellte der Bau der Trägerrakete allein 1983 bis 1985 für die Bundesrepublik einen kulminierten Produktionsauftrag von ungefähr zwei Milliarden DM da.«[508] Diese Ausführung enthält zugleich zwei wichtige Erkenntnisse. Erstens: Die deutsche Politik hat damals nicht im Geringsten erkannt und anerkannt, wie wichtig ein großer Träger eines Tages für Europa und Deutschland sein würde und dass Raumfahrt ein wichtiger Markt sein würde. Und zum Zweiten hat der Erfolg der Ariane dazu geführt, dass die ohnehin schon staatsfreundliche europäische Raumfahrt-Politik wenig Neigung verspürt, kommerzielle, selbstständige Startanbieter im großen Stil zu fördern.

Auf der anderen Seite des Atlantiks reagierte man mit einer Mischung aus Ablehnung und Anpassung auf die Entwicklung, die ja ein Angriff auf ihr bisheriges Monopol war. Die Hilfe unter Freunden blieb beispielsweise aus, als die ESA sich eine Quelle für den Ariane-Treibstoff UDMH[I] besorgen musste, weil er nicht in ausreichender Menge in Europa hergestellt wurde. Bisher hatten die USA geliefert, doch Mitte der 70er-Jahre stoppten sie die Lieferungen. Umweltauflagen hatten die UDMH-Produktion dort einbrechen und gleichzeitig die Preise steigen lassen. Kurioserweise bezogen die Europäer den kostenbaren Treibstoff fortan aus der Sowjetunion, die ihn für ihre schwere Proton-Rakete bis heute selbst verwenden.[509] Moskau war zwar ein militärischer und ideologischer Gegner, aber kein Konkurrent auf dem Weltmarkt für Satelliten – ganz im Gegensatz zu den USA. Jean-Pierre Morin von der französischen Raumfahrt-Agentur CNES und zuletzt bis 1993 Vizedirektor des Centre Spatiale Guyanais berichtet in seinem Buch »La Naissance d'Ariane«, dass die Amerikaner zum Start der Ariane 1 zwei als Russen getarnte Spiona-

I UDMH ist die Abkürzung für 1,1-Dimethylhydrazin, eine farblose und nach Fisch riechende Flüssigkeit. Die äußerst ungesunde Substanz wird seit den 50ern als Raketentreibstoff verwendet, weil er sich verhältnismäßig problemlos lagern lässt.

ge-Schiffe geschickt haben. Er deutet an, dass diese sogar in der Lage gewesen wären, ein Signal zur Selbstzerstörung zu senden, wenn sie nicht noch rechtzeitig aufgeflogen wären und sich mit einem »OK, we move!« aus dem Startgebiet entfernt hätten.[510]

Das könnte sich so zugetragen haben, denn die amerikanischen Geheimdienste kümmerten sich um das Ariane-Programm und versorgten die amerikanische Regierung mit Einschätzungen über die Erfolgsaussichten und das Verkaufsgebahren der Arianespace-Mitarbeiter. Aufgrund eines Geheimdienst-Dossiers vom Juli 1983 mit dem Namen »The Ariane Space Launch Vehicle: Europe's Answer to the US Space Shuttle«[511] wissen wir heute, dass die Amerikaner die europäische Rakete als klare Bedrohung auffassten – und die Verkaufspolitik von Arianespace als unfair empfanden. In dem mittlerweile zum Teil freigegebenen Dossier stellt der nicht genannte Verfasser fest, dass die NASA und die US-Industrie die Ariane wegen der anfänglichen Pleiten der Europa-Rakete nicht ernst genommen haben. Das habe sich aber geändert, da Ariane erfolgreich gestartet sei und amerikanische Raketen wegen des Shuttles nach und nach vom Markt verschwunden seien. Der Preis spielte offenbar eine untergeordnete Rolle. Denn der Dossier-Verfasser nahm an, dass Ariane-1-Kunden für einen Ariane-Start etwa 25 bis 30 Millionen Dollar bezahlten. Eine vergleichbare Nutzlast auf dem Shuttle kostete hingegen nur 20 Millionen und auf der Delta 30 Millionen Dollar. Arianespace würde den Kunden die Ariane allerdings schmackhaft machen, indem sie die Rechnung zu einem guten Teil erst nach dem Start bezahlen müssten, wenn der Satellit bereits Geld abwerfe. Ganz im Gegensatz zur NASA, die den gesamten Betrag bereits 33 Monate vor dem Start verlangte.

Das Dossier beschreibt, wie der damalige französische Arianespace-Chef Frédéric d'Allest im Mai 1982 mit einem Brief den kolumbianischen Kommunikationsminister davon zu überzeugen versuchte, die Ariane zu buchen, indem er das Shuttle schlechtredete. Wegen der vielen technischen Unsicherheiten könne es zu Startverspätungen kommen, und dann hätte das amerikanische Militär mit seinen Satelliten Vorrang. Zudem müssten Kunden nicht nur vorher bezahlen, sondern auch dann, wenn der Satellit zum Starttermin nicht fertig würde. Außerdem würde der Preis fürs Shuttle bald erheblich steigen. Interessant wäre natürlich zu wissen, wie der Verfasser an diesen Brief gekommen war, aber nicht nur der Name des Verfassers ist in dem von der CIA veröffentlichten Dokument geschwärzt, sondern auch seine Quellen.

Man kann sich ohne Probleme vorstellen, wie d'Allest den Minister hofierte und umschmeichelte. Mitarbeiter der NASA durften als Regierungsangestellte ihre Kunden noch nicht einmal zum Essen einladen, geschweige denn Rabatte einräumen.[512] Während die Amerikaner nur zu Fixpreisen starteten, unterboten die Europäer einfach alle amerikanischen Angebote nach Gusto. Die Miesen holten sie sich bei den eigenen ESA-Mitgliedsstaaten wieder rein, indem sie ihnen 25 Prozent mehr berechneten als privaten Kunden, natürlich mit deren Einverständnis. Raumfahrt-Historiker T. A. Heppenheimer zitiert dazu den ehemaligen Generaldirektor von Arianespace, Charles Bigot: »Die NASA behandelte ihre Kunden wie ein Grundherr seine Pächter. Arianespace hingegen wie ein Händler.«[513]

1985, keine drei Jahre nach dem ersten Flug der Columbia, erhöhte die NASA zwar die Preise erheblich, bot das Shuttle aber deutlich unter Preis an. Der Startpreis für kommerzielle Kunden wurde auf 71 Millionen Dollar (heute umgerechnet 160 Millionen) gedeckelt, obwohl die NASA bereits gewusst hatte, dass sie jeder Flug deutlich mehr kostet. Externe Beobachter kamen sogar auf 250 Millionen Dollar.[514]

Vor diesem desaströsen Hintergrund hatten sich viele andere kommerzielle Pläne für das Shuttle erledigt. Anfangs war Euphorie für einen regelmäßigen Fährdienst ins All noch so groß gewesen, dass es sogar Pläne gab, ein rein privates Spaceshuttle zu bauen. Doch dagegen sprachen nicht nur die fehlende Wirtschaftlichkeit des Shuttles, sondern vor allem die Baukosten eines Orbiters, also der Fähre. Sie schnellten innerhalb eines Jahres von einer Milliarde 1982 auf 2,3 Milliarden 1983 hoch.[515]

EIN UNGLÜCK REBOOTET DIE RAUMFAHRT

1986 explodierten die Tanks der Challenger wegen eines fehlerhaft konstruierten Dichtungsringes in den Hilfs-Boostern.[I] Die siebenköpfige Crew starb, als ihre unzerstörte Kabine aus 15 Kilometern Höhe in den Atlantik stürzte. Die Regierung Reagan verfügte, dass die Fähren fortan keine kommerziellen Nutzlasten mehr ins All befördern würden. Das Shuttle-System hatte als Miet-Esel ausgedient. Die Regierung ordnete der NASA zudem an, fortan selbst Dienste bei privaten Unternehmen zu buchen, statt sie selbst anzubieten. Die Raketen, deren Entwicklung Ende der 70er gestoppt worden war, sollten nun modernisiert werden.[516]

Das war eine 180-Grad-Wende und brachte die großen Raumfahrt-Unternehmen zurück ins Business. Der Erlass war nicht zuletzt das Ergebnis einer heftigen Auseinandersetzung innerhalb der amerikanischen Regierung. Das Spaceshuttle hatte mächtige Feinde im Verkehrs- und Wirtschaftsministerium, deren Mitarbeiter die exklusive NASA-Fähre für den Transport von Satelliten viel zu teuer war. Das Challenger-Unglück verschob die Gewichte zugunsten der Freunde der kommerziellen Raumfahrt. Die Reagan-Regierung wollte endlich erreichen, dass der schnöde Satelliten-Transport, der keine Astronauten erforderte, billiger würde. Auch Raumfahrt-Unternehmen wie Boeing und Martin Marietta witterten Morgenluft für ihre mehrstufigen Wegwerf-Raketen, deren Produktionsstraßen in Lagerhallen eingemottet vor sich hin rotteten. Die großen Unternehmen zogen nun die Pläne für ihre alten Raketen aus der Schublade und begannen, sie wieder weiterzuentwickeln. So entstanden in der zweiten Hälfte der 80er-Jahre die Delta II, deren Nachfolgerin heute noch fliegt, und die bereits ausgemusterte Titan IV.

Ohnehin hatte das amerikanische Verteidigungsministerium die NASA-Doktrin vom Shuttle als obligatorisches Startsystem bereits aufgeweicht und vorher schon Titan-Raketen bestellt.[517] Den Militärs war das

---

I Es war eine Katastrophe mit Ansage. Der verantwortliche Ingenieur Roger Boisjoly wusste, dass der Dichtungsring bei niedrigen Temperaturen nicht dichthielt. Als in der Nacht vor dem Start die Temperatur unter null Grad Celsius sank, schlug er Alarm und wollte den Start verschieben. Seine Chefs meldeten der NASA wider besseres Wissens ein Go. Nach dem Start bahnten sich heiße Abgase den Weg durch die fehlerhafte Dichtung und trafen auf den riesigen Wasserstofftank. Nach 73 Sekunden explodierte die Challenger in 15 Kilometern Höhe.

Shuttle ein zu unsicherer Kandidat. Außerdem hatten sich US-Strategen überlegt, dass sie ein bemanntes Raumschiff im militärischen Krisenfall kaum losschicken könnten. Für einen Gegner wäre ein Raumschiff mit einem militärischen Satelliten ein denkbar geeignetes Ziel. Auf einer fliegenden Zielscheibe sollten nach Möglichkeit nicht noch Menschen sitzen. Die Chinesen haben diese Befürchtung im Nachhinein bestätigt, als sie demonstrierten, dass sie in der Lage sind, Satelliten, und damit schnell fliegende Raumfahrzeuge, abzuschießen.

Das Unglück der Challenger triggerte zwei Entwicklungen. Einerseits war es das Aus für viele kommerzielle Anwendungen im Raum, die einmal für das Shuttle angedacht waren. NASA-Direktor James C. Fletcher und seine Leute sahen es eher als ihre Aufgabe an, das Spaceshuttle wieder flottzukriegen und nicht privaten Unternehmen als Steigbügelhalter mit Steuergeldern aufs Pferd zu helfen. Diese Voraussetzungen machten das Venture Capital skeptisch und ließen nicht notwendigerweise Geld in großen Strömen in die kommerzielle Raumfahrt fließen.[518] Andererseits brachte sie den privaten, allerdings herkömmlichen Raumtransport wieder in Gang. Am Ende waren das die Voraussetzungen, damit Elon Musk und Jeff Bezos neue Raketen entwickeln konnten. Wären die kommerziellen Lasten weiter mit dem Spaceshuttle geflogen, hätte es gar keinen Grund für sie gegeben, neue und preiswerte Raketen zu entwickeln. Dazu muss man aber sagen, dass zahlreiche konkrete Ideen vom Weltraum als Produktionsstandort ohnehin schon gestorben waren, bevor die Challenger in den Atlantik stürzte. Ein gutes Beispiel dafür war die angedachte Elektrophorese von Erythropoetin, einem Hormon, das als Medikament gegen Blutarmut eingesetzt wird (und als Dopingmittel, weil es die Bildung roter Blutkörperchen fördert). Auf der Erde funktioniert Elektrophorese dafür nur eingeschränkt gut. Im All versprach man sich damit eine viel effizientere Produktion. McDonnell Douglas hatte vor, die Anlagen zu bauen, die NASA wollte sie kostenlos ins All transportieren, und eine Tochterfirma von Johnson & Johnson sollte das gewonnene Erythropoetin als Medikament verkaufen. Laut Bromberg nutzte die NASA das Joint Venture, um erfolgreich vor dem Kongress mit dem Argument für das Shuttle zu werben, dadurch könnten Tausende Leben gerettet werden. Brombergs Vermutung: Kongressmitglieder seien in der Regel schon etwas älter und daher für neue, lebensverlängernde Anwendungen überdurchschnittlich empfänglich.[519] Andere, wie der bedeutende US-amerikanische Nationale Forschungsrat (National Research Council), waren skeptisch. Und tatsächlich: Nachdem die Experimente erfolgreich verlaufen waren und McDonnell Douglas dabei war, eine Prototyp-Weltraumfabrik zu bauen, zog der Partner Ortho Pharmaceutical zurück: Die Produktion auf der Erde war doch lukrativer.[520]

Die 1980er-Jahre waren ein Jahrzehnt, das ermutigt durch unternehmerfreundliche Gesetze eine erste, wenngleich bescheidene NewSpace-Phase erlebte. Die Zahl neuer privater Raumfahrt-Unternehmen verdreifachte sich.[521] Da NASA und US-Regierung endlich über den Bau einer Raumstation nachdachten, brachten private Firmen ihre eigenen Vorschläge ins Spiel – und verliehen dem Spaceshuttle seine ursprüngliche Daseinsberechtigung. Es gab beispielsweise den Vorschlag für den »Leasecraft«, eine Art Laborsatellit, den das Spaceshuttle regelmäßig mit seinem Roboterarm einfangen sollte, um Experimente auszutauschen. Zudem gab es die Idee von Apollo-Entwickler-Legende Maxim Faget für eine private Raumstation. Der hatte die NASA 1981 verlassen, um mit seiner Firma Space Industries eine private Raumstation zu propagieren. Sie sollte nur dann in Betrieb gehen, wenn das Spaceshuttle andockte und seine lebenserhaltenden Systeme anschließen würde. Den Rest der Zeit sollten Experimente und Mikro-Raumfabriken allein vor sich hinarbeiten. Die Industrial Space Facility genannte Station wäre also nicht ständig bemannt gewesen. Es kam bekanntermaßen anders, die NASA wollte keine kommerzielle Raumstation, sondern ihre eigenen Pläne umsetzen, und holte Russen und Europäer an Bord. So wurde die Station ein internationales Projekt. Allerdings konnte der Plan in Form der ISS-Nachfolgerin, der geplanten Raumstation Deep Space Gateway, doch noch umgesetzt werden. Eine interessante Idee schaffte es immerhin aufs Shuttle. Das Weltraumlabor Spacehab, ähnlich dem europäischen Spacelab, flog in mehreren Versionen 22 Mal mit dem Shuttle ins All, wobei eine Ausführung, das Research Double Module Labor, mit der Columbia 2003 zerbrach.

Da besonders die Hersteller kleiner Satelliten ein Problem im Shuttle erkannten – denn sie standen in der Hackordnung ganz unten und konnten weder Zeitpunkt noch Ort für den Start ihrer Satelliten bestimmen –, sahen einige Unternehmen außerdem die Chance, eine Rakete für kleine Lasten zu entwickeln. Das Problem besteht in gewisser Weise heute noch und wird womöglich mit den neuen Micro Launchern wie PLD und Rocket Lab aus der Welt geschafft – falls sich ihr Geschäftsmodell rentiert.

Die wenigen Versuche, in den 1980ern eine private (und erste) Rakete für kleine Lasten zu bauen, scheiterten jedenfalls. Eine Firma namens Space Services Inc. of America baute die Percheron, aber diese explodierte schon beim Test. Dann kaufte das Unternehmen eine alte Entwicklungsrakete, die aus der zweiten Stufe der militärischen Mittelstreckenrakete Minuteman bestand. Die Conestoga erreichte 1982 als erste private Rakete den Weltraum und klinkte in 313 Kilometern erfolgreich ihre Nutzlast aus – literweise Wasser. Interessanterweise berichtet Bromberg, dass zahlreiche NASA-Ingenieure aus dem Ruhestand zurückkehrten, um auf Stundenbasis bei Space Services mitzuarbeiten. Ganz offenbar sahen diese Leute noch einmal die Gelegenheit, endlich eine ganze Rakete zu bauen.[522] Das erinnert stark an die Ingenieure, die in jüngster Zeit auf sichere und lukrative Jobs in großen Raumfahrt-Unternehmen verzichten und lieber in einer kleinen Klitsche ganz nah am Ganzen sind.

Space Services wollte nicht nur Kleinsatelliten transportieren, sondern auch die Asche von Verstorbenen. Das ist kein Witz, sondern ein handfestes, allerdings noch nicht sonderlich etabliertes Geschäftsmodell. Trotzdem bieten heute mehrere Unternehmen an, die Asche von Verstorbenen (in der Mehrzahl Hardcore-Weltraum-Fans, ehemalige Sci-Fi-Schauspieler und exzentrische Persönlichkeiten wie der LSD-Guru Timothy Leary) ins All zu schießen, etwa 5.000 Euro das Gramm Asche. Nach einiger Zeit tritt diese allerdings wieder in die Atmosphäre ein und verglüht. Im Grunde ist das eine Feuerbestattung 2.0. Sie tragen vielsagende Namen wie Celestis, Elysium Space und Ascending Memories. Ebenfalls eine Feuerbestattung erhielt die Nachfolgerin der Conestoga, allerdings eine suborbitale. Nach vielen Verzögerungen explodierte sie 1995 kurz nach dem Start wegen Hydraulikproblemen. Damit endete ihre Geschichte.

5 Neustart

»Dieses Land hat seit jeher Transport subventioniert. Wir haben die Eisenbahn subventioniert, die Flugzeugindustrie, und nun nehmen wir ein wenig Geld und unterstützen den Raumtransport.«

James M. »Jim« Beggs, früherer NASA-Direktor

Das Shuttle-Ende, das russische Joch und die ISS als Umsatzgarant

Ausgerechnet die Mega-Projekte der amerikanischen und internationalen Raumfahrt, die von Anhängern der neuen Raumfahrt gern kritisiert wurden, erwiesen sich am Schluss indirekt als Glücksfall und zuverlässiger Umsatzbringer für NewSpace: Die Internationale Raumstation ISS und die teuren Spaceshuttles. Die Station ist nicht nur ein heroischer Außenposten der Menschheit, sondern vor allem eine willkommene und zuverlässige Einnahmequelle. Sie ist mit 100 Milliarden Dollar Baukosten so teuer, dass ihre Betreiberstaaten sie nicht von einem Tag auf den anderen aufgeben werden. Das wiederum bedeutet, dass auf Jahre hinweg, derzeit bis 2024, Material und Menschen zu ihr transportiert werden müssen. Die Besatzung der Station braucht zudem regelmäßig Nachschub, Essen, Hardware, Experimente, und die Station selbst Treibstoff, damit sie ihre Position im Orbit halten kann. Sie bewegt sich nämlich nur scheinbar durchs Nichts: Da sie durch die äußersten Schichten der Atmosphäre fliegt, wird sie durch die Reibung abgebremst und sinkt etwa 150 Meter pro Tag Richtung Erde. Daher muss sie regelmäßig wieder auf ihren Zielorbit in 400 Kilometern Höhe angehoben werden. So verbraucht sie um die sieben Tonnen Treibstoff im Jahr, die aufwendig ins All befördert werden müssen. Ein Milliardengeschäft.

Zudem verkündete Präsident Georg W. Bush nach dem Columbia-Unglück 2003 ein Jahr später das Ende der Shuttles für 2010.[523] [I] Das stellte die NASA zunächst vor eine traurige Aussicht. Ihr standen mit der Delta IV und der Atlas V teure, aber leistungsfähige Raketen für den Satelliten-Transport zur Verfügung, doch keine Raumfahrzeuge, um Nachschub zur ISS zu transportieren – und Astronauten schon gar nicht. Zwar kündigte Bush gleichzeitig in der *Vision of Space Exploration* ein bemanntes Raumschiff an, das Astronauten erst zur ISS und später zum Mond fliegen sollte – aus der Ankündigung ging das Constellation-Programm mit dem Raumschiff Orion hervor. Aber das sollte nicht vor 2014 starten. Für mehrere Jahre würden also andere, die Europäer, die Russen und sogar die Japaner die Station mit Proviant versorgen. So kam es auch. Noch schlimmer: Die russische Sojus-Kapsel war die einzige Möglichkeit, die Station zu bemannen. Zuletzt verlangten die Russen umgerechnet 62 Millionen Euro für ein Return Ticket zur ISS – pro Astronaut. Allen Beteiligten war klar: Die USA benötigen einen neuen Zugang zum All, und zwar schnell sowie deutlich preiswerter als bisher. Das war die Stunde der NewSpacianer.

Im Rausch des Wettbewerbs

Ein Entwicklungs- und Service-Programm sollte dafür sorgen, dass die Amerikaner wieder mit bemannten Raumschiffen das All befahren. Ganz so, wie es sich nach dem Selbstverständnis der meisten US-Amerikaner gehört. Die NASA startete deshalb 2006 eine Ausschreibung namens COTS, für *Commercial Orbital Transportation Services* (nicht zu verwechseln mit der gängigen Abkürzung für *commercial off-the-shelf*, Hardware aus Serienfertigung, siehe Kapitel »COTS – preiswert ins All«, S. 219). Auch hier gab es ein neues Konzept. Statt wie bisher einen Preis auszuhandeln, auf den noch eine Gewinnmarge geschlagen wurde, bekamen die privaten Unternehmen Teilbeträge ausgezahlt, aber nur dann, wenn sie eine bestimmte Aufgabe absolviert hatten. In einem Interview mit der NASA-Historikerin Rebecca Hackler erklärte der damalige NASA-Direk-

---

I Tatsächlich flogen sie ein Jahr länger, als Bush gekündigt hatte, weil sie für einen letzten Heavy-Duty-Einsatz an der ISS gebraucht wurden.

tor Michael Griffin das neue Prinzip mit dem Bau eines Hauses. »Ich stellte mir das so vor, als würde jemand ein teures Haus bauen. Der Bauunternehmer bekommt eine kleine Anzahlung als Vertrauensvorschuss quasi. Er bekommt dann immer wieder Teilzahlungen, wenn er das Fundament gebaut hat, die Außenwände, das Dach und die Trennwände gezogen hat. Aber er bekommt nicht das ganze Geld, bevor er nicht das Haus auch eingerichtet hat.«[524]

Das Programm sollte es vor allem kleineren Unternehmen erleichtern, sich in der amerikanischen Raumfahrt zu engagieren,[525] was Unternehmen wie SpaceX zugutekam. Bisher war die NASA sogar gesetzlich verpflichtet gewesen, Unternehmen mit einer langen und erfolgreichen Geschichte zu wählen.[526] Das konnte SpaceX nun wahrlich nicht behaupten. Das COTS-Programm forderte ein System aus Rakete und Kapsel und sollte etwa zehn Tonnen Fracht pro Jahr – Experimente, Essen, Wasser, Treibstoff – zur ISS und vier Tonnen wieder auf die Erde zurück transportieren. Der NASA schien bewusst zu sein, wie schwierig die Anforderungen dafür waren; nicht nur, weil es technisch so anspruchsvoll ist, sondern weil es so ermüdend war, den Katalog mit Tausenden Anforderungen zu verstehen. Jedenfalls formulierte eine NASA-Abteilung ein neues und lesbares 130-Seiten-Dokument (»an easy-to-follow document«)[527], damit die Bewerber nicht gleich an der Lektüre scheiterten. Das wirft ein bezeichnendes Licht auf die Bürokratie der NASA, immerhin waren die Leser solcher Dokumente Raketenwissenschaftler. Fairerweise durften die Bewerber ebenfalls nicht mehr als 90 Seiten einreichen, was viele der Unternehmen amüsanterweise als eine der schwierigsten Hürden bezeichneten.[528] Von den 22 Vorschlägen suchte sich die NASA sechs heraus. Keiner davon war von einem der großen Raumfahrt-Unternehmen. Stattdessen entstammten alle mehr oder weniger der entstehenden NewSpace-Szene, wie NASA-Chef Michael Griffin (Direktor von 2005 bis 2009) überrascht feststellte.[529]

Die erste Runde gewannen die Pläne von Elon Musks SpaceX mit der Falcon 9 und der Dragon-Versorgungskapsel sowie eine Firma namens Rocketplane Kistler. SpaceX erhielt 278, Rocketplane Kistler 201 Millionen Dollar Fördergeld[530], um die Raumschiffe zu bauen. Allerdings blieb Rocketplane Kistler schließlich auf der Strecke. Das Unternehmen konnte trotz der NASA-Millionen nicht ausreichend privates Kapital auftreiben, sodass die NASA ihm die Mittel wieder strich. Das Geld ging in einer zweiten Ausschreibungsrunde an Orbital ATK mit der Antares-Rakete[I] und der Cygnus-Kapsel. Boeing, Grandseigneur der amerikanischen Raumfahrt-Player, ging leer aus: zu teuer.

Am 22. Mai 2012 waren die Amerikaner wieder im Spiel. Nachdem Elon Musk ein paar schlaflose Nächte hinter sich gebracht hatte, gelang es SpaceX nicht nur, seine Dragon-Kapsel ins All zu schießen, sondern außerdem ein erfolgreiches Rendezvous-Manöver mit der ISS zustande zu bringen. Das war ein absolutes Novum für ein privates Unternehmen und ein so junges, ungewöhnliches dazu. Anlass genug für Präsident Barack Obama, anzurufen und Musk persönlich zu gratulieren. Musk twitterte später, er habe zunächst geglaubt, es handle sich um einen Werbeanruf, weil die Telefonnummer nicht angezeigt wurde – das Weiße Haus hatte die Rufnummer unterdrückt.[531]

Ein Jahr später dockte auch die erfolgreich von einer Antares gelaunchte Cygnus-Kapsel an. Und all das für nur 800 Millionen Dollar, wie die NASA stolz in ihrem Abschlussbericht vermerkte.[532] So viel hatte die NASA am Ende für das Entwicklungsprogramm ausgegeben. Es waren zwar zu den ursprünglich vorgesehenen 500 Millionen Dollar weitere 288 hinzugekommen. Doch die Behörde hatte trotzdem für den Bruchteil eines Orbiters gleich zwei Transportsysteme für den erdnahen Orbit bekommen. Der Preis für die Gewinner: zwölf ISS-Versorgungsflüge im Wert von 1,6 Milliarden Dollar für SpaceX und acht Flüge im Wert von 1,9 Milliarden Dollar für Orbital ATK – plus Nachfolge-Missionen.[533] Allerdings alle unbemannt. Es gab noch keine Kapsel, um Amerikaner ins All zu transportieren.

I Die erste Antares-Version wies ein Kuriosum auf. Ihre NK-33-Triebwerke stammten aus der Sowjetunion. Sie waren Anfang der 1970er-Jahre für die Mondrakete N1 gebaut worden. Da diese aber bei jedem ihrer vier Starts explodierte und Armstrong den Mond ohnehin schon betreten hatte, stellten die Sowjets das Programm ein. Die Triebwerke wurden eingemottet, bevor sie in den 90er-Jahren wieder aus den Kisten geholt und in die USA verkauft wurden. Ironie der Weltgeschichte: Fast 40 Jahre später startete eine amerikanische Rakete mit sowjetischen Triebwerken, die einmal Kosmonauten zum Mond fliegen sollten. Im Oktober 2014 legte die Antares allerdings einen spektakulären Fehlstart hin. Die Rakete hatte gerade den Startturm passiert, als die erste Stufe explodierte. Sie fiel zurück und zerbarst in einem ungeheuren Feuerball am Boden – und mit ihr das Cygnus-Versorgungsschiff für die ISS. Als Grund gab Orbital ATK eine versagende Turbopumpe an, beschädigt von einem nicht näher definierten Fremdkörper. Seitdem fliegt die Antares mit einem neuen Triebwerk, dem RD-181 – einem Nachfolger des sowjetischen RD-170.

ALTE HELDEN REVOLTIEREN

Ein Interview von CBS News 60 Minutes mit Elon Musk im März 2012. Der Reporter Scott Pelley weist Musk darauf hin, dass die Mondastronauten Neil Armstrong und Gene Cernan die Art, wie er, Musk, Raumfahrt betreibe, nicht mögen, und fragt, was er denn dazu sage. »Ich war sehr traurig, das zu sehen«, antwortet Musk erwartungsgemäß. »Diese Männer sind ja meine Helden. Das war wirklich hart. Ich wünschte, sie würden kommen, um sich die Hardware anzuschauen, die wir bauen. Ich denke, dann würden sie ihre Meinung ändern.« Bemerkenswert sind Musks Gesichtsausdruck und der zunehmende Glanz in seinen Augen, während er das sagt. »Sie haben Sie inspiriert, richtig?«, hakt der Reporter nach. »Ja!«, erwidert Musk kurz und mit schnell nickendem Kopf, nun schon merklich angeschlagen. Scott Pelley lässt nicht locker. »Und zu sehen, wie sie Ihnen Knüppel zwischen die Beine geworfen haben?« Bis Musk antwortet, vergeht eine gefühlte Ewigkeit. Seine Lippen bewegen sich, aber es kommen keine Worte dazwischen hervor. In den Augen schimmern Tränen. Er zieht den Mund zusammen und presst nur drei Wörter hervor. »Das ist schwer.« Nächste Frage: Ob er denn erwartet habe, dass die altvorderen Raumfahrer ihn anspornen würden. Ja, darauf habe er zumindest gehofft. Musk hat sich offensichtlich wieder gefangen und ist wieder auf seinem Terrain. »Was ich versuche, ist, die Raumfahrt voranzubringen und sie fast jedem zugänglich zu machen. Und ich werbe dabei um so viel Unterstützung wie möglich.«[534]

Was war da passiert? Was hatten Armstrong und Cernan gesagt, dass der knallharte Manager und Verhandler, Serial Entrepreneur, Multimilliardär, mehrfache Vater und mehrfach geschiedene Ehemann Elon Musk derart mit der Fassung ringt und vor laufender Kamera beinah anfängt zu heulen?

Ganze zwei Jahre vor dem Interview, am 12. Mai 2010 waren Neil Armstrong und Gene Cernan vor einem Senatsausschuss getreten und hatten ihren Frust über den Stand der bemannten Raumfahrt freien Lauf gelassen. Die ergrauten Eminenzen[I] der amerikanischen Raumfahrt mussten eine Mordswut im Bauch gehabt haben, denn so staatstragend der Rah-

I Neil Alden Armstrong starb am 25. August 2012. Der erste Mensch auf dem Mond wurde 82 Jahre alt. Eugene Andrew Cernan starb am 16. Januar 2017. Er wurde ebenfalls 82 Jahre alt.

men, so undiplomatisch war ihr Vortrag. Dabei war gar nicht Elon Musk das Auge des Sturms, sondern die Raumfahrt-Politik des neuen US-Präsidenten Barack Obama. Der hatte mit Charles Bolden zwar einem viermaligen Spaceshuttle-Astronauten zum NASA-Chef berufen, aber im Budget 2011 dem Constellation-Programm das Geld gestrichen. Das aus mehreren Raketen, einem Raumschiff und einem Mondlander bestehende Space-Set war Obama zu teuer. Neun Milliarden Dollar hatte die NASA bis 2010 bereits ausgegeben, weitere Milliarden würden nötig sein. Seine Administration kürzte nicht etwa die absolute Höhe des NASA-Budgets, sondern setzte einfach andere Schwerpunkte. Sie forderte ein anderes Transportsystem und eine andere Missionsplanung, erst zu einem Asteroiden, dann auf den Mars.[535] Den Astronautentransport zur ISS sollten fortan private Unternehmen besorgen.

»Neil, Jim Lovell[I] und ich sind zur einhelligen Meinung gekommen, dass dieser Budgetvorschlag keine Herausforderung bereithält, auf nichts fokussiert und am Ende eine Blaupause für eine Mission ins Nirgendwo ist«, schimpfte Eugene Cernan. Der alte Astronaut zielte zwar auf die Obama-Regierung, erwischte aber Musk und die privaten Raumfahrer als totalen Kollateralschaden. »Es finden sich mehrere Milliarden Dollar, um kommerzielle bemannte Missionen in den niederen Erdorbit zu entwickeln – basierend auf den Annahmen und Aussagen von denen, die um diesen kaum nachvollziehbaren Vertrag konkurrieren. Und die sagen, sie könnten dieses Ziel in weniger als drei Jahren und für weniger als fünf Milliarden Dollar erreichen. Aufgrund meiner persönlichen Erfahrung denke ich, dass es mehr als eine Dekade in Anspruch nehmen wird, und dass die Kosten zwei- bis dreimal höher liegen werden, als sie vorhersagen. (...) Die Leute, die diese eingeschränkte Programmstruktur vorschlagen, wissen noch gar nicht, was sie nicht wissen.«[536] Dazu muss man sagen, dass die Falcon 9 zum Zeitpunkt der Anhörung noch nicht gestartet war. Cernan hatte keinen Grund anzunehmen, dass Musk es zwei Jahre später schaffen würde, mit der Dragon-Kapsel an die ISS anzudocken. Von Neil Armstrong kamen ebenfalls keine freundlichen Worte. »Ich habe vor mehr als 50 Jahren begonnen, mich mit Raketen zu beschäftigen (»cut my teeth in rockets more than 50 years ago«). Ich bin nicht über-

I Jim Lovell war Kommandant der gescheiterten Apollo-13-Mondmission.

zeugt.«[537] Sogar Michael Griffin, Vorgänger von NASA-Direktor Charles Bolden, schlug in die gleiche Kerbe. Obwohl er es war, der das Programm für die kommerzielle ISS-Versorgung vorangetrieben hatte, teilte er mit, private Firmen wie SpaceX und Orbital ATK seien nicht für die riskante Aufgabe bereit, Menschen zu transportieren. »Eines Tages wird es sein wie im kommerziellen Luftverkehr, allerdings jetzt noch nicht,« so Griffin. »Es ist, als wäre es 1920. Lindbergh ist zwar noch nicht einmal über den Atlantik geflogen, aber sie versuchen schon, eine 747 an PanAm[I] zu verkaufen.«[538] Das waren niederschmetternde Einschätzungen wichtiger Menschen im amerikanischen Raumfahrt-Betrieb. Es gab für Musk also allen Grund zur Traurigkeit. Es bedeutete: So großartig der Erfolg, die NASA-Verträge zu ergattern, so schwer würden bemannte Missionen sein. Er war in Höhen vorgestoßen, in der die Luft dünner und kälter wehte. Mit seinem Geschäftsprinzip konnte er zumindest die Götter auf dem Raumfahrt-Olymp nicht auf Anhieb überzeugen.

Doch die Obama-Administration ließ sich davon nur begrenzt beeindrucken. Sie musste das Constellation-Programm des ungeliebten Vorgängers Bush zwar in Teilen weiterführen, weil – pacta sunt servanda – das Orion-Raumschiff schon im Bau war. Aber die Entwicklung der Raketen und des Landers wurden eingestellt. Stattdessen begann die NASA ein Entwicklungsprogramm für den kommerziellen Transport von Astronauten zur ISS – nach dem gleichen Prinzip wie für die Versorgungsflüge: Private Unternehmen sollten Ideen einreichen, dann gab es für die Gewinner für jeden technischen Meilenstein eine fixe Summe Entwicklungshilfe. Allerdings lagen die Anforderungen für das *Commercial-Crew-Development*-Programm deutlich höher. Schließlich sollten die Fahrzeuge keine Marsriegel zur ISS transportieren, sondern vier Astronauten. Zudem müssen sie bei einem Unglück auf der ISS – beispielsweise ein Brand oder ein Leck – als 24-Stunden-Fluchtburg und für mindestens 210 Tage als Rettungsboot dienen können.[II]

Über mehrere Runden hinweg bewarben sich fast 40 Unternehmen mit unterschiedlichsten Plänen. Diese Zahl macht auf einen bemer-

I Abkürzung für Pan American Airways, ehemalige internationale Fluggesellschaft und in den 1970ern Synonym für mondänen, interkontinentalen Luftverkehr.

II Das Spaceshuttle konnte nur maximal zwölf Tage an die ISS andocken. Als Rettungsboot dient daher bisher eine Sojus-Kapsel.

kenswerten Aspekt der amerikanischen Wirtschaft aufmerksam. Offensichtlich glauben zahlreiche Firmen, in dieser so exklusiven Runde mitmischen zu können. Das Büro, das die NASA-Milliarden verwaltet und verteilt, nennt sich übrigens C3PO, für Commercial Crew and Cargo Program Office. Musk wird seine helle Freude an dem Namen gehabt haben. Für alle, die jetzt nicht schmunzeln: So heißt ein redseliger, aber höflicher Android im *Star-Wars*-Epos. Es ist also sogar beim Poker um Milliarden noch Raum für Nerd-Späße. Zum Schluss blieben zwei Firmen übrig und heimsten den Löwenanteil der Fördergelder sowie jeweils einen exklusiven Vertrag ein: SpaceX bekam etwa 3,2 Milliarden Dollar für die Entwicklung des Dragon-Raumschiffs mit der Falcon 9 als Startrakete und Boeing etwa 4,8 Milliarden für das CST-100 Starliner-Raumschiff mit der Atlas V – inklusive mehrerer bemannter Flüge zur ISS.

Das letzte Mal, als die USA nicht in der Lage gewesen waren, Astronauten ins All zu schicken, lag gut 35 Jahre zurück. Damals war das Apollo-Programm ausgelaufen, die restlichen Saturn-Stufen wurden verschrottet oder ins Museum gerollt. Erst nach sechs Jahren und dreijähriger Verspätung war die astronautische Durststrecke mit dem Start der Columbia 1981 überwunden. Dieses Mal wird sie vermutlich noch länger dauern. Als Bush 2004 das Ende der Shuttles für 2010 mitteilte, kündigte er zugleich die erste Orion-Mission für 2014 an.[539] Sie fand bekanntermaßen nie statt. Das kommerzielle Nachfolgeprogramm sollte ebenfalls schon 2015 abheben. Inzwischen wurde der erste Test auf 2018 verschoben.[540] Der erste reguläre Flug von Astronauten zur ISS soll sogar erst im Jahr darauf stattfinden. In zweierlei Hinsicht behielt Cernan also bis heute recht: Der Zeitplan war nicht einzuhalten und das ursprünglich veranschlagte Geld reichte nicht aus.

Trotzdem, das Auswahlverfahren kann die NASA als Erfolg verbuchen. Ihr stehen schon bald für immer noch relativ günstige 8,3 Milliarden[541] Dollar zwei Raumschiffe zur Verfügung, die während voraussichtlich zwölf Flügen etwa 48 Astronauten und Material auf die ISS und zurück transportieren – falls alles gut geht. Eine Ironie der Geschichte: Rechnet man die im Gesamtbetrag enthaltenen 6,8 Milliarden Dollar für die vereinbarten Flüge auf die Kosten pro Astronaut herunter, so kommt man auf etwa 140 Millionen Dollar. Das ist ein höherer Preis, als die Amerikaner derzeit für einen Sitz in der Sojus-Kapsel an die Russen überweisen müssen. Allerdings ist im Preis ein Testflug und die Qualifizierung der Systeme inbegriffen.

Auch für Musks SpaceX war das Programm der Booster, mit dem sein Unternehmen am Ende zu den Sternen abheben konnte. Während die NASA einen preiswerten Zugang zur ISS bekommen hatte, besitzt SpaceX nun eine Rakete und ein bemanntes Raumschiff. »Ohne die NASA wären wir nicht das Unternehmen, das wir heute sind«, meint SpaceX-Präsidentin Gwynne Shotwell. »Wir würden vielleicht vorankommen, aber auf Krücken, nicht im Laufschritt.«[542]

TEIL 4 –
DIE GRÜNDER –
DISRUPT!

1 Die Unternehmerkultur von NewSpace

»Als Gründer oder Entrepreneur muss ein Monopol das Ziel sein. Man muss ein Unternehmen aufbauen, das seinesgleichen sucht – und sich derart vom Wettbewerb abhebt, dass es am Ende noch nicht einmal mehr daran teilnimmt.«

Peter Thiel, Mitgründer von PayPal und Investor bei SpaceX

Impuls aus dem Silicon Valley

Starke Impulse kommen in der Raumfahrt derzeit wie bereits beschrieben nicht selten von einzelnen Persönlichkeiten wie Elon Musk und Jeff Bezos. Diese Menschen sind als Unternehmer häufig im Dunstkreis der Silicon-Valley-Szene geboren. Es ist kein Zufall, dass sie neue wirtschaftliche Denkweisen mitbringen, die sie schneller, kosteneffizienter und couragierter agieren lassen als ihre konventionellen Wettbewerber. Diese Erkenntnis ist sogar die offizielle Lesart beim Behördenriesen NASA, zumindest hinsichtlich SpaceX. »Die wirtschaftliche und technologische Stärke von SpaceX liegt in ihrer Silicon-Valley-artigen Philosophie. Sie wurde übertragen von ihrem Gründer Elon Musk und seinen Erfahrungen in der kalifornischen Landschaft, die für ihre innovativen und hochriskanten Unternehmungen bekannt ist.«[543] So ist es nur folgerichtig, dass sich auch die zweite unabdingbare Kraft, die das Silicon Valley zum erfolgreichsten Technologie-Markt gemacht hat, die Raumfahrt als neues Betätigungsfeld ausgesucht hat: das Risikokapital. Zusammen mit der intellektuellen Kraft der dort ansässigen Gründer entwickelt NewSpace eine Dynamik, um die sie der Rest der Welt beneidet.

Das Silicon Valley ist nicht einfach ein Tal, in dem sich Firma an Firma reiht. Es ist ein pulsierendes Konglomerat aus miteinander verwachsenen Orten, die häufig nur noch durch ihre historischen Ortskerne identifizierbar sind, miteinander verbunden durch Schnellstraßen, Gewerbegebiete und Wohnvierteln unterschiedlicher Lebensqualität. Einige sind durchzogen von grünen Alleen und markieren das »Made it!« der erreichten Lebensträume, andere sind ärmlich und werden manchmal von Programmierer-Wohngemeinschaften bewohnt, die es noch nicht auf die Sonnenseite des *American Way of Life* geschafft haben. Das Tal hat vier sehr unterschiedlich umrissene Grenzen. Im Norden liegt San Francisco und schließt die Halbinsel wie einen Korken nach oben hin ab. Im Westen erhebt sich ein bewaldeter Bergrücken und trennt das Silicon Valley vom Ozean. Den steilen Flanken haben die Kalifornier hübsche Namen wie Emerald Hills gegeben und Häuser auf hohen Holzstelzen hineingebaut. Ihre Bewohner schauen nicht nur über das Valley mit Weltkonzernen wie Google und Facebook, sondern zudem auf den südlichen Teil der Bucht von San Francisco und die dahinterliegenden Bergketten, die östliche Grenze der etwa 80 Kilometer langen und 30 Kilometer breiten Region. Am südlichen Ende liegt San José in einer Mulde umgeben von Bergen. Es ist nicht nur ärmer als das schicke Palo Alto, es ist auch heißer und trockener als der nördliche Teil des Tals, das manchmal von einer scharfen Wolkengrenze durchschnitten wird. Im Norden wabern die Nebelschleier San Franciscos, auf der südlichen Seite scheint die Sonne.

Dabei gibt es das Silicon Valley eigentlich gar nicht, jedenfalls nicht als geografischen Begriff. Es ist ein Kunstbegriff für das Zentrum der amerikanischen IT- und Hightech-Industrie. Der Begriff stammt aus den ersten Tagen der Halbleiter-Forschung, deren wichtigster Rohstoff Silizium ist, englisch Silicon.[I] Die dortige Unternehmenskultur trägt tatsächlich wesentlich zum kommerziellen Aspekt des gegenwärtigen NewSpace-Charakters und seiner Strahlkraft bei, die Mixtur aus einer verrückt klingenden Geschäftsidee, persönlichem Gründergeist, harter Arbeit und Wagniskapital. In den Unternehmerküchen dort wird bisweilen weniger gefragt, was die Menschen gerade wollen. Stattdessen entwickeln dort Entrepreneure Produkte, von denen sie annehmen, dass ihre zukünftigen Kunden noch gar nicht wissen, dass sie für sie eines Tages unverzichtbar sind. Henry Ford kommentierte diese unternehmerische Denke mit einem legendären Sarkasmus: »Wenn ich die Menschen gefragt hätte, was sie wollen, hätten sie gesagt: ›schnellere Pferde‹.« Stattdessen baute er Autos am Band für jeder-

---

I Der Begriff wurde das erste Mal am 11. Januar 1971 in einem Artikel des Journalisten Don Hoefler im Fachmagazin Electronic News gedruckt. Ein Bekannter hatte ihm erzählt, dass Geschäftsleute von der Ostküste den Begriff verwendeten, wenn sie nicht nur klarmachen wollten, wohin, sondern auch zu welcher Art Firmen sie reisen wollten. Er beinhaltet also sowohl eine geografische also auch soziale Information – ganz ähnlich wie NewSpace auch.

mann und revolutionierte den individuellen Transport. Damit ist er quasi ein Silicon-Valley-Urahn.

Disruption – die Zerstörung des Vertrauten

Im Silicon Valley haben sie einen Begriff für diese Denkweise: der Wille zur *disruptive innovation*, zur Neuerung, die eine bestehende Technologie oder ein bestehendes Geschäftsmodell verdrängt. Und wirklich, ein besonderes Kennzeichen vieler Unternehmen, die sich selbst als NewSpace bezeichnen, ist ihr – vermeintlich – disruptiver Charakter. *Disruption* ist ein derart wichtiger Begriff im Silicon Valley, dass er in keinem Smalltalk und vor allem in keinem Investoren-Gespräch fehlen darf. Das haben selbst die von wirtschaftlichen Zusammenhängen unbelecktesten Youngster unter den Entrepreneuren begriffen, wenn sie sich auf die Suche nach Kapital machen.

Der Begriff *disruptive innovation* kommt von Clayton M. Christensen, Professor an der renommierten Harvard Business School in Boston. Mitte der 90er entwickelte er eine Theorie, wie Innovationen einen neuen Markt erschaffen und dabei alte Märkte verdrängen – und wie vor allem große Unternehmen dabei scheitern können. Christensen hatte erkannt, dass große Unternehmen häufig nicht rechtzeitig begreifen, dass unter ihren Augen ein völlig neuartiger Markt für ein neues Produkt entsteht. Oder sie sehen ihn, finden ihn aber uninteressant, weil er nicht lukrativ genug und zu klein erscheint, um ihn ernst zu nehmen. Ein klassisches Beispiel dafür ist der Computer. Die *disruptive innovation* war nicht der Computer selbst, den gab es schon lange. Doch die wenigen Versionen, die es gab, füllten ganze Gebäude aus, waren tonnenschwer und kosteten Millionen.[I] Disruptiv war

I Der größte gebaute Computer war der SAGE (Semi-Automatic Ground Environment) AN/FSQ-7 des US-Verteidigungsministeriums. Er wog 275 Tonnen, nahm etwa 2.000 Quadratmeter Fläche in Anspruch und benötigte drei Megawatt Leistung. Seine Rechenleistung: 70.000 Instruktionen pro Sekunde (IPS). 20 Rechner dieses Modells waren von 1963 bis 1984 Teil des amerikanischen Frühwarnsystems, um einen Angriff russischer Atomraketen zu erkennen. Der Motorola-68020-Chip von 1984, der unter anderem im Mac2 steckte, bewältigte vier Millionen IPS. Fairerweise muss man anerkennen, dass heutige Supercomputer immer noch raumfüllend sind, nur rechnen sie etwa eine halbe Million Mal schneller. Wenn also heute ein Supercomputer sein Ergebnis nach einer Sekunde ausspuckt, hätte er damals fünf Tage dafür benötigt.

erst die Neuerfindung des Computers in Form des PCs, den sich auch Individuen leisten konnten und nicht nur Universitäten oder staatliche Institutionen. Ken Olsen, Mitbegründer von Digital Equipment Corporation, des zeitweise zweitgrößten Computerherstellers der Welt, sagte 1977: »Es gibt keinen Grund für irgendjemanden, einen Computer zu Hause zu haben.« Wenige Jahre später begann die Ära des PCs. Er verteidigte sich anschließend mit dem Argument, dass er damit keineswegs PCs gemeint hatte, sondern Computer zur Steuerung von Häusern. Aber selbst das ist vor dem Hintergrund des Internets der Dinge und Smart Home keine echte Entschuldigung für seine Fehlprognose. 1998 wurde Olsens Unternehmen von Compaq übernommen – einem PC-Hersteller.

Große Unternehmen, die mit ihren Produkten einen Markt erobert haben, sind also anfällig dafür, von Konkurrenten aus einem kleinen und billigeren Marktsegment langfristig aufgerollt zu werden – am Anfang fast unmerkbar, am Ende lawinenartig. Übrigens müssen die ehemals kleinen Konkurrenten nicht notwendigerweise mit einem gleichartigen Produkt antreten, das besser oder billiger ist, sondern mit einem ganz anderen, das aber das ursprüngliche Produkt am Ende überflüssig macht. Dabei muss eine disruptive Innovation nicht zwangsläufig Hightech sein. Häufig reicht eine neue Kombination von bestehenden Bauteilen – Hauptsache, sie ermöglicht ein neues Geschäftsmodell. Disruptive Technologien sind den etablierten Produkten technisch gesehen anfangs sogar meist unterlegen. Dies sind auf die Raumfahrt angewendet besonders passende Aspekte der Theorie. Gerade NewSpace-Unternehmen versuchen ja unter anderem mit bestehender Technologie und bestehenden Bauteilen ein neues Geschäftsmodell aufzubauen. Hier ist die *disruptive innovation* nicht die ausgefeiltere Technik, sondern die einfachere, kleinere und preiswertere Rakete. Hinzu kommt: Wer erst einmal in der Lage ist, eine kleine Rakete für geringe Lasten zu entwickeln und gewinnbringend ins All zu schießen, der wird das vermutlich langfristig ebenso mit einer großen für die schweren Satelliten und Sonden erreichen.

Aus seiner Theorie macht Christensen ein Buch: »The Innovator´s Dilemma«.[I] Der New-York-Times-Bestseller wurde in zehn Sprachen über-

I Als Beispiel für seine Theorie wählte Christensen die Entwicklung der Disk-Industrie. Diese ist für Wirtschaftswissenschaftler als Studienobjekt besonders interessant, weil sie so schnelllebig ist, so ähnlich wie die Fruchtfliege Drosophila für die Biologen.

setzt und ist laut der Wochenzeitschrift The Economist eines der sechs wichtigsten jemals geschriebenen Wirtschaftsbücher (hinter dieser Zahl steckt aber kein offenkundiger Sinn).[544] Der Titel des Buchs benennt ein Problem, mit dem sich auch die großen Raumfahrt-Unternehmen konfrontiert sehen dürften. Denn laut Christensen sind große, etablierte Unternehmen nicht weniger innovativ als kleine Start-ups. Sie haben eher ein Produkt- und Marktproblem. In der Regel verkaufen sie ein hoch entwickeltes Produkt an eine mühsam aufgebaute Kundschaft. Ihr Interesse ist es, das Produkt immer besser zu machen, um es dann teurer verkaufen zu können. Käme ein dynamischer Mitarbeiter aus dem eigenen Haus auf die Idee, ein neues, billigeres und einfacheres Produkt zu entwickeln, stände das Unternehmen vor einem Dilemma. Es müsste sich entscheiden, ob es sein bestehendes Produkt verbessern und für noch mehr Geld an seine bestehenden Kunden verkaufen will. Dann muss es mit der Angst im Nacken leben, dass ein anderer eine disruptive Innovation auf den Markt wirft. Oder ob es eine Innovation für ein neues Produkt vorantreiben möchte, für die es erst noch Kunden finden muss. Und mindestens genauso schwerwiegend: Das neue Produkt erbringt zunächst eine kleinere Marge und gefährdet obendrein womöglich die bisher wichtigste Erlösquelle. Ein Beispiel in der Raumfahrt dafür war das Entwicklungsprogramm COTS der NASA. Die Raumfahrt-Behörde wollte ursprünglich mit einer halben Milliarde Dollar eine billige Versorgung der ISS entwickeln lassen. Doch in die erste Auswahl des Programms schafften es nur NewSpace-Unternehmen; die großen Raumfahrt-Unternehmen, so vermutet NASA-Historikerin Rebecca Wright, hatten kein gesteigertes Interesse an einem solch kleinen Gewinnbringer und überließen den Kleinen das Feld. Mittlerweile transportiert SpaceX mit der dabei entwickelten Falcon-Rakete überdies die Spionagesatelliten der Air Force – das ureigene Geschäft von Boeing und Lockheed Martin.

Im Gegensatz zu anderen wissenschaftlichen Theorien fand Christensens Idee schnell Eingang in die Köpfe der Entrepreneure, aber auch der Manager großer Unternehmen, wohl deshalb, weil sie eine Urangst aller Unternehmer berührte – nämlich unerwartet vom Markt gespült zu werden. Die Theorie beschreibt ja die Konsequenzen für beide Seiten, für die jungen, wilden wie für die alten, etablierten Unternehmen. In einem Video seiner Universität schildert Christensen, wie eines Tages Intel-CEO und -Legende Andy Grove bei ihm anrief. Grove habe gesagt, normalerweise habe er keine Zeit für akademisches Geschwafel, erzählt Christensen, aber er solle doch mal rüberkommen, um ihm und seiner Mannschaft in zehn Minuten (!) sein Prinzip zu erklären und zu sagen, was Intel daraus lernen könne.[545] Christensen sah eine Chance, seine Theorie einem echten Wirtschaftsführer zu erklären, reiste zu Intel und präsentierte seine Theorie. Der offenbar ziemlich ruppige Intel-Chef unterbrach ihn tatsächlich nach zehn Minuten. Er habe verstanden, er wolle nun endlich wissen, was das für Intel zu bedeuten habe. Christensen antwortete, er habe keine Meinung zu Intel, doch die Theorie habe eine. Die sage, als großes Unternehmen solle man sich besser auch den Konkurrenten am unteren Marktende stellen. Am Schluss habe er Grove nicht gesagt, WAS er denken solle, sondern WIE er denken solle. Denn er könne nur das Prinzip erklären, gleichsam einer Linse, mit der man bestimmte Entwicklungen für die Zukunft prognostizieren könne.

Das mag einer der Gründe sein, warum es kaum noch Wirtschaftsbereiche gibt, die nicht von der Idee der disruptiven Innovation in Beschlag genommen werden. Selbst in gesellschaftspolitischen Reflexionen hallt sie nach, jedenfalls wenn es opportun erscheint. Immer wieder verweisen gerade Silicon-Valley-Unternehmer darauf, dass ihre Produkte den Konsum desselben quasi demokratisieren würden. Im Gegensatz zu vorher, wo das Produkt, beispielsweise ein Mobiltelefon, nur für Privilegierte erschwinglich war, könnten es sich nun alle leisten. Ein anderer Aspekt ist die »Demokratisierung« von Technologie, deren Zugang zuvor auf einen nur kleinen Kreis begrenzt war und nun auf einmal allen offensteht. Ein Beispiel sind die Apps, die auf dem iPhone laufen. Als Apple externen Entwicklern erlaubte, Apps für das iPhone zu programmieren, lösten sie eine explosionsartige Innovationswelle aus.

Das gilt genauso für NewSpace, wo die neuen Unternehmen behaupten, ihre Raketen und Produkte würde die Raumfahrt demokratisieren, also der Allgemeinheit abseits der »reichen« staatlichen Institutionen zugänglich machen. »Wenn ich an die Demokratisierung des Raums denke, dann meine ich damit, die Eintrittsbarrieren zu ihm zu senken. Der Weltraum ist nicht mehr für eine und exklusive Industrie reserviert und auch kein Bereich, in dem nur Nationen Fahnen aufstellen«, meint Andrew Rush, CEO von Made In Space.[546] Man sollte diesen Begriff also nicht politisch, sondern ausschließlich von seiner wirtschaftlichen Seite aus verstehen. Im

Deutschen ist womöglich der deutlich unpolitischere Begriff »popularisieren« passender.

Die Welt, wie wir sie kennen, ist das Ergebnis zahlreicher Disruptionen. Selbst für die jüngere Vergangenheit gibt es viele Beispiele für Produkte, die von einem Tag auf den anderen verschwunden sind, ohne dass die meisten es bewusst wahrgenommen haben – allein, weil die verdrängende Technologie so viel besser ist (oder bereits wieder war, wie im Falle der Compact Disc, welche die Schallplatte verdrängt hat). Weitere Beispiele für disruptive Innovationen (und ihre Opfer) sind die EDV mit Word und die (elektrische) Schreibmaschine, die digitale und die analoge (chemische) Fotografie, die Bildröhre in Fernsehgeräten und die Flachbildschirme. Wie zum PC und zu Ken Olsen gibt es zu vielen Beispielen disruptiver Innovativen wiederum wunderbar falsch liegende Prognosen der später »disruptierten« Protagonisten, die vormals häufig die Alphatiere ihrer Branche waren und entsprechend arrogant auf die »disruptierenden« Herausforderer herabblickten. Natürlich ist es einfach, sich im Nachhinein darüber zu amüsieren, doch sind die Fehlprognosen für künftige Generationen von CEOs auf jeden Fall ein Fingerzeig für mehr unternehmerische Flexibilität.

Es gibt auch Kritik an Christensens Theorie: Sie würde eher anekdotenhaft passende Beispiele herauspicken, als empirisch einen systematischen Prozess belegen. Es gebe zudem zahlreiche Beispiele großer Tech-Unternehmen, die solche Angriffe überstanden hätten und weiterhin beständen, stattdessen ebenso viele »disruptive« Unternehmen, die hingegen aufgekauft worden seien – und eben nicht weiterbeständen. Um hier weiter in die Tiefe zu gehen, ist dieses Buch der falsche Ort. Fest steht aber, dass Begriff und Idee sich in vielen Köpfen festgesetzt und damit eine faktische Kraft erhalten haben, ganz unabhängig davon, ob Christensen akademisch gesehen recht hat oder nicht.

NewSpace – eine Start-up-Community

Vor allem Start-ups, so klein und unspektakulär sie auch sein mögen, bezeichnen ihr Geschäftsmodell samt dranhängender Technologie daher als disruptiv. Für NewSpace ist das deswegen relevant, weil es ja sprichwörtlich eine neue Raumfahrt-Wirtschaft darstellt. Der überwiegende Teil der bis Ende 2017 – grob geschätzt – weltweit etwa 1.000 Unternehmen[547], die im Dunst dieser Branche tätig sind und sich als Teil von NewSpace betrachten, sind in der Start-up-Phase. Ein Raumfahrt-Start-up trennscharf zu definieren ist allerdings nicht ganz leicht. Nicht falsch liegt man, wenn man ein Unternehmen Start-up nennt, solange es noch dabei ist, die Grundlage für sein angedachtes Geschäftsmodell zu entwickeln und dieses am Markt zu platzieren. Der Abschluss der Start-up-Phase verläuft fließend. Er beginnt, wenn das fertige Produkt seine Käufer findet und endet, wenn sich das Unternehmen am Markt etabliert hat. Dabei versuchen viele Unternehmen, den Spirit und die schlanken Strukturen aus dieser Zeit möglichst lang zu erhalten (nicht zu unterschätzen ist ja vor allem der überdurchschnittliche Einsatz der Mitarbeiter in den frühen Phasen – bei überschaubaren Gehältern). Für SpaceX würde das bedeuten, dass es ein Start-up war, solange es dabei war, die Falcon 1 zu entwickeln und sie zu starten versuchte. Als die Rakete beim vierten Anlauf am 28. September 2008 den Orbit erreichte, endete diese Phase. Mit den erfolgreichen Starts der Falcon 9 im Jahr 2010 war sie endgültig vorbei, denn sie bedeuteten ja den definitiven Einstieg in ein Milliardengeschäft. Dazu muss man sagen, dass eine Start-up-Phase von acht Jahren sehr lang ist. Als Digital Native drängte Musk auf einen ambitionierten Zeitplan.[I] Bis die Falcon 1 schließlich erfolgreich abhob, lag Musk fünf Jahre hinter seinem ursprünglichen Zeitplan.

Auch wenn viele Start-ups nicht so weit kommen dürften wie SpaceX, sind sie doch zumindest die Grundlage für eine zukünftige Entwicklung und ein Indikator für eine Verjüngung der Raumfahrt-Wirtschaft. Diese Kleinst-Unternehmer suchen Kapital. Die Investoren wiederum müssen entscheiden, ob die Gründer in der Lage sind, den Wert ihres Unternehmens – und damit zugleich das investierte Geld – zu vervielfachen. Statt »Developer, developer, developer!« wie einst Microsoft-CEO Steve Ballmer scheinen nun alle aufgeregt »Disrupt, disrupt, disrupt!« zu rufen. Und das nicht nur im Umfeld des Silicon Valley, sondern überall auf der Welt, wo sich eine private kommerzielle Raumfahrt-Gründerszene gebildet hat. Bisweilen nimmt der »disruptive Reflex« absurde Ausmaße an, weil ja nicht

I Streng genommen ist Musk ja als analoges Kind aufgewachsen und müsste gemäß der Cyberspace-Unabhängigkeitserklärung von John Perry Barlow (Grateful Dead) immer ein digitaler Zugezogener bleiben (»You are terrified of your own children, since they are natives in a world where you will always be immigrants«). Musk dürfte aber als Miterschaffer der digitalen Welt bewiesen haben, dass er ein vollständig assimilierter digitaler Ureinwohner ist.

alle Start-ups disruptiv sein können und viele Technologien und Geschäftsmodelle zweifellos nicht das Potenzial haben, eine bestehende Branche aufzurollen.

Es gibt mehrere Gründe für diesen Schlachtruf. Zum einen eröffnet das Prinzip der disruptiven Innovation jungen Gründern die Perspektive zu wachsen und eines Tages bei den Großen mitzumischen – zumindest theoretisch. Das verleiht der Motivation von Menschen, die gerade ihr Talent, ihre gesamte Arbeitskraft und nicht selten sämtliche finanzielle Mittel in die Waagschale werfen, mit Sicherheit ein psychologisch gewichtiges Momentum. Gerade die Raumfahrt ist geprägt von riesigen und weit verzweigten Hightech-Unternehmen, die sich den *space cake* in den vergangenen Jahrzehnten in verschiedenen Konstellationen untereinander aufgeteilt haben. Der Versuch, in einen solchen Markt einzubrechen, erfordert viel Selbstvertrauen, Mut und Durchhaltewillen. Eine wirtschaftswissenschaftliche Theorie, die einen Weg in diese hoch ummauerte Trutzburg weist, ist den Betroffenen da naturgemäß hoch willkommen.

Der zweite und gewichtigere Grund ist Geld. Alle Raumfahrt-Unternehmen – egal ob groß oder klein, OldSpace oder NewSpace, erfolgreich oder erfolglos – haben einen gewaltigen Kapitalhunger. Im Vergleich zu Dienstleistungs- oder Digitalunternehmen benötigen sie echte Hardware und eine vergleichsweise anspruchsvolle und damit teure. Diese Kombination hat sie in der Vergangenheit nicht allzu attraktiv für Investoren gemacht, was sich aber geändert hat, wie wir noch sehen werden. Daher ist es im Interesse eines jungen Raumfahrt-Unternehmens, die eigene Geschäftsidee möglichst als disruptiv darzustellen, denn damit rückt sie in den Fokus einer Welt, in der disruptive Innovationen der Hauptgrund sind, Geld zu investieren: die des Venture Capitals.

2 Das Venture Capital

»Wenn jemand von der Schönheit einer Technologie spricht, bin ich skeptisch. Aber wenn jemand erzählt, wie er mit einer cleveren Idee einen Markt bedient, wird es interessant.«

François Auque, Chairman von Airbus Ventures

Strasse des Geldes

Das Silicon Valley hat einen sehr dezentralen Charakter. Ihm beispielsweise Mountain View als Mittelpunkt zuzuordnen, wäre das Gleiche, wie zu behaupten, Gelsenkirchen sei das Zentrum des Ruhrgebiets. Es ist nicht falsch, aber auch nicht richtig. Wenn es so etwas wie ein geistiges Zentrum gibt, dann ist das vielleicht die Stanford University. Diese private Hochschule hat mehr als 20 Nobelpreisträger hervorgebracht und erfolgreiche Gründer und Geldvermehrer wie Larry Page (Google), Andreas Bechtolsheim (Sun Microsystems) und Peter Thiel (PayPal). Wenn Stanford intellektueller Nukleus des Silicon Valley ist, dann ist die an ihr verlaufende Sand Hill Road ihr Mitochondrium, ihr Kraftwerk. Denn das Tal ist ohne seine Venture-Capital-Szene nicht als Zentrum der globalen Hightech-Industrie denkbar. Und fast alle Wagniskapitalgesellschaften, die das Geld der Wohlhabenden, Versicherungen und Anlegern aller Art einsammeln, haben ihren Sitz entlang dieser großen, vierspurigen Straße. Sie beginnt an der südlichen Talflanke und durchquert das Tal bis zu seiner Mitte, wobei sie die nordwestliche Begrenzung der Stanford University markiert. Das ist sehr praktisch, denn so müssen die jungen Absolventen mit einer guten Idee nur über die Straße gehen, wo sie in aller Regel äußerst willkommen sind. Umgekehrt sind die Venture-Capital-Vertreter häufig auf universitären Veranstaltungen zu sehen, wo sie genauso willkommen sind. Dort suchen sie nach besonders vielversprechenden Studenten, die bereits vor ihrem Abschluss Ideen für innovative Unternehmen entwickeln.

Ohne das reichlich fließende Risikokapital wären Unternehmen wie Google, Facebook, Twitter und Dutzende anderer prominenter Namen nicht denkbar. Sie mögen vielleicht alle klein angefangen haben, ihre globale Dimension haben sie aber nur mit millionen- manchmal sogar milliardenschwerem Startkapital erreicht. Auch nach dem Studium lebt die Gründerszene mit dem großen Geld im Silicon Valley Tür an Tür. Diejenigen, die riesige Summen in sehr junge Unternehmen mit nicht viel mehr als einer guten Idee und ein paar Seiten Programmcode investieren, haben gern ein Auge darauf, was mit ihrem Geld passiert. Deswegen bestehen sie in der Regel darauf, dass ihre Beteiligungen ihren Sitz in der Nähe haben. Wer keine Lust verspürt, nach Kalifornien zu ziehen, der bekommt eben kein Geld – jedenfalls keines der Sand Hill Road. Das führt dazu, dass das Silicon Valley wie ein Magnet Unternehmen aus aller Welt anzieht. Rocket Lab aus Neuseeland, eines der bekanntesten Raumfahrt-Start-ups, ist wie bereits beschrieben dem Ruf des Geldes gefolgt und hat seinen Hauptsitz nach Los Angeles verlegt, 600 Kilometer südlich vom Silicon Valley. Das Know-how der Venture Capitals ist so gefragt, dass sich die NASA einen altgedienten Spezialisten ins Haus holte, um die Erfolgschancen von NewSpace-Start-ups besser einschätzen zu können. Der drückte ihnen Christensens »The Innovator´s Dilemma« in die Hand und erklärte den verdutzten Ingenieuren zudem, dass es am Anfang wichtiger sei, dass kleine Vertragspartner ihre Pläne finanzieren, als technisch meistern können. Das war für die NASA die Umkehrung ihrer bisherigen Philosophie.[548]

Shooting for the Moon

Das Prinzip des Wagniskapitals, eine Art des Beteiligungsgeschäfts, gibt es bereits seit etwa 70 Jahren. Aber erst im Silicon Valley mit seinen extrem skalierbaren digitalen Geschäftsmodellen hat es seine volle Wirkung entfalten können, da diese sich nicht nur global ausdehnen, sondern eine Gesellschaft strukturell und monopolistisch durchdringen können. Ein Kapitalgeber weiß, dass ein digitales Unternehmen seinen Wert in wenigen Jahren ins Aberwitzige steigern kann – und somit zugleich sein investiertes Kapital. Im Gegensatz zu einem Autohersteller beispielsweise, dessen Produkt aus vielen teuren Einheiten besteht, benutzen alle Kunden eines digitalen Produkts denselben Programmcode, der ja nur einmal geschrieben werden muss. Er ist also zum selben Preis quasi unendlich reproduzierbar und braucht zudem keine teure Lieferkette, um den Käufer zu erreichen.

Die harte Währung von IT-Start-ups ist zumindest am Anfang oft die Zahl der Nutzer und nicht der zahlende Nutzer. Daher durfte Facebook jahrelang horrende Verluste einfahren. Seine Investoren waren zufrieden, solange die Zahl der neuen Nutzer weltweit immer weiter in den Himmel schoss und das zu erwartende Werbegeschäft immer lukrativer sein würde. Was Gründer und Wagniskapital eint, ist das, was man im Silicon Valley passenderweise »Shooting for the moon« nennt: die Ambition, nicht nur ein Stück des Kuchens, sondern den ganzen Kuchen essen zu wollen. Bei Google, die Sonne im System der IT-Unternehmen, war und ist das nicht viel anders. Andreas Bechtolsheim[I], ein Deutscher, der Ende der 70er-Jahre ins Silicon Valley auswanderte und es als Mitbegründer von Sun Microsystems zum Milliardär brachte, konnte seinem Vermögen ein beträchtliches Stück hinzufügen, als er nach einem Zehn-Minuten-Gespräch mit Larry Page einen Scheck über 100.000 Dollar auf die Idee einer Suchmaschine ausstellte.[II] Heute, nachdem Google quasi ein Suchmaschinen-Monopol innehat, wird Bechtholsheims Anteil auf einen Wert von 500 Millionen Dollar taxiert (je nach Börsenwert).

Im Tal des Todes

Eine solche Geldvermehrung erleben nur Investoren der ersten Stunde, wenn ein Unternehmen im Grunde nur aus einer Idee besteht. Daher ist in diesem frühen Stadium, Seed-Phase genannt (Seed = Saat), das Risiko am größten. Oft investieren sogenannte Angels, reiche Geschäftsleute wie Bechtolsheim, in solche Ideen und helfen häufig mit ihren Erfahrungen,

I Sein voller Name lautet Andreas Maria Maximilian Freiherr von Mauchenheim gen. Bechtolsheim. Man kann davon ausgehen, dass dieser Name in den USA zwar Eindruck gemacht hat, aber keiner in der Lage war, ihn auszusprechen.

II Bechtolsheim trug als Empfänger den Namen Google Inc. ein, ein Unternehmen, das es noch gar nicht gab. Damit Page und sein Partner Sergey Brin den Scheck überhaupt einlösen konnten, gründeten sie daher schnell eine entsprechend benannte Firma.

einen Businessplan aufzustellen. Es fließt hier noch sehr wenig Geld, denn dafür braucht es noch nicht viel (nicht selten pumpen Gründer aus Ermangelung eines Angels daher zunächst ihre Eltern oder Freunde an).

Weil die Einsätze in dieser Phase noch klein und der Gewinn, wenn er sich denn einstellt, so unfassbar groß ist, arbeiten Angel-Investoren im Valley bisweilen nach dem Gießkannenprinzip. »Ich habe gesehen, wie Gründern dort per Handy eine halbe Million Dollar überwiesen worden ist«, berichtetet Raúl Verdú von PLD. Der Raketenbauer war selbst im Silicon Valley, um die Chancen einer Finanzierungsrunde auszuloten. Dort bekam er hautnah mit, wie die Wagniskapitalgeber um junge Entrepreneure buhlen. »Das war völlig verrückt, wir saßen auf dem Sofa und haben auf unseren Termin gewartet, und ein paar Meter weiter konnten wir sehen, wie die Leute ihr Geld bekommen haben. Nach dem Motto: ›Wie lautet deine Bankverbindung, und schau, hier hast du das Geld‹.« Raúl Verdú ist ein Ingenieur, der von sich selbst sagt, er stände mit beiden Füßen auf dem Boden. Der Wahlspruch von PLD, »paulatim ergo certe«, langsam, aber sicher, bedeutet nichts anderes, als dass seine Ingenieure stets die Kontrolle über ihre Fortschritte behalten wollen, selbst wenn sie dafür etwas langsamer vorankommen. Wenn Verdú davon spricht, was er im Silicon Valley erlebt hat, tut er das immer noch mit einer Mischung aus Faszination und Fassungslosigkeit.

Nach einer erfolgreichen Seed-Phase lässt die nächste Prüfung nicht lange auf sich warten, denn der Geldhunger wächst in der Regel stark an, wenn der Businessplan in die Tat umgesetzt, Mitarbeiter eingestellt und Technik entwickelt werden müssen. Diese immer noch frühe Start-up-Phase wird in Finanzierungsrunden eingeteilt, wobei die Gründer darauf achten, nur so viel Kapital anzunehmen, wie sie gerade benötigen. Investoren haben nämlich einen Haken: Für ihr Geld bekommen sie Anteile vom Unternehmen, und zwar die des Gründers. Je mehr Geld er also bekommt, desto kleiner wird sein Anteil und letztlich sein Einfluss aufs eigene Unternehmen. Elon Musk ist nicht der einzige Gründer, der die Erfahrung machen musste, die Macht übers eigene Haus zu verlieren.

Diese frühen und wichtigsten Investitionsrunden, in denen schon Millionen fließen, sind immer noch riskant und deshalb das klassische Feld der Wagniskapitalgesellschaften, die bis zu einem Drittel des Unternehmens für ihre Investition erhalten. Passenderweise nennt man die Zeit, in der das junge Unternehmen noch Geld verbrennt, anstatt zu verdienen,

Valley of Death, Tal des Todes (für Raumfahrt-Start-ups wäre die Bezeichnung Schwarzes Loch geeignet, es verschlingt alle Masse in seiner Umgebung). Wenn dann der Erfolg des Unternehmens immer wahrscheinlicher wird, folgen Investoren (Private Equity), die immer weniger Risiko eingehen, dafür aber auch weniger bekommen, wenn das Unternehmen am Ende an die Börse geht oder verkauft wird. Das ist nur eine grobe Skizze eines idealisierten Start-up-Prozesses, der in vielen Varianten verlaufen kann (oder gar nicht) und bei dem am Ende aus Investoren-Sicht im besten Falle ein lukrativer Exit steht.

3 Die Gründer und die Kapitalisten

»Im Betreff unserer Mail stand ›3-D-Druck einer ganzen Rakete. Space ist sexy.‹ Nach fünf Minuten hat er geantwortet.«

Tim Ellis, Mitgründer von Relativity Space auf die Frage, was in der E-Mail an Investor Marc Cuban stand.

Kuppelshow des Kapitalismus

Der bereits erwähnte Disrupt Space Summit ist eine kleine Konferenz für europäische Raumfahrt-Gründer. Sie ist eine schöne Gelegenheit zu schauen, wie NewSpace-Gründer aus Sicht von Investoren gestrickt sein sollten und wie sie in Wahrheit sind. Das Treffen zeigt die Situation, in der Start-up-Gründer mit Kapitalbedarf in einem recht ungezwungenen Ambiente auf Kapital treffen, die genau solche Leute suchen. Es handelt sich also um eine Kuppelshow des Kapitalismus mit zwei sehr unterschiedlichen Kandidaten. Um die Seiten einander näherzubringen, bieten die Veranstalter Workshops zum Thema Design und Branding an, worauf Investoren Wert legen und wie man mit großen Unternehmen wie Airbus verhandelt, um ins Geschäft zu kommen. Nach Ende jedes Vortrags stellen sich die jungen Leute an, persönlich mit dem Referenten ins Gespräch zu kommen.

Am längsten ist die Schlange, wenn Vertreter des Venture Capitals gesprochen haben, denn ihretwegen sind sie ja da; beispielsweise bei François Auque, Grandseigneur der europäischen Raumfahrt, jahrelang Chef beim Airbus-Vorgänger Astrium, danach Vizepräsident von Airbus Space Defense Systems. Heute ist er Chef für Airbus Ventures, einer Tochter, die Airbus erstaunlicherweise mit einem Investment-Pool von 150 Millionen Euro ausgestattet hat, um in junge Start-ups zu investieren. Auque war schon im Ruhestand, als sie ihn zurückholten, um Europas Nachwuchs zu sondieren. Seine Botschaft: »Gründer sollten ihre Idee vom Ende her entwickeln!« Wer den Airbus-Pool anzapfen wolle, müsse ein schlüssiges Geschäftsmodell vorweisen – eine schöne Technologie allein reiche nicht aus.

Das hört sich nach einer hohlen Phrase an, hat jedoch einen konkreten Hintergrund. In der Welt der Technik scharen sich immer wieder angehende Ingenieure um technisch anspruchsvolle Ideen, vergessen dabei aber gern, wie man daraus ein Produkt macht, das sich verkaufen lässt. Auque wiederum hat einen klaren Auftrag: »Wir investieren nicht, um Airbus strategisch zu ergänzen, sondern um Geld zu verdienen.« Neben einer guten Geschäftsidee sind Motivation, Flexibilität und Kreativität die wichtigsten Kriterien für Risikokapitalgeber. Dabei ist die Geschäftsidee zwar wichtig, aber am Ende verhandelbar.

Chad Anderson von den Space Angels, einem Netzwerk, das speziell für Raumfahrt-Start-ups einsammelt und investiert, formuliert das so: »Ich investiere nicht in eine Idee, sondern in Leute, die viele Ideen haben. Es ist ohnehin eine Frage der Zeit, bis die Konkurrenz eine gute Idee kopiert.« Was er damit meint: Eine gute Idee reicht nicht, um ein Unternehmen zum Erfolg zu führen. Denn wenn sich das wirtschaftliche Umfeld ändert, muss die Geschäftsidee ebenfalls häufig von einem Tag auf den anderen umgeworfen und neu erfunden werden. Wer an einem solchen Zeitpunkt starr an seinem ursprünglichen Businessplan festhalte, habe keine Zukunft, so Anderson.

Erfolgreiche Gründer, zumindest aus Investoren-Sicht, wissen zudem, was sie können und noch viel wichtiger: was nicht. Nicht jeder Ingenieur ist gleichzeitig ein guter Chef des Ganzen (CEO = Chief Executive Officer)[I], der die strategischen und operativen Fäden in der Hand behält. Das ist nicht selten ein Problem, denn häufig wollen Gründer nicht einsehen, warum sie als Masterbrain einer Unternehmung das Ruder an jemand anders abgeben sollten, denn ohne sie gäbe es das Unternehmen ja noch nicht einmal. Das mag aus Gründersicht richtig sein, ist aber für das Unternehmensziel – und auch für Investoren – irrelevant, denn es spiegelt lediglich persönliche Befindlichkeiten wieder. Bei einem guten Start-up ist der (technische) Gründer der technische Leiter (CTO = Chief Technical Officer) und ein anderer, professionell ausgebildeter Mitarbei-

I Die Begriffe CEO und CTO mögen in deutschen Ohren immer noch wie lästige Anglizismen klingen, doch in der Welt der Start-ups, vor allem von NewSpace, sind sie auch in Deutschland gang und gäbe.

ter der CEO, so Anderson. Viele verweisen zwar auf Elon Musk, der ja als Ingenieur ebenfalls CEO gleich mehrerer Unternehmen ist. Doch war er in der Vergangenheit als Chef durchaus umstritten und musste bitteres Lehrgeld zahlen. Zunächst verdrängten Investoren ihn bei Zip2 von der Spitze und setzten ihn »nur« als CTO ein, später verlor er außerdem den Posten des Chairman, als Vorsitzender des Aufsichtsgremiums.[549] Bei PayPal putschte sogar das Führungspersonal gegen ihn, ausgerechnet während seiner Hochzeitsreise. Als er zurückkam, war nicht mehr er CEO, sondern Peter Thiel, ein gebürtiger Frankfurter und heute ein einflussreicher und prominenter Investor im Silicon Valley.[550]

Am Ende ist es also häufig eine menschliche Frage, die über Wohl und Wehe einer Beteiligung entscheidet. Laut dem Raumfahrt-Beratungsunternehmen Bryce aus dem Bundesstaat Virginia geben Investoren an, dass die persönliche Beziehung zum Gründer für sie häufig mindestens so ausschlaggebend sei wie ihr finanzielles Motiv. Man darf nicht den Fehler begehen, das als harmoniesüchtige Beziehungsduselei misszuverstehen. Vielmehr ist es der Versuch, die charakterlich geeignetsten Persönlichkeiten herauszufiltern. »Im Silicon Valley gibt es die Gewinner – und den Rest.«[551]

Objekte der Investoren-Begierde

Dem idealen Gründer stehen auf der anderen Seite wirkliche Menschen gegenüber. Die Objekte der Investoren-Begierde sind vorwiegend Absolventen von Raumfahrt-Technik, einige noch in den 20ern. Sie wirken konzentriert und doch entspannt. Das Arrogant-Dünkelhafte, das dem Milieu der Juristen manchmal anhaftet, oder das Streber- und Konkurrenzhafte der Betriebswirte, davon ist nichts zu spüren. Obwohl viele Start-ups durchaus um Investoren konkurrieren. Alle erzählen bereitwillig und engagiert von ihren Ideen und Geschäftsmodellen. Es ist eine überschaubare Gemeinschaft, und allen gemeinsam ist ein sachlicher Optimismus in der Überzeugung, dass Raumfahrt im Kommen ist und sie ein Teil davon sein wollen und werden. Optisch hat die Szene wenig mit dem Bild verpickelter Nerds zu tun, mit dem technisch versierte Menschen häufig assoziiert werden. Stattdessen sieht man ein Menge Hipster-Vollbärte und enganliegende, ein wenig zu knapp geschnittene Anzüge, wie es die Mode gerade vorgibt. Das Einzige, was dem Klischee entspricht, ist die geringe Zahl von Frauen. Doch im Gegensatz zu den etablierten Unternehmen, bei denen sie häufig in der Öffentlichkeitsarbeit tätig sind, sind die wenigen Frauen hier selbst Teil der Gründerszene.

Aber sind die Gründer so, wie die Kapitalgeber sie in der Regel gern sehen? Ja und nein. Das ist bisweilen abhängig davon, woher sie kommen. Space Angel Chad Anderson sieht beispielsweise Professionalisierungsbedarf bei den europäischen Raumfahrt-Entrepreneuren. Die würden manchmal mit den Details ihrer Geschäftsideen nicht rausrücken wollen, weil sie Angst hätten, dass sie ihnen jemand klaue. Dabei müssten ja gerade Investoren wissen, worum es gehe, bevor sie Geld dafür hinlegen. Es geht also um mangelndes Vertrauen. Doch ohne das läuft zwischen Geld und Idee nichts. In den USA hingegen wissen junge Gründer viel besser darüber Bescheid, wie Investitionsrunden ablaufen, was angesichts der geografischen Nähe von Gründern und Investoren – häufig residieren deren Vertreter vis-à-vis zu den Universitäten und gehen aktiv auf Studenten zu – nicht weiter verwundert.

Dass diese Leute nicht immer im Anzug auftreten, sondern manchmal mit Tätowierung und Blümchenhemd wie Kristoffer Liland von Ripple Aerospace, muss kein Hindernis sein. Leute, die auf der Suche nach guten Investitionsmöglichkeiten in der neuen Raumfahrt sind, lassen sich nicht von solchen Oberflächlichkeiten täuschen. Sie haben Erfahrungen mit jungen, kreativen Gründern, die sich häufig sehr auf Technik fokussiert und bisher wenig Erfahrungen im Umgang mit der Geschäftswelt gesammelt haben. Leute im Venture Capital Business kennen ihre Zielgruppe genau.

4 Finanztod im All

»Ich bin 50 Jahre alt, und es ist das dritte Mal, dass ich NewSpace sehe.«

Pierre Lionnet, Raumfahrt-Analyst

Investment in Walhalla

»Eine Investition in die Raumfahrt bedeutet historisch gesehen, sein Geld nach Walhalla zu schicken«, meint Richard Rocket von NewSpace Global, ein Raumfahrt-Informationsdienst, der sich auf die kommerzielle Raumfahrt spezialisiert hat. »Man steckt sein Geld in eine Rakete und jagt sie auf Nimmerwiedersehen in den Himmel.«[552] Das Wagniskapital mag seinen Blick zwar nicht mehr ausschließlich auf herkömmliche digitale Geschäftsmodelle richten, sondern auf alles, was einen Einsatz lohnt. Das ist derzeit vor allem die Biotechnologie, künstliche Intelligenz und – in kleinerer Dimension – die Raumfahrt. Doch besonders die letztere zählte bei Investoren bisher nicht gerade zu den Lieblingen der Branche. Und das hat Rocket zum Ausdruck bringen wollen. Was er damit meint: Investoren scheuten sich bisher, ihr Geld in Hardware-lastigen Branchen anzulegen. Software erschien ihnen vielversprechender, denn dafür brauchte es lediglich Entwickler, die angeleitet von Software-Architekten und Projektmanagern und kontrolliert von Leuten, die was von Geld verstanden, einen Programmcode schrieben, der dann ins Netz gepresst und vermarktet wurde. Das war eine sehr übersichtliche Angelegenheit, und die Silicon-Valley-Investoren haben damit Erfahrung, nicht wenige waren ja selbst digitale Gründer.

Raumfahrt hingegen erfordert Investitionen in Technik und bisher – noch schlimmer – in Form von Einzelanfertigung, beispielsweise Satelliten. Der gewagte Weg ins All macht das noch unsicherer. Die Rate misslungener Flüge lag in den vergangenen 20 Jahren bei 6,8 Prozent. Allerdings hängt das Risiko sehr an der Wahl der Rakete. Die Ariane 5 kann bei insgesamt 96 Starts bis Ende 2017 auf 94 erfolgreiche Launches verweisen[553], das ist eine Quote von 97,9 Prozent.[I] Zum Vergleich: Die russische Proton hat im gleichen Zeitraum bei einer Startfehlschlag-Quote von 180 zu 17 nur eine Erfolgsbilanz von 94,4 Prozent. Die Familie der Proton-Raketen UR-500 fliegt allerdings schon seit 1965. Bei insgesamt 417 Starts gab es 48 gescheiterte Missionen. Das ist eine Erfolgsquote von nur noch 88,5 Prozent.[554] Allerdings muss das Gefährt nicht spektakulär explodieren, damit eine Mission aus Sicht eines Satelliten-Betreibers misslingt. Es reicht schon aus, dass die Oberstufe einen Satelliten an der falschen Stelle aussetzt, sodass er seine Aufgabe nicht erfüllen kann. Für den Satelliten-Betreiber bedeutet das häufig einen Totalausfall. Entweder der Satelliten endet dann als Weltraumschrott oder er verglüht nach einer Weile in der Atmosphäre. Mit ein bisschen Glück kann ein Satellit seinen Zielorbit aus eigener Kraft erreichen, obwohl er in einer falschen Höhe ausgesetzt wurde, allerdings auf Kosten seiner Lebenszeit. Denn dabei verbraucht er einen Teil des kostbaren Treibstoffs, den er benötigt, um ihn in regelmäßigen Abständen wieder auf die richtige Höhe anzuheben. Das bewerten die Betreiber dann als Teilerfolg. Addiert man beispielsweise die zwei Teilerfolge der Ariane 5 zu den Fehlschlägen hinzu, sinkt die Zahl der erfolgreichen Missionen auf 95,8 Prozent. Der Erfolg einer Mission ist somit auch Auslegungssache. Doch selbst wenn eine Versicherung nach einem missglückten Start für den zerstörten Satelliten aufkommt, ist das ja kein Ersatz für den prognostizierten Gewinn. Und das ist nur ein Teil der Raumfahrt-Wirtschaft, dazu kommen ja noch die unternehmerischen Risiken auf der Erde.

Was die Raumfahrt für die meisten Investoren erst richtig unattraktiv beziehungsweise für viele unmöglich gemacht hat, ist die Dimension des erforderlichen Kapitals. Der Bau, Start und Betrieb von Satelliten kostet Milliarden. Während zu Beginn der Ära der Kommunikationssatelliten Staaten das enorme finanzielle Ausfallrisiko trugen, müssen das nun private Unternehmen übernehmen, was den Kreis für solche Projekte bisher stark eingeschränkt hat. Zwei prominente Unternehmenspleiten von großen Satelliten-Konstellationen, zeigen, dass solche Investitionen gehörig

---

I Um die Sache noch komplizierter zu machen: Jede Rakete besitzt in der Regel verschiedene Ausführungen, die jeweils für sich genommen wieder mehr oder weniger zuverlässig sind. Hier habe ich aber die Rechnung zur Veranschaulichung über alle Versionen gemacht, auch auf das Risiko hin, dass dabei die Vergleichbarkeit leidet.

schiefgehen können. Globalstar und Iridium sind Satelliten-Netzwerke, mit denen sich quasi überall auf der Erde telefonieren lässt, also auch da, wo keine Mobilfunkmasten stehen, in Wüsten etwa oder in der Antarktis. Beide legten aber einen katastrophalen Fehlstart hin. Die Pleite von Iridium ist eine Erzählung wert. Heute ist sie ein beliebtes Beispiel für ein verfehltes Business-Modell in Wirtschaftsvorlesungen und für die Raumfahrt ein illustrer Beleg dafür, warum das private Engagement in Raumfahrt bisher ein großdimensioniertes Alles-oder-Nichts-Investment war.

Ein Milliardengrab als Investoren-Scheuche

Im November 2000 kauften zwei Männer, Ed Staino und Dan Colussy, den Satelliten-Betreiber Iridium für 25 Millionen Dollar. Die beiden durften sich freuen, denn sie hatten ein gutes Geschäft gemacht. Das Unternehmen betrieb 66 topmoderne Kommunikationssatelliten,[I] deren Entwicklung und Transport fünf Milliarden Dollar gekostet hatte. Das wusste niemand besser als Ed Staino; er war nämlich CEO des Unternehmens gewesen, bis er 1999 zurücktreten musste – sechs Monate nachdem Iridiums Satelliten in Betrieb gegangen waren und vier Monate, bevor das überschuldete Unternehmen zahlungsunfähig wurde. Dan Colussy war einmal Chef von PanAm gewesen, einst das Flaggschiff unter den amerikanischen Fluggesellschaften. Für Iridium war er zum Unwillen seiner Frau aus dem Ruhestand zurückgekommen, um das Unternehmen und vor allem die Satelliten zu retten, denn der größte Anteilseigner, das amerikanische Kommunikations-Unternehmen Motorola war kurz davor, die Satelliten in Richtung Atmosphäre zu starten, um sie kontrolliert verglühen zu lassen. Die Motorola-Manager hatten Angst, dass unkontrolliert abstürzende Satelliten als Trümmer auf bewohnte Gebiete fallen könnten und dann Schadensersatzforderungen in ungeahnter Höhe auf sie zukommen würden, ein nicht ganz unbegründeter Gedanke. Wie konnte es so weit kommen?

Mitte der 80er-Jahre war die Frau eines Motorola-Ingenieurs in der Karibik unterwegs und hatte keinen Empfang für ihr Mobilfunktelefon

---

I Es sollten einmal 77 Satelliten werden. 77 ist zudem die Ordnungszahl des chemischen Elements Iridium. Daher der Name.

(nicht verwunderlich in einer so frühen Zeit des Mobilfunks). Ihr Mann entwickelte daraufhin mit seinen Kollegen das Konzept für eine Satelliten-Konstellation in niedriger Umlaufbahn. Dessen Funkabdeckung würde es erlauben, mit eigens dafür entwickelten Telefonen überall auf der Erde zu telefonieren. Motorola begann zu entwickeln und erfolgreich Investoren für das Milliardenprojekt ins Boot zu holen. Am 1. November 1998 war es so weit. Iridium ging ans Netz, und es passierte – fast nichts. Statt der angekündigten 50.000 neuen Kunden in jedem Monat – Iridium brauchte 400.000 für einen Break-even – hatten bis Mai lediglich 10.000 einen Vertrag unterschrieben. Der Grund lag nicht nur an einer mäßigen Funkabdeckung und Verbindungsqualität.[I] [555] Iridium berechnete für eine Minute Gespräch vier bis sieben Dollar. Außerdem kostete das Telefon selbst über 3.000 Dollar. Noch schlimmer, es war ein ziemlicher Klotz,[II] und man benötigte noch eine Reihe weiterer Zusatzgeräte, um auf Empfang zu bleiben. Der Legende nach stürmte Ed Staino persönlich in ein Management-Meeting, knallte das Zubehör auf den Tisch und schimpfte: »Glauben Sie wirklich, Geschäftsleute werden all diesen Scheiß mit sich herumtragen?« Offen bleibt, warum er diese Frage erst Anfang 1999 stellte. Da hatte das Unternehmen, dem er immerhin vorstand, das Telefon bereits auf den Markt gebracht.

Die Aktie, einst 50 Dollar wert, fiel auf sechs Dollar. Im August konnte Iridium seine Schulden nicht mehr bedienen und beantragte Gläubigerschutz. Der bis dahin größte Konkurs der amerikanischen Wirtschaftsgeschichte stand an – ausgerechnet ein Raumfahrt-Unternehmen. Tragischerweise kündigte Iridium im März 2000 seinen Kunden an, es würde seinen Betrieb einstellen. Das war vor allem für diejenigen ein Horror, die den Satelliten-Service gebucht hatten, weil sie in menschenleeren beziehungsweise lebensfeindlichen Gegenden unterwegs und daher darauf angewiesen waren – Hochseeyachten, Bergsteiger und etwa 30 Expediti-

---

I Der damalige US-Vizepräsident und Technik-Fan Al Gore, heute als Edel-Umweltschützer bekannt, rief laut Los Angeles Times publikumswirksam einen Urahnen von Telefon-Erfinder Graham Bell an. Der konnte allerdings kein Wort von Gore verstehen, da der Empfang zu schlecht war.

II In amerikanischen Medien kursierten wenig schmeichelhafte Beschreibungen wie »a Dumpster on a Mercedes engine« und »a brick with a baguette sticking out of it«.

onen.[I] [556] Es kam glücklicherweise nicht so weit. Nach einigen erfolglosen Wiederbelebungsversuchen erschien Colussy auf der Bildfläche. Es gelang ihm nicht nur, mit Staino die zahlungsunfähige Iridium Inc. zu kaufen, sondern es in einer anderen Rechtsform neu zu gründen und einen millionenschweren Auftrag des US-Militärs an Land zu ziehen. Das ursprüngliche Unternehmen hat also physisch in Form seiner Satelliten-Konstellation überlebt – allerdings nur, weil sehr viele Menschen und Unternehmen sehr viel Geld bei seiner Installation verloren. Allein sein Hauptanteilseigner und Kreditgeber Motorola verlor fast 2,5 Milliarden Dollar. Wir sehen: Wer in der Vergangenheit in Raumfahrt-Projekte investierte, musste nicht nur Milliarden Dollar mitbringen, sondern auch noch eine gehörige Portion Optimismus.

Iridium veranschaulicht weniger ein Problem der technischen Machbarkeit, sondern eines falsch kalkulierten Geschäftsmodells mit zu hohen Entwicklungskosten. Das Satelliten-Telefon selbst funktioniert, und jetzt, da die Satelliten im All sind, verdient das System auch Geld. Iridium startet derzeit sogar eine zweite Satelliten-Generation, ein Großauftrag für die Falcon 9 von SpaceX. Dann werden die sogenannten Iridium Flares der Vergangenheit angehören. Diese Leuchterscheinung ist immer dann zu sehen, wenn die aluminiumbeschichteten Antennen der Satelliten die Sonnenstrahlen als hellen Lichtkegel gebündelt auf die Erdoberfläche reflektieren. Die Iridium-Satelliten sind nachts an manchen Orten für ein paar Sekunden die hellsten Objekte am Himmel und sogar tagsüber zu sehen. Da die neuen Iridium-NEXT-Satelliten anders konstruiert sind, können sie die Sonne nicht mehr so stark bündeln.

I Unter anderem bekamen der französische Ruderer Jo Le Guen und der dänische Thronfolger Prinz Frederik – auf dem eigenen Satelliten-Telefon – mitgeteilt, ebendieses würde innerhalb weniger Tage vom Netz gehen. Guen trieb zu diesem Zeitpunkt 5.000 Kilometer von der südamerikanischen Küste entfernt im Pazifik, Frederik fuhr mit dem Hundeschlitten durch das Eis von Grönland. Der Spiegel berichtete, wie hilfreich sich ein Satelliten-Telefon bereits einmal für einen seiner Männer bewährt hatte: Als diesem ein tiefgefrorenes Gummibärchen einen Zahn abgebrochen hatte, ließ er sich per Satellit Hilfe von einem Zahnarzt geben.

Gebrochene Versprechen

Es gibt zahlreiche kritische Stimmen und berechtigte Einwände, der jetzige Investitionsboom könne sich ebenso als Blase entpuppen. Eine Analysten-Studie von 2016 zitierte dazu einen langjährigen Raumfahrt-Experten. »Unglücklicherweise ziehen zahlreiche Start-ups Geld an, bei denen allerdings sicher ist, dass sie ihre Versprechen nicht einhalten werden. Entweder weil sie nicht schnell genug sind oder weil ihr Geschäftsmodell nicht funktioniert.«[557] Realität ist zudem, dass viele der angekündigten Raketen und vor allem die Preise, die ihre Entwickler für einen Start verlangen wollen, bisher lediglich ein Versprechen sind.

Nicht wenige Start-ups, die erst hell am Himmel leuchten, verglühen später aus Mangel an Masse und mit ihnen das investierte Geld. Häufig passiert das bereits in der Konzeptphase, in der zwar schon Geld eingesammelt wird, das aber für den Bau echter Raumfahrzeuge noch nicht ausreicht. Ein Beispiel für ein besonders spektakuläres Verglühen hat Pascal Jaussi 2016 mit seinem Unternehmen Swiss Space Systems (S3) geliefert. Jaussi, ein ehemaliger Linienpilot und Flugversuchsingenieur hatte 2013 angekündigt, mit einem umgebauten Airbus 300 Zero-G-Flüge anzubieten, und zwar wie im Linienflieger in der Holzbank-Klasse für 2.000 Euro und first class für 50.000 Euro. Doch das Flugzeug war nur der Grundstein für ein viel ambitionierteres Ziel des Schweizers, es sollte Teil eines mehrstufigen und wiederverwendbaren Raumtransport-Systems werden. In einer aufwendig gestalteten Videoanimation fliegt ein Airbus zunächst mit dem suborbitalen Raumflugzeug SOAR huckepack auf Reiseflughöhe, in der dieses dann ausklinkt und auf etwa 80 Kilometer Höhe steigt, um von dort wiederum eine Kleinrakete mit einem Satelliten abzusetzen. SOAR sollte gleichzeitig als Superpassagierflieger in weniger als zwei Stunden die halbe Erde umrunden. Geplanter Teststart war 2017. Doch im Sommer 2016 wird klar, dass das erst 2013 gegründete Unternehmen ein schwerwiegendes Problem hat, als die Polizei Jaussi schwer verbrannt in einem Wald nahe Aumont im Kanton Freiburg findet und dieser angibt, er sei entführt und angezündet worden. Das Weltall sei hart umkämpft, erzählt er Journalisten, und seine Entführung Ergebnis eines Wirtschaftskrieges.[558] Doch Wochen später stellt sich heraus, dass das Unternehmen zahlungsunfähig ist und zahlreiche Mitarbeiter seit Monaten auf ihre Gehälter warten. Am Ende kommt die zuständige

Staatsanwaltschaft zum Schluss, Jaussi habe den Anschlag selbst vorgetäuscht, um von millionenschweren Schulden abzulenken (unter anderem hatte er schon einen Airbus gekauft). Er habe sich außerdem nicht verbrennen wollen, sondern die Heftigkeit des Feuers unterschätzt.

Sollte der Staatsanwalt recht behalten, ist das natürlich ein tragischer Fall und der Beweis dafür, dass private Raumfahrt ein knallhartes Business ist – allerdings nicht derart, wie Jaussi es vorgegeben hat. Wer es nicht schafft, seine Ankündigungen wahrzumachen, ist schnell weg vom Fenster. Oder, das ist auch nicht selten der Fall, er schleppt sich als Konzept-Zombie durch die Jahre. So ein Fall ist Rocketplane Global. Dessen fast gleichnamiges Vorgänger-Unternehmen Rocketplane Kistler hatte – wie Jaussi – beim Versuch, mit einer Art Raketenflugzeug Satelliten und Touristen ins All zu bringen, Dutzende Millionen US-Dollar versenkt, bis es 2010 in den Konkurs ging. Viel mehr als ein Mockup sprang als Hardware in neun Jahren Bestehen nicht heraus. Tatsächlich war das Vorgänger-Unternehmen 2006 ganz kurz dran an der großen Raumfahrt, als die NASA sein Konzept einer wiederverwertbaren Rakete K-1 in ihr Entwicklungsprogramm zur Versorgung der ISS aufnahm.[559] Das Unternehmen hätte mehr als 200 Millionen Dollar Fördergelder erhalten, konnte aber nicht ausreichend Kapital auftreiben, sodass die NASA den Auftrag nach mehreren Aufschüben ein Jahr später stoppte. Bis dahin hatte Rocketplane mehr als 30 NASA-Millionen ausgegeben. Nun tingeln die ehemaligen und inzwischen leicht ergrauten Geschäftsführer um den Globus und versuchen, neue Mittel für die alten Pläne aufzutreiben.[560]

Es ist also wahrscheinlich, dass viele Unternehmen der aktuellen NewSpace-Welle scheitern werden und Investoren viel Geld verlieren werden – in allen Unternehmensphasen. Doch es ist unwahrscheinlich, dass mit dem Scheitern einzelner Start-ups die private Raumfahrt insgesamt scheitert. Mit dem Platzen der Dotcom-Blase ist ja nicht das Internet untergegangen, sondern lediglich das Geschäftsmodell nicht überlebensfähiger Unternehmen. Dazu muss man wissen, dass Risikokapitalgesellschaften ohnehin damit rechnen, dass ein Großteil ihrer Anlagen scheitert. Sie gehen davon aus, dass lediglich zehn Prozent der Unternehmen, auf die sie gesetzt haben, am Ende Erfolg haben werden. Allerdings müssen diese ihren Wert derart steigern, dass ihr Verkauf unterm Strich nicht nur die Abschreibungen der scheiternden Unternehmen kompensieren, sondern auch noch einen Gewinn erzielt.

Lässt sich also mit Raumfahrt – quasi außerhalb der besetzten Orbits – Geld verdienen? Wenn es sich um wirtschaftliche Unternehmen handelt, abseits wissenschaftlicher Fragestellungen und militärischer Notwendigkeiten, sind am Ende Zahlen die Antwort. Ein Herr über Zahlen ist Pierre Lionnet. Der Franzose arbeitet als wissenschaftlicher Leiter für Eurospace, dem Verband der europäischen Raumfahrt-Unternehmen. Lionnet sieht den aktuellen Hype um NewSpace skeptisch. »Ich habe schon mehrere Wellen kommen und gehen sehen. Jedes Mal war sehr viel Geld im Markt, und jedes Mal ist es verloren gegangen.«[561] Die großen Satelliten-Projekte Iridium, Global Star, Orbcomm und Teledesic haben in den 90er-Jahren Milliarden verbrannt, so Lionnet. Diese Konstellationen hätten als Geschäft nur deshalb überlebt, weil sie teilweise mehrmals in den Konkurs gingen und die Satelliten auf der Resterampe fast kostenlos zu haben waren. »Die Projekte kamen und gingen, doch die Technik hat sich radikal nicht verändert. Der Flaschenhals ist immer derselbe: die Startkosten. Sie sind in den vergangenen 20 Jahren nicht signifikant gesunken.« Die Satelliten würden zwar immer kleiner, aber dafür bräuchte man viel mehr von ihnen. Allein OneWeb möchte erst 648, später sogar 2.000 in den erdnahen Orbit bringen. Heißt: Erst wenn es den Raumfahrt-Unternehmen gelingt, Nutzlast deutlich günstiger ins All zu befördern, hat NewSpace eine Zukunft. Und in der Tat, die Zahl der kommerziellen Missionen ist mit durchschnittlich etwa 20 Raketenstarts in den vergangenen 15 Jahren relativ konstant geblieben. In den Jahren 1997 bis 2000 lag sie mit knapp 40 sogar deutlich darüber (siehe Abbildung 3 »Kommerzielle Raketenstarts«, S. 25).

Lionnet sieht noch mehr Probleme. »Wollte beispielsweise nur OneWeb alle seine angekündigten Satelliten starten, würde das theoretisch eineinhalb Jahre lang sämtliche Startkapazitäten in Anspruch nehmen.« Die Produktion von Raketen lässt sich aber nicht mal eben um das Doppelte erhöhen, dazu sind sie zu kompliziert. Ein weiterer Knackpunkt sind die Startplätze selbst. Mehr als zwei Raketenstarts pro Monat haben selbst Vielstarter wie Russland in Baikonur nicht hinbekommen. Unternehmen wie SpaceX müssten also weitere Launch Pads anmieten, einrichten und betreiben, was die Kosten pro Start wiederum kaum senken dürfte. Der Begriff Weltraumbahnhof könnte dann einen ganz anderen Klang bekommen, wenn es an Orten wie Cape Canaveral, Baikonur und dem neuen russischen Kosmodrom Wostotschny in Zukunft so geschäftig zugeht wie in herkömmlichen Bahnhöfen.[I] Der Boom der Mega-Satelliten-Konstellationen im erdnahen Orbit wird also nur zur Realität, wenn sich nicht nur Kunden dafür finden, sondern wenn in den kommenden Jahren außerdem ausreichend Startkapazitäten geschaffen werden.

Diese Einwände sind allgemein bekannt und unter anderem der Grund, weshalb die Entwickler kleiner Raketen wie PLD, Zero-2-Infinity und Rocket Lab mit Hochdruck daran arbeiten, ihre Raketen einsatzfähig zu machen. Sie wollen fertig sein, wenn die größten Stücke dieses Kuchens verteilt werden. Noch einmal Henry Ford, Urvater der Disruption: »Vor allem anderen ist es wichtig, vorbereitet zu sein.«[II] [562] Wer bisher dachte, es sei reine Verschwendung von Geld und Ressourcen, so viele Triebwerke parallel zu entwickeln, wird womöglich nun verstehen, warum Bezos, Musk und alle anderen mit eigenen Entwürfen einen Wettbewerbsvorteil erlangen wollen und versuchen, mit wiederverwendbaren Stufen noch das letzte Quäntchen Effizienz aus ihren Raketen herauszuholen.

I Airbus und OneWeb haben für ihre Satelliten-Starts allein 20 Flüge mit der Sojus gebucht.

II In einem Interview mit Ralph Waldo Trine sagte er wörtlich über das Geheimnis seines Erfolges: »Getting ready. Getting prepared. There were Edison and Lindbergh—they both got ready before they started. I had to find that out, too. I had to stop ten years after I had started—I had to stop for ten years and get ready. I made my first car in 1893, but it was 1903 before I had it ready to sell. It is these simple things that young men ought to know, and they are the hardest to grasp. Before everything else, get ready. When I say before everything else.«

5 Goldrausch in der Raumfahrt

»Die kommerzielle Raumfahrt-Industrie wird der Motor für das Wachstum der amerikanischen Industrie im 21. Jahrhundert sein.«

Charles F. Bolden, NASA-Direktor 2009 bis 2017

Kleinere Einsätze im Space-Monopoly

Dieses schwierige und früher gigantomanische Umfeld hat sich geändert. Es gibt zwar immer noch große Projekte wie beispielsweise das erwähnte OneWeb, daneben aber zahlreiche kleinere Unternehmen. »Der Erfolg der jetzigen NewSpace-Welle ist, dass jetzt deutlich kleinere Einzelinvestitionen möglich sind«, meint Chad Anderson. Das beweise schon sein eigenes Netzwerk. Er sei unter anderem viel in Europa unterwegs, und hier investierten ebenfalls reiche Persönlichkeiten – aber Millionen, nicht Milliarden.

Das bestätigt eine Studie von 2016. Die Analysten der Consultingfirma Tauri Group, inzwischen in Bryce Space and Technology aufgegangen, hatten zahlreiche Investoren nach ihren Gründen für ihre Investition in Raumfahrt-Unternehmen befragt. Die gaben an, es seien vor allem niedrigere Kosten, die Investments in Raumfahrt ermöglichen. Statt Hunderte von Millionen oder Milliarden Dollar, könne man für wenige Hunderttausend Dollar einen kleinen Satelliten bauen und das ganze System für ein paar Dutzend Millionen Dollar installieren. Ein ungenannter Investor führt es genauer aus. »Man kann jetzt experimentieren. Wenn man 300 Millionen Dollar (so wie früher, Anm. des Autors) für einen Satelliten-Start ausgibt, muss man genau wissen, was man tut. Da nimmt man kein Risiko in Kauf. (...) Vor allem ist es riskant, neue Technologie zu benutzen, die womöglich noch nicht im Weltraum getestet wurde. Wenn es aber billig ist, mal ein bisschen auszuprobieren, dann ist man da nicht so eingeschränkt.«[563]

Zu den Hauptgründen für die gegenwärtigen Investitionen zählen außerdem die mit den Kleinstsatelliten verbundenen Big-Data-Produkte. Das ist für Silicon-Valley-Investoren fester Grund und gibt ihnen ein Gefühl unternehmerischer Sicherheit. Das hat zur Folge, dass es Unternehmen gibt, die sich sogar als Nichtraumfahrt-Unternehmen definieren, selbst wenn sie eine Satelliten-Konstellation unterhalten. Peter Platzer, CEO von Spire: »Wir sind eine Datenfirma. Wenn man sich ein typisches Datenanalyse-Unternehmen und sein geistiges Eigentum anschaut, dann liegt das im Softwarebereich. Das ist Big Data, Mathematik.« Für Platzer ist also digitaler Code der Kern seines Unternehmens. Die Hardware Satellit ist nur Mittel zum Zweck. »Wir haben festgestellt, dass andere Analyse-Unternehmen ihre Daten nicht selbst kontrollieren. Beispielsweise hat Twitter eine Schnittstelle freigegeben, sodass andere Unternehmen für die Plattform eigene Produkte erstellen konnten. Dann hat Twitter mehr oder weniger von einem Tag auf den anderen diese Schnittstelle abgestellt, und da waren die alle weg. Was wir uns gesagt haben: Wir wollen die eigentlichen Kerndaten selbst kontrollieren. Das heißt, wir haben im Vorfeld unseres Datenanalyse-Unternehmens ein Datenerstellungs-Unternehmen. Das sind die Satelliten. Wir bauen Satelliten, weil wir müssen, nicht weil wir wollen.« Das nennt man in den Wirtschaftswissenschaften eine vertikale Integration, ein Charakteristikum, das bei den neuen Raumfahrt-Unternehmen häufig zu beobachten ist: Spire beherrscht nicht nur einen wesentlichen Teil der Wertschöpfungskette, sondern zwei. Allerdings nicht den der Satelliten-Launches, die muss Spire buchen. Auch hier distanziert sich Platzer bewusst von einem häufig anzutreffenden emotionalen Selbstverständnis in der Raumfahrt. »Wir haben zwölf Starts hinter uns, und ich habe keinen einzigen gesehen. Ich schau sie mir noch nicht mal im Video an, interessiert mich nicht. Das ist für mich genauso spannend, wie am Ladedock zu stehen, wenn neue Computer kommen.«

Platzer betrachtet Raumfahrt als Teil von etwas Größerem, nämlich der datenverarbeitenden Industrie, zu der letztlich auch das Internet gehört. Ungewöhnlich sei nur der Ort, wo sie erfasst würden: der Weltraum. Alle, die ihr Geld in Satelliten stecken, betreiben nach der strengen Definition Platzers keine Raumfahrt. »Meiner Meinung nach investiert das Silicon Valley überhaupt nicht in Raumfahrt. Das Silicon Valley investiert in Daten und Daten-Applikationen. Woher die kommen, ist egal.« Es gibt sicherlich Investoren, die dieser These widersprechen würden, denn am Ende müssen Satelliten ja doch mit Raketen in den Weltraum transportiert werden und anschließend dort gesteuert werden. Und auch Platzer gibt zu: »Es ist unglaublich schwierig, eine Konstellation von Satelliten zu bauen und zu starten.« In der Tat. Ende 2017 starteten 10 Spire-Satelliten zusammen mit einem großen Wettersatelliten auf der Spitze einer russischen Sojus-Rakete. Doch als das Kontrollzentrum die Satelliten anfunken wollte, kam keine Antwort, sie blieben stumm. Die Mission war offenbar gescheitert. Später berichteten russische Fachmedien, dass die Fregat genannte Oberstufe nicht Richtung Orbit feuerte, sondern fatalerweise wieder auf die Erde zusteuerte – und verglühte. In Satelliten steckt also doch eine Menge Raumfahrt, selbst wenn das Geschäft nur mit ihren Daten gemacht wird.[564] Selbst wenn sich darüber streiten lässt, inwieweit der Betreiber mehrerer Dutzend Satelliten ein Raumfahrt-Unternehmer ist, dient Platzers Standpunkt als Erklärung, warum Raumfahrt verstärkt ins Blickfeld von Investoren geraten ist.

Investoren-Porno

Während Satelliten-Anwendungen einen Großteil der neuen Geschäftsmodelle ausmachen, wirken die Raketenbauer, vor allem Musk, als Türöffner für Investitionen. Sie sorgen einerseits dafür, dass die Launch-Preise sinken. Nicht nur weil sie selbst preiswerter starten, sondern weil sie in der gesamten Branche die Preise drücken. Zum anderen, weil sie so erfolgreich und prominent sind, dass die Neuigkeiten über NewSpace in vielen Köpfen ankommen. Die Investitionen von Bezos und Musk in die Raumfahrt haben das Narrativ hinsichtlich der Raumfahrt verändert, sagt Bryce-Chefin Carissa Christensen.[565]

Vertrauensfördernd dürfte zudem die Nachricht sein, dass SpaceX nach Angaben von Steve Jurvetson, Mitbegründer der Venture-Capital-Firma Draper Fisher Jurvetson, bereits rentabel ist. Jurvetson war bis Ende 2017 Board-Mitglied, dem Kontrollgremium von SpaceX, außerdem hat seine Firma in den Satelliten-Betreiber Planet investiert. In einem Interview erklärte er, wie diese NewSpace-Vorzeige-Unternehmen auf seine Kollegen wirken. »Beide Unternehmen arbeiten spektakulär erfolgreich, und ihre Aussichten sind sogar noch besser. Ich habe einen Bord-Kollegen alter Schule aus der Industrie. Der schaute auf die Zahlen und meinte nur: ›Das ist ja wie Investoren-Porno!‹«[566]

Neben Googles bereits erwähntem Investment bei SpaceX hat vor allem der Kauf des Satelliten-Betreibers Skybox Imaging (heute Terra Bella) eine Signalwirkung auf die Investoren-Szene gehabt. Denn das Beispiel des erst 2009 gegründeten Skybox Imaging, bei dem die bisherigen Besitzer ihre Anteile für 500 Millionen Dollar an Google verkauften, hat den Wagniskapitalgebern gezeigt, dass ein erfolgreicher Exit, also das krönende Ende eines Venture-Capital-Geschäfts, in der Raumfahrt möglich ist.[I] »Mit Investitionen in Raumfahrt kann man Geld verdienen. Das war vor einiger Zeit noch nicht so«, zitiert die Tauri-Studie einen ungenannten Investor. Die Kombination aus technischem Fortschritt und neuen Marktchancen überzeugt also viele Geldgeber. Raumfahrt-Start-ups haben zudem einen seltenen Vorteil, den beispielsweise die Kugellager-Branche nicht hat: Sie ist sexy. »Die Leute lieben jede Art von Raumfahrt-Business«, schreibt Tren Griffin in seinem Blog. Griffin ist ein Kenner des Silicon Valleys und heute Topmanager bei Microsoft. Er hat den Aufstieg und Fall des gigantischen Satelliten-Start-ups Teledesic hautnah miterlebt. »Wer fängt nicht an zu träumen, wenn er in einer sternenklaren Nacht in den Himmel schaut?« Seiner Meinung nach verliebt sich ein Teil der Investoren mehr in das Gefühl, an Raumfahrt beteiligt zu sein, als in die Vorstellung, damit reich zu werden.

Die Entwicklungen der Raumfahrt als möglicherweise lohnendes Investitionsobjekt werden nicht nur von Spezialisten beobachtet, sondern ebenfalls von den Großen der Branche. Goldman Sachs, ein Unternehmen, das in dem Ruf steht, stets zu wissen, wo es etwas zu verdienen gibt, hat im April 2017 für seine Kunden eine 90-seitige Analyse zu den Aussichten der privaten Raumfahrt verfassen lassen. Ihr Verfasser Noah Poponak, Analyst für Luft- und Raumfahrt in der Goldman Sachs Forschungsabteilung war selbst baff, als er die Aussichten der einzelnen Geschäftsmodelle untersuchte. »Als ich angefangen habe, Asteroiden-Mining zu untersuchen, habe ich gedacht, das kann nicht sein«, erzählt Poponak in einem Gespräch mit der Unternehmenskommunikation von Goldman Sachs. »Aber als ich realisiert habe, wie viele wirklich seriöse Wissenschaftler und ernsthafte Investoren sich mit dem Thema beschäftigen, habe ich gedacht, dass da was dran sein könnte.«[567] In seiner Studie verweist Poponak auf das California Institute of Technology (Caltec), nach deren Einschätzung es keine drei Milliarden US-Dollar kosten würde, ein

I Google hat Terra Bella derweil für einen unbekannten Betrag an Planet weiterverkauft und vertraglich zugesagt, über mehrere Jahre hinweg Satelliten-Bilder zu kaufen.

Raumschiff zu bauen, um damit große Mengen Platin auf einem Asteroiden abzubauen. Das Wort von Wissenschaftlern des Caltec, zu dem auch das Jet Propulsion Institut gehört, hat Gewicht. Es gilt als eine der besten Ingenieurs-Schmieden des Landes. Was sich nach einer riesigen Summe anhört, relativiert sich, wenn man sie mit den Investitionen in andere, digitale Unternehmen vergleicht. Investoren haben für Facebook von 2004 bis 2011 etwa 2,3 Milliarden Dollar ausgegeben, für Airbnb 4,3 Milliarden[568] und Snapchat 4,6 Milliarden[569]. Alle werden von Uber geschlagen. Die Taxi-App war Investoren mittlerweile über 22 Milliarden Dollar wert[570].

Auch die Analysten von Morgan Stanley gehen von einem starken Wachstum der Raumfahrt-Wirtschaft aus. In einem ausführlichen Report für Investoren schreibt das Geldhaus, der Raumfahrt-Markt werde sich von 330 Milliarden 2016 auf mehr als eine Billion Dollar bis 2040 vielfachen. Ein Drittel davon werde voraussichtlich auf das Satelliten-Internet entfallen. »Der Bedarf an Daten wächst exponentiell, während die Kosten für den Weltraumzugang – und dementsprechend die Kosten für Daten – um ganze Größenordnungen fallen«, schreiben die Autoren des Reports.«[571]

Zahlenrausch im Weltraum

Die veränderte Stimmung in der Raumfahrt, ihre Digitalisierung und der Gründerboom schlagen sich seit einigen Jahren in Zahlen nieder. Von 2000, dem Jahr als die New-Economy-Blase platzte, bis Ende 2017 wurden insgesamt mindestens 20 Milliarden Dollar[572] in NewSpace-Unternehmen investiert, in Form von Seed- und Risiko-Kapital, Private Equity, Übernahmen und Bankkrediten[I] (siehe Abbildung 9 »Höhe der Investitionen 2000 bis 2016 nach Anlagetyp«, S. 342). Bis Redaktionsschluss waren keine belastbaren, exakten Daten über die verschiedenen Investitionsformen im Jahr 2017 verfügbar. Aus zahlreichen großen und mittelgroßen Investitionen, die im Jahresverlauf bekannt wurden, lässt sich aber eine Mindestsumme von über vier Milliarden Dollar ermitteln. Ihre

I Banken leihen Start-ups in der Regel nur ungern Geld, denn das Ausfallrisiko ist im Verhältnis zu den Kreditzinsen viel zu groß, außerdem haben sie ja außer einer Idee und im besten Fall einem halbfertigen Produkt keine Sicherheiten.

Dimension dürfte in der Nähe der tatsächlichen Investitionshöhe liegen. Bryce weist in einer Studie zum Thema[573] ausdrücklich darauf hin, dass nicht alle Unternehmen melden, wenn sie eine Geldspritze erhalten. Die Summe liegt also mit Sicherheit noch höher. Zudem sind in dieser Zahl die Investitionen der traditionellen Raumfahrt-Unternehmen nicht enthalten. Auffällig und fast sensationell ist der Anstieg in der jüngsten Zeit. Fast zwei Drittel aller Investitionen, mehr als zwölf Milliarden Dollar, erfolgten seit 2012.

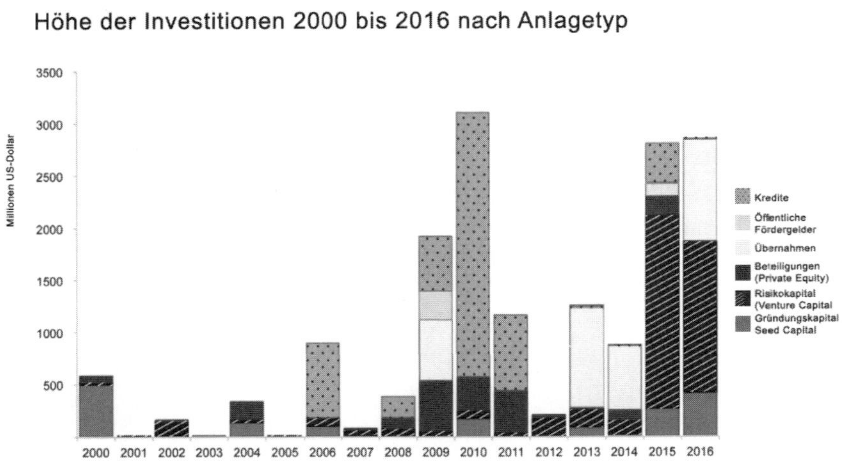

Abbildung 9: Die Höhe und Herkunft von Investitionen kommerzieller Raumfahrt-Startups seit 2000. Quelle: Bryce Space and Technology: Startup Space – Update on Investment in Commercial Space Ventures 2017. brycetech.com. Seite 13

Vor allem Risiko-Beteiligungen sind in die Höhe geschossen. 2015 und 2016 wurden zusammen etwa 3,6 Milliarden Dollar investiert, das sind 86 Prozent der Gesamtsumme bis dahin seit 2000. »In den vergangenen zwei bis vier Jahren ist jedes Jahr mehr als eine Milliarde Dollar in Raumfahrt-Venture-Capital gesteckt worden,« sagt Goldman-Sachs-Analyst Poponak. »Das sieht natürlich nach wenig aus, verglichen mit der gesamten Welt.[I] Aber in jedem Jahr vor 2014 waren es nicht mehr als 125 Millionen Dollar.

I Allein im Silicon Valley wurden 2015 beispielsweise etwa 32 Milliarden Dollar Wagniskapital investiert, in Deutschland 3,9 Milliarden.

(...) Schaut man auf die Charts, erkennt man eine klare Konzentration von Investitionen auf wenige Jahre verglichen zu den Dekaden zuvor. Da geht also etwas vor sich, was echtes Geld in die Raumfahrt-Branche bringt.«[574]

Die Löwenanteile in der neuen kommerziellen Raumfahrt haben bis Ende 2017 vier Unternehmen erhalten, zumeist in Form von Private-Equity-Beteiligungen und privatem Funding. SpaceX hat etwa 1,6 Milliarden Dollar eingesammelt, darunter eine Milliarde von einer Gruppe um Google.[575] OneWeb konnte in zwei Runden 1,7 Milliarden Euro[576] von der japanischen SoftBank und einer Investoren-Gruppe, darunter Airbus und Richard Bransons Virgin Group, einheimsen. Bransons Raumfahrt-Unternehmen wiederum erhielt fast eineinhalb Milliarden Dollar von arabischen Investoren. Jeff Bezos spendiert Blue Origin eine Milliarde Dollar jährlich. Wenn sie es nicht schon sind, haben diese Unternehmen Aussicht, in den exklusiven Club der Unicorns (Einhörner) aufgenommen zu werden. Im Business-Sprech sind das Unternehmen, die mehr als eine Milliarde Dollar wert sind.

Wie zu erwarten, steigt auch die Anzahl der Investoren an, gemäß dem Motto: Je größer das Buffet, desto mehr hungrige Mäuler stehen daran an. Haben zwischen 2000 und 2006 jährlich durchschnittlich nur acht verschiedene Investoren Geld in die Raumfahrt gesteckt, waren es von 2013 bis 2016 bereits 93. Rekordjahr war bis dato 2015 mit knapp 160 Geldgebern, darunter 89 Venture-Capital-Firmen. Dass die Space-Investment-Gemeinde in Dollar rechnet, hat einen guten Grund. Zwei Drittel der insgesamt weit über 400 Investoren haben ihren Sitz in den USA. Selbst das bereits erwähnte Airbus Venture hat seinen Hauptsitz im Silicon Valley – natürlich in der Sand Hill Road. Allein in Kalifornien sitzt ein knappes Drittel aller Raumfahrt-Geldgeber. Der Rest verteilt sich auf 32 Länder.[577]

Offenbar geht der Investitionsreigen munter weiter. »Es spricht nichts dafür, dass das aufhört«, sagte Chad Anderson von den Space Angels. Das liegt nicht nur daran, dass die Wagniskapital-Unternehmen Vertrauen in die Branche gefasst haben, es gibt einfach mehr NewSpace-Unternehmen und damit mehr Auswahl. Während in den frühen 2000ern laut Bryce-Studie durchschnittlich etwa drei neue Raumfahrt-Start-ups mit Kapital versorgt wurden, sind es inzwischen nun fast 17.[578] Insgesamt sind es mehr als 140. Die Zahl könnte sogar deutlich darüberliegen, denn das NewSpace Venture Archive, ein Online-Netzwerk, das sich mit der neuen Raumfahrt beschäftigt, zählt weltweit bereits weit über 1.000 NewSpace-Unternehmen, von denen ein Großteil nach 2000 gegründet worden sind.[579] Nicht wenige operieren wie bereits erwähnt im »Stealth-Modus«, um die Konkurrenz im Unklaren zu lassen. Das deckt sich mit der Einschätzung der Bryce-Studie. »Die Höhe und Zahl der Deals im Jahr 2017 werden die von 2016 sehr wahrscheinlich übertreffen. Die kommenden Jahre haben das Potenzial, das Start-up-Ökosystem zu transformieren.«[580] All diese Investitionen werden am Ende einen Effekt haben, auf jeden Fall aber für einen Boom sorgen. Noch einmal Noah Poponak: »Ich denke, wir werden in 20 Jahren eine Reihe von Investoren sehen, die einen schönen Return einfahren, vor allem im *early-stage*-Bereich.«[581]

... TO START AS A BILLIONAIRE

Das hört sich in den Ohren von Investoren sicher verlockend an. Aber macht der Weltraum überhaupt reich? Nicht notwendigerweise. Wie bereits gesehen haben schon viele Leute viel Geld verloren. Auch die Investitionen im *early-stage*-Bereich, also im Frühstadium eines Unternehmens, haben einen Haken. Denn hohes Risikokapital ist kein ultimativer Indikator für die Nachhaltigkeit des Raumfahrt-Booms. »Viel Geld bedeutet lediglich, dass es viele Leute gibt, die an eine Idee glauben, aber nicht, dass sie funktioniert«, so ein Experte aus den inneren Zirkeln der Venture-Capital-Szene, der nicht mit Namen genannt werden will. »Im Risikokapitalgeschäft gibt es eine wichtige Regel: Nicht der verdient am meisten, der in die richtige Idee investiert, sondern zum richtigen Zeitpunkt seinen Anteil verkauft.« Will heißen: Man kann sehr wohl in eine schlechte Idee investieren, solange man sein Geld herausholt, bevor sie scheitert. Das ist natürlich ein verheerendes moralisches Urteil für eine ganze Branche. Irgendwer muss ja die Zeche zahlen, wenn ein Unternehmen zusammenbricht. Dies gilt allerdings für alle Wirtschaftszweige, nicht nur für die Raumfahrt. Eine andere Frage ist, ob die Unternehmer selbst damit reich werden, Billionäre, wie Peter Diamandis sogar einst suggerierte.

Der Astronaut Thomas Reiter berichtet, wie Elon Musk zu Beginn seiner Raumfahrt-Karriere wahrgenommen wurde. »Als ich für meine Mission im Training war, war ich eines Nachmittags auf dem Flughafen in Houston auf dem Weg nach Moskau. Ich ging noch einmal kurz im Zeitschriftenshop vorbei und hab mir irgendein Magazin geholt. Da war ein Titelbild mit Elon Musk drauf, und die Zeile lautete: ›How to become a space millionaire‹. Gekauft, mitgenommen. Ich saß dann im Flugzeug und schlug das Magazin auf, und die ganze Überschrift lautete: ›How to become a space millionaire … to start as a space billionaire‹ (»Wie man zum Raumfahrt-Millionär wird … man startet als Raumfahrt-Milliardär«).«[582] Die Zeile gilt in der Branche als Running Gag, und sogar Elon Musk selbst wird nachgesagt, sie schon zitiert zu haben. Er hat dabei gut lachen, denn er hat es umgekehrt gemacht. Damit hat er bewiesen, dass es möglich ist, als selbstständiger Gründer zumindest mit Raumtransport Geld zu verdienen. Musk hat zur richtigen Zeit die richtigen Produkte entwickelt. Zwei Jahre, nachdem Präsident George W. Bush ankündigte, die Shuttles in den Ruhestand zu schicken, hob die Falcon 1 das erste Mal ab, vergeblich zwar, aber sie lenkte den Blick der NASA direkt auf Musk. Die NASA suchte dringend private Startalternativen. Noch bevor sie den Orbit erreichte, begann SpaceX die Falcon 9 mithilfe der NASA und der Aussicht zu entwickeln, die Internationale Raumstation zu versorgen. Das bedeutete, dass die Gelder, die bisher in die Spaceshuttles und die ISS geflossen waren, seither wenigstens zu einem Teil bei SpaceX und Elon Musk landen. Außerdem hat er es geschafft, einen Teil des kommerziellen Marktes zu erobern. Das ist der alteingesessenen Konkurrenz United Launch Alliance wegen zu hoher Preise nie gelungen. Auf der Falcon 9 starten Kommunikationssatelliten aus Bulgarien, Luxemburg, Thailand, Israel, Chile und sogar Bermuda, und der Cube-Sat von Deep Space Industries. Wer die Infrastruktur beherrscht, an dem kommt keiner so schnell vorbei, und man kann dabei sehr reich werden (selbst wenn er andere Ziele vorgibt). Das war schon in Troja der Fall, das für jedes Schiff, das die Dardanellen passieren wollte, Zoll erhob[I], im Wilden Westen der USA mit seinen legendären Eisenbahn-Baronen sowie heute mit Google und seinem Suchmaschinen-Monopol.

Musk ist nicht der Einzige, der die zukünftige Grundlage des privaten Raumtransports legt. Jeff Bezos, Richard Branson, Paul Allen, sie alle entwickeln ja neue Transportsysteme, und es ist nicht unwahrscheinlich, dass diese Männer den Zugang zum All in Zukunft dominieren, falls sich die Raumfahrt-Agenturen aus Kostengründen in absehbarerer Zeit ganz aus diesem Business zurückziehen. Es ist zudem nicht gesagt, dass sich die-

---

I Wobei es unter Altertumsforschern umstritten ist, dass es seinerzeit bereits eine so umfangreiche Schifffahrt gegeben hat, dass Troja mit Zöllen überhaupt reich werden konnte. Eine nicht ganz unironische Analogie zur kommerziellen Raumfahrt-Wirtschaft.

se Männer auf das Geschäft mit dem Raumtransport beschränken. Genauso wie Google es ja ebenfalls getan hat. »Es ist nicht ungewöhnlich für wachsende Unternehmen, sich weitere Geschäftsmodelle zu suchen«, Peter Stibrany von Deep Space Industries. »Wie lange hätte Google als reine Suchmaschine überlebt, wenn es nicht auch Karten integriert hätte, heute integraler Bestandteil? Wenn es nicht Android entwickelt hätte, und die vielen anderen Dienste – die keine Suchfunktionen sind?«[583] Elon Musk und Jeff Bezos haben klar gesagt, dass ihr Ziel die menschliche Expansion in den Weltraum ist. Sobald sie also die Gelegenheit bekommen, werden sie sich sicher mit allen Facetten dieses Plans beschäftigen. Musk hat einen ersten Schritt mit Raumtransport und Satelliten-Betrieb bereits getan. Ihr Ziel ist also das gleiche wie das von Deep Space Industries und Planetary Resources. Nur ihr Weg ist ein anderer – doch deutlich lukrativer.

Aber ob das zum Billionär reicht? Zwar hat sich das Vermögen von Elon Musk vervielfacht – SpaceX wurde im Juli 2017 vom Equidate, einem Händler für Beteiligungskapital, auf 21 Milliarden Dollar geschätzt[584] –, doch es braucht fast 500 Mal mehr, um die Billion vollzumachen, und Musk gehört das Unternehmen ja noch nicht einmal zu 100 Prozent. Selbst Tesla, Musks anderes Unternehmen, hatte zu Spitzenzeiten nur eine Marktkapitalisierung von 60 Milliarden Dollar. Anfang 2018 waren es noch 50 Milliarden Dollar. Immerhin glaubt Musk daran, dass Tesla einmal die Schallmauer durchbricht. »Ich sehe bei Tesla das Potenzial, innerhalb von zehn Jahren ein Billionen-Dollar-Unternehmen zu werden.«[585] Eine andere Frage ist, ob Staat und Gesellschaft ein so großes Vermögen zuließen, wenn es auf einem Quasi-Monopol beruhte. Wenn jemand aus der Neuzeit der Billion nahe war, dann vermutlich John D. Rockefeller[I], dessen Vermögen inflationsbereinigt auf über 300 Milliarden Dollar geschätzt wurde. Rockefeller kontrollierte den Erdölmarkt Anfang des 20. Jahrhunderts schließlich so erdrückend, dass die amerikanische Regierung sein Unternehmen Standard Oil zerschlug. Die amerikanische Regierung hat in den vergangenen 150 Jahren immer wieder große Trusts zerschlagen, wenn sie Gefahr liefen, übermächtig zu werden. Die Liste der Opfer ist prominent: Bell, Standard Oil, American Tobacco, AT&T. Sie würde zweifellos nicht zögern, das Gleiche mit SpaceX oder Blue Origin zu tun, wenn es so weit käme.

I Die Rockefellers haben übrigens deutsche Vorfahren und stammen aus der heutigen Wüstung, einer aufgegebenen Ortschaft namens »Roggenfeller«.

EPILOG – NEWSPACE, DIE MENSCHHEIT UND ICH

Am Ende aller Überlegungen zur zukünftigen Entwicklung der Raumfahrt steht immer eine Frage: Welche Konsequenzen hat der aufziehende Boom für das alltägliche Leben der Menschen? Was bedeuten die Visionen von Elon Musk und die Geschäftsmodelle von NewSpace für mich als Individuum? Zuerst die großen Ideen, Raumfahrt für alle und der Besiedelung des Weltraums. Würde der Leser gern auf einer mit Tausenden Tonnen Treibstoff befüllten Röhre ins All starten? Im Raumanzug freischwebend die Unendlichkeit spüren? Es sich auf dem Mars häuslich einrichten?

Wenn sich Sandra Bullock in Gravity nach der Kollision von Satelliten-Trümmern mit ihrem Raumschiff als einzige Überlebende wiederfindet, wird ihr – und dem Kinobesucher – die dramatisch-schöne Wirklichkeit des Weltalls offenbar. Schwerelos schwebt sie im Raumanzug im Orbit, unter ihr die Erde, Ozeane und Kontinente. Ein Moment traumhafter Entrückung von allem Irdischen. Doch sie hat ein Problem. Sie ist allein, ihr geht der Sauerstoff aus, und Rettung ist weit entfernt. Diese Szene ist ein geeignetes Bild, um zu erklären, in welchem Verhältnis der Mensch wirklich zum Weltraum steht. Die Weite des Raums, seine Schwere- und Luftlosigkeit, die Helden, die ihn befahren, die Komplexität ihrer Raumschiffe – das übt eine starke Anziehungskraft auf den Menschen aus. Vor allem wenn er vorm Fernseher sitzt und es sich ganz leicht wohlig schaudern lässt. In Wirklichkeit ist der Weltraum natürlich keine angenehme Umgebung. Das dürfte ein Hindernis sein, wenn es darum geht, das All zu erobern. Nur wenige haben Lust, sich den unzähligen tödlichen Gefahren des Alls auszusetzen. Der Raum ist das komplette Gegenteil von dem, was Menschen gewöhnt sind und angenehm finden. Es fehlt frische Luft und es gibt keine Pflanzen und Tiere, im Gegenteil. Statt Vogelgezwitscher brummen Tag und Nacht Dutzende Geräte. Raumschiffe sind Maschinen, alles ist dafür ausgelegt, Menschen am Leben zu erhalten, minimalistisch und unkomfortabel. Allein Toilettengänge sind Horror.[I] Bei aller mitreißenden Begeisterungsfähigkeit von Musk, Bezos und Co.: Die meisten Menschen träumen nicht von Mond und Mars, sondern von einem Häuschen im Grünen. Dieser Traum von Musk und Bezos – in ferner Zukunft – wird eine Option für Menschen mit seltenen Abenteurer-Genen bleiben.

Und für die Touristen-Raumschiffe von Jeff Bezos und Richard Branson gilt: Selbst wenn viele einsteigen wollten, werden sich doch nur wenige Menschen ein Touristen-Ticket ins All leisten können.

Anders verhält es sich mit dem wirtschaftlichen Aspekt von NewSpace. Raumfahrt und seine Produkte sind längst im Alltag angekommen und so selbstverständlich wie der Strom aus der Steckdose. Wie essenziell Raumfahrt ist, würde deutlich, wenn es einmal zu einem Satelliten-Blackout käme: Flugzeuge würden Mayday funken, weil sie nicht wüssten, wo sie landen sollen. Schiffe liefen zu Tausenden auf Felsen, Krankenwagen und Feuerwehr kämen zu spät, lebensrettende Unwetter- und Sturmflutwarnungen gar nicht. Weniger tödlich, aber für Wirtschaft und Couch-Potatoes mindestens genauso dramatisch: Auf den meisten Bildschirmen wäre nur noch das Hintergrundrauschen des Urknalls zu sehen. Dazu tote Telefonleitungen, gestrandete Autofahrer, ins Wasser gefallene Gartenpartys, Millionen geplatzter Deals und Dates. Zu ihrem Glück sind

I Sehr amüsant beschrieben in Mary Roachs Buch »Was macht der Astronaut, wenn er mal muss?« Die NASA hat vor einiger Zeit sogar 30.000 Dollar Preisgeld für ein schlüssiges Raumanzug-Toiletten-Konzept ausgeschrieben.

es die Menschen im reichen Teil der Welt gewohnt, dass Satelliten (und Steckdosen) zuverlässig funktionieren. Projekte wie Greg Wylers Internet-Satelliten-Schwarm werden diese Selbstverständlichkeiten den bisher vergessenen Milliarden auf unserem Planeten hoffentlich näherbringen.

Was aber hat der einzelne Mensch vom Geomonitoring, von einem Dorf auf dem Mond und vom Erzabbau auf Asteroiden? Die Antworten reichen von konkret bis abstrakt. Es wird sicher jedem einleuchten, dass Geomonitoring sinnvoll ist, wenn es hilft, unsere Atmosphäre nicht nur zu beschützen, sondern überhaupt zu erhalten. Zwar wäre das auch ohne Satelliten-Technik möglich. Das Problem ist, dass nicht alle Menschen von der Bedrohung der Atmosphäre überzeugt sind und Beweise fordern. Und die kann ein intelligentes und globales Geomonitoring erbringen.

Satelliten-Daten werden außerdem dafür sorgen, dass die Preise für viele Produkte sinken, was wiederum den Lebensstandard insgesamt anhebt. Wenn Satelliten Erntestände überwachen und dafür sorgen, dass Bauern den Weizen zum optimalen Zeitpunkt ernten, steigen die Erträge und sinken die Brotpreise. Das ist zwar keine Lösung im Sinne des *Club of Rome*, aber die steigende Weltbevölkerung ist Realität und will ernährt werden. Entdecken Satelliten rechtzeitig Waldbrände und Naturkatastrophen, müssen Staaten und Versicherungen weniger aufwenden, um die Schäden zu beheben. Dadurch hat die Öffentlichkeit mehr Mittel für andere Aufgaben, und der Einzelne zahlt niedrigere Versicherungsbeiträge. So geht es weiter: Der Abbau und die Verarbeitung von seltenen Metallen im Weltraum senkt die Umweltbelastung. Und am Ende könnte eine hochentwickelte Raumfahrt-Technik die Zerstörung der Erde durch einen Asteroiden verhindern. Ähnlich wie bei der globalisierten Wirtschaft werden uns die Konsequenzen neuer Raumfahrt-Anwendungen häufig auf indirektem Weg erreichen und selten so unmittelbar wie GPS, die satellitengestützte Positionsbestimmung. Es ist abzusehen, dass Raumfahrt – schon wegen der totalen Ausleuchtung alles zuvor Verborgenen – in der Öffentlichkeit eine deutlich stärkere Rolle spielen und zu einem neuen und breiteren Bewusstsein über die Rolle des Menschen im Weltraum führen wird.

Abseits aller wirtschaftlichen Überlegungen bleibt noch ein Aspekt, der Raumfahrt für jeden von uns so wertvoll macht, ob sie nun von der NASA ausgeht oder einem kommerziellen Raketenunternehmen – der menschlichste und zugleich älteste. Es geht um schlichte Neugier. Wie sieht die Welt hinter der Frontier aus, außerhalb der bekannten Grenzen? Auch die kommerzielle Raumfahrt kann uns Antworten liefern – und neue Fragen aufwerfen. Der Abbau von Wasser auf Asteroiden wird uns vielleicht zeigen, ob Leben durch den Raum gereist ist, so wie uns der Kohletagebau die Welt des Karbons gezeigt hat. Mit den preiswerten und starken Raketen von Elon Musk und Jeff Bezos wird der Mensch vielleicht nicht nur selbst durch das Sonnensystem reisen. Ihre günstigen Preise ermöglichen es Universitäten, zahlreiche und fortschrittliche Sonden zu starten, um zu unbekannten Planeten außerhalb unseres Sonnensystems zu reisen. Diese Erkenntnisse lösen nicht unmittelbar die Probleme auf der Erde – aber sie vergrößern das Universum des menschlichen Geistes.

DANKSAGUNG

Im Allgemeinen wird der privaten Raumfahrt nachgesagt, eine vergleichsweise übersichtliche Gemeinde zu sein. Ich habe herausgefunden: Sie ist ein komplexes Universum, das rasch und stark expandiert, dessen Grenzen schwer auszuloten sind und in dem noch viele spannende Geschichten darauf warten, erzählt zu werden. Daher war ich über jede Information und jeden Bericht, jedes Detail sowie jede Pointe dankbar, mit denen mir zahlreiche Menschen während meiner Recherchen geholfen haben.

Zunächst möchte ich meiner Agentin Hanna Leitgeb danken, dass sie sich bereit erklärt hat, einen Verlag für das Buch zu finden. Ebenso dankbar bin ich Georg Hodolitsch vom FinanzbuchVerlag, dass er NewSpace und die Raumfahrt-Milliardäre genau so spannend findet wie ich. Dieses Buch beschreibt ein Bild der gegenwärtigen kommerziellen Raumfahrt und ihrer Protagonisten. Da viele Unternehmer über ihre Fortschritte und Pläne lieber schweigen, bin ich denjenigen umso mehr zu Dank verpflichtet, die bereit waren, mit mir zu sprechen. Hier möchte ich besonders unter anderen Peter Stibrany von Deep Space Industries, Karsten Becker von den PTScientists, Martha LeBron und Dimitris Bountolos von Zero-2-Infinity, Raoul Verdú von PLD Space, Kristoffer Liland von Ripple Aerospace, Peter Platzer von Spire, Randa Milliron von Interorbital Systems und Andrew Rush von Made In Space danken.

Interessant und aufschlussreich für mein Verständnis der privaten Raumfahrt waren unter anderem Gespräche mit Vertretern aus der deutschen und europäischen Raumfahrt, darunter Gerd Gruppe, Ralf Jaumann, Guido Joormann, Stefan Schlechtriem, Tilman Spohn und Jean

Pierre de Vera vom DLR, Stefanos Fasoulas von der Universität Stuttgart, Klaus Brieß von der TU Berlin, Frank Salzgeber und Kai-Uwe Schrogl von der ESA sowie Pierre Lionnet von Eurospace. Von nicht geringem Anteil war zudem die Hilfe, die mir Elisabeth Mittelbach vom DLR und Bernhard von Weyhe von der ESA bei der Vermittlung interessanter Gesprächspartner gewährt haben. Ein Wort von der richtigen Stelle und schon öffnen sich Türen, wo vorher keine waren.

Eine besondere Ehre war es für mich, mit Thomas Reiter über die aktuelle Entwicklung in der Raumfahrt zu sprechen, der mit seinen Aufenthalten an Bord von MIR, Spaceshuttle und ISS für eine nachhaltige Präsenz der deutsche Raumfahrt im Raum gesorgt hat.

Wer ein Buch schreibt, erkennt schnell, dass es noch lange nicht beendet ist, wenn der letzte Satz geschrieben ist. Die Durchsicht des Manuskripts, zumal vor dem Lektorat, ist eine mühevolle Beschäftigung. Mein Dank gilt hier Linda Babst, Marian Cloers, Nico Feldmann, Günther Husemann, Lukas Ilse, Rüdiger Ress, Daniel Schiller, Annette und Dirk Waldrich sowie Andreas Wohlfart.

Die Special Thanks gehen an meine Mutter Constance und ihre Freundin Heide – besonders fürs frühe Aufstehen.

Die wichtigste Unterstützung habe ich allerdings durch meine Frau Eva erfahren. Sie hat mir den Rückzug in die Stille ermöglicht, den das Schreiben gelegentlich erfordert. Alle Eltern wissen: Nichts ist schwieriger, als sich zu konzentrieren, wenn Kinder mit ihrem Vater spielen wollen. Eine Rakete zu bauen, ist dagegen ein Kinderspiel.

QUELLEN

1 Jeff Bezos: Tweet vom 21. Dez. 2015

2 Elon Musk: Tweet vom 24. Nov. 2015

3 Tauri Group: *Start-up Space – Rising Investment in Commercial Space Ventures. brycetech.com* (heute Bryce Space and Technology). Januar 2016. Seite 4 und Chad Anderson: *2016 another record-breaking year for the entrepreneurial space industry*. Blog spaceangels.com. 25. Januar 2017

4 National Geographic: *SpaceX Makes History – Mars. YouTube.com.* 19. Dezember 2016

5 Melody Petersen: *SpaceX rocket makes historic landing after launch. ›Welcome back, baby‹, Musk tweets.* latimes.com. 21. Dezember 2015

6 Bryce Space and Technology: *Start-up Space – Update on Investment in Commercial Space Ventures 2017. brycetech.com.* Seite IV

7 Giancarlo Genta. *Next Stop Mars: The Why, How, and When of Human Missions.* Springer Praxis Books 2017. Seite 51 und Stephen Engle and Lulu Yilun Chen: *Tencent's Start-up Investment Frenzy Now Reaches Outer Space. bloomberg.com.* 21. Juni 2017

8 The World's Billionaires. forbes.com

9 OneWeb: *OneWeb Announces $500 Million of A-Round Funding With Group of Leading International Companies. Prnewswire.com.* 25. Juni 2015

10 *Israel space project gets $16 million boost from casino mogul Adelson. reuters. com.* 9. April 2014

11 Carl Bialik: *As Shuttle Sails Through Space, Costs Are Tough to Pin Down. wsj.com.* 9. Juli 2011 und Roger A. Pielke, Jr.: *The Rise and Fall of the Space Shuttle.* American Scientist, Volume 96 2008.

12 Interview mit Andrew Rush

13 Interview mit Peter Stibrany

14 Recode. *Jeff Bezos vs. Peter Thiel and Donald Trump|Jeff Bezos, CEO Amazon| Code Conference 2016*. YouTube.com. 31. Mai 2016

15 Ashlee Vance: *Elon Musk – Tesla, PayPal, SpaceX. Wie Elon Musk die Welt verändert – Die Biografie*. FinanzBuch Verlag 2015. Seite 78

16 67. International Astronautical Congress in Guadalajara, Mexiko am 27. September 2016

17 Crunchbase: *SpaceX. crunchbase.com*. Stand Ende 2017

18 fcc.gov und Fred Lambert: *Elon Musk's stake in SpaceX is actually worth more than his Tesla shares*. electrek.co. 16. November 2016

19 Jeff Foust: *Bezos Not Concerned About Competition, Possible ULA Sale*. spacenews.com. 15. September 2015

20 Nicholas St. Fleur: *Jeff Bezos Says He Is Selling $1 Billion a Year in Amazon Stock to Finance Race to Space. nytimes.com*. 5. April 2017

21 Richard Branson: *The Virgin Way – How to Listen, Learn, Laugh and Lead*. Virgin Books 2015. Vorwort

22 Interview mit Peter Platzer

23 Die komplette E-Mail von Elon Musk an SpaceNews. »*From a SpaceX standpoint, we view [Blue Origin] and [United Launch Alliance's] action as a phony blocking tactic and an obvious one at that. BO has not yet succeeded in creating a reliable suborbital spacecraft, despite spending over ten years in development. It is therefore unlikely that they will succeed in developing an orbital vehicle that will meet NASA's exacting standards in the next five years, which is the length of the lease. That said, I can't say for sure whether [Blue Origin's] action stems from malice. No such doubt exists about ULA's motivation. However, rather than fight this issue, there is an easy way to determine the truth, which is simply to call their bluff. If they do somehow show up in the next five years with a vehicle qualified to NASA's human rating standards that can dock with the Space Station, which is what Pad 39A is meant to do, we will gladly accommodate their needs. Frankly, I think we are more likely to discover unicorns dancing in the flame duct.*«

24 Dan Leone: *Musk Calls Out Blue Origin, ULA for ›Phony Blocking Tactic‹ on Shuttle Pad Lease. spacenews.com*. 25. September 2013

25 Mike Gruss. *Bezos to donate Heinlein Prize winnings to student group. spacenews.com*. 16. September 2016

26 Recode: *Elon Musk | Full interview | Code Conference 2016*. YouTube.com. 2. Juni 2016

27 Recode: *Donald Trump, Peter Thiel & space | Jeff Bezos, CEO Amazon | Code Conference 2016*. YouTube.com. 2. Juni 2016

28 Ashlee Vance: *Elon Musk – Tesla, PayPal, SpaceX. Wie Elon Musk die Welt verändert – Die Biografie.* FinanzBuch Verlag 2015. Seite 210

29 Bloomberg: *Elon Musk: How I Became The Real ›Iron Man‹.* YouTube.com. 10. Juni 2016

30 United States Securities And Exchange Commission Form 10-K. Commission File Number: 000-49603. PayPal, INC.

31 Ashlee Vance: *Elon Musk – Tesla, PayPal, SpaceX. Wie Elon Musk die Welt verändert – Die Biografie.* FinanzBuch Verlag 2015. Seite 102

32 Brian Berger: *Web Entrepreneur Eyes Small Launcher Market. spacenews.com.* 11. November 2002

33 ebd.

34 Elon Musk beim 68. International Astronautical Congress in Adelaide, Australien am 29. September 2017. SpaceX: *Making Life Multiplanetary.* YouTube.com. 29. September 2017

35 CBS News 60 Minutes. *SpaceX: Entrepreneur's race to space.* YouTube.com. 13. März 2012 und *cbsnews.com*

36 Ashlee Vance: *Elon Musk – Tesla, PayPal, SpaceX. Wie Elon Musk die Welt verändert – Die Biografie.* FinanzBuch Verlag 2015. Hörbuch-Position 8h:45min:45sec

37 Elon Musk auf der ISS R&D Conference 2017 in Washington, DC: *Elon Musk NEW Interview 2017.* YouTube.com. 19. Juli 2017

38 Richard Feloni: *Former SpaceX Employee Explains What It's Like To Work For Elon Musk.* businessinsider.com. 24. Juni 2014

39 ebd.

40 Ashlee Vance: *Elon Musk – Tesla, PayPal, SpaceX. Wie Elon Musk die Welt verändert – Die Biografie.* FinanzBuch Verlag 2015. Seite 26

41 CBS News 60 Minutes. *SpaceX: Entrepreneur's race to space.* YouTube.com. 13. März 2012 und cbsnews.com

42 Dolly Singh: *What is it like to work with Elon Musk?* Quora.com. 11. August 2016

43 *›UFO‹ Spotted Over Australia Likely a Private Rocket.* space.com. 7. Juni 2010

44 spacelaunchreport.com: *SpaceX Falcon 9 v1.2 Data Sheet*

45 Greg Autry: *Op-ed | Despite SpaceX setback, future of private space exploration is bright. spacenews.com.* 8. September 2016

46 Mark Zuckerberg: Facebook-Post 1. September 2016

47 spacex.com. *Completed Missions*

48 spacex.com. *Capabilities & Services*

49 Commercial Orbital Transportation Services – *A New Era in Spaceflight,* Position 1250

50 Elon Musk auf der ISS R&D Conference 2017 in Washington, DC: *Elon Musk NEW Interview 2017*. YouTube.com. 19. Juli 2017

51 Elon Musk auf der ISS R&D Conference 2017 in Washington, DC: *Elon Musk NEW Interview 2017*. YouTube.com. 19. Juli 2017

52 spacelaunchreport.com: *Atlas 5 Data Sheet*

53 Elon Musk vor dem Subcommittee of the Committee on Appropriations am 5. März 2014 (gpo.gov)

54 Merryl Azriel: *Update: Dragon Launched with One Engine Out. spacesafetymagazine.com*. 9. Oktober 2012

55 Marcia Smith: *Orbcomm Satellite Reenters – Was Stranded By Falcon 9 Anomaly. spacepolicyonline.com*. 11. Oktober 2012

56 Mike Gruss: *SpaceX Protest Challenges U.S. Air Force Plan To Buy 22 Rocket Cores from ULA. spacenews.com*. 29. April 2014

57 Mike Gruss: *SpaceX, Air Force Settle Lawsuit over ULA Blockbuy*. spacenews.com. 23. Januar 2015

58 Amy Svitak: *Dragon's »Radiation-Tolerant«-Design*. Aviation Week Blog-Interview 18. November 2012

59 YUAA: *YUAA Sponsors Talk by SpaceX Engineer John Muratore '79*. yaleaerospace.com. 27. Januar 2014

60 Elon Musk beim 67. International Astronautical Congress in Guadalajara, Mexiko am 27. September 2016. Bloomberg: *Elon Musk Reveals His Plan for Colonizing Mars*. YouTube.com.

61 Caleb Henry: *SpaceX aims to follow a banner year with an even faster 2018 launch cadence*. spacenews.com. 21. November 2017

62 Interview mit Thomas Reiter

63 Peter B. de Selding: *SpaceX wins 5 NewSpace station cargo missions in NASA contract estimated at $700 million*. spacenews.com. 24. Februar 2016

64 Recode: *Elon Musk | Full interview | Code Conference 2016*. YouTube.com. 2. Juni 2016

65 Recode: *Elon Musk | Full interview | Code Conference 2016*. YouTube.com. 2. Juni 2016

66 Elon Musk: Instagram-Post 23. August 2017

67 James Dean: *Bezos offers peek inside Blue Origin capsule*. floridatoday.com. 6. April 2017

68 Seymourpowell: *Virgin Galactic VSS Enterprise*. YouTube.com. 6. August 2008

69 Elon Musk: Tweet vom 19. Juli 2017 und Loren Grush: *Elon Musk plans to put all of SpaceX's resources into its Mars rocket.* theverge.com. 29. September 2017

70 Elon Musk auf der ISS R&D Conference 2017 in Washington, DC: *Elon Musk NEW Interview 2017.* YouTube.com. 19. Juli 2017

71 Elon Musk bei der Vorstellung der Dragon-2-Kapsel am 29. Mai 2014. Rede-Transkript unter shitelonsays.com

72 Elon Musk im Interview. YouTube.com. 19. Juli 2017

73 Daniel Terdimann: *Elon Musk at SXSW: ›I'd like to die on Mars, just not on impact‹.* cnet.com. 9. März 2013

74 Elon Musk auf der ISS R&D Conference 2017 in Washington, DC: *Elon Musk NEW Interview 2017.* YouTube.com. 19. Juli 2017

75 Recode: *Elon Musk | Full interview | Code Conference 2016.* YouTube.com. 2. Juni 2016

76 SpaceX: *Orbital Test Vehicle 5 (OTV-5) Mission.* YouTube.com. 7. September 2017

77 aerosociety.com: *History of the Royal Aeronautical Society*

78 Elon Musk: Tweet vom 10. Januar 2015

79 Mike Wall: *Elon Musk Names SpaceX Drone Ships in Honor of Sci-Fi Legend.* space.com. 4. Februar 2015

80 Elon Musk auf der ISS R&D Conference 2017 in Washington, DC: *Elon Musk NEW Interview 2017.* YouTube.com 19. Juli 2017

81 Elon Musk vor der Royal Aeronautical Society am 16. November 2012. Rede-Transkript unter shitelonsays.com

82 »Sea landing of space launch vehicles and associated systems and methods«. U.S. Patent 8.678.321. Google-Patentsuche

83 Ashlee Vance: *Elon Musk – Tesla, PayPal, SpaceX. Wie Elon Musk die Welt verändert – Die Biografie.* FinanzBuch Verlag 2015. Seite 361

84 Chris Anderson: *Elon Musk's Mission To Mars.* wired.com. 21. Oktober 2012

85 Cho Jin-young: *S. Korea to Complete Three-stage Space Launch Vehicle in 2021.* businesskorea.co.kr. 22. November 2017

86 Brad Stone: *Der Allesverkäufer – Jeff Bezos und das Imperium von Amazon.* Campus Verlag 2013. Seite 92, Position 1428

87 George Packer: *No Death, No Taxes: The libertarian futurism of a Silicon Valley billionaire.* newyorker.com. 28. November 2011

88 David Weigel: *Jeff Bezos, Inscrutable Libertarian Democrat.* slate.com. 5. August 2013

89 Brad Stone: *Der Allesverkäufer – Jeff Bezos und das Imperium von Amazon.* Campus Verlag 2013. Seite 176, Position 2800

90 ebd. Seite 175, Position 2781

91 ebd. Seite 78, Position 1198

92 ebd. Seite 38, Position 533

93 *Amazon boss shows off spacecraft*. BBC News 4. Januar 2007

94 Andy Pasztor: *Amazon Chief's Spaceship Misfires*. wsj.com. 3. September 2011

95 Jeff Foust: *Blue Origin has a bad day (and so do some of the media)*. newspacejournal.com. 2. September 2011

96 Elon Musk: Tweet vom 24. November 2015

97 Brian Berger: *Bezos Boast Draws Musk into Twitter Tiff*. spacenews.com. 24. November 2015

98 Jeff Bezos: Tweet vom 21. Dezember 2015

99 Elon Musk auf der ISS R&D Conference 2017 in Washington, DC: *Elon Musk NEW Interview 2017*. YouTube.com. 19. Juli 2017

100 Aalan Boyle: *Get a look at Amazon CEO Jeff Bezos as an alien in ›Star Trek Beyond‹*. geekwire.com. 20. Juli 2016

101 Mylene Mangalindan: *Buzz in West Texas is about Jeff Bezos space craft launch site*. Wall Street Journal November 2006

102 Brad Stone: *Der Allesverkäufer – Jeff Bezos und das Imperium von Amazon*. Campus Verlag 2013. Seite 225

103 Michael Graczyk: *Blue Origin Spaceport Plans are Talk of Texas Town*. Associated Press 15. März 2005

104 Jeff Foust: *Blue Origin's New Shepard Vehicle Makes First Test Flight*. 30. April 2015

105 Leserbrief von Michael Cotignola: *Letter to the Editor March 26, 2015*. thevanhornadvocate.com

106 Pastor Rodney Tilley: *Givers and Takers*. thevanhornadvocate.com. 5. Januar 2017

107 Matthew Hart: *Amazon Boss Jeff Bezos Rocks 1.5-Ton Mech At Mars Conference 2017*. nerdist.com. 20. März 2017

108 Julie Bort: *Amazon threw another invite-only robot conference in Palm Springs last week*. Businessinsider.com 28. März 2017

109 Chris Bergin und William Graham: *Blue Origin introduce the New Glenn orbital LV*. nasaspaceflight.com. 12. September 2016

110 Nicholas St. Fleur: *Jeff Bezos Says He Is Selling $1 Billion a Year in Amazon Stock to Finance Race to Space*. nytimes.com. 5. April 2017

111 Jeff Bezos im Interview beim 2016 Pathfinder Awards im Museum of Flight in Seattle. Gespräch mit GeekWire: *Jeff Bezos discusses space flight and his vision for Blue Origin*. YouTube.com. 23. Oktober 2016

112 Jeff Bezos: Instagram-Post 20. Juli 2017

113 Alan Boyle: *Jeff Bezos' Blue Origin space venture has plans for big expansion of Seattle-area HQ*. geekwire.com. 22. Februar 2017

114 Federal Aviation Administration: *The Annual Compendium of Commercial Space Transportation 2017*. Seite 1

115 Caleb Henry: *SpaceX aims to follow a banner year with an even faster 2018 launch cadence*. spacenews.com. 21. November 2017

116 Jeff Bezos im Interview bei der Internet Association's 2017 Annual Charity Gala in Washington, DC. YouTube.com. 5. Mai 2017

117 Elon Musk beim 68. International Astronautical Congress in Adelaide, Australien am 29. September 2017. SpaceX: *Making Life Multiplanetary*. YouTube.com. 29. September 2017 und Peter B. de Selding: *SpaceX's new price chart illustrates performance cost of reusability*. spacenews.com. 2. Mai 2016 und Jonathan Amos: Recycled rockets: *SpaceX calls time on expendable launch vehicles*. BBC News 30. September 2013

118 Peter B. de Selding: *SpaceX's new price chart illustrates performance cost of reusability*. spacenews.com. 2. Mai 2016

119 spacex.com. Capabilities & Services

120 Ulrich Walter: *Höllenritt durch Raum und Zeit: Astronaut Ulrich Walter erklärt die Raumfahrt*. Komplett Media GmbH 2017. Positionen 1961–1966

121 Elon Musk auf der ISS R&D Conference 2017 in Washington, DC: *Elon Musk NEW Interview 2017*. YouTube.com. 19. Juli 2017

122 Jeff Foust: *NASA sees »equivalent risk« of flying reused SpaceX booster*. spacenews.com. 11. Dezember 2017

123 Stephen Clark: *SpaceX flies rocket for second time in historic test of cost-cutting technology*. spaceflightnow.com. 31. März 2017

124 Wikipedia-Eintrag Orion (spacecraft) – Funding. wikipedia.org.

125 Peter B. de Selding: Europe commits to the space station and ExoMars as part of $11 billion in commitments to ESA. spacenews.com. 2. Dezember 2016

126 Elon Musk auf der ISS R&D Conference 2017 in Washington, DC: *Elon Musk NEW Interview 2017*. YouTube.com. 19. Juli 2017

127 Blue Origin: Tweet vom 14. Mai 2017

128 Elon Musk auf der ISS R&D Conference 2017 in Washington, DC: *Elon Musk NEW Interview 2017*. YouTube.com. 19. Juli 2017

129 Microsoft: *Bill Gates spendet 4,6 Milliarden US-Dollar an Microsoft-Aktien und ist jetzt auf Instagram.* Microsoft windowsarea.de. 16. August 2017

130 Kate Vinton: *Jeff Bezos Sold Nearly $1 Billion In Amazon Stock This Week, His Most Lucrative Sale Yet.* forbes.com. 5. Mai 2017

131 AFP: *Bezos sells $1 bn in Amazon stock yearly to pay for rocket firm.* dailymail.co.uk. 6. April 2017

132 Chris Dubbs: *Realizing Tomorrow – The Path to Private Spaceflight.* Positionen 2304–2305

133 Rich Smith: *How Profitable Is SpaceX, Really?* fool.com. 5. Februar 2017

134 Rich Smith: *Wall Street Journal Spills the Beans on SpaceX's Big Loss.* fool.com. 24. Januar 2017

135 Caleb Henry: *SpaceX crests double-digit marker, notching tenth launch this year.* spacenews.com. 5. Juli 2017 und spacelaunchreport.com: Launch Vehicle Data Sheets

136 Tim Fernholz: *SpaceX's leaked finances show Elon Musk is betting big on satellite internet.* qz.com. 13. Januar 2017 und reddit r/SpaceXLounge Complete SpaceX Launch Manifest. reddit.com

137 Tim Fernholz: *SpaceX's leaked finances show Elon Musk is betting big on satellite internet.* qz.com. 13. Januar 2017

138 Chris Anderson: *Elon Musk's Mission To Mars.* wired.com. 21. Oktober 2012

139 Tony Horwitz: *Cook – Die Entdeckung eines Entdeckers.* Piper 2006. Seite 73

140 Papeete Climate & Temperature – *climatemps.com*

141 Anna Gosline: *Survival in Space Unprotected Is Possible.* scientificamerican.com. 14. Februar 2008

142 Erik Seedhouse: *Virgin Galactic – The First Ten Years.* Springer 2015. Position 2199

143 Elon Musk auf der ISS R&D Conference 2017 in Washington, DC: *Elon Musk NEW Interview 2017.* YouTube.com. 19. Juli 2017

144 The Apollo Lunar Surface Journal – Orange Soil. hq.nasa.gov und Lucas Reilly: *The Apollo Astronaut Who Was Allergic to the Moon.* mentalfloss.com. 6. Februar 2017

145 Interview mit Thomas Reiter

146 Stephen Petranek: *Why Don't We Have a Mars Colony Yet? Blame Nixon.* bigthink.com. und Mark Wade: Von Braun Mars Expedition – 1969. Astronautix.com

147 Interview mit James Free

148 Brian Berger: *The 5 most bizarre »questions« Musk was asked after his Mars talk.* spacenews.com. 28. September 2016

149 Zach Rosenberg: *SpaceX aims big with massive new rocket*. flightglobal.com. 15. Oktober 2012

150 Mike Wall: Yes, NASA's New Megarocket Will Be More Powerful Than the Saturn V. space.com. 16. August 2016

151 Elon Musk beim 68. International Astronautical Congress in Adelaide, Australien am 29. September 2017. SpaceX: *Making Life Multiplanetary*. YouTube.com. 29. September 2017

152 Elon Musk beim 68. International Astronautical Congress in Adelaide, Australien am 29. September 2017. SpaceX: *Making Life Multiplanetary*. YouTube.com. 29. September 2017

153 Elon Musk beim 68. International Astronautical Congress in Adelaide, Australien am 29. September 2017. SpaceX: *Making Life Multiplanetary*. YouTube.com. 29. September 2017

154 Ashlee Vance: *Elon Musk – Tesla, PayPal, SpaceX. Wie Elon Musk die Welt verändert – Die Biografie*. FinanzBuch Verlag 2015. Seite 43

155 Alejandro G. Belluscio: *ITS Propulsion – The evolution of the SpaceX Raptor engine*. nasaspaceflight.com. Oktober 2016

156 Alan Boyle: *SpaceX's Elon Musk geeks out over Mars interplanetary transport plan on Reddit*. geekwire.com. 23. Oktober 2016

157 Elon Musk beim 68. International Astronautical Congress in Adelaide, Australien am 29. September 2017. Rede-Transkript unter shitelonsays.com

158 Eric Ralph: *Elon Musk teases an update to SpaceX's Mars architecture later this year*. teslarati.com. 13. Juli 2017

159 Elon Musk beim 68. International Astronautical Congress in Adelaide, Australien am 29. September 2017. SpaceX: Making Life Multiplanetary. YouTube.com. 29. September 2017

160 reddit r/SpaceXLounge. Online-Fragestunde mit Elon Musk. reddit.com

161 Wikipedia-Eintrag: Gnomes (South Park). wikipedia.org.

162 YouTube: *South Park Underpants Gnomes Profit Plan*. YouTube.com. 5. Oktober 2011

163 Elon Musk beim 68. International Astronautical Congress in Adelaide, Australien am 29. September 2017. SpaceX: *Making Life Multiplanetary*. YouTube.com. 29. September 2017

164 BBC Newsnight: *Astronaut Chris Hadfield on SpaceX's ambitious plans – BBC Newsnight*. YouTube.com.

165 Chris Impey: *Beyond – Our Future in Space*. W. W. Norton & Company. Seite 82, Kindle-Version.

166 Julian Guthrie: *How to Make a Spaceship – A Band of Renegades, an Epic Race and the Birth of Private Space Flight*. Bantam Press. Seite 99

167 Anousheh Ansari: *Launching Commercial Space Flight: Part Four - Anousheh Ansari and Her $10 Million Purse.* nextprize.xprize.org. 24. September 2009

168 Julian Guthrie: *How to Make a Spaceship – A Band of Renegades, an Epic Race and the Birth of Private Space Flight.* Transworld Digital. Seite 78

169 Sarah Gordon: *Sir Richard Branson launches search for the boy who inspired Virgin Galactic ... in a 1988 phone-in to TV show Going Live!* dailymail.co.uk. 7. Mai 2014

170 Julian Guthrie: *How to Make a Spaceship – A Band of Renegades, an Epic Race and the Birth of Private Space Flight.* Transworld Digital. Seite 208

171 Erik Seedhouse: *Virgin Galactic – The First Ten Years.* Springer 2015. Positionen 844–845

172 Tom Leonard: *Secret life of a bitter billionaire: For years, Microsoft co-founder Paul Allen hid his decadent lifestyle so why is he now telling all ... and turning on Bill Gates?* dailymail.co.uk. 25. April 2011

173 Michael Belfiore: *Rocketeers: How a Visionary Band of Business Leaders, Engineers, and Pilots is Boldly Privatizing Space.* Seite 81–82. HarperCollins 2009

174 Chris Dubbs: *Realizing Tomorrow – The Path to Private Spaceflight.* Positionen 2707–2708

175 Erik Seedhouse: *Virgin Galactic – The First Ten Years.* Springer 2015. Positionen 985–986

176 ebd. Positionen 1053–1068

177 Michael Belfiore: *Rocketeers: How a Visionary Band of Business Leaders, Engineers, and Pilots is Boldly Privatizing Space.* Seite 145–146. HarperCollins 2009

178 Amateur-Video. Rob Patton: *SpaceShipOne Launch.* YouTube.com. 14. September 2011

179 Cockpit-Video während der ersten Weltraumflugs von SpaceshipOne. DougInBoulder: *SpaceShipOne Flight 15P (first civilian space flight).* YouTube.com. 13. Juni 2006

180 Julian Guthrie: *How to Make a Spaceship – A Band of Renegades, an Epic Race and the Birth of Private Space Flight.* Transworld Digital. Seite 360

181 Amateur-Video. Rob Patton: SpaceShipOne Launch. YouTube.com. 14. September 2011

182 Antonio Regalado: *»Durchbrüche für sieben Milliarden Menschen«.* heise.de. 9. Oktober 2012

183 Chris Dubbs: *Realizing Tomorrow – The Path to Private Spaceflight.* Position 2966

184 Erik Seedhouse: *Virgin Galactic – The First Ten Years*. Springer 2015. Positionen 873–880

185 Buchautorin Julian Guthrie diskutiert mit Peter Diamandis und Burt Rutan den Stand der privaten Raumfahrt. How to Make a Spaceship: *What's New For 2017. Webinar*. YouTube.com. 19. Januar 2017

186 Chris Dubbs: *Realizing Tomorrow – The Path to Private Spaceflight*. Positionen 3040–3043

187 Leonard David: *Richard Branson and Burt Rutan Form Spacecraft Building Company*. space.com. 27. Juli 2005

188 BBC: *Virgin tycoon is knighted*. bbc.co.uk. 30. März 2000

189 Richard Branson: *Losing my Virginity. The Autobiography*. Virgin Digital 2011. Seite 49

190 *The World's Billionaires*. forbes.com

191 Richard Branson: *Virgin Atlantic Challenger II – adventure for sale*. virgin.com. 7. April 2015

192 Christian Tiedt: 1986: *Virgin Atlantic Challenge*. boote-magazin.de. 02. Dezember 2011

193 Matt White: 1987: First People to Cross the Atlantic in a Hot-air Balloon. guinnessworldrecords.com. 18. August 2015

194 Virgin Experience Days Homepage: *Survival Course*

195 Space plane's mothership makes a splash. nbcnews.com. 28. Juli 2008

196 Tariq Malik: *Virgin Galactic Unveils SpaceShipTwo Interior Concept*. space.com. 28. September 2006

197 *Starck and GBH put Virgin Galactic identity into orbit*. designweek.co.uk. 15. Dezember 2005

198 Alan Boyle: *NBC to air Virgin Galactic founder Richard Branson's trek to space*. today.com. 8. November 2013

199 Damien Gayle: *Star Trek's Capt Kirk turns down Branson's space flight invitation because he's scared of flying*. dailymail.co.uk. 20. September 2013

200 Blog der Luxusreiseagentur Blue Fish: *Virgin Galactic – Out Of This World!* thebluefish.com. 31. März 2010

201 Blog des Raumfahrt-Journalisten Michael Belfiore: *SpaceShipTwo interior mockup unveiled*. michaelbelfiore.blogspot.de. 28. September 2006

202 Webseite von Virgin Galactic: *This Is How You Will Prepare For Space*. virgingalactic.com

203 Richard Siklos: Branson's sky-high plans for Virgin. fortune.com. 1. August 2008 und Chris Dubbs: *Realizing Tomorrow – The Path to Private Spaceflight*. Positionen 3295–3297

204 Erik Seedhouse: *Virgin Galactic – The First Ten Years.* Springer 2015. Position 2361

205 ebd. Springer 2015. Positionen 56–58

206 Michael Belfiore: *Rocketeers: How a Visionary Band of Business Leaders, Engineers, and Pilots is Boldly Privatizing Space.* Seite 146–147. Harper-Collins 2009

207 Jim Clash: *I Am Paying $200,000 for Five Minutes in Space.* popularmechanics.com. 13. Dezember 2016

208 Jeff Foust: *Suborbital space race? Virgin Galactic, Blue Origin will get there when they get there.* spacenews.com. 14. Juni 2017

209 Preeti Kannan: *Dubai woman reaches North Pole.* khaleejtimes.com. 22. April 2007 und Ashfaq Ahmed: *Resident braves -39C to reach South Pole.* gulfnews.com. 18. Januar 2008

210 Jim Clash: *I Am Paying $200,000 for Five Minutes in Space.* popularmechanics.com. 13. Dezember 2016

211 Unfallbericht des National Transportation Safety Board: *Aerospace Accident Report NTSB/AAR-15/02 PB2015-105454*

212 Sky News: *Sir Richard Branson Attacks Reporting Over Virgin Galactic Crash.* YouTube.com. 3. November 2014

213 Wikipedia-Eintrag: *Pitch-up.* wikipedia.org.

214 Unfallbericht des National Transportation Safety Board: Aerospace Accident Report NTSB/AAR-15/02 PB2015-105454

215 Virgin Galactics offizielles Statement vom 31. Oktober 2014 enthält die Passage: »Virgin Galactic's partner Scaled Composites conducted a powered test flight of SpaceShipTwo earlier today. (...) Local authorities have confirmed that one of the two Scaled Composites pilots died during the accident.«

216 »Hybrids are particularly well suited for SpaceShipTwo because they can be shut down safely and quickly at any point during the flight.« Webseite von Virigin Galactic: *These Are The Vehicles That Will Take You To Space.* virgingalactic.com. Stand Ende 2017

217 Interview mit Randa Milliron

218 Virgin Galactic: *Professor Stephen Hawking Welcomes VSS Unity.* YouTube.com. 20. Februar 2016

219 Doug Messier: *A Look at Cost Overuns and Schedule Delays in Major Space Programs.* parabolicarc.com. 4. Mai 2011

220 Adam Schreck: *Abu Dhabi partners with Virgin Galactic spaceship firm.* abcnews.go.com. 28. Juli 2009 und Nour Malas: *Abu Dhabi's Aabar boosts Virgin Galactic stake.* marketwatch.com. 19. Oktober 2011

221 Michael Sheetz: *Saudi Arabia invests $1 billion in Richard Branson's space companies*. cnbc.com. 26. Oktober 2017

222 Chris Dubbs: *Realizing Tomorrow – The Path to Private Spaceflight*. Positionen 3047–3048

223 Jeff Foust: *Virgin Galactic unveils second SpaceShipTwo*. spacenews.com. 19. Februar 2016

224 ebd.

225 Erik Seedhouse: *Virgin Galactic – The First Ten Years*. Springer 2015. Positionen 1526–1530

226 thekinolibrary: *Richard Branson in Drag at 1996 Virgin Brides Launch, Archive Footage*. YouTube.com. 20. März 2014

227 Annabel Grossman and Mia de Graaf: *At least 24 Virgin Galactic passengers ›demand refund‹ after catastrophic crash that killed test pilot Michael Aylsbury*. dailymail.co.uk. 8. November 2014

228 Jeff Foust: *Virgin Galactic unveils second SpaceShipTwo*. spacenews.com. 19. Februar 2016

229 Webseite von Virgin Galactic: *This Is How You Will Prepare For Space* virgingalactic.com

230 Video: *Virgin SpaceShipTwo crash ›a massive setback‹, says Branson*. bbc.com. 1. November 2014

231 Erwin James: *Richard Branson champions employment of ex-offenders*. theguardian.com. 15. November 2011

232 Richard Feloni: *Former SpaceX Employee Explains What It's Like To Work For Elon Musk*. businessinsider.com. 24. Juni 2014

233 Richard Bransons im Gespräch mit Chris Anderson. *TED 2007: Leben auf 9.000 Metern (Video)*. ted.de. März 2007

234 James Quinn: *Sir Richard Branson vows to have Virgin Galactic passengers in space by the end of 2018*. telegraph.co.uk. 2. April 2017

235 Webseite von Foster und Partner: *Dedication ceremony for the Virgin Galactic Gateway to Space*. fosterandpartners.com. 18. Oktober 2011

236 Associated Press: *Welcome to the world's first spaceport! Richard Branson opens $209m terminal where tourists will blast into orbit*. dailymail.co.uk. 18. Oktober 2011

237 Michael Belfiore: *Rocketeers: How a Visionary Band of Business Leaders, Engineers, and Pilots is Boldly Privatizing Space*. HarperCollins 2009, Position 2228

238 Charles Q. Choi: *Virgin Galactic Strikes Deal with Swedish Government*. space.com. 28. Januar 2007

239 Jeff Foust: *Spaceport America Signs Up Teleport Customer To Diversify Customer Base*. spacenews.com. 27. Mai 2015

240 Jeff Foust: *Suborbital space race? Virgin Galactic, Blue Origin will get there when they get there*. spacenews.com. 14. Juni 2017

241 Blue Origin: *Inspired By The Potential Of Space And The Incredible Human Feats That Technology Enables*. blueorigin.com. Stand Anfang 2018

242 Jeff Foust: *Suborbital space race? Virgin Galactic, Blue Origin will get there when they get there*. spacenews.com. 14. Juni 2017

243 Jeff Foust: *Blue Origin flies next-generation New Shepard vehicle*. spacenews.com. 13. Dezember 2017

244 Blue Origin: *Mannequin Skywalker's ride to space onboard Crew Capsule 2.0*. YouTube.com. 14. Dezember 2017

245 Jeff Bezos: Tweet vom 12. Dezember 2017

246 Blue Origin: *Crew Capsule 2.0 First Flight*. YouTube.com. 12. Dezember 2017

247 Jeff Foust: *Suborbital space race? Virgin Galactic, Blue Origin will get there when they get there*. spacenews.com. 14. Juni 2017

248 ebd.

249 ebd.

250 Leonard David: *Amazon Founder's Rocket Plans Take Flight as New Details, Images Emerge*. space.com. 4. Januar 2007

251 Caleb Henry: *Blue Origin enlarges New Glenn's payload fairing, preparing to debut upgraded New Shepard*. spacenews.com. 12. September 2017

252 Alan Boyle: *Jeff Bezos describes future space tours – and explains why he passed up a moon trip*. geekwire.com. 12. April 2016

253 Stephen Clark: *Expandable room installed on space station*. spaceflightnow.com. 16. April 2016

254 Lara Logan: *Bigelow Aerospace founder says commercial world will lead in space*. cbsnews.com. 28. Mai 2017

255 Erin Mahoney: *First Year of BEAM Demo Offers Valuable Data on Expandable Habitats*. nasa.gov. 26. Mai 2017

256 Webseite der NASA: *Bigelow Expandable Activity Module (BEAM)*. nasa.gov

257 Mike Wall: *Private Space Habitat to Launch in 2020 Under Commercial Spaceflight Deal*. space.com. 11. April 2016

258 Info-Onlineseite der ESA: *European Columbus Laboratory*. esa.int

259 Bigelow Aerospace Info-Dokument: http://images.spaceref.com

260 Justin Ray: *Atlas 5 to launch commercial space habitat for Bigelow Aerospace*. spaceflightnow.com. 11. April 2016

261 Rand Simberg: *Bigelow Aerospace Shows Off Bigger, Badder Space Real Estate.* popularmechanics.com. 28. Oktober 2010

262 Stephanie Schierholz: *NASA Releases Plan Outlining Next Steps in the Journey to Mars.* NASA Pressemitteilung. nasa.gov. 8. Oktober 2015

263 NASA-Konzept: *NASA's Journey to Mars – Pioneering Next Steps in Space Exploration.* nasa.gov. Oktober 2015

264 NASA Advisory Council Human Exploration & Operations Committee: *Cislunar Habitation &Environmental Control & Life Support Systems.* nasa.gov. 29. März 2017

265 Werner Pluta: *LRO findet Wassereis im Mondkrater Shackleton.* golem.de. 22. Juni 2012

266 Roman Polak: *Achtung Mondstaub!* raumfahrer.net. 22. April 2005

267 Ute Kehse: *Mysteriöser Mondstaub.* wissenschaft.de. 26. November 2005

268 Elon Musk auf der ISS R&D Conference 2017 in Washington, DC. YouTube.com. 19. Juli 2017

269 Elon Musk beim 68. International Astronautical Congress in Adelaide, Australien am 29. September 2017. SpaceX: *Making Life Multiplanetary.* YouTube.com. 29. September 2017

270 Jeff Foust: *A short history of lunar space tourism.* spacenews.com. 27. März 2017

271 Webseite von Space Adventures: *Circumlunar Mission.* spaceadventures.com. Stand Ende 2017

272 Dmitri Strugovets, TASS News Agency: Vladimir SOLNTSEV: »It's not only the US that are interested in flying on Soyuz«. energia.ru. 2. Mai 2017

273 Susan Karlin: *Inside The Dragon With Elon Musk.* fastcompany.com. 6. Oktober 2014

274 Anatoly Zak: *Russia's Plan To Build a Luxury Hotel on the ISS:* popularmechanics.com. 21. Dezember 2017

275 Mark Hanrahan: *Boeing ›Space Taxi‹ Will Have A Seat For Paying Tourists.* ibtimes.com. 17. September 2014

276 Webseite von X-Prize: *Competition Results – Winning teams Armadillo Aerospace and Masten Space Systems.* lunarlander.xprize.org. Stand Ende 2017

277 ebd.

278 Jeff Foust: Carmack: *Armadillo Aerospace in »hibernation mode«.* newspacejournal.com. 1. August 2013

279 Renee Eng: *Masten Space Systems Wins Nasa Contract.* spectrumlocalnews.com. 7. April 2017

280 https://lunar.xprize.org/

281 Matthew Busse und Reuters: *Google sponsors $30 million Moon landing prize.* newscientist.com. 13. September 2007

282 *Hollywood gala raises a record $33 million for IDF.* timesofisrael.com. 8. November 2014

283 Elad Benari: *Adelson Foundation Gives Taglit An Extra $5 Million Boost.* israelnationalnews.com. 1. Dezember 2011

284 X-Prize: lunar.xprize.org. und Leah Crane: *Google-sponsored private moon race delayed for the fourth time.* newscientist.com. 16. August 2017

285 Greg Freiherr: *Will Anyone Win the Google Lunar X-PRIZE?* airspacemag. com. April 2017

286 Eric Desatnik: *Private Moon Race Heats Up As Five Google Lunar X-Prize Teams Take Home $5.25 Million For Key Technological.* AdvancementsPressemitteilung lunar.xprize.org. Pressemitteilung 26. Januar 2015

287 Doug Messier: *Potential Snag for Team Indus Bid to Win Google Lunar X-Prize.* parabolicarc.com. 21. Juni 2017

288 Susan Adams: *Entrepreneur Naveen Jain Put Together His Top-Flight Meteorite Collection At Warp Speed.* forbes.com. 14. Juni 2013

289 Crunchbase: *Moon Express, Inc.* crunchbase.com. Stand Ende 2017

290 ideacity: *Bob Richards – Moon Express.* YouTube.com. 17. Juli 2017

291 Sam Howe Verhovek: *The Next Moon Landing Is Near – Thanks to These Pioneering Engineers.* National Geographic Magazin US-Ausgabe August 2017

292 Karri Ferron: *Science Channel highlights a NewSpace race in »Man vs. the Universe«.* cs.astronomy.com. 13. August 2014

293 Jeff Foust: *Rocket Lab Electron reaches orbit on second launch.* spacenews.com 20. Januar 2018 und Jeff Foust: *Telemetry glitch kept first Electron rocket from reaching orbit.* spacenews.com. 7. August 2017

294 Interview mit Karsten Becker und PTA-Factsheet

295 Interview mit Karsten Becker

296 ESA-Video: *Jan Wörner: Moon Village – Menschen und Roboter gemeinsam auf dem Mond.* esa.int. 1. März 2016

297 Avaneesh Pandey: *NASA's Mission To Mars: Boeing Unveils Concept Images For Cislunar Habitat, Deep Space Transport vehicle.* ibtimes.com. 5. April 2017

298 Orbital ATK: *Cislunar Space Habitation – Paving the Way to Mars.* YouTube. com. 26. September 2016

299 Alan Boyle: *Blue Origin space venture slips in a sneak peek at design of Blue Moon lunar lander.* geekwire.com. 5. April 2017

300 Phillip Swarts: *Blue Origin ready to support NASA lunar missions with Blue Moon.* spacenews.com. 6. April 2017

301 Mike Wall: *President Obama's Space Legacy: Mars, Private Spaceflight and More.* space.com. 19. Januar 2018

302 Immanuel Jotham: *Nasa wants government to stop hitting reset button after Trump admin shifts target from Mars to Moon.* ibtimes.co.uk. 10. Januar 2018

303 Micro launchers: what is the market? Analysis of the micro-launcher sector. PricewaterhouseCoopers 2017

304 Caleb Henry: *Spain's GMV takes a stake in PLD Space's reusable rocket quest.* spacenews.com. 9. Januar 2017

305 Caleb Henry: *Spanish propulsion start-up wants to build Europe's first reusable rockets.* spacenews.com. 30. November 2016

306 US-Government Accountability Office: *Surplus Missile Motors: Sale Price Drives Potential Effects on DOD and Commercial Launch Providers.* gao.gov. 16. August 2017

307 Peter B. de Selding: *Vega Expected to be Price-competitive With Russian Rockets.* spacenews.com. 23. Januar 2012

308 Caleb Henry: *Spain's GMV takes a stake in PLD Space's reusable rocket quest.* spacenews.com. 9. Januar 2017

309 Interview mit Kristoffer Liland

310 ebd.

311 ebd.

312 Interview mit Dimitris Bountolos

313 Zero-2-Infinity: *The Day Trip of a Lifetime | Bloon by Zero-2-Infinity.* YouTube.com. 16. Juli 2017

314 Interview mit Raúl Verdú

315 Rocket Lab Presse-Kit Dezember 2017

316 Jeff Foust: *Stratolaunch rolls out giant aircraft.* spacenews.com. 31. Mai 2017

317 Megan Gannon: *Stratolaunch's Monster Jet Completes First Test-Drive Down Runway.* space.com. 19. Dezember 2017

318 Jeff Foust: *Stratolaunch to launch Pegasus rockets.* spacenews.com. 6. Oktober 2016

319 Jeff Foust: *NASA agreement sign of Stratolaunch engine development program.* spacenews.com. 15. November 2017

320 Christian Davenport: *Richard Branson starting a new venture dedicated to launching small satellites into space.* washingtonpost.com. 2. März 2017

321 Matt White: 1987: *First People to Cross the Atlantic in a Hot-air Balloon.* guinnessworldrecords.com. 18. August 2015

322 Jeff Foust: *Virgin Galactic Acquires Boeing 747 for LauncherOne Missions.* spacenews.com. 4. Dezember 2015

323 Yvonne Gibbs: *Former Pilots: Kelly J. Latimer.* nasa.gov. 8. Mai 2014

324 Interview mit Stefanos Fasoulos

325 Vulcan Inc.: *Burt Rutan talks about Stratolaunch.* YouTube.com. 16. Dezember 2011

326 Jeff Foust: *Stratolaunch rolls out giant aircraft.* spacenews.com. 31. Mai 2017

327 Clive Irving: *Paul Allen's Stratolauncher, the Biggest Airplane Ever, Gets Ready for Takeoff.* thedailybeast.com. 24. November 2014

328 Jeff Foust: *Stratolaunch rolls out giant aircraft.* spacenews.com. 31. Mai 2017

329 Christian Davenport: *Richard Branson starting a new venture dedicated to launching small satellites into space.* washingtonpost.com. 2. März 2017

330 Ian Sample: *Stephen Hawking launches $100m search for alien life beyond solar system.* theguardian.com. 21. Juli 2015

331 Calla Cofield: *Stephen Hawking: Intelligent Aliens Could Destroy Humanity, But Let's Search Anyway.* space.com. 21. Juli 2015

332 Bart Leahy: *Book Review: Mining the Sky.* nss.org. 2006

333 John S. Lewis: *Mining the Sky.* Helix Books 1996. Seite 112

334 Webseite von Planetary Resources: *Products.* planetaryresources.com. Stand Anfang 2018

335 Dan Leone: *Next NASA Robotic Satellite Servicing Demo Pushed to August.* spacenews.com. 4. Juni 2012

336 Markus Becker: *Mysteriöse Firma will Asteroiden ausbeuten.* spiegel.de. 21. April 2012

337 Sarah Scoles: *Luxembourg's Bid To Become The Silicon Valley Of Space Mining.* wired.com. 1. Oktober 2017

338 Peter B. de Selding: *Luxembourg invests to become the ›Silicon Valley of space resource mining‹.* spacenews.com. 3. Juni 2016

339 Webseite des Großherzogtums Luxemburg: *Abschluss eines MoU zwischen der luxemburgischen Regierung und Deep Space Industries.* luxembourg.public.lu. 5. Mai 2016

340 DPA: *Luxemburg erarbeitet Space-Gesetz.* handelsblatt.com. 11. November 2016

341 Interview mit Professor Tilman Spohn

342 John S. Lewis: *Asteroid Mining 101: Wealth for the NewSpace Economy.* Positionen 148–151

343 ebd. Position 1765

344 ebd. Position 1459

345 ebd. Position 1430

346 Interview mit Peter Stibrany

347 Handelspreise für Rohstoffe. finanzen.net. Stand Januar 2018

348 John S. Lewis: *Asteroid Mining 101: Wealth for the NewSpace Economy.* Position 1709

349 *Luxemburg will in Weltraumbergbau einsteigen.* tagesspiegel.de. 3. Juni 2016 und Luxemburg regelt Weltraumbergbau: n-tv.de. 11. November 2016

350 John S. Lewis: *Asteroid Mining 101 – Wealth for the NewSpace Economy.* Position 1760

351 Interview mit Peter Stibrany

352 John S. Lewis: *Asteroid Mining 101 – Wealth for the NewSpace Economy.* Position 1121

353 CNEOS (Center for Computing Asteroid and Comet Orbits and their Odds of Earth Impact): Discovery Statistics: cneos.jpl.nasa.gov. Stand Ende 2017

354 John S. Lewis: *Asteroid Mining 101 – Wealth for the NewSpace Economy.* Position 1326

355 ebd. Positionen 1290–1334

356 ebd. Position 1340

357 ebd. Position 1306

358 NASA Ames Research Center: *Trajectory Browser.* trajbrowser.arc.nasa.gov

359 John S. Lewis: *Asteroid Mining 101 – Wealth for the NewSpace Economy.* Positionen 1526–1541

360 Planetary Resources: *Asteroids... Alien Planets... Or Your House?* planetaryresources.com. 23. Juli 2012

361 Ernst Messerschmid, Stefanos Fasoulas: *Raumfahrtsysteme: Eine Einführung mit Übungen und Lösungen.* Springer 2017. Seite 184 und 289

362 Online-Informationsseite des Instituts für Raumfahrtsysteme Universität Stuttgart: *Widerstandsbeheizte Triebwerke.* irs.uni-stuttgart.de

363 Interview mit Peter Stibrany

364 Jim Wilson: *What Is NASA's Asteroid Redirect Mission?* nasa.gov. 4. August 2017

365 Jeff Foust: *NASA closing out Asteroid Redirect Mission.* spacenews.com 14. Juni 2017

366 Tariq Malik: *Obama Seeks $17.7 Billion for NASA to Lasso Asteroid, Explore Space.* space.com. 10. April 2013

367 John S. Lewis: *Asteroid Mining 101: Wealth for the NewSpace Economy.* Position 2172

368 Interview mit Peter Stibrany

369 John S. Lewis: *Asteroid Mining 101 – Wealth for the NewSpace Economy*. Positionen 1147–1150

370 ebd. Position 2192

371 Austria Presse Agentur: »*Von Facebook wird in fünf bis sechs Jahren kein Mensch mehr reden*«. derstandard.at. 9. Juli 2010 und Matthias Horx: *Meine wirklichen Thesen zum Internet*. horx.com. Blog 9. Juli 2010

372 *The Limits to Growth*: A Report for the Club of Rome's Project on the Predicament of Mankind. 1972. Seite 56–58.

373 Federal Aviation Administration: *The Annual Compendium of Commercial Space Transportation 2017*. Seite 1

374 NASA History: *Women in Space*. nasa.gov. Juli 2017

375 W. J. Hennigan: How I Made It: SpaceX exec Gwynne Shotwell. latimes.com. 7. Juni 2013

376 Caroline Howard: The World's 100 Most Powerful Women. forbes.com. 1. November 2017

377 Julian Guthrie: *How to Make a Spaceship – A Band of Renegades, an Epic Race, and the Birth of Private Spaceflight*. Bantam Press. Seite 108

378 Brad Stone: *Der Allesverkäufer – Jeff Bezos und das Imperium von Amazon*. Campus Verlag 2013. Seite 181

379 Guido Joormann und Dr. Andreas K. Jain: *EEE-Bauteile – Kleine Teile – große Wirkung*. elib.dlr.de/ in: DLR Newsletter Countdown 16 Heft 3/2011 Nr. 16 September 2001

380 Blogeintrag bei Stackexchange: *What is the rough breakdown of rocket costs?* space.stackexchange.com. 14. September 2014

381 Dave Baiocchi und William Welser IV: *The Democratization of Space – New actors need new rules*. Essay. foreignaffairs.com. Ausgabe Mai/Juni 2015

382 Rajan Bedi: *You guys are dinosaurs!* edn.com. Blog 17. Juli 2013

383 Sally Cole: *Small satellites increasingly tapping COTS components*. mil-embedded.com. 8. Juni 2015

384 Sebastian Anthony: *Can a loud enough sound kill you?* extremetech.com. 4. Februar 2014

385 Dan Friedlander: *The use of COTS components in space: debunking 10 myths*. intelligent-aerospace.com. 5. Juli 2017

386 Dan Friedlander: *COTS/EEE parts in space applications: evolution overview, revolution forward view*. intelligent-aerospace.com. 4. November 2016

387 Ross Bannatyne: *The challenges and evolution of CubeSat electronics*. embedded.com. 23. Januar 2017

388 Dan Friedlander: *COTS/EEE parts in space: component engineering challenges*. intelligent-aerospace.com. 13. Januar 2017

389 Dan Friedlander: *COTS/EEE parts in space: component engineering challenges.* intelligent-aerospace.com. 13. Januar 2017 und John McHale: *COTS procurement, 20 years after the Perry Memo.* mil-embedded.com. 15. Januar 2015

390 Caleb Henry: *Army wants »adapt and buy« approach to speed telecom acquisition.* spacenews.com. 10. Oktober 2017

391 Rajan Bedi: *Using and selecting COTS components for space applications.* edn. com. 13. April 2017

392 Dan Friedlander: COTS/EEE parts in space: component engineering challenges intelligent-aerospace.com. 13. Januar 2017 und NASA: *Tin Whisker (and Other Metal Whisker)* Homepage: nepp.nasa.gov

393 Dan Friedlander: *COTS/EEE parts in space: component engineering challenges.* intelligent-aerospace.com. 13. Januar 2017

394 ebd.

395 Dan Friedlander: *The use of COTS components in space: debunking ten myths.* intelligent-aerospace.com. 5. Juli 2017

396 ESA-Webseite: *ECS 4: Ende einer Erfolgsstory.* esa.int. 2. Dezember 2002

397 Bryce Space and Technology: *State of the Satellite Industry Report.* Juni 2017. Seite 18

398 Sitzungsberichte der Leibniz-Sozietät der Wissenschaften zu Berlin (108(2010), 93–104). Gerhard Banse: *Nicht so exakt wie möglich, sondern so genau wie nötig! Das Einfachheitsprinzip in den Technikwissenschaften.* leibnizsozietaet.de. 2010

399 NASA-Dokument NASA/TP–2003–212242: *EEE-INST-002: Instructions for EEE Parts Selection, Screening, Qualification, and Derating.* Seite 6. nasa.gov. Mai 2003

400 NASA THE NESCC 2014 Technical Update: *COTS Components in Spacecraft Systems: Understanding the Risk.* nasa.gov. 2014

401 Hearing Before The Committee On Commerce, Science, And Transportation, United States Senate One Hundred Eighth Congress, Second Session: *NASA's Future Space Mission.* gpo.gov. 28. Januar 2004

402 Keith Cowing: *The Danger of Perpetuating False Urban Myths in Space.* spaceref.com. 29. Januar 2004

403 Dan Friedlander: *COTS/EEE parts in space: component engineering challenges.* intelligent-aerospace.com. 13. Januar 2017

404 McKinsey: *GE's Jeff Immelt on digitizing in the industrial space.* mckinsey. com. Oktober 2015

405 Elon Musk beim 68. International Astronautical Congress in Adelaide, Australien am 29. September 2017. SpaceX: *Making Life Multiplanetary.* YouTube.com. 29. September 2017

406 Michelle Moyer: *NAS-Developed Pegasus 5 Wings Its Way to NASA's Software of the Year.* nasa.gov. 26. August 2016

407 Interview mit Marta Lebrón Gaset

408 NewSpace Ventures (Tabellarische Übersicht über NewSpace-Unternehmen weltweit)

409 Sandrine Ceurstemont: Crumb-free bread will mean ISS astronauts can now bake in space. newscientist.com. 8. Juni 2017

410 Webseite von Rocket Lab: *Rocket Lab Reveals First Battery-Powered Rocket for Commercial Launches to Space.* rocketlabusa.com. 31. Mai 2015

411 Alejandro G. Belluscio: *ITS Propulsion – The evolution of the SpaceX Raptor engine.* nasaspaceflight.com. 3. Oktober 2016

412 Interview mit Karsten Becker

413 ebd.

414 Jeff Foust: *Relativity Space aims to 3D print entire launch vehicles.* spacenews.com. 5. Dezember 2017

415 DPA: *Aus wie vielen Einzelteilen besteht ein Auto?* focus.de

416 Ashlee Vance: *These Giant Printers Are Meant to Make Rockets.* bloomberg.com. 18. Oktober 2017

417 NASA Facts: *Space Tools On Demand: 3D Printing in Zero G.* nasa.gov. Herbst 2014

418 Pressemitteilung Made In Space, 3. April 2017

419 Avery Thompson: *3D-Printed Tools Will Soon Brave the Vacuum of Space.* popularmechanics.com. 24. Juli 2017

420 Interview mit Andrew Rush

421 Rob Pegoraro: *White House Hosts Its First Maker Faire, with Robotic Giraffe in Attendance.* yahoo.com. 18. Juni 2014

422 Interview mit Andrew Rush

423 Made in Space: *Made In Space, Inc. To Demonstrate Manufacture Of Exotic Optical Fiber In Space.* Pressemitteilung Made In Spac2. pr.com. 18. Juli 2016

424 Interview mit Andrew Rush

425 Made In Space: *Made In Space – Archinaut: ULISSES.* YouTube.com. 12. Mai 2017

426 Interview mit Andrew Rush

427 Recode. *Jeff Bezos vs. Peter Thiel and Donald Trump | Jeff Bezos, CEO Amazon | Code Conference 2016.* YouTube.com. 31. Mai 2016

428 Interview mit Andrew Rush

429 DRadio Wissen Redaktionskonferenz: *Raumfahrt – Billigsatelliten erobern den Orbit*. deutschlandfunknova.de. 2. Dezember 2013

430 *ISRO launches 104 satellites in one go, creates history*. thehindu.com. 16. Februar 2017

431 NASA Earth Observatory: earthobservatory.nasa.gov

432 Lynn Jenner: *NASA Sees Washington State »Under Fire«*. nasa.gov. 30. August 2017

433 Kimberly A. Zarkin und Michael J. Zarkin: *The Federal Communications Commission: Front Line in the Culture and Regulation Wars*. Greenwood 2006. Seite 166–167

434 Landinfo: *Buying Satellite Imagery: Pricing Information for High Resolution Satellite*. imagerylandinfo.com

435 Debra Werner: *Launch bottleneck keeping smallsat growth in check*. spacenews.com 6. März 2017

436 Andreas Menn: *Die Vermessung der Welt*. Wirtschaftswoche 27. Januar 2017

437 Valley Voices: *How To Win Big Investing In The Space 2.0 Boom*. forbes.com. 4. April 2017

438 Union of Concerned Scientists: *UCS Satellite Database*. ucsusa.org. Stand 17. November 2017

439 Bundesanzeiger: *Gesetz zum Schutz vor Gefährdung der Sicherheit der Bundesrepublik Deutschland durch das Verbreiten von hochwertigen Erdfernerkundungsdaten* – SatDSiG: bgbl.de. 23. November 2007

440 Debra Werner: *Planet unveils satellite imagery online tool*. spacenews.com. 10. März 2017

441 Planet: *High Resolution Monitoring*. planet.com. Stand Januar 2018

442 *Planet's satellites offer customers a new world view every day*. economist.com 16. Februar 2017

443 Tereza Pultarova und Caleb Henry: *OneWeb weighing 2,000 more satellites*. spacenews.com. 24. Februar 2017

444 Peter B. de Selding: *One year after kickoff, OneWeb says its 700-satellite constellation is on schedule*. spacenews.com. 16. Juli 2016

445 Caleb Henry: *OneWeb gets $1.2 billion in SoftBank-led investment*. spacenews.com. 19. Dezember 2016

446 Crunchbase: *OneWeb*. crunchbase.com. Stand Ende 2017

447 Peter B. de Selding: *SpaceX's Shotwell on Falcon 9 inquiry, discounts for reused rockets and Silicon Valley's test-and-fail ethos*. spacenews.com. 5. Oktober 2016/Dominic Gates: *Elon Musk touts launch of ›SpaceX Seattle‹*. seattletimes.com. 20. Januar 2015

448 Jon Brodkin: *SpaceX's worldwide satellite broadband network may have a name: Starlink*. arstechnica.com. 20. September 2017

449 Vortrag Dr. Gerald Braun, stellvertretender Leiter Weltraumlagezentrum: *Gefährden Mega-Konstellationen die Raumfahrt?* Nationale Konferenz Satelliten-Kommunikation in Deutschland 29. März 2017 in Bonn

450 Kickstarter: *ArduSat – Your Arduino Experiment in Space*: kickstarter.com.

451 Paul Voosen: *NOAA issues first contracts for private weather satellites*. sciencemag.org. 16. September 2016

452 National Oceanic and Atmospheric Administration

453 Interview mit Peter Platzer

454 Crunchbase: *Spire*. crunchbase.com. Stand Ende 2017

455 *Debris from Anti-satellite Test Hits Small Russian Satellite*. spacenews.com. 9. März 2013

456 NASA HEASARC: Oberservatories: *P78-1*. heasarc.nasa.gov

457 Landung Curiosity Rover am 6. August 2012: *Full Video of Curiosity Landing on Mars*. YouTube.com 5. August 2012

458 Jet Propulsion Center Mars Science Laboratory Curiosity Rover: *Where is Curiosity?* mars.jpl.nasa.gov

459 Meredith Bennett-Smith: *Mohawk Guy Bobak Ferdowsi Gets Shout-Out From President Obama*. huffingtonpost.com. 14. August 2012

460 Bobak Ferdowsi bei Twitter

461 Meredith Bennett-Smith: *Mohawk Guy Bobak Ferdowsi Gets Shout-Out From President Obama*. huffingtonpost.com. 14. August 2012

462 Angela Watercutter: *NASA Mohawk Guy Bobak Ferdowsi on Sci-Fi, Legos and Becoming a Meme*. wired.com. 9. August 2012

463 MIT OpenCourseWare: Vorlesung Richard Batten: *Some funny things happened on the way to the moon*. ocw.mit.edu. Herbst 2008

464 Claude Lafleur: *Costs of US piloted programs*. thespacereview.com. 8. März 2010 und NASA: *The Joint Confidence Level Paradox: A History of Denial. 2009 NASA Cost Symposium (Tuesday, April 28th)*. nasa.gov

465 NASA History: *Excerpt from the ›Special Message to the Congress on Urgent National Needs‹*. nasa.gov

466 Joan Lisa Bromberg: *NASA and the Space Industry (New Series in NASA History)*. John Hopkins University Press 1999. Position 80

467 ebd. Position 104

468 ebd. Positionen 93, 102 und 1033

469 Wikipedia-Eintrag: *Budget of NASA*. wikipedia.org

470 Space Foundation Report 2017

471 U.S. Congressional Budget Office: *Monthly Budget Review: Summary for Fiscal Year 2016*. cbo.gov. 7. November 2016

472 Carol Hively: *Space Foundation Report Reveals Global Space Economy at $329 Billion in 2016*. Pressemitteilung spacefoundation 3. August 2017

473 Joan Lisa Bromberg: *NASA and the Space Industry (New Series in NASA History)*. John Hopkins University Press 1999. Position 1340

474 Robert Zubrin. *Mars Direct: Space Exploration, the Red Planet, and the Human Future*. Penguin Publishing Group. Positionen 342–345

475 Commercial Orbital Transportation Services – *A New Era in Spaceflight*. Seite 2

476 Joan Lisa Bromberg: *NASA and the Space Industry (New Series in NASA History)*. John Hopkins University Press 1999. Position 364

477 ebd. Position 854

478 ebd. Position 597

479 Mike Gray: *Angels of Attack – Harrison Storms and the Race to the Moon*. W. W. Norton & Co. 1980. und Alex Roland: *The Wrong Stuff*. nytimes.com. 18. Oktober 1992

480 Joan Lisa Bromberg: *NASA and the Space Industry (New Series in NASA History)*. John Hopkins University Press 1999. Position 2470

481 ebd. Position 2521

482 ebd. Position 2027

483 ebd. Position 718

484 ebd. Position 720

485 ebd. Position 2183

486 T. A. Heppenheimer: *Countdown: A History of Space Flight*. Wiley 1997. Seite 342–343

487 Jeremy Byellin: *Today In 1984: The Commercial Space Launch Act Is Passed*. blog.legalsolutions.thomsonreuters.com. Blog 30. Oktober 2015

488 Jeff Foust: *Mining issues in space law*. thespacereview.com. 9. Mai 2016

489 Interview Kai-Uwe Schrogl

490 ebd.

491 Artikel VI, Weltraumvertrag: »States Parties to the Treaty shall bear international responsibility for national activities in outer space, including the Moon and other celestial bodies, whether such activities are carried on by governmental agencies or by non-governmental entities. (...)The activities of non-governmental entities in outer space, including the Moon and other celestial bodies, shall require authorization and continuing supervision by the appropriate State Party to the Treaty.«

492 Interview Kai-Uwe Schrogl

493 Commercial Orbital Transportation Services – *A New Era in Spaceflight,* Position 1980

494 Jeff Foust: Congress launches commercial space legislation. thespacereview.com. 26. Mai 2015

495 Interview Kai-Uwe Schrogl

496 Roger A. Pielke, Jr und Radford Byerly, Jr: *The Space Shuttle Program: Performance versus Promise.* Chapter 14 aus: Space Policy Alternatives Radford Byerly, Junior. Westview Special Studies and Science, Technology, and Public Policy 1992. Seite 241

497 Joan Lisa Bromberg: *NASA and the Space Industry (New Series in NASA History).* John Hopkins University Press 1999. Position 1054

498 David H. Moore: *Pricing options for the space shuttle.* United States Congressional Budget Office März 1985. Seite 4

499 Joan Lisa Bromberg: *NASA and the Space Industry (New Series in NASA History).* John Hopkins University Press 1999. Positionen 1515–1519

500 NASA: *Space Shuttle Basics.* spaceflight.nasa.gov. 15. Februar 2005

501 Heavens Above: *Höhe der Internationalen Raumstation (ISS).* heavens-above.com

502 Niklas Reinke und Michael Müller: *Geschichte der deutschen Raumfahrt.* dlr.de. Mai 2010. Seite 34

503 Niklas Reinke und Michael Müller: *Geschichte der deutschen Raumfahrt.* dlr.de. Mai 2010. Seite 39 und Brian Harvey: *Europe's Space Programme – To Ariane and Beyond.* Springer 2003. Seite 160

504 Brian Harvey: *Europe's Space Programme – To Ariane and Beyond.* Springer 2003. Seite 161

505 ebd. Seite 161 und 166

506 Niklas Reinke: *Geschichte der deutschen Raumfahrtpolitik – Konzepte, Einflussfaktoren und Interdependenzen 1923–2002* (Schriften des Forschungsinstituts der Deutschen Gesellschaft für Auswärtige Politik e.V., Band 71). De Gruyter Oldenbourg. 2015. Seite 160

507 Niklas Reinke und Michael Müller: *Geschichte der deutschen Raumfahrt.* dlr.de. Mai 2010. Seite 39

508 Niklas Reinke: *Geschichte der deutschen Raumfahrtpolitik – Konzepte, Einflussfaktoren und Interdependenzen 1923–2002* (Schriften des Forschungsinstituts der Deutschen Gesellschaft für Auswärtige Politik e.V., Band 71). DeGruyter Oldenbourg. 2015. Seite 155 – 156

509 Sheng-Chih Wang: *Transatlantic Space Politics: Competition and Cooperation Above the Clouds (Space Power and Politics).* Routledge 2013. Seite 71

510 Jean-Pierre Morin. *La naissance d'Ariane*. Edite 2009. Seite 172

511 US-Directorate of Intelligence: *The Ariane Space Launch Vehicle: Europe's answer to the US Space Shuttle. An intelligence assessment*. cia.gov. Juli 1983

512 Joan Lisa Bromberg: *NASA and the Space Industry (New Series in NASA History)*. John Hopkins University Press 1999. Positionen 1528–1532

513 T. A. Heppenheimer: *Countdown: A History of Space Flight*. Wiley 1997. Seite 342

514 Chris Peterson: *Shuttle Pricing and Space Development* nss.org. (L5 News) Januar/Februar 1985 und David H. Moore: *Pricing options for the space shuttle*. United States Congressional Budget Office März 1985. Seite 22

515 Joan Lisa Bromberg: *NASA and the Space Industry (New Series in NASA History)*. John Hopkins University Press 1999. Position 1859

516 ebd. Positionen 2193–2195

517 ebd. Position 1805

518 ebd. Positionen 2319–2327

519 ebd. Positionen 1464–1465

520 ebd. Position 2303

521 ebd. Position 2442

522 ebd. Position 1588

523 The White House, Office of the Press Secretary: *President Bush Announces New Vision for Space Exploration Program*. nasa.gov. 14. Januar 2004

524 NASA: *Commercial Orbital Transportation Services – A New Era in Spaceflight*. Positionen 310–314

525 ebd. Positionen 489–491

526 ebd. Position 327

527 ebd. Position 544

528 ebd. Position 582

529 ebd. Position 645

530 ebd. Position 673

531 Elon Musk: Tweet vom 23. Mai 2012

532 Jerry Wright: *NASA Releases COTS Final Report*. nasa.gov 3. Juni 2014 (Update am 7. 2017)

533 John Yembrick und Josh Byerly: *Contract Release: C08-069 – NASA Awards Space Station Commercial Resupply Services Contracts*. nasa.gov. 23. Dezember 2008

534 CBS News: *SpaceX: Entrepreneur's race to space.* YouTube.com. 18. März 2012 und CBS News 60 Minutes: *SpaceX: Entrepreneur's race to space.* cbsnews.com. 20. Juni 2012

535 *National Space Policy of the United States of America.* nasa.gov. 28. Juni 2010

536 Mündliches Statement von Neil Armstrong während der Senatsanhörung »The Future of U.S. Human Spaceflight. Committee on Commerce, Science, and Transportation« am 12. Mai 2010 in Washington

537 Mündliches Statement von Eugene Cernan während der Senatsanhörung »The Future of U.S. Human Spaceflight. Committee on Commerce, Science, and Transportation« am 12. Mai 2010 in Washington

538 Joel Achenbach: *NASA budget for 2011 eliminates funds for manned lunar missions.* washingtonpost.com. 1. Februar 2010

539 The White House, Office of the Press Secretary: *President Bush Announces New Vision for Space Exploration Program.* nasa.gov. 14. Januar 2004

540 Linda Herridge: *NASA Commercial Crew Program Mission in Sight for 2018.* nasa.gov. 4. Januar 2018

541 Commercial Crew Program: *The Essentials.* nasa.gov. Stand 25. Februar 2016

542 NASA: *Commercial Orbital Transportation Services – A New Era in Spaceflight.* Positionen 44–48

543 ebd. Positionen 1126–1128

544 *Aiming high.* economist.com. 30. Juni 2011

545 Clay Christensen im Interview. Harvard Business Review: *Disruptive Innovation Explained.* YouTube.com. 30. März 2012

546 Interview mit Andrew Rush

547 *NewSpace Ventures* (Tabellarische Übersicht über NewSpace-Unternehmen weltweit)

548 NASA: Commercial Orbital Transportation Services – *A New Era in Spaceflight.* Position 462

549 Ashlee Vance: *Elon Musk – Tesla, PayPal, SpaceX. Wie Elon Musk die Welt verändert – Die Biografie.* FinanzBuch Verlag 2015. Seite 68

550 ebd. Seite 86

551 Tauri Group: *Start-up Space – Rising Investment in Commercial Space Ventures.* brycetech.com. (heute Bryce Space and Technology). Januar 2016. Seite 36

552 Cromwell Schubarth: *Silicon Valley start-ups enter the space race.* bizjournals.com. 19. Juni 2015

553 spacelaunchreport.com: *Ariane 5 Launch History*

554 spacelaunchreport.com: *Proton Launch Log*

555 Mark Athitakis: ›*Eccentric Orbits*‹ *chronicles the stunning failure (and improbable revival) of the Iridium satellite phone*. latimes.com. 17. Juni 2016

556 Hilmar Schmundt: *Funkstille im Eis*. Der Spiegel 13/2000

557 Tauri Group: *Start-up Space – Rising Investment in Commercial Space Ventures*. brycetech.com (heute Bryce Space and Technology). Januar 2016. Seite 37

558 Andrea Kucera: *Der rätselhafte Fall des Pascal Jaussi*. nzz.ch. 6. Februar 2017

559 NASA. Commercial Orbital Transportation Services: *A New Era in Spaceflight*. Positionen 1357–1847

560 Gespräch mit Chuck Lauer, Vice President Business Development

561 Interview mit Pierre Lionnet

562 Barry Popik: »*Before everything else, getting ready is the secret of success*«. barrypopik.com

563 Tauri Group: *Start-up Space – Rising Investment in Commercial Space Ventures*. brycetech.com (heute Bryce Space and Technology). Januar 2016. Seite 35

564 Jeff Foust: *Contact lost with satellites after Soyuz launch*. spacenews.com. 28. November 2017

565 Jeff Foust: *Investor interest in space companies remains strong despite no big deals*. spacenews.com. 5. Dezember 2017

566 Cromwell Schubarth: *Silicon Valley start-ups enter the space race*. bizjournals.com. 19. Juni 2015

567 Goldman Sachs Podcast: ›Exchanges At Goldman Sachs‹ Episode 64: Space: *The Next Investment Frontier* goldmansachs.com. Mai 2017

568 Crunchbase: *Airbnb*. crunchbase.com. Stand Ende 2017

569 Crunchbase: *Snapchat*. crunchbase.com. Stand Ende 2017

570 Crunchbase: *Uber*. crunchbase.com. Stand Ende 2017

571 Morgan Stanley: *Investment Implications of the Final Frontier*. Research Report 12. Oktober 2017

572 Bryce Space and Technology: *Start-up Space – Update on Investment in Commercial Space Ventures 2017*. brycetech.com. Seite 1/crunchbase.com

573 Bryce Space and Technology: *Start-up Space – Update on Investment in Commercial Space Ventures 2017*. brycetech.com

574 Goldman Sachs Podcast: ›Exchanges At Goldman Sachs‹ Episode 64: Space: *The Next Investment Frontier* goldmansachs.com. Mai 2017

575 Crunchbase: *SpaceX*. crunchbase.com. Stand Ende 2017

576 Crunchbase: *OneWeb*. crunchbase.com. Stand Ende 2017

577 Bryce Space and Technology: *Start-up Space – Update on Investment in Commercial Space Ventures 2017*. brycetech.com. Seite 21

578 Tauri Group: *Start-up Space – Rising Investment in Commercial Space Ventures*. brycetech.com (heute Bryce Space and Technology). Januar 2016. Seite 4

579 NewSpace Ventures (Tabellarische Übersicht über NewSpace-Unternehmen weltweit)

580 Bryce Space and Technology: *Start-up Space – Update on Investment in Commercial Space Ventures 2017*. brycetech.com. Seite IV

581 http://www.goldmansachs.com/our-thinking/podcasts/episodes/05-22-2017-noah-poponak.html

582 Interview mit Thomas Reiter

583 Interview mit Peter Stibrany

584 Katie Benner und Kenneth Changjuly: *SpaceX Is Now One of the World's Most Valuable Privately Held Companies*. nytimes.com. 27. Juli 2017

585 Andrew Ross Sorkin: *Tesla's Elon Musk May Have Boldest Pay Plan in Corporate History*. nytimes.com 23. Januar 2018

Stichwortverzeichnis

S

T

U

Elon Musk

Ashlee Vance

Seine Firmengründungen lesen sich wie das Who's who der zukunftsträchtigsten Unternehmen der Welt. Alles, was dieser Mann anfasst, scheint zu Gold zu werden. Mit PayPal revolutionierte er das Zahlen im Internet, mit Tesla schreckte er die Autoindustrie auf und sein Raumfahrtunternehmen SpaceX ist aktuell das weltweit einzige Unternehmen, das ein Raumschiff mit großer Nutzlast wieder auf die Erde zurückbringen kann.
Dies ist die persönliche Geschichte hinter einem der größten Unternehmer seit Thomas Edison, Henry Ford oder Howard Hughes. Das Buch erzählt seinen kometenhaften Aufstieg von seiner Flucht aus Südafrika mit 17 Jahren bis heute.
Mit 16 Seiten exklusiven und persönlichen Bildern aus Elon Musks persönlichem Fotoalbum.

384 Seiten | Hardcover mit Schutzumschlag | 19,99 € (D) | ISBN 978-3-89879-906-5

Peter Thiel

Thomas Rappold

Er ist eine der schillerndsten Persönlichkeiten, die das Silicon Valley aktuell zu bieten hat: Peter Thiel.
Im Silicon Valley zählt er zu den größten technologischen und intellektuellen Vordenkern. Als Gründer des Bezahldiensts PayPal, der geheimnisumwobenen Big-Data-Firma Palantir und als erster externer Investor in Facebook gelang es ihm, gleich drei globale Unternehmen maßgeblich zu prägen und mit ihnen reich zu werden. Die vorliegende Biografie gibt erstmals einen Einblick in das facettenreiche Leben des Peter Thiel und geht seiner Erfolgs-DNA auf den Grund.

336 Seiten | Hardcover | 19,99 € (D) | ISBN 978-3-95972-051-9

Shoe Dog

Phil Knight

Als junger, abenteuerlustiger Business-School-Absolvent auf der Suche nach einer Herausforderung lieh Phil Knight sich von seinem Vater 50 Dollar und gründete eine Firma mit einer klaren Mission: qualitativ hochwertige, aber preiswerte Laufschuhe. 1963, verkaufte Knight Laufschuhe aus dem Kofferraum seines Plymouth Valiant und verdiente 8000 Dollar. Heute liegen die Jahresumsätze von Nike bei über 30 Milliarden Dollar.
En détail beschreibt Knight die vielen unberechenbaren Risiken, mit denen er sich auf seinem Weg konfrontiert sah, die niederschmetternden Rückschläge, die skrupellosen Konkurrenten, die zahllosen Zweifler und Widersacher, die abweisenden Banker, die etlichen Male, wo er knapp einer Katastrophe entging, ebenso wie seine vielen triumphalen Erfolge.

448 Seiten | Hardcover | 19,99 € (D) | ISBN 978-3-89879-992-8

Finding my Virginity

Richard Branson

Mit„Finding My Virginity" erscheint 20 Jahre nach Erscheinen des Millionen-Bestseller„Losing My Virginity" der zweite Teil der Autobiografie von Ausnahme-Unternehmer Sir Richard Branson.
Wo„Finding My Virginity" den Leser 1999 am Beginn eines neuen Millenniums zurückließ beginnt nicht nur der zweite Teil seiner Biografie sondern auch Bransons zweites Leben. Zwei Jahrzehnte, voll mit allen Höhen und Tiefen, Rekorden, Grenzüberschreitungen. Ein einmaliger Blick auf das irre Leben eines außergewöhnlichen Menschen, dem sein damaliger Schuldirektor schon früh prophezeite: „Entweder du landest im Gefängnis oder wirst Millionär."
Mit 48 Seiten exklusiven und vielen, noch nie veröffentlichten, Bildern aus Richard Bransons persönlichem Fotoalbum.

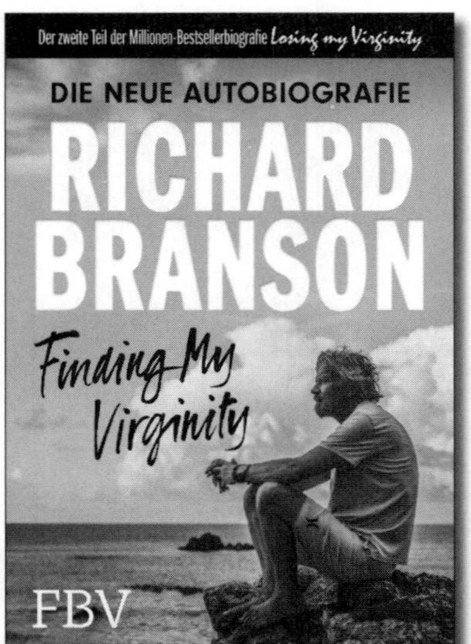

500 Seiten | Hardcover mit Schutzumschlag | 24,99 € (D) | ISBN 978-3-95972-126-4

Tesla

W. Bernard Carlson

Nikola Teslas Forschungen revolutionierten das Verständnis von Elektrizität. Seine Erfindungen setzten völlig neue Maßstäbe für die weltweite Energieversorgung und ermöglichten erst das moderne Leben, wie wir es heute kennen. Nicht umsonst trägt das weltweit beste Elektroauto, von Silicon-Valley-Star Elon Musk, den Namen Tesla. Doch nicht nur für seine 112 angemeldeten Patente ist Nikola Tesla bekannt, auch sein extravaganter Lebensstil und sein Hang zur exzessiven Selbstdarstellung machten ihn berühmt.
W. Bernard Carlson blickt mit seiner mehrfach ausgezeichneten Biografie tief in die Psyche des Genies: Eindrucksvoll zeigt er, wie nah Genie und Exzentrik beieinanderliegen und was das Ausnahmetalent antrieb. Einer der größten Erfinder der Moderne in einem ganz neuen Licht.

688 Seiten | Hardcover | 26,99 € (D) | ISBN 978-3-95972-007-6

Der reichste Mann der Weltgeschichte

Greg Steinmetz

Jakob Fugger ist der reichste Mann, der (nicht nur in Mythen) jemals gelebt hat. 1459 als Enkel eines Bauern geboren, häufte er ein unvorstellbares Vermögen an, das selbst den legendären J. D. Rockefeller oder heutige Superreiche wie Bill Gates in den Schatten stellt.
Greg Steinmetz zeigt Jakob Fugger, wie man ihn noch nie gesehen hat. Visionär – er unterstützte die erste Weltumsegelung –, kämpferisch – er forderte Martin Luther heraus –, allgegenwärtig – Könige, Kaiser und Päpste, keiner kam an ihm vorbei. Greg Steinmetz enthüllt, mit welchen Methoden Fugger sein gigantisches Imperium aufbaute und die europäische Politik maßgeblich mitprägte.

312 Seiten | Hardcover | 26,99 € (D) | ISBN 978-3-89879-961-4